普通高等教育一流本科专业建设成果教材

化学工业出版社“十四五”普通高等教育规划教材

制药设备与车间设计

闫凤美　主　编

王胜强　游新雨　副主编

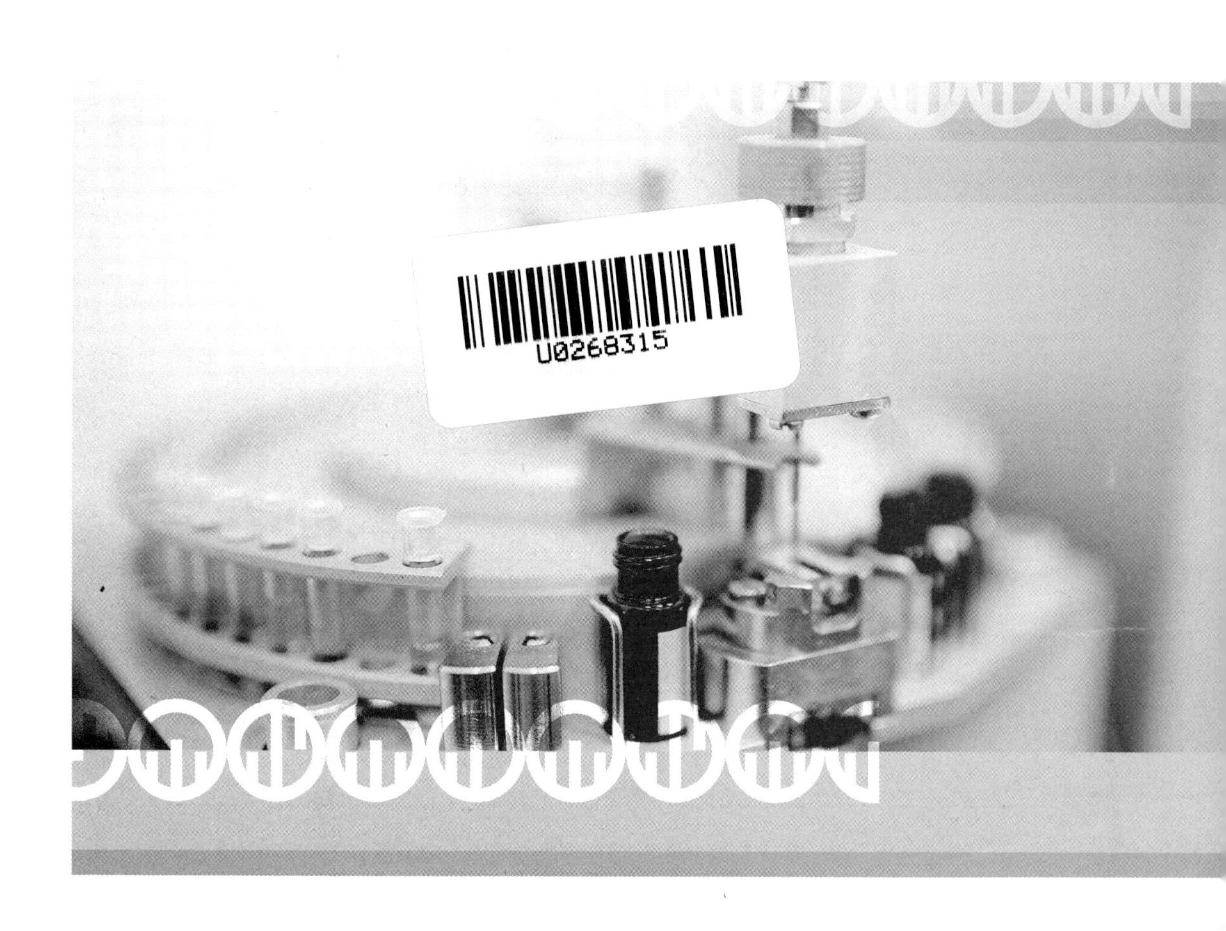

化学工业出版社

·北　京·

内容简介

《制药设备与车间设计》将《药品生产质量管理规范》贯穿全书，内容理论联系实际，是一本系统地阐述制药设备与车间设计的综合性、应用型教材。全书共分为三篇。第一篇为制药设备，重点介绍制药工业中原料药生产、药物制剂生产中常用的单元操作及设备，主要包括反应、分离与提取、蒸发与结晶、干燥、换热、流体输送、制药用水生产、粉碎与筛分、混合与制粒、制剂成型、药用包装等设备；第二篇为车间设计，重点介绍制药车间的设计流程与要求，主要包括制药工程设计、厂址选择与厂区布局、工艺流程设计、物料衡算、能量衡算、工艺设备设计与选型、车间布置与管道设计、洁净车间布置设计等；第三篇为设计实例，以项目驱动分类展示制药车间的设计实例，主要包括合成车间设计实例、固体口服制剂车间设计实例、中药提取车间设计实例等。本书配有课件及部分视频等资源，读者可扫二维码获取。

《制药设备与车间设计》可作为高等院校制药工程、药物制剂和药剂学等专业的教材，也可作为化学工程、生物工程等专业及相关科研与工程技术人员的参考书。

图书在版编目（CIP）数据

制药设备与车间设计/闫凤美主编；王胜强，游新雨副主编．—北京：化学工业出版社，2022.6（2024.8 重印）

ISBN 978-7-122-40839-6

Ⅰ．①制…　Ⅱ．①闫…②王…③游…　Ⅲ．①化工制药机械-教材②制药厂-车间-设计-教材　Ⅳ．①TQ460.5

中国版本图书馆 CIP 数据核字（2022）第 029020 号

责任编辑：马泽林　　装帧设计：李子姮

责任校对：张茜越

出版发行：化学工业出版社（北京市东城区青年湖南街 13 号　邮政编码 100011）

印　　装：三河市双峰印刷装订有限公司

787mm×1092mm　1/16　印张 18　插页 1　字数 445 千字　2024 年 8 月北京第 1 版第 5 次印刷

购书咨询：010-64518888　　售后服务：010-64518899

网　　址：http://www.cip.com.cn

凡购买本书，如有缺损质量问题，本社销售中心负责调换。

定　　价：**49.00 元**

前言

“制药设备与车间设计”是制药工程专业的核心课程，是在以学生学习成果为导向的工程教育模式下设置的一门以药剂学、工程学、药品生产质量管理规范（GMP）及相关理论和工程技术为基础，综合研究药品生产实践活动的应用性工程学科。为了使教材更好地服务于教学，黄淮学院作为全国地方性应用型高校的试点单位和牵头工作单位，适时地鼓励教师在大力开展应用型课程建设的基础上编写教材。为了响应学校号召和满足专业教学需要，笔者课程组在参考同类教材和GMP要求的基础上，广泛征求企业、行业专业技术人员的意见和建议，仔细梳理现有教学资源和讲义，全面借鉴参加全国大学生制药工程设计竞赛的经验，经过反复讨论和规划，编写了这本教材。本教材为河南省本科高校新工科新形态教材建设项目、制药工程河南省一流本科专业建设成果。希望本教材能发挥“启智增慧”的作用。

本书分三篇，共22章。全书由闫凤美主编，负责统稿。其中，绪论及第3、4、8章由闫凤美编写；第1、2、7、9章由易海编写；第5、6、10、11章由孙鑫编写；第12、13、18、19、21、22章由王胜强编写；第14～17章由游新雨编写；第20章由刘会丽编写。本书设备图绘制部分的初始工作由刘志芳、谢语秦、刘庆等人完成，中药提取车间设计实例部分的初始工作由郭状状、张晓焕、李梦想、王智慧、赵超云、刘璐等人完成。本书编写过程中，得到了天方药业有限公司樊振、常州大学化工设计研究院有限公司孙成和、开封制药（集团）有限公司周振、常州寅盛药业有限公司陶鑫的支持和指导，同时还参考了一些同类教材，在此一并表示感谢。

由于编者水平所限，书中疏漏之处恐难避免，诚盼有关专家和读者不吝赐教。

编者

目录

绪论 1

第一篇 制药设备

第1章 反应设备 8

第2章 分离与提取设备 23

第10章 制剂成型设备 120

第11章 药用包装设备 137

第二篇 车间设计

第12章 制药工程设计 143

第13章 厂址选择与厂区布局 150

第14章 工艺流程设计 ——— 162

第15章 物料衡算 ——— 173

第16章 能量衡算 ——— 184

第17章 工艺设备设计与选型 ——— 193

第 18 章 车间布置与管道设计 —— 199

第 19 章 洁净车间布置设计 —— 213

第三篇 设计实例

第 20 章 合成车间设计实例 —— 239

绪论

0.1 课程概述

制药设备与车间设计是一门以制药机械设备和制药工程理论为基础，以制药实践为依托的综合性、应用型工程学科。通过本课程的学习，使学生了解制药各单元操作过程中所涉及的主要机械设备的基本构造、工作原理、正确使用和维修保养方法，与制药生产工艺相配套的公用工程的构成和工作原理，掌握制药车间设计的工艺流程设计、物料衡算、能量衡算、设备选型、参数设定、车间布置，甚至于非标设备的设计等基本理论、技术和方法，并将其与制药工业生产实践相结合，帮助学生领会药厂洁净技术要领，树立符合《药品生产质量管理规范》（GMP）要求的整体工程理念和设计思想，从而训练和提高学生依据工程观点和技术经济观点分析、解决制药车间工程技术实际问题的能力。

0.2 制药设备在制药生产中的地位

根据制药工程项目生产的产品形态的不同，制药生产过程可分为原料药生产和制剂生产两部分。一般而言，原料药属于制药工业的初级产品，药物制剂是制药工业的终端产品。

化学反应和药材提取是原料药生产的中心环节，分离纯化过程则是使反应生成的中间体或产物得以分离并进一步纯化得到合格产品的保障，此过程离不开反应罐、提取器、蒸馏塔、干燥设备等。而工业反应器中的化学反应过程比实验室要复杂得多，在进行反应的同时兼有动量、热量和质量的传递发生，如：为了更好地进行反应，必须搅拌，以使物料混合均匀；为了控制反应温度，必须进行加热或冷却等。由此可见，原料药生产中进行的化学反应过程不仅与反应原料本身有关，还与反应设备的特性等有关。

制剂的生产、半成品及产品的包装等制剂生产过程离不开粉碎、混合、制剂成型设备，包装设备，辅助公用工程设施等。不同剂型的生产操作单元及制药设备大多不同，就是同一操作单元的设备选择也往往是多类型、多规格的。按照不同的剂型和工艺流程掌握各种相应类型制药设备的工作原理和结构特点，是确保生产优质药品的重要条件。

综上所述，制药设备是实施药物生产操作的关键因素，其型号、特性、密闭性、先进性、自动化程度的高低直接影响着药品的质量，只有根据生产工艺要求和制药设备的结构特点科学、合理地选配所用设备，才能保证药品生产的高质、高效和安全。

0.3 制药机械产品的分类与代码

《制药机械产品分类及编码》（GB/T 28258—2012）是我国制药机械标准化工作的一项

重要基础标准。该标准建立了统一的、科学的制药机械产品分类与代码，同时兼顾生产领域和流通领域的要求，完善了信息分类管理和经济统计管理系统进行信息交换的共同语言，提高了制药机械行业的管理水平。

（1）制药机械产品分类　药品生产企业为进行生产所采用的各种机械设备统属于制药机械产品的范畴，从行业角度将完成制药工艺的生产设备统称为制药机械产品。根据《制药机械术语》（GB/T 15692—2008），制药机械产品按其基本属性分为八大类。具体分类及代号如下：

① 原料药机械及设备（01）　实现生物、化学物质转化，利用动物、植物、矿物制取医药原料的工艺设备及机械。包括摇瓶机、发酵罐、搪玻璃设备、结晶机、离心机、分离机、过滤设备、提取设备、蒸发器、回收设备、换热器、干燥设备、筛分设备、沉淀设备等。

② 制剂机械及设备（02）　将药物制成各种剂型的机械与设备。包括片剂机械、针剂机械（包括小容量注射剂、大容量注射剂）、粉针剂机械、胶囊剂机械、丸剂机械、软膏剂机械、栓剂机械、口服液剂机械、气雾剂机械、眼用制剂机械、颗粒剂机械、药膜剂机械等。

③ 药用粉碎机械（03）　用于药物粉碎（含研磨）并符合药品生产要求的机械。包括万能粉碎机、超微粉碎机、锤式粉碎机、气流粉碎机、齿式粉碎机、低温粉碎机、粗碎机、组合式粉碎机、针形磨、球磨机等。

④ 饮片机械（04）　对天然药用动、植物进行选、洗、润、切、烘、炒、煅等方法制取中药饮片的机械。包括选药机、洗药机、切药机、炮炙机、烘干机、润药机、炒药机等。

⑤ 制药用水、气（汽）设备（05）　采用各种方法制取药用纯化水、注射用水的设备。包括多效蒸馏水机、热压式蒸馏水机、电渗析设备、反渗透设备、离子交换纯水设备、纯蒸汽发生器、水处理设备等。

⑥ 药品包装机械（06）　完成药品包装过程以及与包装过程相关的机械与设备。包括小袋包装机、泡罩包装机、瓶装机、印字机、贴标签机、装盒机、捆扎机、拉管机、安瓿制造机、制瓶机、吹瓶机、铝管冲挤机、硬胶囊壳机自动生产线等。

⑦ 药物检测设备（07）　检测各种药物制品、半制品或原辅材料质量的机械与设备。包括硬度测试仪、崩解仪、溶出仪、融变仪、脆碎度仪、冻力仪等。

⑧ 其他制药机械及设备（08）　执行非主要工序的有关机械与设备。包括空调净化设备、局部层流罩、送料传输装置、提升加料设备、管道弯头卡箍及阀门、不锈钢卫生泵、冲头冲模等。

（2）制药机械产品代码　八大类制药机械产品按生产工序及设备主要功能予以再分类，将各分类中具有相同功能、不同型式、不同结构的制药机械产品分别归类列入产品数目内。

① 层级码　按《制药机械产品分类及编码》（GB/T 28258—2012），制药机械产品代码分为三个层级。每个层级均由两位阿拉伯数字表示。

第一层制药机械产品类别码。如原料药机械及设备［01］、制剂机械及设备［02］、药用粉碎机械［03］、饮片机械［04］、制药用水、气（汽）设备［05］、药用包装机械［06］、药物检测设备［07］、其他制药机械及设备［08］。

第二层制药机械产品类目码。如在制剂机械及设备中：颗粒剂机械［01］、片剂机械［02］、胶囊剂机械［03］、丸剂机械［07］、气雾剂机械［11］等。

第三层制药机械产品码。如在制剂机械及设备的片剂机械中：单冲式压片机［01］、旋转式压片机［02］、高速旋转式压片机［03］、荸荠式包衣机［05］、其他片剂机械［99］等。

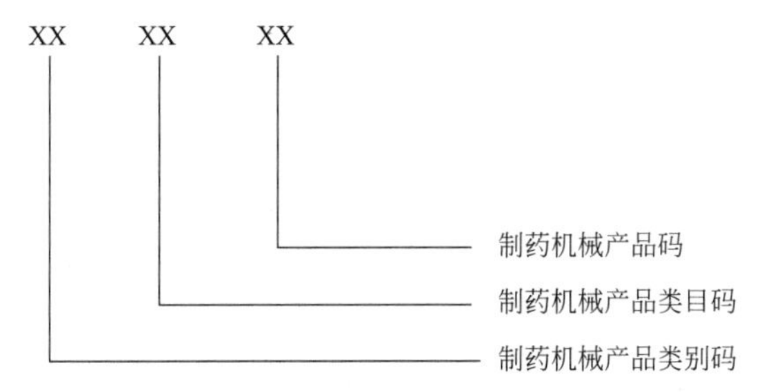

制药机械产品编码的上、下层级之间为隶属关系；同一类别码下的各类目码或同一类目码下的各产品码均为并列关系。类目和产品的编码均从“01”开始按升序编排，最多编至“99”。

② 产品代码　产品类别代码是由产品类别组成的第一层级码，即由两位阿拉伯数字表示；产品类目代码是由第一层级的产品类别码和第二层级的产品类目码组合而成，即由四位阿拉伯数字表示；产品代码是由第一层级的产品类别码、第二层级的产品类目码和第三层级的产品码组合而成，由六位阿拉伯数字表示（亦称“全码”）。

制药机械产品代码均用全码表示。若产品代码在第二层级的类目中不再细分时，则在其后补“0”至代码的第 6 位。

在产品类目代码和产品代码的每个层级中均设置了收容码，用以囊括尚未规划到的和不断扩充的制药机械类目或产品。收容码均用两位阿拉伯数字“99”表示。

③ 制药机械产品代码示例　制药机械产品代码及其含义举例如下：

01 为产品类别代码，表示原料药机械及设备。

0101 为产品类目代码，表示原料药机械及设备类中反应设备的类目代码。

010101 为产品代码，表示原料药机械及设备类中属于反应设备类目中的机械搅拌反应器的产品代码。

030400 为第二层级类目中不再细分的产品代码，表示药用粉碎机械类中的低温粉碎机的产品代码。

0299 为收容类目代码，表示制剂机械及设备类中尚未有编码的收容类目代码。

010199 为收容产品代码，表示原料药机械及设备类中属于反应设备类目中尚未有编码的收容产品代码。

019900 为收容类目中的产品代码，表示原料药机械及设备类中收容类目中不再细分的产品代码。

《制药机械产品分类及编码》可查阅 GB/T 28258—2012。

0.4 《药品生产质量管理规范》对制药设备的要求

GMP（2010 年修订）强调“软硬件并重”原则，专门为制药设备设立了独立的章节，对直接参与药品生产的制药设备做了指导性规定，如设备的设计、选型、安装、改造和维护必须符合预定用途，应当尽可能降低产生污染、交叉污染、混淆和差错的风险，便于操作、清洁、维护以及必要时进行的消毒或灭菌；应当建立设备使用、清洁、维护和维修的操作规程，并保存相应的操作记录；应当建立并保存设备采购、安装、确认的文件和记录等。

GMP 对制药设备的具体要求如下所述。

（1）设备的设计和安装

① 生产设备不得对药品质量产生任何不利影响。与药品直接接触的生产设备表面应当平整、光洁、易清洗或消毒、耐腐蚀，不得与药品发生化学反应、吸附药品或向药品中释放物质。

② 应当配备有适当量程和精度的衡器、量具、仪器和仪表。

③ 应当选择适当的清洗、清洁设备，并防止这类设备成为污染源。

④ 设备所用的润滑剂、冷却剂等不得对药品或容器造成污染，应当尽可能使用食品级或级别相当的润滑剂。

⑤ 生产用模具的采购、验收、保管、维护、发放及报废应当制订相应操作规程，设专人专柜保管，并有相应记录。

（2）设备的维护和维修

① 设备的维护和维修不得影响产品质量。

② 应当制订设备的预防性维护计划和操作规程，设备的维护和维修应当有相应的记录。

③ 经改造或重大维修的设备应当进行再确认，符合要求后方可用于生产。

（3）设备的使用和清洁

① 主要生产和检验设备都应当有明确的操作规程。

② 生产设备应当在确认的参数范围内使用。

③ 应当按照详细规定的操作规程清洁生产设备。生产设备清洁的操作规程应当规定具体而完整的清洁方法、清洁用设备或工具、清洁剂的名称和配制方法、去除前一批次标识的方法、保护已清洁设备在使用前免受污染的方法、已清洁设备最长的保存时限、使用前检查设备清洁状况的方法，使操作者能以可重现的、有效的方式对各类设备进行清洁。

如需拆装设备，还应当规定设备拆装的顺序和方法；如需对设备消毒或灭菌，还应当规定消毒或灭菌的具体方法、消毒剂的名称和配制方法。必要时，还应当规定设备生产结束至清洁前所允许的最长间隔时限。

④ 已清洁的生产设备应当在清洁、干燥的条件下存放。

⑤ 用于药品生产或检验的设备和仪器，应当有使用日志，记录内容包括使用、清洁、维护和维修情况以及日期、时间、所生产及检验的药品名称、规格和批号等。

⑥ 生产设备应当有明显的状态标识，标明设备编号和内容物（如名称、规格、批号）；没有内容物的应当标明清洁状态。

⑦ 不合格的设备如有可能应当搬出生产和质量控制区，未搬出前，应当有醒目的状态标识。

⑧ 主要固定管道应当标明内容物名称和流向。

（4）设备的校准

① 应当按照操作规程和校准计划定期对生产和检验用衡器、量具、仪表、记录和控制设备以及仪器进行校准和检查，并保存相关记录。校准的量程范围应当涵盖实际生产和检验的使用范围。

② 应当确保生产和检验使用的关键衡器、量具、仪表、记录和控制设备以及仪器经过校准，所得出的数据准确、可靠。

③ 应当使用计量标准器具进行校准，且所用计量标准器具应当符合国家有关规定，校准记录应当标明所用计量标准器具的名称、编号、校准有效期和计量合格证明编号，确保记录的可追溯性。

④ 衡器、量具、仪表、用于记录和控制的设备以及仪器应当有明显的标识，标明其校准有效期。

⑤ 不得使用未经校准、超过校准有效期、失准的衡器、量具、仪表以及用于记录和控制的设备、仪器。

⑥ 在生产、包装、仓储过程中使用自动或电子设备的，应当按照操作规程定期进行校准和检查，确保其操作功能正常。校准和检查应当有相应的记录。

GMP 明确规定：药品生产企业对制药设备应进行产品和工艺验证。

验证对设备的基本要求是：

① 有与生产相适应的设备能力并能保障最经济、合理、安全的生产运行。

② 有满足制药工艺所要求的完善功能及多种适应性。

③ 能保证药品加工中品质的一致性。

④ 易于操作和维修。

⑤ 易于设备内外的清洗。

⑥ 各种接口符合协调、配套、组合的要求。

⑦ 易安装，且易于移动、有利组合的可能。

0.5　制药企业厂址选择与总图布置

制药企业的厂址选择对于工程的进度、初投资成本、运行费用、产品质量、经济效益及环境保护等都有着重大影响。我国法律法规中对厂房选址有明确规定，如《医药工业洁净厂房设计标准》(GB 50457—2019) 中指出：医药工业洁净厂房新风口与市政交通干道近基地侧道路红线之间的距离宜大于 50m。具体选择厂址时，还应考虑环境满足 GMP 要求、水量充沛、水质良好、能源供应充足、交通运输便利、环境影响评估易于达标、发展留有余地等因素。

工厂总图布置的合理性在一定程度上可以节约用地、缩短生产工序路线、提高工效、提升产品质量、方便管理等。总图布置时，要遵循国家的方针政策，按照 GMP 要求，结合厂区自然环境，合理划分行政区、生活区、生产区和辅助区，保证上述区域人、物分流，走向合理，既不相互妨碍影响，能够最大限度地避免污染、交叉污染，又便于相互联系、服务及生产管理。

0.6　制药企业生产车间布置与设计

制药车间的布置设计包括两方面内容：一是指制药工厂中的某一车间与其他车间、辅助设施之间的布局；二是指某一车间的内部设备、管道等的布置。制药车间的布置设计既要考虑车间内部的生产、辅助生产、管理和生活的协调，又要考虑车间与厂区的供水、供电、供热和管理部分的呼应，使之成为一个有机整体。

制药车间的平面和空间布置设计除考虑生产操作、设备的技术性能要求、工艺设备安装和维修、管线布置、气体流型、净化空调系统等各种技术设施的综合协调外，还应满足国家对不同特性药品的生产工艺和空气洁净度等级的要求。例如，高致敏性药品或生物制品（如卡介苗或其他用活性微生物制备而成的药品）必须采用专用和独立的厂房、生产设施和设备；青霉素类药品产尘量大的操作区域应当保持相对负压，排至室外的废气应当经过净化处理并符合要求，排风口应当远离其他空气净化系统的进风口；某些激素类、细胞毒性类、高活性化学药品的生产应当使用专用设施（如独立的空气净化系统）和设备；特殊情况下，如采取特别防护措施并经过必要的验证，上述药品制剂则可通过阶段性生产方式共用同一生产设施和设备。

GMP 还明确指出，制药车间的生产区、质量控制区、贮存区和实验室应当有足够的空间，并彼此分开，确保有序地存放设备、物料、中间产品、待包装产品、成品、实验样品，避免不同产品或物料的混淆、交叉污染，避免生产或质量控制操作发生遗漏差错；作为辅助区的休息室应不影响生产区、贮存区和质量控制区的正常工作；更衣室和盥洗室应当方便人员进出，并与使用人数相适应，盥洗室不得与生产区和仓储区直接相通；维修间应当尽可能远离生产区；存放在洁净区内的维修用备件和工具，应当放置在带门的房间或工具柜中等。

思考题

1. GMP 对制药设备有哪些要求?
2. 制药机械设备分为哪几类?
3. 制药机械设备的代码是如何编制的? 试举例说明。
4. 制药企业厂址选择的依据是什么? 若某公司既有原料药车间又有制剂车间，布置时的注意事项有哪些?

参考文献

[1] 张珩，万春杰．药物制剂过程装备与工程设计．北京：化学工业出版社，2012.
[2] 张洪斌，等．药物制剂工程技术与设备．3 版．北京：化学工业出版社，2019.
[3] 朱宏吉，张明贤．药物设备与工程设计．2 版．北京：化学工业出版社，2011.
[4] 周丽莉，等．药物设备与车间设计．北京：中国医药科技出版社，2011.
[5] 王沛，等．药物设备与车间设计．北京：人民卫生出版社，2014.
[6] GB/T 28258—2012. 制药机械产品分类及编码．

第一篇
制药设备

第 1 章 反应设备

本章学习目的与要求：

（1）能够正确列举并识别多种反应器、搅拌器的名称和类型。
（2）能够准确阐明不同类型反应器、搅拌器的结构组成和特点。
（3）能够概述不同类型的反应器、搅拌器的工作原理。
（4）能够根据适用领域合理选择反应器、搅拌器，并对其科学评价。

反应设备是用来将原料转化为特定产品的装置，其核心部分是反应器，而反应器中几乎都装有不同类型的搅拌器。反应器中的原料在搅拌器的搅拌下进行反应，不仅能使反应原料充分混合，而且能够扩大不同反应物之间的接触面积，加速反应的进行，还能消除局部过热和局部反应，减少或防止副产物的生成。

反应器和搅拌器的类型很多，特点各异，可按不同的分类标准对其进行分类。反应器按结构的不同，可分为管式反应器、塔式反应器、搅拌鼓泡釜、气固相固定床催化反应器、流化床反应器、气液固反应器等；按操作方式的不同，可分为间歇操作反应器、连续操作反应器和半连续操作反应器等。搅拌器按结构的不同，可分为平桨式搅拌器、旋桨式搅拌器、框式及锚式搅拌器、推进式搅拌器、涡轮式搅拌器、鼓泡器和自吸式搅拌器等；按操作方式的不同，可分为机械搅拌和气流搅拌等。

本章主要按结构分类介绍制药工业中常用的反应器和搅拌器。

1.1 反应器

1.1.1 管式反应器

1.1.1.1 水平管式反应器

水平管式反应器可以是一根或数根水平或竖直放置的空管，也可以是一组带夹套的管子，管子材料可以是钢材或非金属材料。其构造及实物如图 1-1 所示。

对于黏稠物料，为了促进传热和传质，减少径向温度差和浓度差，可以在反应器中装置

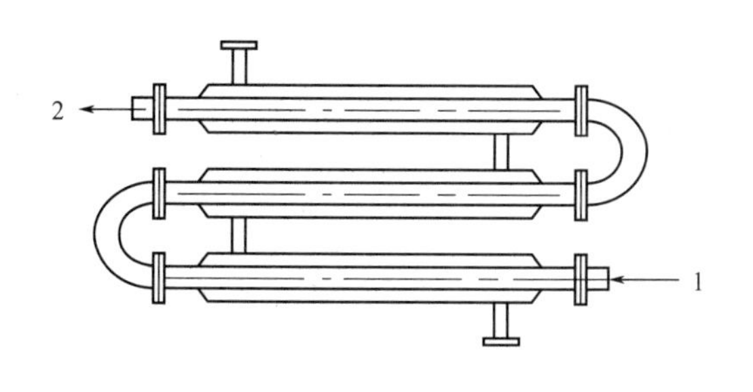

图 1-1 水平管式反应器
1—物料入口；2—物料出口

搅拌器；对于固相或半固相反应，可采用双螺杆管式反应器，螺杆相对转动，其作用是兼混合、推移和粉碎物料于一体。管式反应器由标准管材和管件连接而成，安装和检修都比较简便，缺点是比较占位置。

1.1.1.2 盘管式反应器

盘管式反应器将管道做成盘管安装在反应器内，其构造及实物如图 1-2 所示。

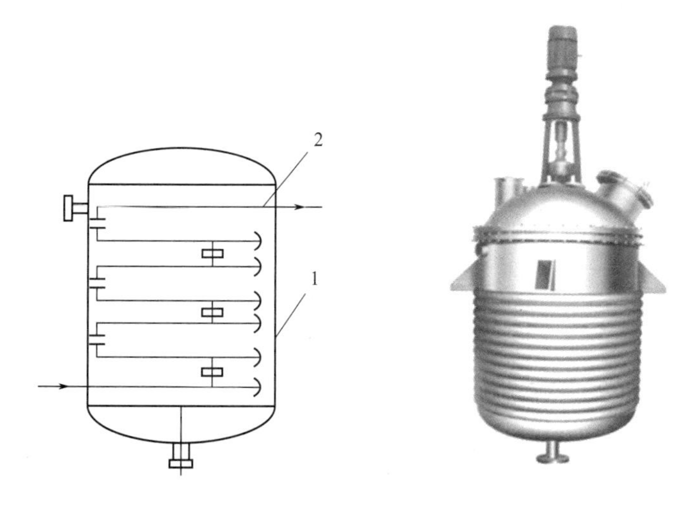

图 1-2 盘管式反应器
1—圆筒体；2—盘管

加热或冷却介质在盘管和圆筒体的间隙流动。这种反应器结构紧凑，占用位置少，但安装和检修比较困难。

1.1.1.3 U 形管式反应器

U 形管式反应器的管内设有多孔挡板或搅拌装置以强化传热和传质。常见的 U 形管式反应器有两种，其构造如图 1-3 所示。

不少需要高温或高温、高压的反应，常采用 U 形管式反应器。获取高温的方法除用蒸汽加热外，常用高温载热体、电流以及煤气或烟道气等加热。比如用煤气或烟道气加热的有直焰式和无焰辐射式管式裂解炉；用电流加热的方法很多，其中短路电流加热法是将低电

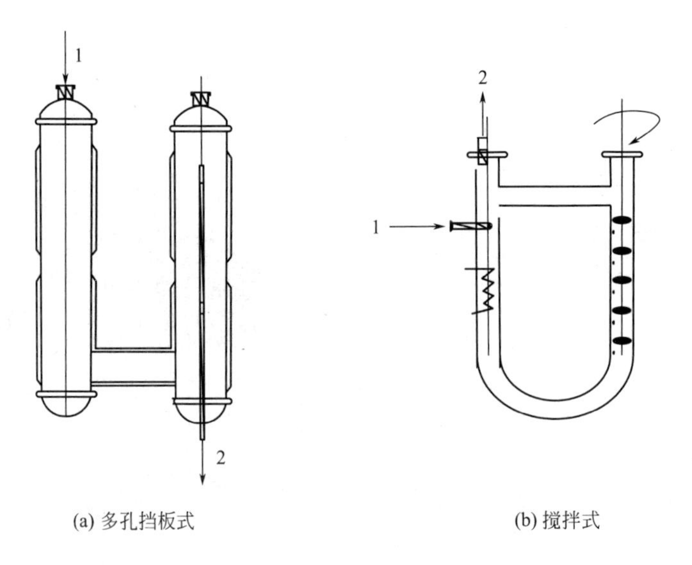

图 1-3 U 形管式反应器

1—进料口；2—出料口

压、大电流的电源直接通到管壁上，使电能转变成热能。这种加热方法升温快，加热温度高，便于实现自控和遥控。由于管的直径较大，物料停留时间较长，可用于慢反应。其中，图 1-3(b) 所示的 U 形管式反应器适用于非均相液态物料或液-固悬浮物料。

1.1.2 塔式反应器

1.1.2.1 填料塔

填料塔以填料作为气、液接触和传质的基本构件，其塔身是一直立式圆筒，底部装有填料支承格栅，填料以乱堆或整砌的方式放置在支承板上。填料的上方安装填料压板，以防被上升的气流吹动。其构造如图 1-4 所示。

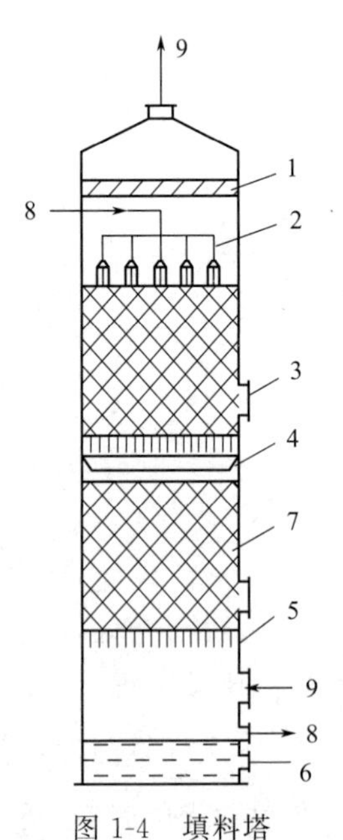

图 1-4 填料塔

1—除雾器；2—液体分配器；3—卸料口；4—液体再分配器；5—支承格栅；6—排渣口；7—填料；8—液体进出口；9—气体进出口

在填料塔中，液体从塔顶经液体分配器喷淋到填料上，在填料表面呈膜状自上而下流动，填料塔的液相喷淋密度必须大于最小喷淋密度，否则填料不能全部润湿。而最小喷淋密度可以根据填料的最小润湿速率和填料的比表面积求得。气体从塔底送入，经气体分布装置（小直径塔一般不设气体分布装置）分布后，呈连续相自下而上与液体作逆向流动，通过填料层的空隙。在填料表面上，气、液两相密切接触，并进行两相间的传质和传热，两相的组分浓度和温度沿塔高连续变化。当液体沿填料层向下流动时，有逐渐向塔壁集中的趋势，使得塔壁附近的液流量逐渐增大，这种现象称为壁流。由于壁流效应造成气液两相在填料层中分布不均，从而使传质效率下降，因此，当填料层较高时，需要进行分段，中间设置再分配装置。液体再分配装置包括液体收集器和液体再分布器两部分，上层填料流下的液体经液体收集器收集后，送到液体再分布器，经重新分布后喷淋到下层填料上。作为吸收塔的填料，其比表面和空隙率要大，有一定的强度和良好的可润湿性，能耐介质的腐蚀，并且价格要低廉。

填料塔具有结构简单、比表面积大、持液量小、使用压力较小、耐腐蚀、不易造成溶液起泡等优点，其缺点是不能从塔体直接移去热量。该设备对瞬间反应、快速和中速反应的吸收过程都可采用，是制药工业中最常用的反应器之一。

1.1.2.2　鼓泡塔

鼓泡塔是一种常用的气液接触反应设备，主要由塔体、气体分布器、液体捕集器等组成，塔体可安装夹套、换热器或设有扩大段等装置，其构造如图 1-5 所示。

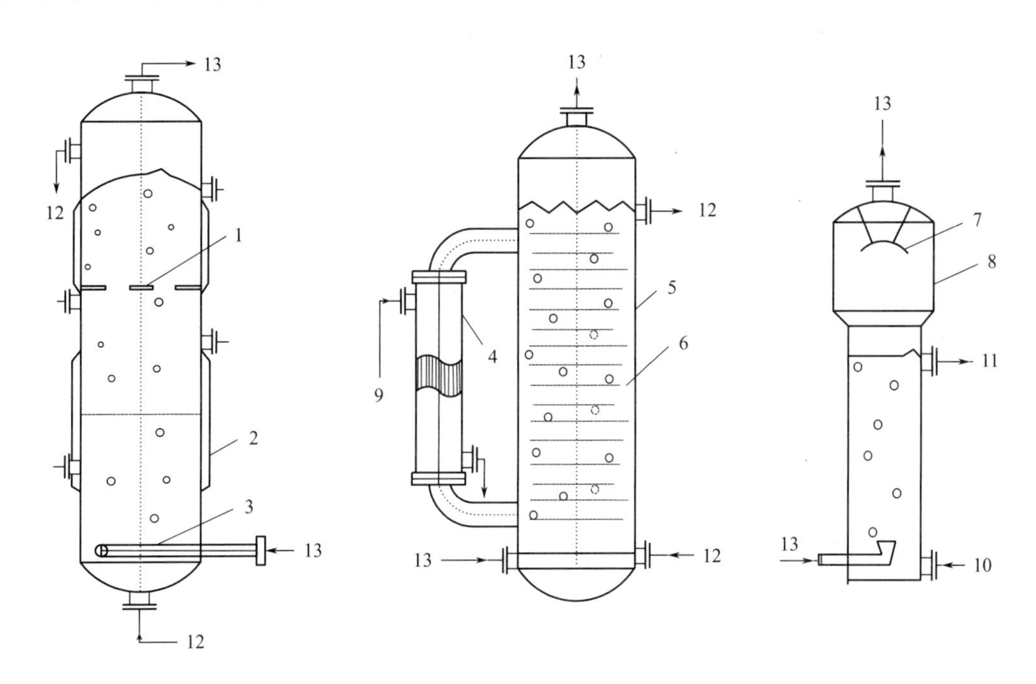

图 1-5　鼓泡塔

1—分布隔板；2—夹套；3—气体分布器；4—塔外换热器；5—塔体；6—挡板；7—液体捕集器；8—扩大段；9—载热体；10—新催化剂（进）；11—废催化剂（出）；12—液体进出口；13—气体进出口

气体从塔底直接或通过气体分布器上的小孔鼓泡进入，液体可连续加入或分批加入。对于催化反应，新催化剂从塔底进入，废催化剂由塔体上部排出。当鼓泡塔的液相返混较大，尤其当高径比较大时，气泡合并速度加快，相际接触面积迅速减小，这时可在塔内加设分布隔板或挡板，有时也可放置填料，以增大气液接触面积，提高气体分散程度和减少液体返混；当热效应较大时，可在塔内或塔外安装换热器，使之变为具有热交换单元的鼓泡塔。

鼓泡塔的优点是结构简单、操作稳定、投资和维修费用低；同时，气相高度分散在液相中，持液量大，停留时间较长，有比较大的相际接触表面，有较高的传质和传热效率。因此，该设备适用于进行缓慢的化学反应和强放热反应。

1.1.3　搅拌鼓泡釜

搅拌鼓泡釜是利用机械搅拌使气体分散进入液流以实现质量传递和化学反应的装置，主要

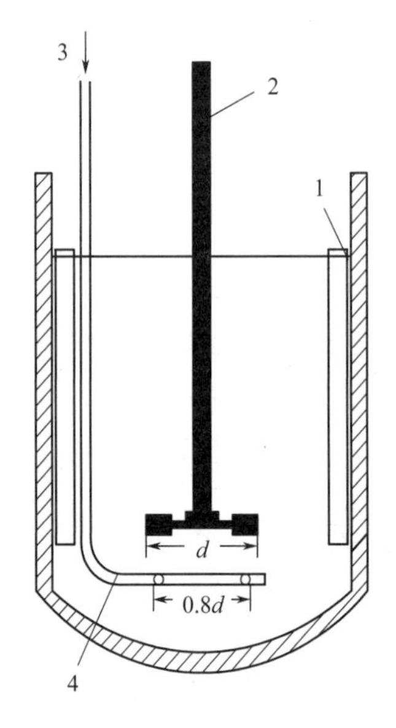

图 1-6　搅拌鼓泡釜
1—挡板；2—驱动轴；3—气体入口；4—气体分布器

由釜体、挡板、驱动轴、环形进气管等组成，其构造如图1-6所示。

搅拌器的形式、数量、尺寸、安装位置和转速均可进行选择和调节，通常采用的是直叶圆盘涡轮式，叶片数为4个或6个，这种形式的搅拌桨能产生高度的湍流并击碎气泡。桨叶直径与釜径之比 d/D 在 1/4～1/2（通常为 1/3），当流体黏度大或有固体颗粒时取高值。桨叶离釜底的距离为 $D/6 \sim D/3$，当液层高度与釜径之比大于1.2时，应采用双层桨叶。搅拌桨下方进气的环形多孔管的环径大致为桨叶直径的4/5，气体分布器上分布有小孔，如为纯净液体，布气孔向上；在含有固体颗粒时，布气孔向下。釜壁常装有挡板，以增加液体的湍动，其宽度为 $D/10$，挡板与釜壁之间可留有1/6挡板宽度的间距，以防固体颗粒的截留。也可使气体经喷嘴注入，以提高液相的含气率，并加强传质；或在反应器内设置导流筒，以促进定向流动；为了便于控制反应温度，也可在反应器内设置夹套或冷却管，以方便排除反应热。

鼓泡搅拌釜的优点是结构简单，传热、传质效果好，且适应性强，可用于各种快、慢、中速反应。

1.1.4　气固相固定床催化反应器

1.1.4.1　单段绝热式

单段绝热式反应器是指反应物料在绝热情况下只反应一次的反应器，主要由筒体、气体分布器、催化剂层、填料层、多孔板等组成，其构造如图1-7所示。

单段绝热式反应器下部支承催化剂的多孔板上铺几层直径较大的填料，在填料上面再均匀铺上催化剂颗粒。反应气体从筒体上部进入，经过气体分布器，沿轴向自上而下地均匀通过催化剂床层进行催化反应。采用气流方向与固体颗粒重力方向一致，可以避免催化剂浮动和粉碎流失。单段绝热式反应器结构简单，床层内不设置换热的装置或换热构件，空间利用率高，生产能力大，造价低，但反应过程中温度变化较大，对于一些热效应比较大的反应，由于温升过高，反应器出口温度可能会超过允许的温度，因此只适用于热效应较小、绝热温升不太高、单程转化率较低和反应温度允许波动范围较宽的情况；对于一些热效应较大的，但对反应温度不是很敏感或反应速率非常快的过程也可适用。

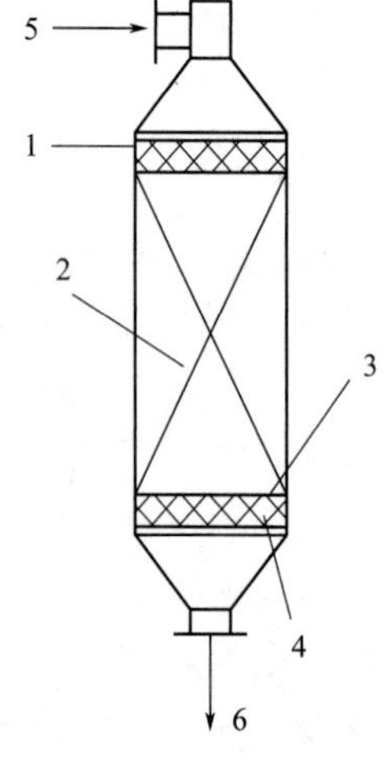

图 1-7　单段绝热式反应器
1—气体分布器；2—催化剂层；3—填料层；4—多孔板；5—原料气入口；6—产物排出口

1.1.4.2 多段绝热式

与单段绝热式反应器相比，多段绝热式反应器增加了分段以及段间反应物料的换热装置，能在一定程度上调节反应温度。多段绝热式反应器因换热的方式不同，可分为中间换热式绝热反应器、外冷却式串联多段绝热反应器、冷激式多段绝热反应器，其构造分别如图 1-8(a)～(c) 所示。

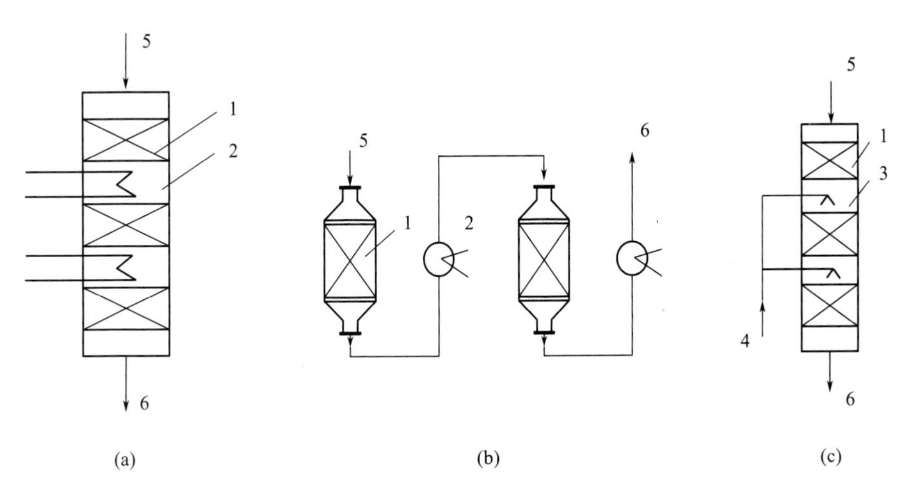

图 1-8 多段绝热式反应器

1—催化剂层；2—换热器；3—冷激区；4—冷激气入口；5—原料气入口；6—产物排出口

当反应热效应较大时，若采用单段绝热式反应器，绝热温升将会使反应器内的温度超出允许的范围，此时，可采用多段绝热式固定床反应器。多段绝热式固定床反应器根据换热要求可以在反应器外另设换热器，也可在反应器内各段之间设置换热构件。在各段之间用热交换器换热的中间换热式，结构紧凑，适用于中等热效应的放热反应过程，其缺点是装卸催化剂困难；外冷却式串联多段绝热反应器的优点是更换催化剂比较方便，缺点是占用面积比较大；冷激式多段绝热反应器是经过部分反应的反应物系与冷却介质直接混合而降温，然后进入下一段绝热催化床继续反应，一般用原料气进行中间冷激，催化剂床层的温度波动小，具有结构简单、便于装卸催化剂等特点，缺点是操作要求较高。

1.1.4.3 对外换热式

以各种载热体为换热介质的对外换热式反应器多为列管式结构，类似于列管式换热器，其构造如图 1-9 所示。

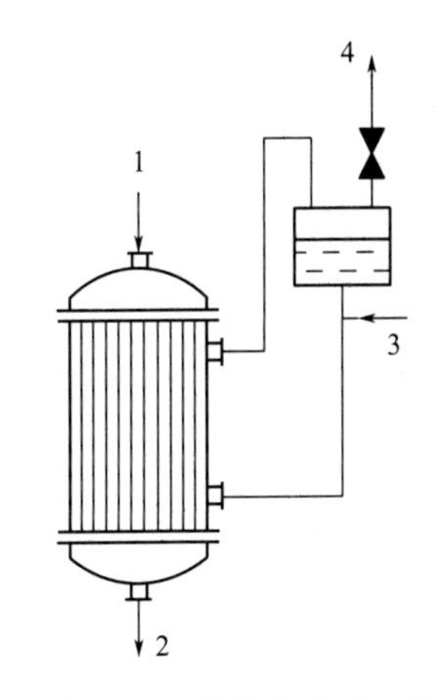

图 1-9 对外换热式反应器

1—原料气入口；2—产物排出口；3—补充入口；4—蒸汽排出口

对外换热式反应器的管内充填催化剂，管间走冷却剂。一般反应温度在 250℃以下宜采用加压热水作载热体；反应温度在 250～300℃可采用挥发性低的导热油作载热体；反应温度在 300℃以上的则需用熔盐作载热体，如 KNO_3 53%、$NaNO_3$ 7%、$NaNO_2$ 40%的混合物。它的特点是可以在反应区内进行热交换、传热面积大、传热效果好、易控制催化剂床层温度、反应速率快、选择性高；缺点是结构较复杂、设

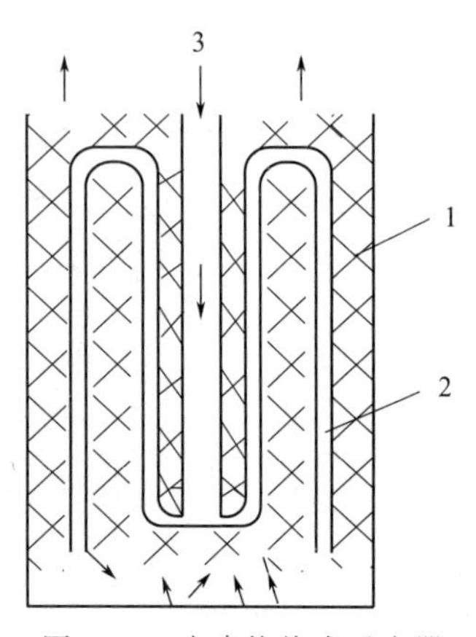

图 1-10 自身换热式反应器

1—催化剂层；2—换热管；3—气体通道

备费用高。该类反应器适用于热效应大的反应。

1.1.4.4 自身换热式

用以原料气体作换热介质来加热或冷却催化剂，以维持反应区温度的反应设备，称为自身换热式反应器。主要由催化剂层、换热管等组成，其构造如图 1-10 所示。

自身换热式反应器的内部插有较多的换热管，不需要另设高压换热设备，反应床层中温度接近最佳温度曲线，反应过程中热量自给。但结构比较复杂，造价高，催化剂装载系数较大。这种反应器主要适用于较易维持一定温度分布的、热效应不太大的高压放热反应。

1.1.5 流化床反应器

1.1.5.1 自由床和限制床

按照床层中是否设置有内部构件分类，流化床可分为自由床和限制床。床层中无专门设置内部构件、不限制气体和固体流动的称为自由床，床层中设置内部构件的称为限制床。自由床反应器内除分布板和旋风分离器以外，没有其他的内部构件，其构造如图 1-11(a) 所示。限制床是应用最广泛的一种形式，反应器内设有换热器或挡板或两者兼有，其构造如图 1-11(b) 所示。

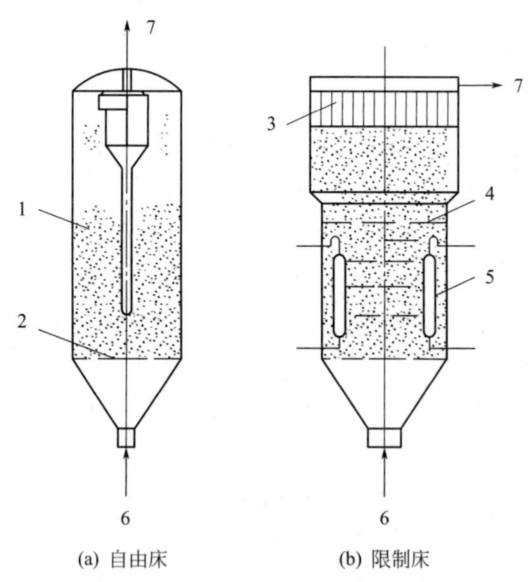

图 1-11 自由床和限制床

1—催化剂；2—分布板；3—内过滤器；4—挡板；5—冷却管；6—原料气入口；7—产物出口

在自由床反应器内，催化剂被反应气体密相流化，床的高径比为 1～2，适用于热效应不大的反应，对于反应速率快、延长接触时间不至于产生严重副反应或对于产品要求不严的催化反应过程，可采用自由床。

限制床设置内部构件的目的在于可以破碎大气泡、增进气固接触、减少气体返流、改善气体停留时间分布、提高床层的稳定性，从而使高床层和高流速操作成为可能。这种类型的反应器适用于热效应大、温度范围狭窄、反应速率较慢、级数高、有副反应的场合。

1.1.5.2 圆筒形和圆锥形流化床

流化床按床层的外形可分为圆筒形和圆锥形，主要由壳体、分布器等组成，其构造分别如图 1-12 中的（a)、(b) 所示。

圆筒形流化床的反应区为直径不变的圆筒，构造简单、制造容易、设备的容积利用率高、应用最广泛。圆锥形流化床的床体横截面从下到上逐渐扩大，气体流速不断减小，具有以下特点：①适用于气体体积增大的反应。气泡在床层的上升过程中，随着静压的减小，体积相应增大，能使流化更趋于平衡。②使床层上部的细颗粒在较小的气速下流动，提高细粉的利用率，减小细粉夹带，增加粒子的环流运动，也减小了气固分离设备的负荷。③适用于固体颗粒粒度分布较宽的场合。由于床层底部的气速高，粒径大的颗粒得以充分流化，孔隙率也增加，使反应不致过分集中在底部，且增加了底部的传热过程，从而减轻和消除分布板上的死料、烧结及堵塞等现象。

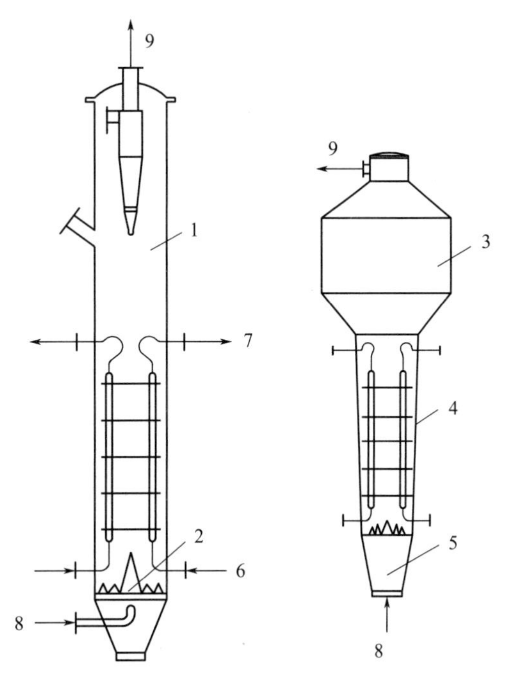

(a) 圆筒形流化床　　(b) 圆锥形流化床

图 1-12　圆筒形和圆锥形流化床

1—圆筒壳体；2—分布板；3—扩大段；4—圆锥形壳体；5—帽式预分布器；6—进水口；7—蒸汽排出口；8—进气口；9—产物出口

1.1.6　气液固反应器

1.1.6.1　滴流床

滴流床又称涓流床，属于固定床形式，是一种气-液-固三相催化反应器，其结构与气固相绝热式固定床反应器类同，通常在圆柱形的反应器筒体中装填一定数量的固体催化剂，固体催化剂在床内固定不动，随两液体流动方向又可分为气体和液体并流向下、气体和液体逆流、气体和液体并流向上三种操作方式，但大多采用的是气-液两相并流向下或液相向下、气相向上通过固定的催化剂颗粒层进行气-液-固三相反应，其操作方式如图 1-13 所示。

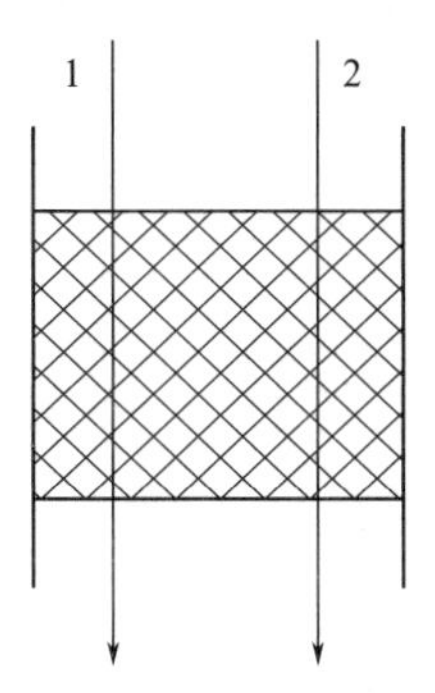

(a) 气-液两相并流向下

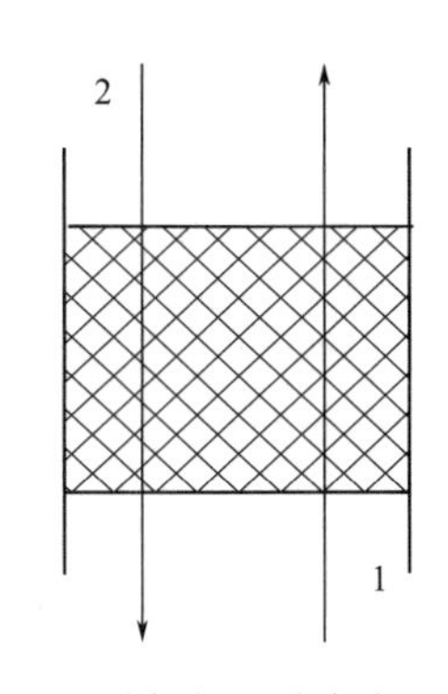

(b) 液相向下、气相向上

图 1-13　滴流床

1—气体；2—液体

滴流床反应器中的液体滞留量（液固比）很小，液膜通常很薄，总的传质和传热阻力相对较小，气体在平推流条件下操作可获得较高的转化率；同时由于持液量小，可最大限度降低均相的副反应；并流操作的滴流床也不存在液泛问题。但在大型滴流床反应器中，由于低液速操作的液流径向分布不均匀，易引起径向温度不均匀，形成局部过热，所以催化剂颗粒不能太小，而大颗粒催化剂存在明显的内扩散影响，由于组分在液相中的扩散系数比在气相中的扩散系数低很多，导致内扩散的影响比气-固相反应器更为严重；可能存在明显的轴向温升，形成热点，有时可能飞温。对于高床层的滴流床反应器，为了调节反应温度常采用多段中间冷激的方式。

1.1.6.2 浆态反应器

浆态反应器是一种处于静止状态，气-液-固三相共存，气相为连续相，借助气流或搅拌器使固体颗粒悬浮在液体中的反应器。浆态反应器有两种基本形式：一是搅拌釜式，利用机械搅拌使浆液混合；二是气流式，利用气流使浆液混合。其构造或工作原理如图 1-14 所示。

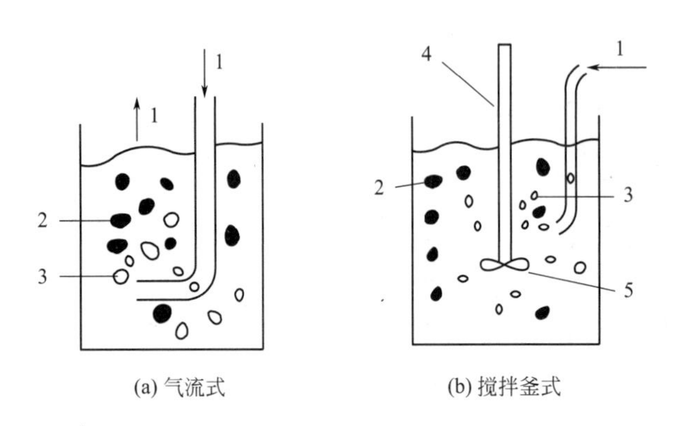

(a) 气流式　(b) 搅拌釜式

图 1-14 浆态反应器

1—气体；2—固体；3—气泡；4—转轴；5—桨叶

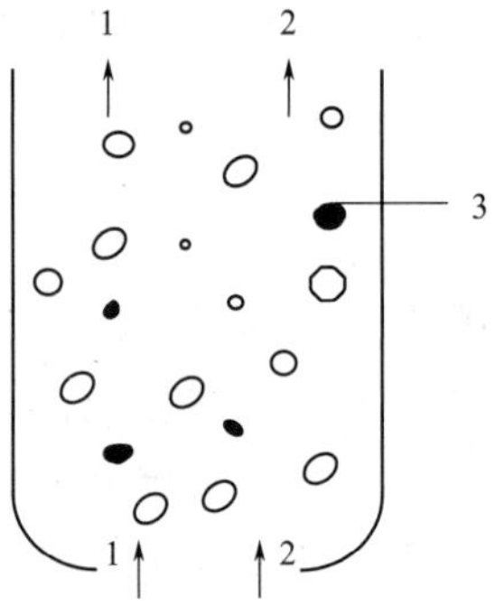

图 1-15 三相流化床式浆态反应器

1—气体；2—液体；3—固体

浆态反应器是一种间歇反应釜，利用机械搅拌使浆液混合，适用于固体含量高、气体流量小或气液两相均为间歇进料的场合，在制药工业中应用较多。

1.1.6.3 三相流化床

三相流化床式反应器是借助气体上升时的作用使固体悬浮，并使浆液混合。其构造或工作原理如图 1-15 所示。

三相流化床式反应器是连续操作的反应器，在反应器中气体成气泡分散于液体中，借助气体上升时的作用使固体悬浮，利用上升的液体使固体颗粒流态化，并使浆液混合。该类反应器由于具备温度易于控制，相间混合均匀，传热、传质效果好，接触面积大等优点而得到了大量的应用，它适用于大规模生产；同时，其避免了机械搅拌的轴封问题，尤适于高压反应。

1.1.7 反应器的选择

反应器类型很多，结构和性能的差异也较大，其选择的合理性将直接影响着药品生产的效率与质量。由于影响反应器选择的因素很多，如：物料相态、传热传质、反应速率、反应转化率和选择性、设备投资、操作要求、精度控制、产物分离、进料出料等，所以往往较难兼顾，在选择时应以主要工艺要求和反应器的特性为原则进行选择。下面仅从几种常见的重要因素介绍反应器的选择。

（1）从物料的相态选择反应器　一般来说，均相反应可选择在管式反应器、间歇操作搅拌釜、连续操作搅拌釜等形式的反应器中进行。其中，对于均气相反应或反应速率较快的均液相反应，多选用管式反应器；反应速率较慢的均液相反应大多选用釜式反应器；批量生产或生产规模较小时则常选用间歇式反应釜，反之则可用连续式反应釜。

（2）从相际传质和反应速率选择反应器　在气、固相反应体系中，固体是分散相，从传质效果看，流化床优于固定床。但流化床的返混程度大，以致使其传质良好的优越性不免有所抵消。而在气、液相反应体系中，带搅拌装置的鼓泡式反应器则因可使气体在液体中高度分散而具有优势。对于气、液、固三相反应体系来说，由于其中的固、液相界面的传质阻力大于气、液相界面的传质阻力，所以反应过程中固、液相间的传质过程起决定作用，也因此为了加快反应速率、缩小反应器的体积，多采用气体和固体都高度分散于液相中的反应器，如机械搅拌式鼓泡反应器、半连续操作的鼓泡搅拌反应器和填料塔等。

（3）从反应的转化率和选择性选择反应器　反应器的形式必须满足反应过程的反应转化率和选择性等优化条件。对于平行反应，若主反应级数大于副反应，应保持较高的反应浓度以有利于提高反应的选择性，此时宜采用活塞流反应器；若主反应级数小于副反应级数，则应保持较低的反应物浓度以有利于抑制副反应速率，提高反应的选择性，此时宜采用返混程度大的反应器。对于串联副反应，应尽量降低产物浓度，选择返混程度较低的反应器，如采用活塞流反应器。对于可逆简单反应，主要从提高反应速率考虑，应选用活塞流反应器为宜。对于可逆放热反应，为了满足最佳反应温度序列，一般采用中间冷却式的多段管式反应器。

（4）从传热的要求和温度效应选择反应器　一般化学反应伴随着热效应而又必须维持一定的反应温度，对于放热反应往往需要移去热量；对于吸热反应则需要供给热量，因此，无论热量的移出或供给，在反应器的设计中都应设置热交换构件。当反应热效应较小、温度变化不大时，可以考虑绝热操作；如果在绝热控制下的温度变化过大而不能保证在最佳反应温度下操作，往往需要分段控制，如分段间壁式冷却绝热反应器和分段冷激式冷却绝热反应器。在气、固相催化反应中，对于强放热反应，反应器的换热结构可采用物料循环或者多段中间冷却方式。

1.2 搅拌器

1.2.1 平桨式搅拌器

平桨式搅拌器结构最简单，主要由轴、平直桨叶等构成，其构造及实物如图 1-16 所示。

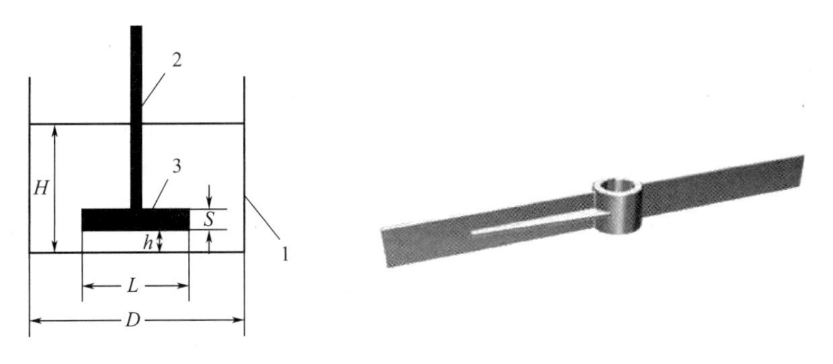

图 1-16　平桨式搅拌器

1—容器；2—轴；3—桨叶

平直桨叶主要是造成水平的圆形液流，慢转时的剪切作用不大，轴向运动小。在液体中旋转时靠近转轴处的液体会形成漏斗状旋涡，密度较小的固体在靠近轴的区域里作回转运动，而密度较大的固体由于受到较大的离心力作用，被抛到离轴较远的区域，形成固体的分离而不是混合，结果直接影响混合效率。因此在大容器的设计中，容器内应装设4个或6个宽度为容器直径1/10～1/12的挡板。这些挡板不仅可以增加液体上下翻动的液流，消除转轴旁的旋涡，而且还在挡板周围造成较小的涡流，可以极大提高搅拌的效率。当反应设备直径很大或很小时，可以酌量增加或减少挡板的数目。主要缺点是不易产生轴向液流，应用于液-液互溶系统的混合或可溶性固体的溶解时，平桨的直径一般选为容器直径的0.7倍（$L=0.7D$），叶端圆周速度维持在90～120m/min，液体的深度与容器的直径相等（$H=D$）。如欲使较轻的不溶性固体均匀地悬浮于液体中，此时平桨的直径等于容器直径的1/3～1/2，桨叶宽度S为桨叶直径L的1/6～1/4，桨叶下方边缘离容器底的距离h等于桨叶的宽度S。为了达到较剧烈的湍流以防止固体物下沉，桨叶的圆周速度可以保持在90～120m/min，或高于该速度范围，但以不超过180m/min为宜。

平桨式搅拌器主要适用于非均一系统液体的搅拌、流动性液体的混合、纤维状或结晶状的固体物质的溶解、固体的熔化、较轻固体颗粒呈悬浮状态保持等缓和的搅拌操作方面。

1.2.2　旋桨式搅拌器

旋桨式搅拌器主要由轴、2～3片推进式螺旋桨叶等构成，其构造及实物如图1-17所示。

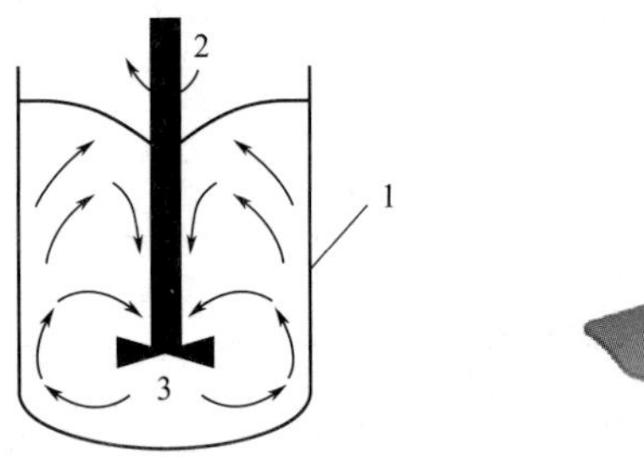

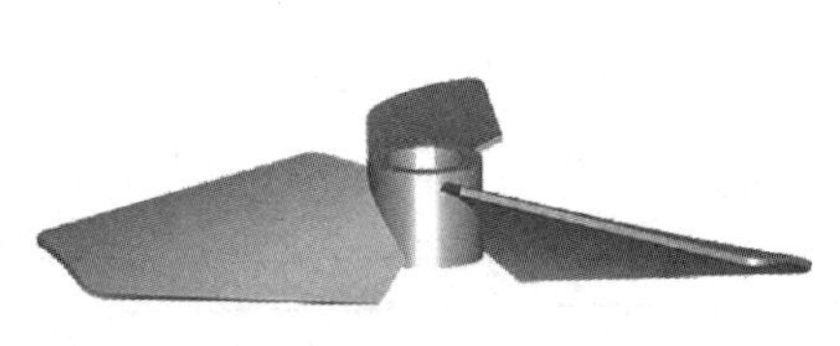

图1-17　旋桨式搅拌器

1—容器；2—轴；3—桨叶

旋桨式搅拌器的叶轮直径比平桨式搅拌器小，转速高，叶片端部的圆周速度一般为5～15m/s，最高速度可达25m/s。液体在高速旋转的叶轮作用下作轴向和径向运动，当液体离开旋桨后做螺旋线运动，液体沿轴向下流动，当流至槽底时再沿槽壁折回，返入旋桨入口，形成一种循环流动，主要造成轴向液流，产生较大的循环量。缺点是旋桨切向分速度使离开桨叶的液体带动容器内液体做圆周运动，对混合不利。这种圆周运动使槽内中心液面下凹，减小了搅拌槽内的有效容积，严重时桨叶的中心将会吸入空气，破坏搅拌操作。若液体中有固体颗粒时，这种圆周运动还会将颗粒甩向槽壁，并沉积到搅拌槽底部，形成固体的分离作用，故应设法抑制搅拌槽内液体的圆周运动。

旋桨式搅拌器由于具有循环量大、压头低的特点，因此对搅拌低黏度的大量液体、乳浊液及固体微粒含量低于10%的悬浮液具有良好的效果，适用于宏观均匀的场合，如互溶液体的混合、搅拌槽的传热等。

1.2.3 框式及锚式搅拌器

框式搅拌器和锚式搅拌器仍属于桨式搅拌器的类型，桨叶外缘形状与搅拌槽内壁要一致。框式搅拌器是由水平及垂直的桨叶组成，其结构如图 1-18(a) 所示；锚式搅拌器的形状和框式相似，但是具有弧形的桨叶，其结构如图 1-18(b) 所示。

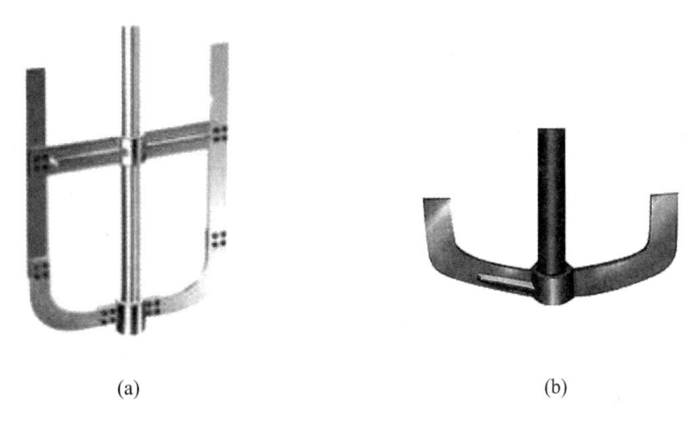

图 1-18　框式搅拌器（a）和锚式搅拌器（b）

框式搅拌器的框架直径一般为反应器直径的 2/3～9/10。锚式搅拌器桨叶外缘边缘到容器壁的距离通常为 30～50mm，严格避免在器壁形成残留物时，距离可以更小，可利用其刮壁作用以防止静止膜的形成，尤其对于黏稠的物料，可以防止物料在容器内表面上附着，用于传热操作时，防止局部过热和焦化现象的发生。它们在运转时，转数一般不超过 1000r/min，否则液体表面会生成旋涡，对混合不利，因此叶片端部圆周速度较低，一般为 30～90m/min，转速一般低于 60r/min，大型的搅拌器转速则低于 30r/min。

这两种搅拌器适合用于搅拌不需要非常强烈、但必须覆盖容器内全部液体的情况，以及搅拌含有较多的固体悬浮物且固体和液体的密度相差不大者。框式搅拌器适用于高黏度物料的搅拌；锚式搅拌器结构简单，适用于黏度在 100Pa·s 以下的流体搅拌，当流体黏度在 10～100Pa·s 时，可在锚式桨中间加一横桨叶，即为框式搅拌器，以增加物料的混合。

1.2.4 推进式搅拌器

推进式搅拌器一般有 2～4 片弯曲的短桨叶，呈螺旋推进器形式，桨叶与运动水平面间的倾斜角度有向上倾斜及向下倾斜两种，其桨叶结构及桨叶倾斜方向如图 1-19 所示。

图 1-19　推进式搅拌桨叶结构及桨叶倾斜方向

推进式搅拌器整个桨叶的直径为容器直径的 1/3～1/4，这样的构造使推进式搅拌器主要产生轴向液流。叶端圆周速度可达 900～1500m/min，在高速旋转时，它能从一面吸进液体，而从另一面推出液体。转速越高，剪切作用越大，并产生强烈的湍动，因此它的容积循环率高。当桨叶倾斜角 α 大于 90°（即向上倾斜）时，液体质点在撞击桨叶后向上翻转；当桨叶倾斜角 α 小于 90°（即向下倾斜）时，液体质点在撞击桨叶后向下折转，因此当搅拌的目的是从容器底部将沉淀物搅起时，应使搅拌器靠近器底，使桨叶向上倾斜。

由于推进式搅拌器能产生大的液流速度，且能持久而波及远方，因此适合搅拌黏度低而密度较大的各种液体，但不适用于搅拌高黏度液体。

1.2.5 涡轮式搅拌器

涡轮式搅拌器主要由在水平圆盘上安装多片平直的或弯曲的叶片所构成。涡轮式搅拌器的直径一般为搅拌槽直径的 1/3～1/2，转速较高，叶片端部的圆周速度通常为 3～8m/s。液体的径向流速较高，冲击在内壁上，变成沿壁上下流动，基本上形成比较有规则的循环作用。涡轮结构及搅拌的流形如图 1-20 所示。

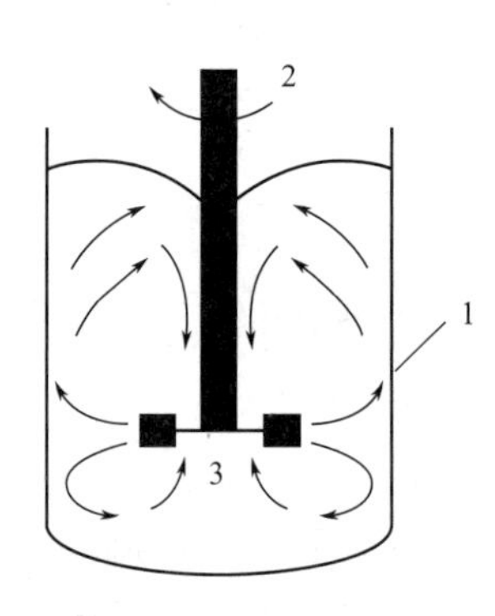

图 1-20 涡轮结构及搅拌的流形

1—容器；2—轴；3—桨叶

涡轮式搅拌器的涡轮在旋转时能有效地造成液体高度湍动的径向流动，桨叶端部造成剧烈的旋涡运动和较高剪切力产生的切向运动，所造成的液体流动的回路非常曲折，并且在出口速度较高，能最剧烈地搅拌液体；但这种切向分速度，使搅拌槽内的液体产生有害的圆周运动，对于这种圆周运动同样应设法加以抑制。

涡轮式搅拌器适用于混合黏度相差较大的两种液体、混合密度相差较大的两种液体、混合不互溶液体、固体的溶解、混合含有较高浓度固体微粒的悬浮液，被搅拌液体的黏度一般不超过 25Pa·s。

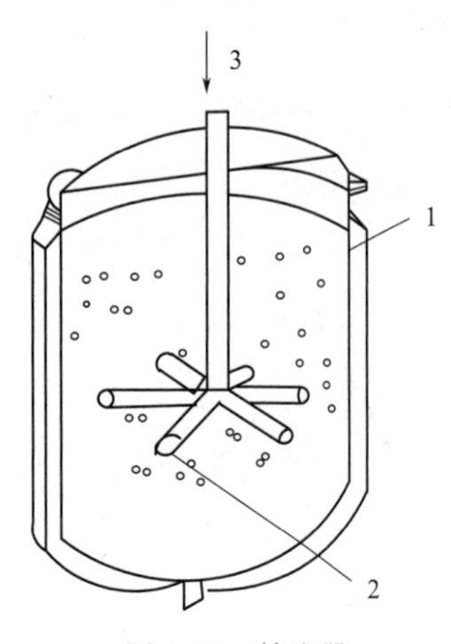

图 1-21 鼓泡器

1—容器；2—鼓泡器；3—气体入口

1.2.6 鼓泡器

鼓泡器是利用高速气体来搅拌流体的，一般是由一根直径为 25～50mm 的管子制成，其下部通常由水平的直管或环形管组成，管上有 3～6mm 的小孔，压缩空气或蒸汽由孔中逸出时即鼓泡搅拌液体。其构造如图 1-21 所示。

鼓泡器通常是通入空气，在有必要加热而搅拌物又不怕水稀释时，才可直接通入蒸汽。

鼓泡器设备简单，适用于大容器搅拌，特别适用于化学腐蚀性强的搅拌场合；缺点是消耗动力多，被搅拌介质的黏度不能太大（<0.2Pa·s)，且搅拌效率较低，同时，还必须注意液体不能与空气或蒸汽发生作用，否则易引起损失。

1.2.7 自吸式搅拌器

自吸式搅拌器又称空心叶轮搅拌器，是指不用气体输送机械而由搅拌器自身在液体中旋转时产生负压，以吸进外界气体的气液接触装置。主要由空心搅拌轴、自吸叶轮、换热盘管、带螺旋板夹套等组成，其构造如图 1-22 所示。

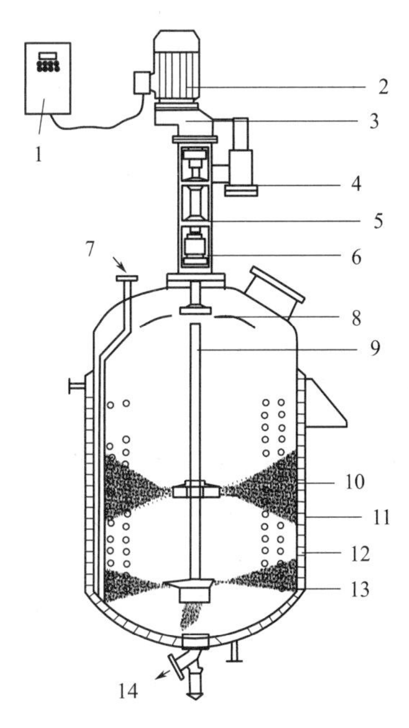

图 1-22 自吸式搅拌器

1—变频器；2—防爆电机；3—齿轮减速机；4—密封辅助装置；5—专用机架；6—专用高速密封；7—气体入口；8—气体吸入口；9—空心搅拌轴；10—自吸叶轮；11—换热盘管；12—带螺旋板夹套；13—轴流桨；14—物料出口

自吸式搅拌器的叶轮有三角形、六角形等多种，在转动时能产生一定的真空从而产生较大的负压，以利于气体的吸入，空气通过装在搅拌器中心的吸入口进入叶轮中，使气-液两相在转动甩出时充分混合。

自吸式搅拌器既能使液体得到剧烈搅拌，又能自行吸入气体，并将其分散在液相中，有利于气-液间的接触，可作为气-液相的反应设备。

1.2.8 搅拌器的选择

搅拌器的选择与搅拌作业目的有着紧密关系，各种不同的搅拌过程需要选择不同的搅拌器。选择时首先要根据工艺条件、搅拌目的和要求、物料性质等选择搅拌器形式，同时还应充分掌握搅拌器的动力特性和搅拌器在搅拌过程中所产生的流动状态与各种搅拌目的的因果关系，以及综合考察经济上的合理性和技术上的先进性。

① 一般来说，根据工艺要求的搅拌速度选用搅拌器，快速搅拌实现液体混合或形成稳定固体颗粒悬浮搅拌时选用涡轮式搅拌器或旋桨式搅拌器为宜；反应釜容积大于 500m^3 时，采用旋桨式搅拌器为佳；根据传热方式，夹套给热以锚式搅拌器为宜，而槽内设盘管的给热结构则应选用旋桨式搅拌器或涡轮式搅拌器等。

② 低黏度液体搅拌。低黏度液体一般是在湍流状况下搅拌，常用的搅拌器有推进式搅拌器、平浆式搅拌器和旋桨式搅拌器。推进式搅拌器可用于黏度低于 400mPa·s 液体的搅拌，在 100mPa·s 以下更好，常在湍流区操作。

③ 高黏度液体搅拌在物料容积小于 1m^3 和 100～1000mPa·s 黏度范围内，适宜选用没有中间横梁的锚式搅拌器；液体黏度在 1000～10000mPa·s 范围内时，搅拌器上需加横梁、竖梁，即为框式搅拌器。选用锚式搅拌器或框式搅拌器操作时，转数不可超过 1000r/min，否则会产生中央漩涡，对混合不利。

④ 固-液两相搅拌常用的搅拌器有涡轮式搅拌器和推进式搅拌器两种。在低黏度的牛顿流体中，固体的悬浮或固体溶解须要求搅拌器的容积循环率高，可优先考虑选用涡轮式搅

拌器；如果固体的密度与液体的密度相差较小，固体不易沉降，且固-液两相黏度小于400mPa・s时，可以考虑选用推进式搅拌器。

⑤ 气-液两相搅拌的目的是让气体在主体黏度较低或牛顿流体中充分分散或被吸收，除可选用自吸式搅拌器之外，还可根据情况选用容积循环率高，并且剪切力大的搅拌器。

思考题

1. 制药反应设备的形式在结构与操作上分哪几类?
2. 如何调整搅拌鼓泡釜的安装结构以适应不同的搅拌要求?
3. 搅拌器的分类及其各自的特点有哪些?

参考文献

[1] 张晓娟．精细化工反应过程与设备．北京：中国石化出版社，2008.
[2] 周波．反应过程与技术．北京：高等教育出版社，2006.
[3] 李绍芬．反应工程．3版．北京：化学工业出版社，2015.
[4] 崔克清．安全工程大辞典．北京：化学工业出版社，1995.
[5] 唐燕辉．药物制剂生产专用设备及车间工艺设计．北京：化学工业出版社，2001.
[6] 李晓辉，等．制药设备与车间工艺设计管理手册．合肥：安徽文化音像出版社，2003.
[7] 唐永富．谈化工工艺反应器选择原则．民营科技，2013 (2)：23，158.
[8] 周长征，等．制药工程原理与设备．济南：山东科学技术出版社，2008.
[9] 许嘉璐．中国中学教学百科全书：化学卷．沈阳：沈阳出版社，1990.
[10] 林崇德．中国成人教育百科全书：化学・化工．海口：南海出版公司，1994.

第2章
分离与提取设备

本章学习目的与要求：

(1) 能够正确识别不同分离与提取设备的类型并准确列出其名称。
(2) 能够准确阐明不同类型的分离与提取设备的结构组成和特点。
(3) 能够正确概述不同类型的分离与提取设备的工作原理。
(4) 能够根据适用领域和要求合理选择分离与提取设备，并对其科学评价。

制药生产中所处理的原料、中间体、粗产品等几乎都是混合物，且大致可分为均相混合物和非均相混合物，这些混合物有的可以直接利用，但大部分需要将混合物分离或提取为较纯净或几乎纯态的物质才能被人们所利用。

由于药品生产中涉及的混合物种类具有多样性，混合物中各组分的物理性质、化学性质和生物学性质也千差万别，所以其对分离或提取的要求也各不相同，这就需要采用不同的分离或提取方法，有时还需要综合利用几种方法才能更有效地达到预期分离要求。

本章主要分类介绍沉降、过滤、离心分离、蒸馏、提取等过程中常见的重要设备。

2.1 沉降设备

2.1.1 降尘室

借助重力沉降从气流中分离出尘粒的设备称为降尘室，是一种用来净制气体的沉降器。最简单的降尘室主要由气道、灰斗等组成，其构造如图2-1(a) 所示，颗粒在该类降尘室内的运动情况如图2-1(b) 所示。

由于降尘室的降尘能力只与其沉降面积及颗粒的沉降速度有关，而与降尘室高度无关，故可将降尘室设计成扁平形，或在室内均匀设置多层水平隔板，隔板间距一般为40～100mm，以构成多层降尘室，其构造如图2-2所示。

含尘气体从气道中进入降尘室后，因流道横截面扩大而减慢气体流速，颗粒能够在气体通过降尘室的时间内降至室底，从气体中分离出来。降尘室结构简单，但体积庞大，分离效

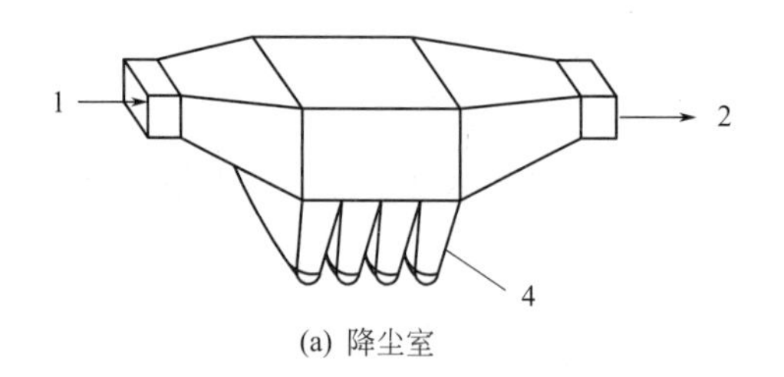

(a) 降尘室

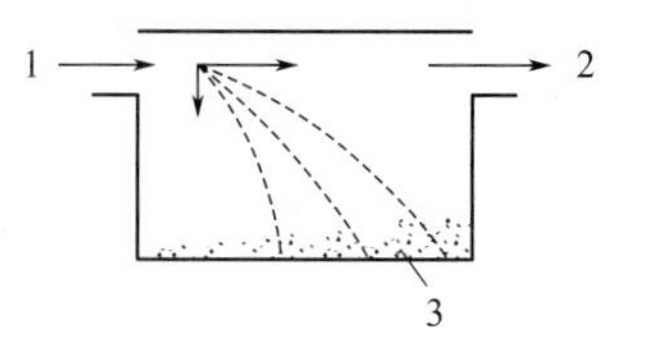

(b) 尘粒在降尘室内的沉降情况

图 2-1 简单降尘室

1—含尘气体入口；2—净化气体出口；3—沉粒；4—灰斗

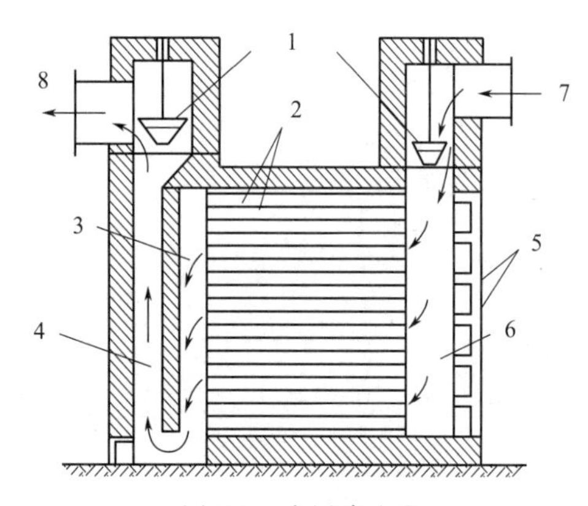

图 2-2 多层降尘室

1—调节闸阀；2—隔板；3—气体聚集道；4—气道；5—清灰口；6—气体分配道；7—含尘气体入口；8—净化气体出口

率低（实际净制程度一般不超过 40%～70%），对含有较细尘灰的气体效率更低；此外，气流速度不应过高，一般应保证气体流动的雷诺数处于层流区，以免干扰颗粒的沉降或把已沉降下来的颗粒重新扬起。因此，通常只能作为气体净制的初步处理，适用于燃烧炉气和高温气体的除尘。为了保证操作的连续性，不致因扫除沉积尘灰而停止生产，通常设置两个沉降器交替使用。

2.1.2 沉降槽

沉降槽是固液分离用的重力沉降设备，也称增稠器或澄清器，用来提高悬浮液浓度并同时得到澄清液。工业上对大量悬浮液的分离常采用连续式沉降槽，其底部是略成锥状的大直径浅槽，主要由转耙、进料槽道、转动机构、料井、溢流槽、溢流管、叶片等构成，其构造如图 2-3 所示。

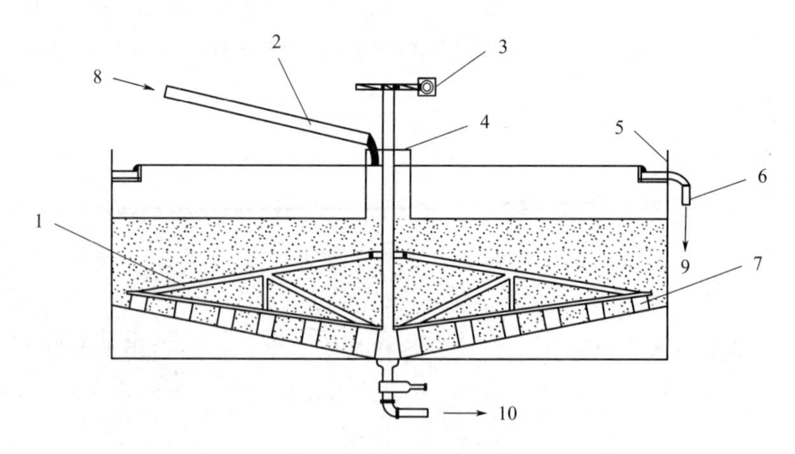

图 2-3 沉降槽

1—转耙；2—进料槽道；3—转动机构；4—料井；5—溢流槽；6—溢流管；7—叶片；8—料浆进口；9—溢流出口；10—底流出口

连续式沉降槽的直径为数米至数百米，高度为 2.5～4m。料浆经中央进料口送到液面以下 0.3～1m 处连续加入，在尽可能减小扰动的条件下迅速分散，清液向上流动，沉降槽上部得到澄清液体，由槽顶端四周的溢流堰连续流出，称为溢流；固体颗粒向下沉降至器底，槽底缓慢旋转的齿耙（转速为0.025～0.5r/min）将沉渣聚拢到底部中央的排渣口连续排出，排出的稠浆称为底流。有时将数个沉降槽垂直叠放，共用一根中心竖轴带动各槽的转耙。这种多层沉降槽可以节省占地面积，但操作控制较为复杂。

连续式沉降槽适用于处理量大而浓度不高且颗粒不甚细微的悬浮料浆。

2.1.3 旋风分离器

旋风分离器是气-固体系或者液-固体系利用惯性离心力的作用从气流中分离出尘粒的一种设备。标准旋风分离器主要由进气管、排气管、圆筒体、圆锥体、排灰管（灰斗）等构成，其构造如图2-4(a) 所示；含尘气体在旋风分离器内的运动情况如图2-4(b) 所示；旋风分离器实物如图2-4(c) 所示。

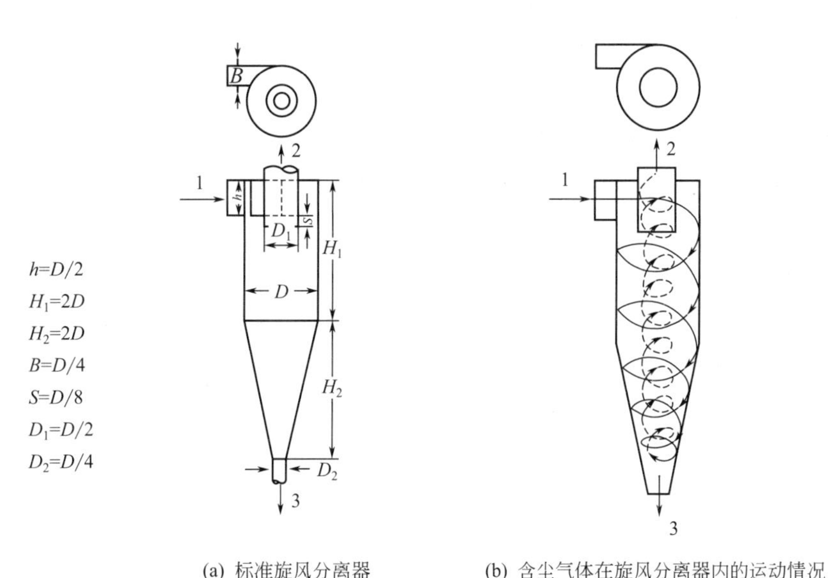

(a) 标准旋风分离器　　(b) 含尘气体在旋风分离器内的运动情况

(c) 实物图

图2-4　旋风分离器

1—进气管；2—排气管；3—排灰管

旋风分离器主体上部为圆筒形，下部为圆锥形，含尘气体由圆筒上部的进气管切向进入，靠气流切向引入造成的旋转运动，使具有较大惯性离心力的固体颗粒或液滴甩向外壁面而与气流分离，受器壁的约束向下做螺旋运动，沿壁面落至锥底的排灰口；净化后的气体在中心轴附近由下而上做螺旋运动，最后由顶部排气管排出。

旋风分离器是制药工业上应用很广的一种分离设备，具有结构简单、操作弹性大、效率较高、管理维修方便、造价低廉等优点；缺点是气量的波动对除尘效果及设备阻力影响较大。旋风分离器的使用场合很多，特别适合捕集粉尘颗粒较粗（直径5～10μm及以上）、含尘浓度较大以及高温、高压的条件，也常作为流化床反应器的内分离装置，或作为预分离器使用；对颗粒含量高于200g/m^{3}的气体，由于颗粒聚结作用，它甚至能除去3μm以下的颗粒；旋风分离器还可以从气流中分离出雾沫；也常见于厂房的通风除尘系统。旋风分离器不适用于处理黏性粉尘、含湿量高的粉尘及腐蚀性粉尘。

2.1.4　旋液分离器

旋液分离器又称水力旋流器，是利用离心沉降原理从悬浮液中分离出固体颗粒的设备。它的结构和工作原理与旋风分离器大致相同，设备主体也是由圆筒和圆锥两部分组成，根据增浓或分级用途的不同，旋液分离器的尺寸比例也有相应的变化，其构造如图2-5所示。

项目	增浓	分级
D_i	$D/4$	$D/7$
D_1	$D/3$	$D/7$
H	$5D$	$2.5D$

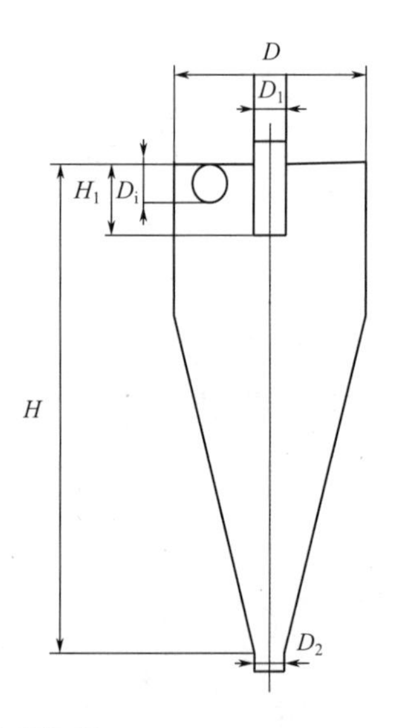

图2-5　旋液分离器

料液由圆筒部分经入口管沿切线方向进入圆筒，向下做螺旋形运动，固体颗粒或密度较大的液体受离心力的作用被抛向器壁，下行至圆锥部分更加剧烈，随下旋流降至锥底的出口，由底部排出的增浓液称为底流；清液或含有微细颗粒的液体则成为上升的内旋流，从顶部的中心管排出，称为溢流。内层旋流中心有一个处于负压的气柱。气柱中的气体是由料浆中释放出来的，或者是由溢流管口暴露于大气中时，将空气吸入器内的。

旋液分离器的结构特点是直径小而圆锥部分长。具有构造简单、没有运动部件、占地面积小、生产能力大、分离的颗粒范围较广等优点；缺点是产生较大阻力、造成设备磨损严重、分离效率较低，常采用几级串联的方式或与其他分离设备配合应用，以提高其分离效率。旋液分离器不仅可用于悬浮液的增浓，在分级方面更有显著特点，而且还可用于不互溶液体的分离、气-液分离以及传热、传质和雾化等操作中，因而广泛应用于多种工业领域中。

2.1.5 沉降设备的选择

沉降设备的选择不仅要满足对分离质量和产量的要求，还要考虑对分离物料中颗粒的大小、含量的适用性，设备操作方便性，设备占地面积大小等因素。

气体的预处理、燃烧炉气和高温气体的除尘，以及净制气体且对气体的洁净度或制得的气体中微尘含量要求不高时，主要选择结构简单、容量大的降尘室作为沉降设备；处理量大但颗粒不甚细微、浓度不高的悬浮料浆则一般选用连续式沉降槽或旋液分离器；生产量大、生产空间有限的液-固分离，以及不互溶的液-液相或气-液相的分离主要选用旋液分离器；而对于需要捕集的颗粒尺寸比较大、密度比较高的粉尘时，则应选用旋风分离器。

2.2 过滤设备

2.2.1 板框压滤机

板框压滤机主要由多块带棱槽面的滤板和滤框交替排列组装于机架所构成，其构造如图2-6所示。

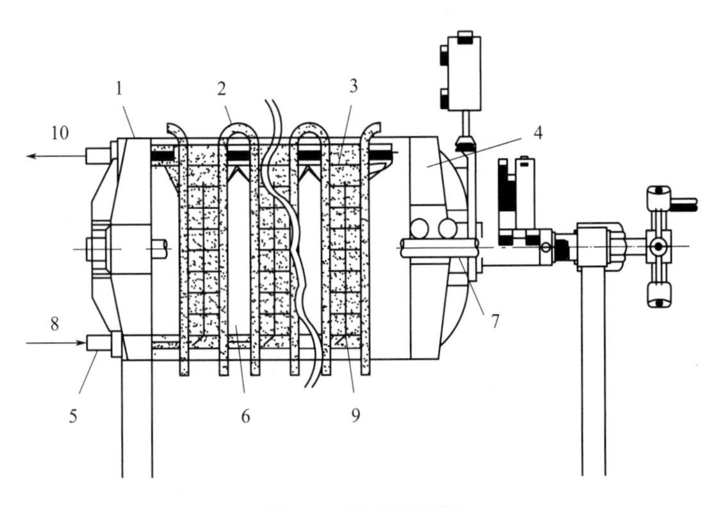

图 2-6 板框压滤机

1—固定头；2—滤布；3—滤框；4—滑动机头；5—机头连接机构；6—滤板；7—机架；8—悬浮液进口；9—滤渣出口；10—滤液出口

滤板和滤框的个数在机座长度范围内可自行调节，一般为10～60块不等，过滤面积为2～80m^2。

滤板和滤框的四角开有圆孔，组装叠合后即分别构成供滤浆、滤液、洗涤液进出的通道，其构造如图 2-7 所示。

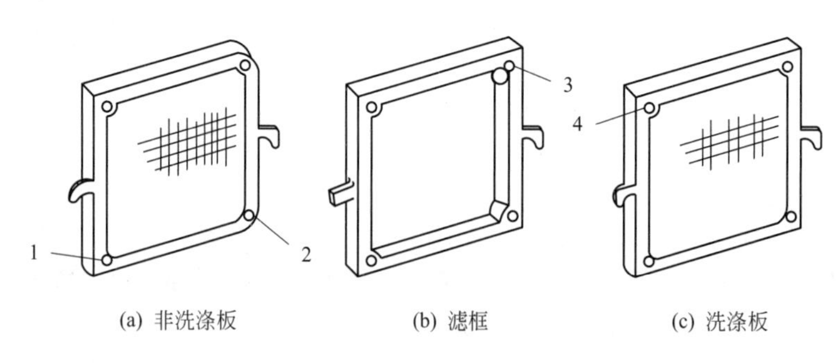

图 2-7 滤板和滤框

1—滤液通道；2—洗涤液出口通道；3—悬浮液通道；4—洗涤液入口通道

操作开始前，先将滤板和滤框四角开孔的滤布盖于板和框的交界面上，并使螺旋杆转动压紧板和框。悬浮液从悬浮液通道进入滤框，滤液穿过框两边的滤布，从每一滤板的左下角经通道排出机外，待框内充满滤饼，即停止过滤。可对滤饼进行洗涤的板框压滤机（可洗式板框压滤机）的滤板有两种结构：洗涤板与非洗涤板，两者应作交替排列。洗涤液由洗涤液入口通道进入洗涤板的两侧，穿过整块框内的滤饼，在非洗涤板的表面汇集，由右下角小孔流入通道排出。

板框压滤机结构紧凑，过滤面积大，具有过滤推动力大、滤饼的含固率高、滤液清澈、固体回收率高等优点；它的缺点是一般为间歇操作，基建设备投资较大，过滤能力较低，装卸、清洗大部分靠手工操作，劳动强度较大。主要用于过滤含固量多的悬浮液；同时，由于它可承受较高的压差，其操作压力一般为 0.3～1.0MPa，因此可用于过滤颗粒细小或液体黏度较高的物料。

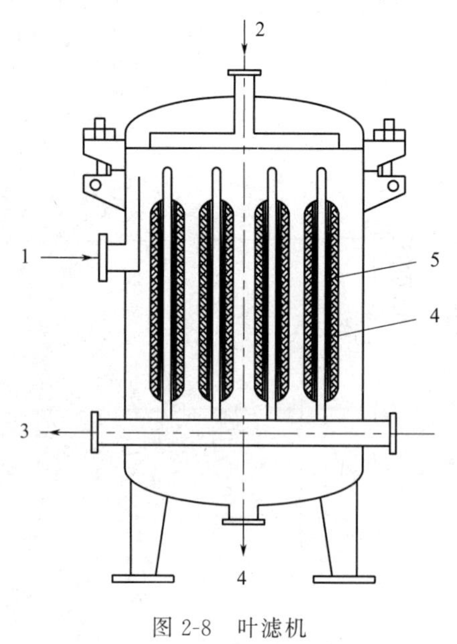

图 2-8 叶滤机

1—悬浮液入口；2—洗涤水进口；3—滤液出口；4—滤渣；5—滤叶

2.2.2 叶滤机

叶滤机的主要构件是矩形或圆形滤叶。滤叶是由在金属丝网组成的框架上覆以滤布所构成，多块平行排列的滤叶组装成一体并插入盛有悬浮液的滤槽中，滤槽是封闭的，以便加压过滤。其构造如图 2-8 所示。

过滤时，滤液穿过滤布进入滤叶中空部分并汇集于下部总管中流出，滤渣沉积在滤叶外表面。每次过滤结束后，可向滤槽内通入洗涤水进行滤饼的洗涤，也可将带有滤饼的滤叶转移进专门的洗涤槽中进行洗涤，然后用压缩空气、清水或蒸汽反向吹卸滤渣。

叶滤机的操作密封进行，过滤面积较大（一般为 20～100m^2），劳动条件较好。在需要洗涤时，洗涤液与滤液通过的途径相同，洗涤比较均匀。

2.2.3　回转真空过滤机

回转真空过滤机是指利用真空抽吸作用，并在圆鼓旋转过程中连续完成整个过滤操作的设备，它是工业上使用较广的一种连续式过滤机，主要由转鼓、分配头、刮刀、滤浆槽、滤布、搅拌器、清水喷头等组成，其构造如图 2-9 所示。

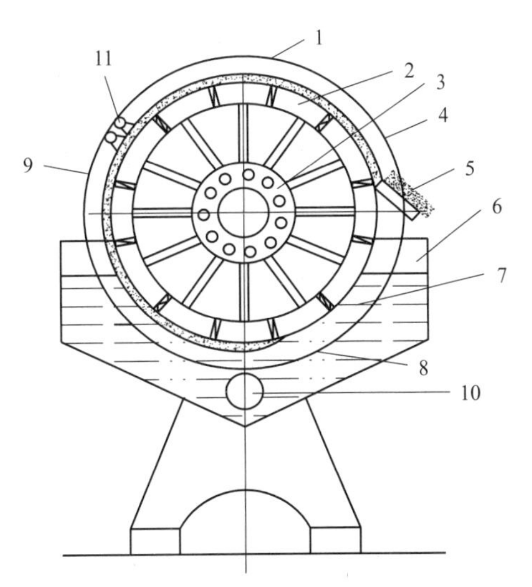

图 2-9　回转真空过滤机

1—脱水区；2—转鼓；3—分配头；4—滤渣剥离区；5—刮刀；6—滤浆槽；7—滤布；8—过滤区；9—脱液洗涤区；10—搅拌器；11—清水喷头

在水平安装的中空转鼓表面上覆以滤布，转鼓下部浸入盛有悬浮液的滤槽中并以 0.1～3r/min 的转速转动。转鼓内分成 12 个扇形格，每格与转鼓端面上的带孔圆盘（即分配头）相通。分配头的构造如图 2-10 所示。

转鼓表面的每一格按顺时针方向旋转一周时，相继进行着过滤、脱水、洗涤、卸渣、再生等操作。例如，当转鼓的某一格转入液面下时，与此格相通的转盘上的小孔即与固定盘上的槽相通，抽吸滤液。当此格离开液面时，转鼓表面与通道相通，将滤饼中的液体吸干。当转鼓继续旋转时，可在转鼓表面喷洒洗涤液进行滤饼洗涤，洗涤液通过固定盘的槽抽往洗液储罐。转鼓的右边装有卸渣用的刮刀，刮刀与转鼓表面的距离可以调节，且此时该格转鼓内部与固定盘的槽相通，靠压缩空气吹卸滤渣。卸渣后的转鼓表面在必要时可由固定盘的槽吹入压缩空气，以再生和清理滤布。

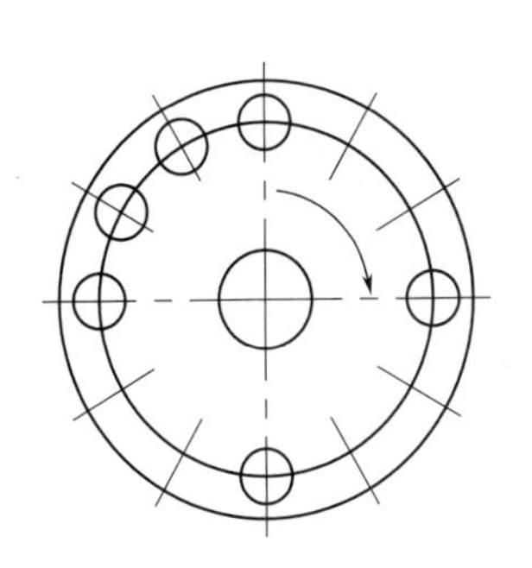

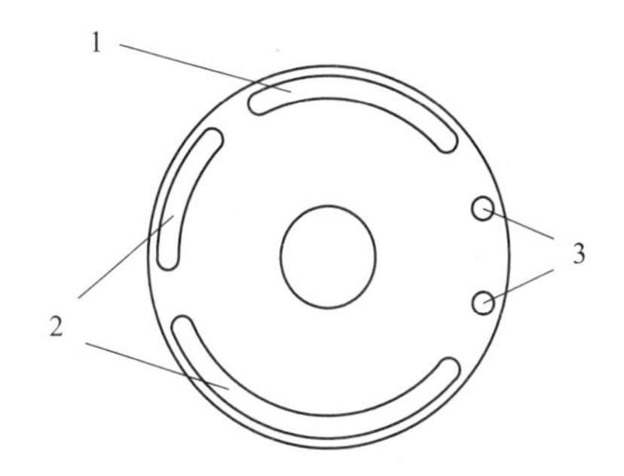

图 2-10　回转真空过滤机的分配头

1—与洗液储罐相通的槽；2—与滤液储罐相通的槽；3—通压缩空气的孔

回转真空过滤机的过滤面积不大，压差也不高，但它生产连续，管理简单，适用性较广泛，可用于处理各种不同的悬浮液，可用塑料等耐腐蚀材料制造，对于处理量较大而压差不需要很大的物料的过滤比较合适。

2.2.4　过滤设备的选择

过滤设备的选择不仅要满足对分离质量和产量的要求，还要考虑滤浆的特性、物料的物理性质、生产规模等。以下仅从滤浆的过滤特性、滤浆的物理性质和生产规模角度介绍过滤机的选择原则。

(1) 滤浆的过滤特性 根据过滤速率、滤饼孔隙率、固体颗粒沉降速度和固相体积浓度的不同，滤浆分为良好、中等、差、稀薄和极稀薄五类。

① 过滤性能良好的滤浆 能在几秒内形成50mm以上厚度的滤饼，在搅拌器作用下不能维持悬浮状态。大规模处理这种物料时，可采用转筒真空过滤机；若滤饼不能保持在转筒的过滤面上或滤饼需充分洗涤，可采用水平型真空过滤机；处理量不大时，还可选用间歇操作的水平加压过滤机。

② 过滤性能中等的滤浆 能在30s内形成50mm厚度的滤饼，在搅拌器作用下能维持悬浮状态，固相体积浓度为10%～20%，能在转鼓上形成稳定的滤饼。大规模过滤采用转筒真空过滤机；小规模生产采用间歇操作的加压过滤机。

③ 过滤性能差的滤浆 在500mmHg (1mmHg＝133.3224Pa) 真空度下，5min内最多只能生成3mm厚的滤饼，固相体积浓度为1%～10%，滤饼较薄很难从过滤机上连续清除。在大规模过滤时，宜选用转筒真空过滤机；小规模生产时，宜选用间歇操作的加压过滤机；若滤饼需充分洗涤，宜选用真空叶滤机或立式板框压滤机。

④ 稀薄滤浆 固相体积浓度在5%以下，1min形成滤饼在1mm以下。大规模生产可采用过滤面积较大的间歇式加压过滤机；小规模生产可选用真空叶滤机。

⑤ 极稀薄滤浆 固相体积浓度在0.1%以下，一般无法形成滤饼，主要起澄清作用。滤浆黏度低，颗粒大于5μm时，可选用水平盘形加压过滤机；滤浆黏度高，颗粒小于5μm时，可选用预涂层的板框压滤机。

(2) 滤浆的物理性质 滤浆的物理性质主要指滤浆的黏度、密度、温度、蒸气压、溶解度和颗粒直径等。滤浆黏度高，过滤阻力大，应选加压过滤机；温度高的滤浆蒸气压高，应选用加压过滤机，不宜选用真空过滤机；当物料易燃、有毒或易挥发时，应选密封性好的加压过滤机，以确保生产安全。

(3) 生产规模 一般大规模生产时选用连续式过滤机，小规模生产时选用间歇式过滤机。

在选择过滤设备和设计过滤工艺时，应综合考虑上述因素。

2.3 离心分离设备

2.3.1 三足式离心机

2.3.1.1 三足式上部人工卸料离心机

三足式上部人工卸料离心机是一种常用的人工卸料的间歇式离心机，主要部件是一个篮式转鼓，壁面钻有许多小孔，内壁衬有金属丝网及滤布，其构造如图2-11所示。

离心机的转鼓体、主轴、轴承座、电动机、三角皮带轮和底盘组成的整个机座和外壳借助三根拉杆弹簧悬挂于三足支柱的球面座上，使整个底盘可以摆动，从而使整个悬吊体系的固有频率远低于转鼓的转动频率，以减轻运转时的振动。

为使加料均匀，悬浮液是在离心机启动后才逐渐加入转鼓内（加料转速要视物料的性质来决定）。处理膏状物品或成件物品时，在离心机起动前应将物料均匀放入转鼓内。料液加入转鼓后，滤液穿过转鼓于机座下部排出，滤渣沉积于转鼓内壁，待一批料液过滤完毕，或转鼓内的滤渣量达到设备允许的最大值时，可停止加料并继续运转一段时间以沥干滤液。固相则截留在转鼓内，停机后靠人工由转鼓上部卸出。在分离过程中可用洗涤液洗涤滤渣。必要时，也可于滤饼表面喷洒清水进行洗涤，然后停车卸料，清洗设备。

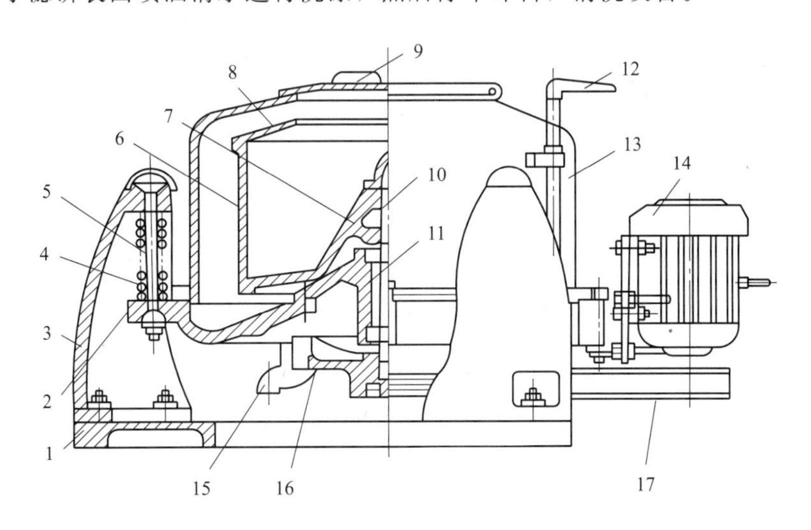

图 2-11 三足式上部人工卸料离心机

1—机座；2—底盘；3—支柱；4—缓冲弹簧；5—摆杆；6—转鼓体；7—转鼓底；8—拦液板；9—机盖；10—主轴；11—轴承座；12—制动器手柄；13—外壳；14—电动机；15—滤液出口；16—制动轮；17—三角皮带轮

三足式上部人工卸料离心机的转鼓直径一般较大，转速不高（<2000r/min），过滤面积 0.6～2.7m^2。它与其他形式的离心机相比主要优点是构造简单、对物料的适应性强，过滤、洗涤时间可以随意控制，运转周期可灵活掌握，故可得到较干的滤饼和充分的洗涤，而且固体颗粒几乎不受损坏，一般可用于间歇生产过程中的小批量物料的处理，尤其适用于各种盐类结晶的过滤和脱水，晶体较少受到破损。它的缺点是间歇操作、生产中辅助时间长、生产能力较低、卸料时的劳动强度大、转动部件位于机座下部、检修不方便。

2.3.1.2 三足式下部自动卸料离心机

与三足式上部人工卸料离心机相比，三足式下部自动卸料离心机的卸料方式和位置不同，其构造及实物如图 2-12 所示。

三足式下部自动卸料离心机克服了上部人工卸料离心机的缺点，全部操作循环完全自动进行（也可转为手动）。调速电动机带动转鼓中速旋转，进料阀开启将物料由进料管加入转鼓，经布料盘均匀洒到鼓壁，进料达到预定容积后停止进料，转鼓升至高速旋转，在离心力作用下，液相穿过滤布和鼓壁滤孔排出，固相截留在转鼓内，转鼓降至低速后，刮刀旋转往复运作，将固相从鼓壁刮下，从离心机下部排出。卸料在低速（约 30r/min）下用机械刮刀进行，刮刀多为犁形刀片，卸料刮刀作轴向升降和旋转运动，由液压油缸传动，刮下的滤渣经转鼓底部开孔处向下排出，很薄的残余滤层可用压缩空气喷射吹除，压缩空气通道可附在刮刀架上。残余滤渣层也可保留，充当过滤介质。转鼓用电动机驱动时，需要用主、辅两台电动机，辅助电动机用于低速卸料时驱动转鼓。

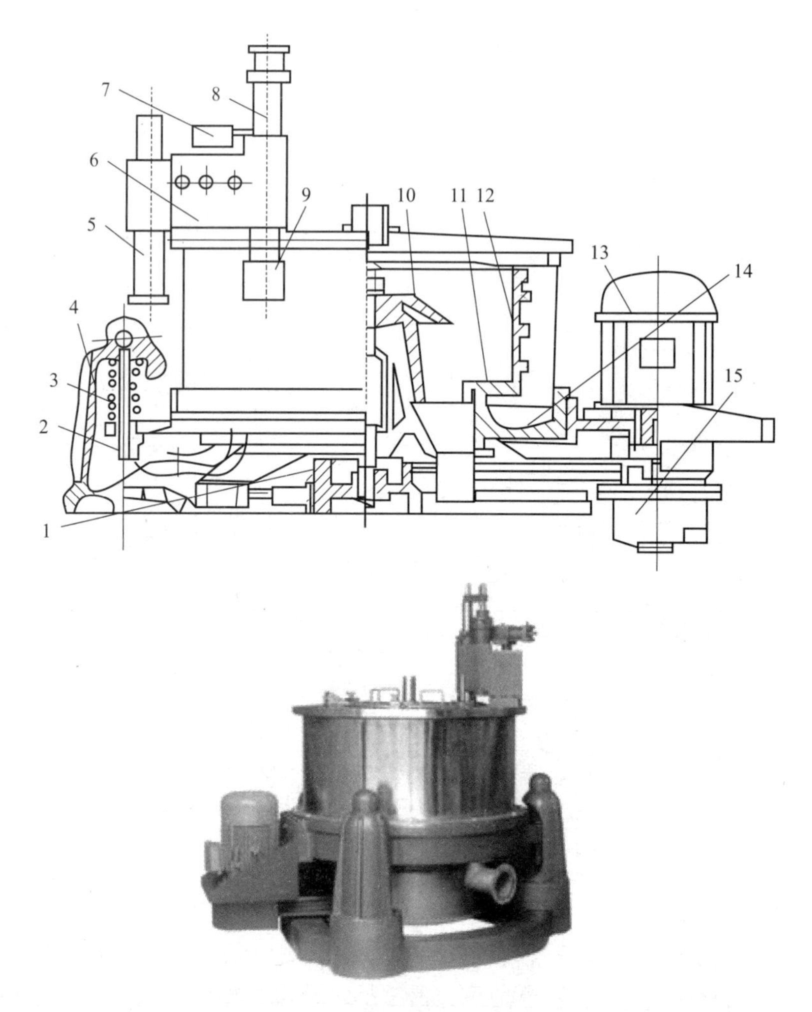

图 2-12　三足式下部自动卸料离心机

1—皮带轮；2—摆杆；3—缓冲弹簧；4—支柱；5—升降油缸；6—齿轮箱；7—旋转油缸；
8—刮刀轴；9—刮刀；10—布料盘；11—转鼓底；12—转鼓；
13—主电机；14—腰座；15—启动与减速机构

这种卸料方式的三足式离心机具有自动化程度高、处理量大、分离效果好、运转稳定、操作方便等特点。但其结构较为复杂，且造价较高，刮刀对固体颗粒带来磨损，对固体颗粒形状有要求的产品不适用。

2.3.2　上悬式离心机

上悬式离心机是一种间歇操作的过滤式离心机，转鼓安装在主轴的下端，主轴长度较大，支点远离转鼓的重心，采用挠性轴结构，运转时转鼓能自动对中，工作时运转平稳。滤渣从转鼓底部开孔处卸出，一般采用重力自动卸渣。其构造及实物如图 2-13 所示。

上悬式离心机有多种机型，根据转鼓形状可分为平底和锥底两种，根据卸料方式可分为重力自动卸料、人工卸料、机械刮刀卸料三种。操作时，一般为空载启动，当转鼓达到一定转速后开始加料。加料转速既要考虑物料的性质（即能够使物料不会很快失去流动性，而且还能很好地沿转鼓均匀分布)，又不能接近转轴的临界转速。加完料后增速至全速，进行脱液和洗涤，然后逐步刹车，使转速降低至很低时（约 30r/min），进行机械刮刀卸料或重力自动卸料。机械刮刀卸料的转鼓是平底结构，重力自动卸料的转鼓是圆锥组合结构。

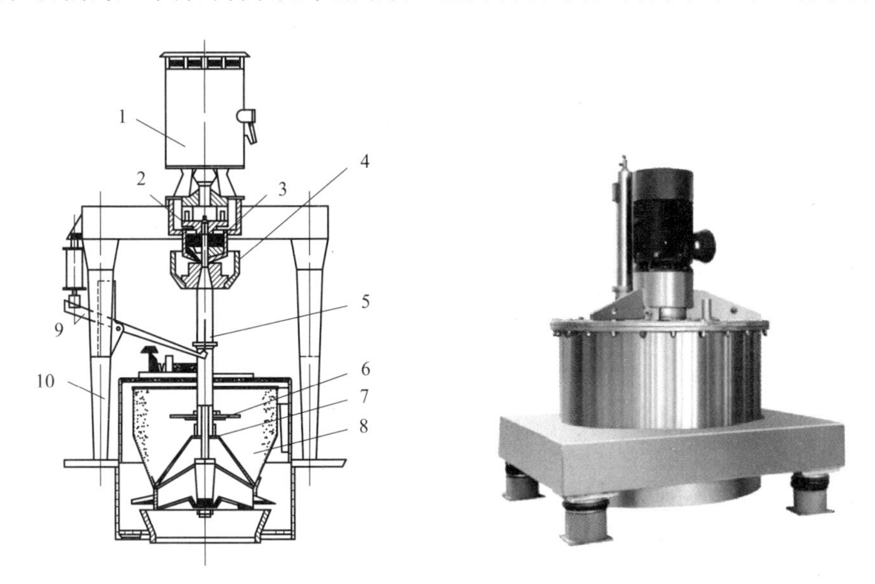

图 2-13 上悬式离心机

1—电机；2—联轴节；3—轴承座；4—刹车轮；5—主轴；6—布料盘；7—锥形罩；8—转鼓；9—锥形罩提升机构；10—机架

上悬式离心机适用范围广泛，从细颗粒到中粗颗粒的物料，特别适用于细、黏物料的分离，广泛应用于制药行业。

2.3.3 刮刀卸料离心机

刮刀卸料离心机是连续运转、间歇操作的过滤式离心机。刮刀分宽刮刀和窄刮刀，常见的为宽刮刀卸料离心机，它是提升式宽刮刀，斜溜槽卸料，悬臂式支撑转鼓结构，刮刀机构由刮刀、刮刀架、支承座和提刀油缸等组成，其构造如图 2-14 所示。

其控制方式既可以自动控制，也可以手动控制。悬浮液从加料管进入连续运转的卧式转鼓，机内设有耙齿以使沉积的滤渣均匀分布于转鼓内壁。待滤饼达到一定厚度时，停止加料，进行洗涤、沥干。然后，借助液压传动的刮刀逐渐向上移动，将滤饼刮入卸料斗并卸出机外，继而清洗转鼓。整个操作周期均在连续运转中完成，每一步骤均可采用自动控制的液压操作。宽刮刀长度稍短于转鼓长度，适用于较松软的滤渣；窄刮刀长度远小于转鼓长度，适用于较密实的滤渣。刮刀向鼓壁运动的方式除径向提升外，还有刮刀回转方式。为改善刮刀的受力情况和易于刮削滤渣，刀刃应有适当的前角和后角。同时，为提高刮刀的使用寿命，一般刮刀由耐磨和耐蚀的不锈钢材料制作。

离心机操作过程中的进料、分离、洗涤、脱水、卸料及滤布再生等过程一般在全速状态下完成，单次循环所需时间短，每一操作周期 35～90s，处理量大，劳动条件好，并可获得较干的滤渣和良好的洗涤效果。但对于细、黏颗粒的过滤往往需要较长的操作时间，因此采用此种离心机不够经济，而且刮刀卸渣也不够彻底；使用刮刀卸料时，晶体颗粒也会有一定程度的破损。

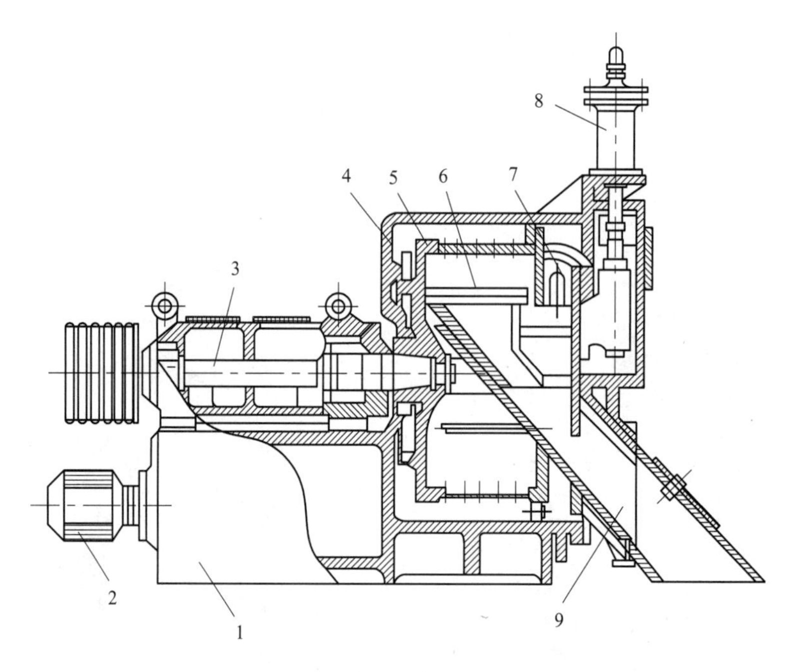

图 2-14 宽刮刀卸料离心机

1—支承座；2—油泵电机；3—主轴；4—机壳；5—转鼓；6—刮刀；7—加料管；8—提刀油缸；9—卸渣溜槽

刮刀卸料离心机可用于含固相颗粒粒径大于 10μm 的固-液二相悬浮液的分离，也适宜于过滤连续生产工艺过程中大于 0.1mm 的颗粒。一般来说，悬浮液中固相颗粒的质量浓度大于 25%时选用该机较合适。

2.3.4 活塞往复式卸料离心机

活塞往复式卸料离心机的主要构件也是全速运转的转鼓，旋转过程中在转鼓内的不同部位完成加料、过滤、洗涤、沥干、卸料等操作，其构造如图 2-15 所示。

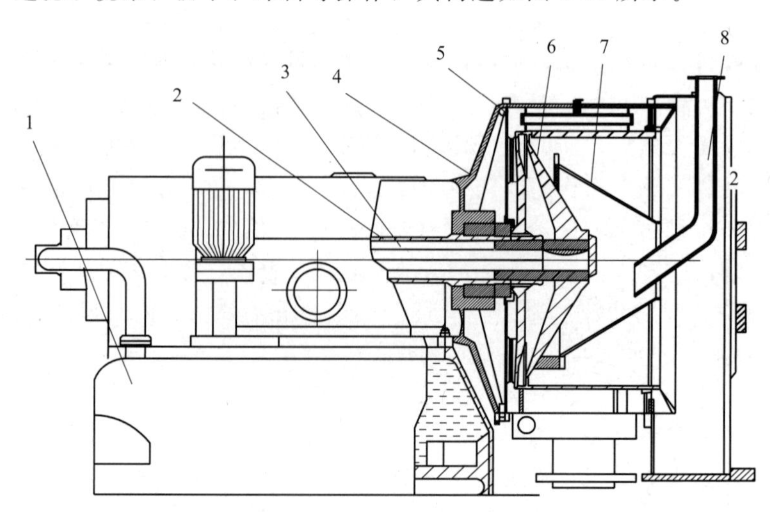

图 2-15 活塞往复式卸料离心机

1—油箱；2—主轴；3—推杆；4—轴承箱；5—转鼓；6—推料盘；7—布料斗；8—进料管

料液加入旋转的锥形料斗后被洒在近转鼓底部的一小段范围内，形成滤渣层。转鼓底部装有与转鼓一起旋转的推料活塞，其直径稍小于转鼓内壁。活塞与料斗一起作往复运动，将滤渣逐步推向加料斗的右边。该处的滤渣经洗涤、沥干后，被卸出转鼓外。活塞的冲程约为转鼓全长的1/10，往复次数约30次/min。

活塞往复式卸料离心机生产能力大，每小时可处理0.3～25t的固体，脱水效果较好，运转比较平稳，单位产量动能消耗较少，颗粒破损程度小，对过滤含固量<10%、粒径>0.15mm的悬浮液比较合适。但对于悬浮液的浓度较为敏感，可在30%～60%，最高可到90%。若料浆太稀，则来不及过滤，料浆直接流出转鼓；若料浆太稠，则流动性差，使滤渣分布不均匀，引起转鼓振动。

2.3.5 活塞推料离心机

活塞推料离心机是一种连续操作的过滤式离心机，主要由转鼓、推料机构、机壳、机座等部分组成，其构造及实物如图2-16所示。

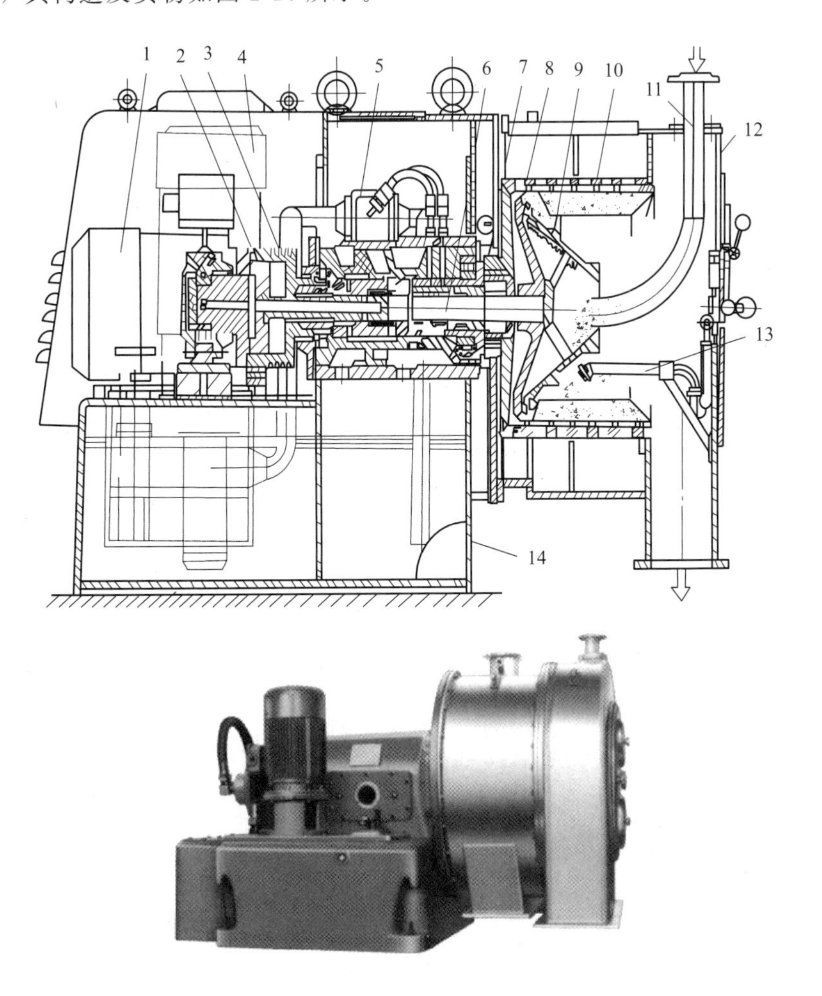

图2-16 活塞推料离心机

1—电动机；2—活塞；3—三角皮带轮；4—油泵电机；5—操纵机构；6—推料杆；7—空心轴；8—推料盘；9—锥形布料斗；10—转鼓；11—加料管；12—机壳；13—洗水管；14—机座

转鼓固定在水平空心轴的末端，由电动机经三角皮带轮传动，转鼓内有条形筛网或纵缝板网，此外还有固定在推杆末端的推料盘，推杆的另一端连接活塞。推料盘、推料杆和活塞除与转鼓作同步回转外，推料盘还受活塞的驱动作轴向往复运动。在高速运转的情况下，料浆不断由进料管送入，沿锥形进料斗的内壁流至转鼓的筛网上，滤液穿过筛网经滤液出口连续排出，积于筛网内面上的滤渣则被往复运动的活塞推料盘推向转鼓的另一端排出。

活塞推料离心机能在全速运转下，连续进行进料、分离、洗涤、卸料等工序，具有操作简便、运转平稳、生产能力大、洗涤效果好、滤饼含湿率较低等特点，适用于分离温度不超过 110℃、固相平均粒度在 0.1～3mm、固相含量为 50%～60%、供料浓度稳定均匀的中粗颗粒的结晶状或短纤维状的悬浮液。

2.3.6 螺旋卸料离心机

螺旋卸料离心机是连续转动、进料和卸料的离心机，有沉降和过滤两种，目前应用较多的是沉降式。螺旋卸料沉降式离心机结构形式又有立式和卧式两种，主要由高转速的转鼓、与转鼓转向相同且转速比转鼓略高或略低的螺旋和差速器（齿轮箱）等部件组成，其构造如图 2-17 所示。

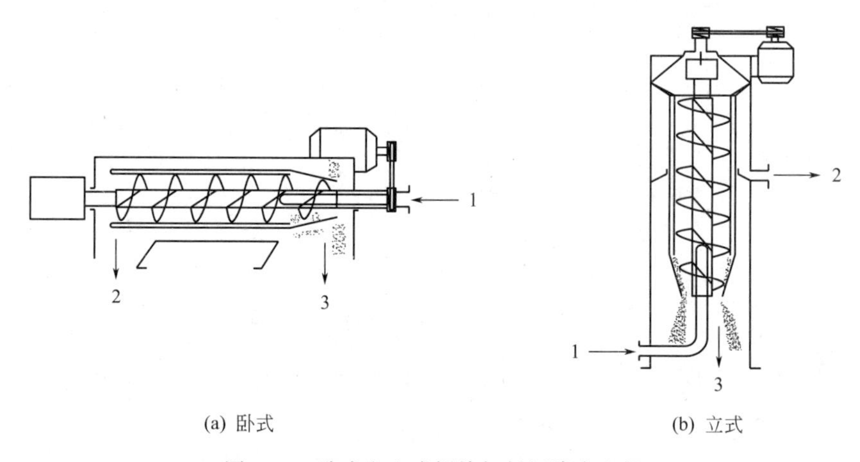

图 2-17 卧式和立式螺旋卸料沉降离心机

1—悬浮液入口；2—分离液出口；3—沉渣出口

常用的是卧式螺旋卸料沉降离心机。

当要分离的悬浮液进入离心机转鼓后，高速旋转的转鼓产生强大的离心力把比液相密度大的固相颗粒沉降到转鼓内壁，由于螺旋和转鼓的转速不同，二者存在相对运动（即转速差），利用螺旋和转鼓的相对运动把沉积在转鼓内壁的沉渣推向转鼓小端出口处排出，分离后的清液从离心机另一端排出。沉渣沿转鼓内壁移动，全靠螺旋输送器与转鼓的相对运动来实现。螺旋和转鼓两者转速差为转鼓转速的 0.5%～4%，多数为 1%～2%，由差速器变速产生。

螺旋卸料离心机具有运转平稳、洗涤效果好、处理能力大、经济效率高、在全速运转时对悬浮液进行自动连续地进料、洗涤、脱水和卸料等优点，是固液分离中高效的分离设备。适用于制药行业中的固液分离操作，分离悬浮液固相在 10%～80%、固相颗粒直径在 0.05～5mm（0.2～2mm 效果尤佳）范围内的线状或结晶状的固体颗粒。

2.3.7 立式锥篮离心机

立式锥篮离心机是全速运转、连续操作的离心机，主要由加料系统、转鼓、转鼓轴、轴承座、三角皮带轮、机壳等组成，其构造如图 2-18 所示。

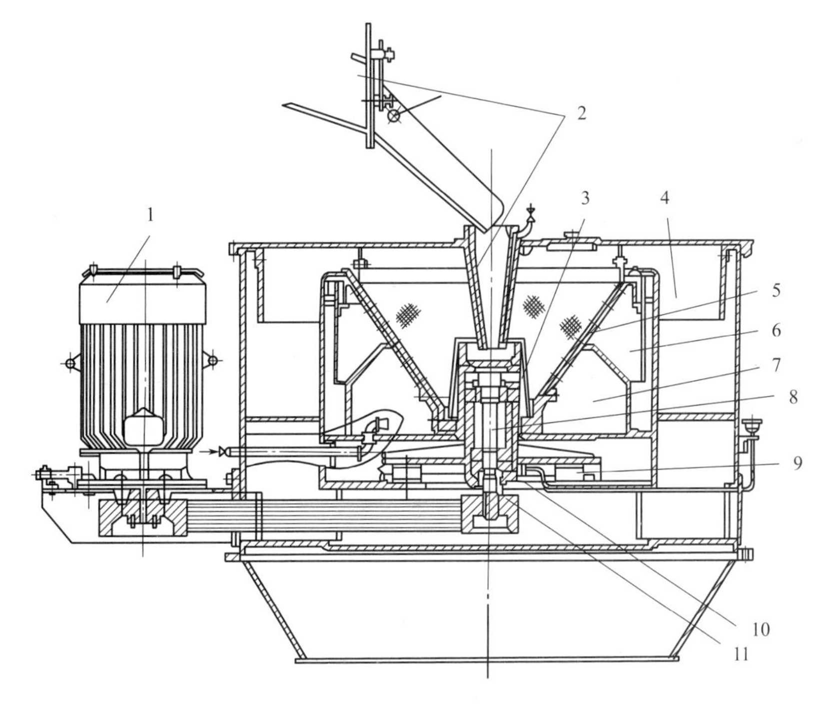

图 2-18 立式锥篮离心机

1—电动机；2—加料系统；3—分配器；4—机壳；5—转鼓；6—洗液收集室；7—滤液收集室；8—转鼓轴；9—隔振橡胶圈；10—轴承座；11—三角皮带轮

锥形转鼓固定在主轴上，轴承座通过隔振橡胶圈固定在机座上，转鼓经三角皮带轮与电动机传动。锥形转鼓内表面装有滤网，中间装有布料器，物料从安装在与转鼓同轴中心同一轴线的进料管垂直进入分配器，在离心机的作用下实现固液分离，固相物料在网面上移至大端面完成脱液，并借助于惯性实现卸料，通过内机壳与外机壳之间的环形通道下落进行收集。

立式锥篮离心机具有脱水效率高、处理量大、运行及维修费用低等优点，属薄层过滤(滤渣厚度一般为 4mm 以下)，转鼓锥角、滤网、转速以及加料系统和分配器是影响薄层过滤的重要因素。适用于分离含固相粒度大于 0.1mm 结晶颗粒的易过滤悬浮液，特别适用于分离后固相粒子不允许破碎的场合。

2.3.8 碟式分离机

碟式分离机是沉降式离心机的一种，可以用于含有两种不同重度液体的乳浊液的分离和固相含量少的悬浮液的澄清，其主要构件为结构独特的转鼓，是由中性孔、碟片、底架等构成，转鼓的构造及实物如图 2-19 所示。

液-液分离或液-液-固分离即乳浊液的分离称分离操作；液-固分离即低浓度悬浮液的分

离称澄清操作。在分离乳浊液的碟式分离机中，转鼓中的轻、重液的分界层（称中性层）的位置与轻、重液出口的位置间互相有一定关系。使用时最好使物料在碟片间的进料孔正好在轻、重液的分界层上，一般通过重液出口调节环调节，有向心泵的用调节重液出口压力来控制分界层。对于澄清用的碟式分离机，碟片不开孔，出液口只有一个，液体由外周进入盘间，澄清液向中间流动，重度大的微量固体颗粒则向外运动，并最后沉积在转鼓壁上。

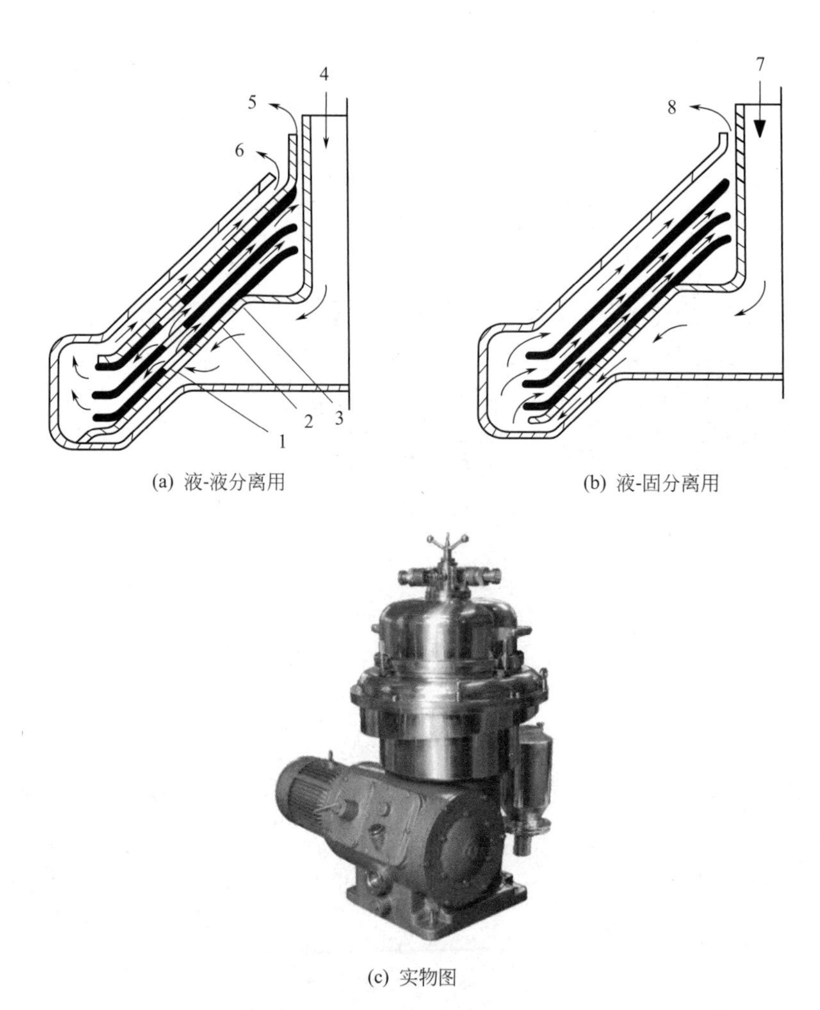

(a) 液-液分离用

(b) 液-固分离用

(c) 实物图

图 2-19 碟式分离机转鼓

1—中性孔；2—碟片；3—底架；4—乳浊液；5—轻液；6—重液；7—悬浮液；8—液相

碟式分离机由于生产能力大，能自动连续操作，并可制成密闭、防爆形式，因此应用广泛。可以通过依靠增加转鼓容积的方法满足向大生产能力方向发展，是一种很有发展前途的设备。制药行业用于抗生素类、生化制药类药剂萃取过程中的净化或澄清，以及中药药剂的澄清等。

2.3.9 管式高速离心机

管式高速离心机是利用离心力来达到液体与固体颗粒、液体与液体的混合物中各组分分离的机械设备，由滑动轴承组件、转鼓组件、集液盘组件、机头组件、机身等组成。其结构如图 2-20 所示。

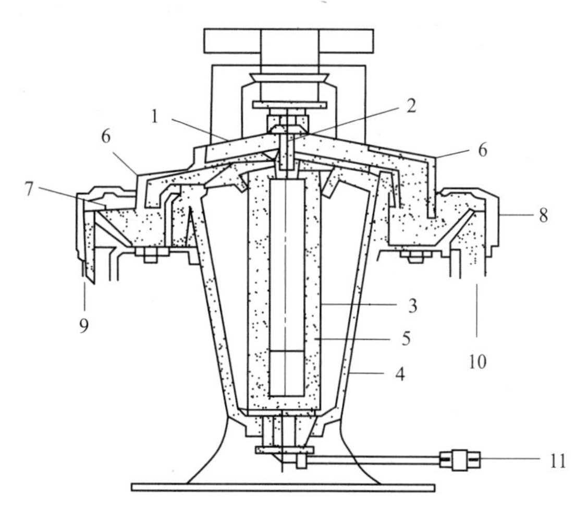

图 2-20 管式高速离心机

1—环状隔盘；2—驱动轴；3—转鼓；4—固定机壳；5—十字形挡板；6—排液罩；7—重液室；8—轻液室；9—重液出口；10—轻液出口；11—加料入口

电动机通过皮带、压带轮将动力传给机头上的皮带轮和主轴，从而带动转鼓绕自身轴线高速旋转，在转鼓内壁形成强大的离心力场。物料由底部进料口进入转鼓内，在强大的离心力作用下，迫使料液进行分层运动。如处理乳浊液，则液体分轻、重两层，各由上部不同的出口流出；如处理悬浮液，则只用一个液体出口，微粒附着于鼓壁上，经一段时间后停车取出。

管式高速离心机具有很高的分离因数（15000～60000），转鼓的转速可达 8000～50000r/min。为尽量减小转鼓所受的应力，采用较小的鼓径，因而在一定的进料量下，悬浮液沿转鼓轴向运动的速度较大。为此应增大转鼓的长度，以保证物料在鼓内有足够的时间沉降。

管式高速离心机生产能力小，但能分离普通离心机难以处理的物料，是目前用离心法进行分离的理想设备，主要用于液-固、液-液或液-液-固三相分离，其最小分离颗粒为 1μm，特别是对一些液-固相密度差异小，固体粒径细、含量低，介质腐蚀性强等物料的提取、浓缩、澄清操作较为适用。

2.3.10 离心分离设备的选择

选择离心分离设备要根据分离要求、混合物的特性、处理能力及经济性等进行初步选择，再做必要的试验后才能最后确定离心机的型号及规格。

（1）根据悬浮的特性和工艺要求　若悬浮液固相体积浓度较高，颗粒直径大于 0.1mm，固相密度接近于液相密度，工艺上要求获得含液量较低的滤渣，并要求对滤渣进行洗涤的，应考虑选用过滤离心机，如三足式离心机、卧式刮刀卸料离心机或活塞推料离心机；如需大量分离悬浊液中各种盐类的结晶，可选用三足式下部自动卸料离心机；如对晶体要求较高，为了减少自动卸料时刮刀对固体颗粒的磨损，可使用三足式上部人工卸料离心机；若固相体积浓度较小，粒度小于 0.1mm，滤饼可压缩，液相黏度较大，过滤介质易被固相颗粒堵塞，工艺上要求获得澄清滤液的，则应考虑选用沉降离心机；若处理固相体积浓度低于 1%的物料，可选用管式离心机或碟片式离心机；处理固相体积浓度在 1%～10%的物料，宜选用碟片式离心机。

（2）根据分散相的形态　若分散相为液体，如乳浊液，则由于液体具有良好的流动性，可连续排液、连续操作，宜选用管式离心机、碟片式离心机；若分散相为固体，颗粒较大的选用过滤式离心机，如三足式离心机、卧式刮刀卸料离心机；颗粒较小的，宜选用螺旋卸料沉降式离心机；若固体物料呈结晶状、线状或短纤维状，可选用活塞推料离心机或螺旋卸料离心机；若分散相既有液体又有固体，则视固相体积浓度的大小选择管式、碟片式或其他多鼓式离心机。

（3）依据液体性质　处理对空气敏感以及易挥发的滤液，要选用封闭性好的离心机，以提高滤液的收率和保证生产安全。

2.4 蒸馏设备

2.4.1 板式塔

板式塔是一类用于气-液或液-液系统的分级接触传质设备，由圆筒形塔体和按一定间距水平装置在塔内的若干塔板组成，其构造如图 2-21 所示。

相邻塔板间有一定距离，称为板间距。液相在重力作用下自上而下，最后由塔底排出，气相在压差推动下经塔板上的开孔由下而上穿过塔板上液层，最后由塔顶排出。每块塔板上保持着一定深度的液层，气体通过塔板分散到液层中去，进行相际接触传质。在每块塔板上气液两相必须保持密切而充分的接触，为传质过程提供足够大而且不断更新的相际接触表面，以减小传质阻力。在塔内应尽量使气液两相呈逆流流动，以提供较大的传质推动力，减少传质阻力。

板式塔的优点是生产能力大，采出方便，塔板效率稳定，不容易堵塞，操作弹性大，造价低，检修、清洗方便等。

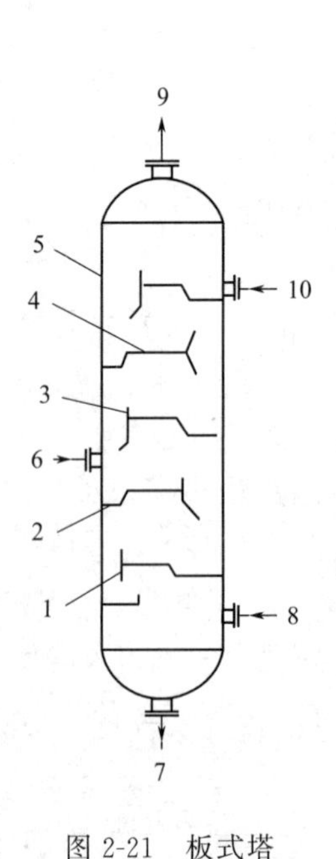

图 2-21　板式塔

1—降液管；2—受液盘；3—溢流堰；4—塔板；5—塔壳体；6—进料口；7—出料口；8—进气口；9—出气口；10—回流液入口

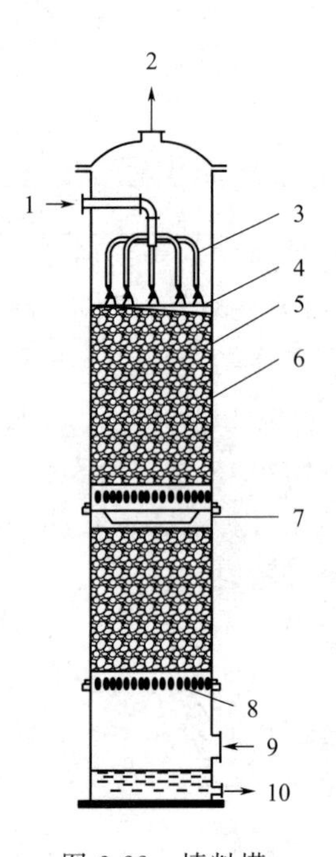

图 2-22　填料塔

1—液体进口；2—气体出口；3—液体分布器；4—填料压板；5—塔壳；6—乱堆填料；7—液体再分布器；8—填料支承板；9—气体进口；10—液体出口

2.4.2 填料塔

填料塔是以塔内的填料作为气液两相间接触构件的传质设备，塔身是一直立式圆筒，主要由液体分布器、填料压板、塔壳、液体再分布器、填料支承板等组成，其构造如图 2-22 所示。

填料塔以填料作为气、液接触和传质的基本构件，底部装有填料支承板，填料以乱堆或整砌的方式放置在支承板上；填料的上方安装填料压板，以防被上升气流吹动。液体从塔顶经液体分布器喷淋到填料上，在填料表面呈膜状自上而下流动；气体从塔底送入，经气体分布装置分布后，自下而上与液体呈逆流连续相通过填料层的空隙，在填料表面上，气液两相密切接触进行传质和传热，两相的组分浓度和温度沿塔高连续变化。

与板式塔相比，填料塔具有结构简单、压力较低、效率较高等优点；填料塔的不足之处主要有塔内存液量较小、填料造价高、操作范围较小，特别是对于液体负荷变化更为敏感。当液体负荷较小时不能有效地润湿填料表面，使传质效率降低。填料塔适用于气体处理量大而液体量小的过程；不宜于处理易聚合或含有固体悬浮物的物料，对侧线进料和出料等复杂精馏不太适合；在差压大的环境（容易形成壁流）、分离组分中水含量大的、分离组分中固体颗粒物含量高的（容易堵塞）等几种条件下是不能用的。

2.4.3 蒸馏设备的选择

板式塔应用范围比较广，广泛应用于精馏和吸收，有些类型（如筛板塔）也用于萃取，还可作为反应器用于气-液相反应过程。下列情况优先选用板式塔：

① 塔内液体滞液量较大，操作负荷变化范围较宽，对进料浓度变化要求不敏感，操作易于稳定。

② 液相负荷较小。

③ 因为板式塔可选用液流通道较大的塔板，堵塞的危险较小，所以可用于含固体颗粒、容易结垢、有结晶的物料。

④ 由于板式塔在结构上容易实现，此外，塔板上有较多的滞液，以便与加热或冷却管进行有效传热；在操作过程中伴随有放热或需要加热的物料，需要在塔内设置内部换热组件，如加热盘管，需要多个进料口或多个侧线出料口。

⑤ 在较高压力下操作的蒸馏塔。

填料塔适用于真空蒸馏、常压及中压下的蒸馏，以及大气量的两相接触过程（如气体的吸收、冷却等）。可处理强腐蚀性、液气比大、真空操作要求压力较小的物料。下列情况优先选用填料塔：

① 在分离程度要求高的情况下，因某些新型填料具有很高的传质效率，故可采用新型填料以降低塔的高度。

② 对于热敏性物料的蒸馏分离，因新型填料的持液量较小，压降小，故可优先选择真空操作下的填料塔。

③ 具有腐蚀性的物料，可选用填料塔，因为填料塔可采用非金属材料，如陶瓷、塑料等。

④ 容易发泡的物料，宜选用填料塔。

2.5 提取设备

目前应用较多的提取设备主要是渗漉罐、多能提取罐、微波辅助提取设备、超声强化提取设备、超临界流体萃取设备等。

2.5.1 渗漉罐

渗漉是一种历史最悠久的静态提取方式，渗漉提取的主要设备是渗漉罐，可分为圆柱形和圆锥形两种，设备结构十分简单，大多由筒体、椭圆形封头（或平盖）、气动出渣门、排液口等组成，其构造如图 2-23 所示。

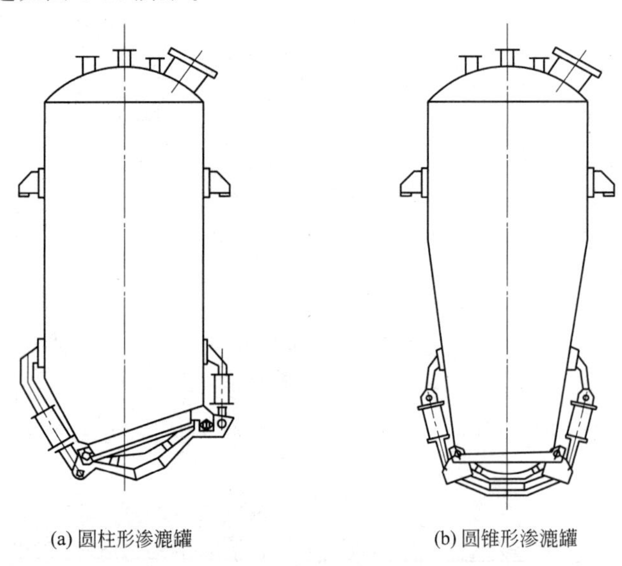

(a) 圆柱形渗漉罐　(b) 圆锥形渗漉罐

图 2-23　圆柱形渗漉罐和圆锥形渗漉罐

将药材适度粉碎后装入特制的渗漉罐中，从渗漉罐上方连续加入新鲜溶剂，使其在渗漉罐内药材积层的同时产生固液传质作用，从而浸出活性成分，自罐体下部出口排出浸出液。该法提取速度慢，作业时间长，装料和卸渣的劳动强度较大，溶剂需用量较大，提取液浓度较低，但提取液清澈澄明，产品质量很好，并可达到很高的提取率。一般用于要求提取比较彻底的贵重或粒径较小的药材，有时对提取液的澄明度要求较高时也采用此法。

渗漉罐结构形式的选择与所处理的药材的膨胀性质和所用的溶剂有关。对于圆柱形渗漉罐，膨胀性较强的药材粉末在渗漉过程中易造成堵塞；而圆锥形渗漉罐因其罐壁的倾斜度能较好地适应其膨胀变化，从而使得渗漉生产正常进行。同样，在用水作为溶剂渗漉时，易使得药材粉末膨胀，则多采用圆锥形渗漉罐；而用有机溶剂作溶剂时药材粉末的膨胀变化相对较小，故可以选用圆柱形渗漉罐。

2.5.2 多能提取罐

2.5.2.1 斜锥式和正锥式多能提取罐

斜锥式和正锥式多能提取罐一般由罐体，出渣门，上、下气动装置，加料口，夹套，料叉等装置组成。斜锥式多能提取罐的构造及实物如图 2-24 所示，正锥式多能提取罐的构造与之相似，只是下部的罐体为正锥形。

斜锥式多能提取罐出渣门上有直接蒸汽进口，可通直接蒸汽以加速水提的加热时间；出渣门由两个气缸分别带动开合轴，完成门的启闭和带动斜面摩擦自锁机构将出渣门锁紧；大容积提取罐的加料口也采用气动锁紧机构，密封加料口采用四联杆死点锁紧机构提高了安全性；罐内有带滤板的活底，通过气动装置带动，以利出渣。斜锥式多能提取罐规格为 0.5～6m^3，罐内操作压力为 0.15MPa，夹层为 0.3MPa，属于压力容器，小容积罐的下部一般采用正锥形，而大容积罐一般采用斜锥形，以利出渣。主要用于中药材的常压或减压或加压水煎、温浸、渗漉、强制循环、热回流、芳香油提取及有机溶剂回收等工艺过程操作。

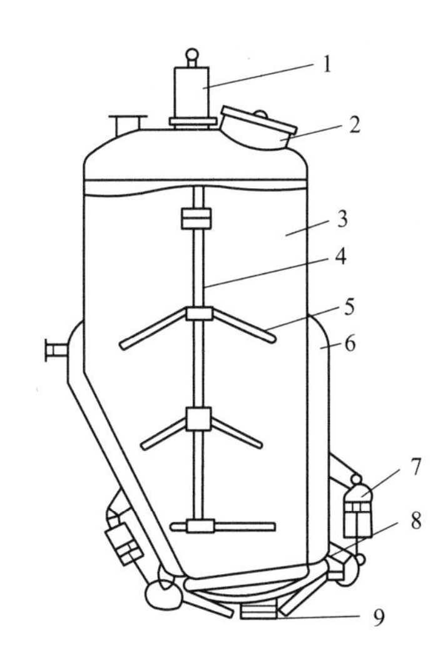

图 2-24 斜锥式多能提取罐

1—上气动装置；2—加料口；3—罐体；4—上下移动轴；5—料叉；6—夹套；7—下气动装置；8—带滤板的活底；9—出渣门

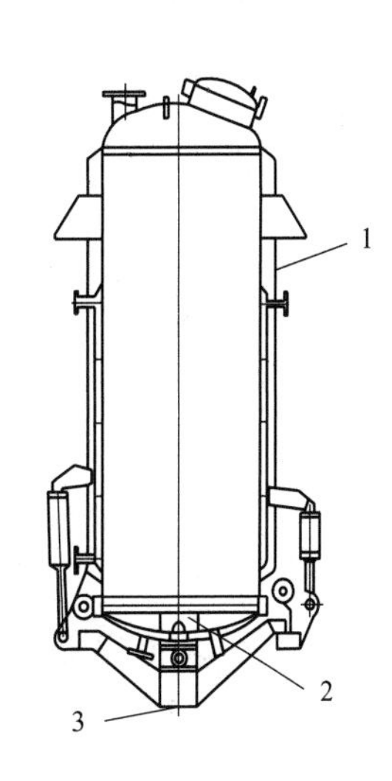

图 2-25 直筒式多能提取罐

1—夹套；2—中心加热鼓；3—出渣门

2.5.2.2 直筒式多能提取罐

直筒式多能提取罐筒体较长，上下通径，夹套一般分上、下两部分，底部配有中心加热鼓，其构造如图 2-25 所示。

直筒式多能提取罐罐体高径比较大，一般在 2.5 以上，容积为 0.5～2m^3；上下夹套及中心加热鼓均可实现单独加热，易于保证药液处于微沸状态，避免暴沸，可缩短加热时间；底部呈圆柱状，中心加热鼓可随出渣门的开启起到带料的作用，易于出渣。

直筒式多能提取罐的优点是加热效果好，节省占地面积；但也存在着设备总高度较高、罐体材料消耗较高的缺点。主要适用于中药制药过程中的常压或加压水煎、温浸、热回流、强制循环、渗漉、芳香油提取及有机溶剂回收等工程操作，特别是使用动态提取或逆流提取效果更佳，时间短，药液含量高。

2.5.2.3 动态提取罐

动态提取罐是由带搅拌和蒸汽加热的夹套所组成的提取设备，其构造如图 2-26 所示。

动态提取是动态改变提取条件的连续性提取过程。第一步将药材投入提取罐内，加药材 5～10 倍的溶剂，如水、乙醇、甲醇、丙酮等；第二步开启提取罐直通和夹套蒸汽阀门，使

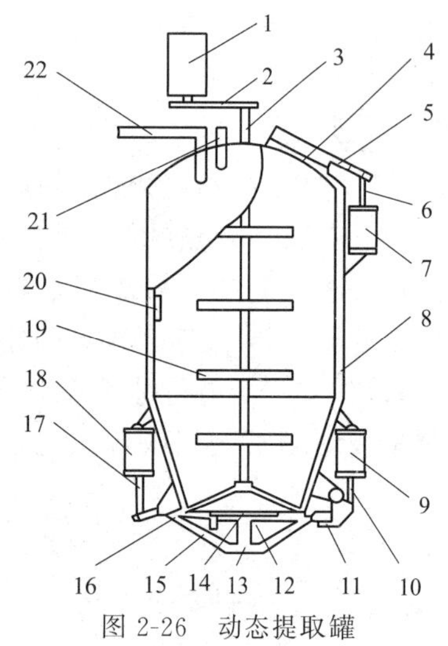

图 2-26 动态提取罐

1—电动机；2—皮带传动系统；3—转轴；4—投料口；5—密封投料盖；6—活塞杆；7,9,18—气缸；8—缸体；10—活塞杆；11—三角连杆；12—密封排渣盖；13—连接架；14—药渣过滤网；15—药液出口；16—转轴支架；17—活塞杆；19—叶轮；20—压力检测装置；21—泄压阀；22—饮用水管路

提取液加热至沸腾 20～30min 后，用抽滤管将 1/3 提取液抽入浓缩器；第三步关闭提取罐直通和夹套蒸汽阀门，开启加热器阀门使料液进行浓缩。浓缩时产生二次蒸汽，通过蒸汽发生器上升管送入提取罐作提取的热源和溶剂，维持提取罐内沸腾。二次蒸汽继续上升，经冷凝器冷凝成热冷凝液，回落到提取罐内作新溶剂加到药面上，新溶剂由上而下高速通过药材层到提取罐底，药材中的溶质密度与溶剂中的溶质密度形成较高梯度，药材中的溶质被提取出来。此时，提取液停止抽入浓缩器，浓缩的二次蒸汽转送冷却器，浓缩继续进行，直至浓缩成所需的药膏。提取罐内的液体可放入储罐下批复用，药渣从出渣门排出。

由于药材颗粒较小，溶质容易浸出，固-液接触面积大；搅拌转速 120r/min，在搅拌下降低了固体周围溶质浓度，增加了扩散推动力；温度高，提取温度 95℃或 100℃，有效成分溶解度增加，扩散推动力增加，溶液黏度减小，扩散系数增加，促进了浸取速度。因此动态提取罐对缩短提取时间、提高浸出率十分明显。

2.5.3 微波辅助提取设备

目前，微波辅助提取已经越来越多地应用于药物提取生产中，中试和工业规模的提取工艺和设备也得到了迅速发展。通常，微波辅助提取设备主要由微波源、微波加热腔、提取罐体、功率调节器、温控装置、压力控制装置等组成。设备与常规动态提取罐结构相仿（参见图 2-26），不同之处是将蒸汽夹套加热改为微波腔加热，将平面加热改为立体加热，热源由蒸汽夹套壁改为料液本身发热。罐式微波提取设备可以适用对块状、片状、颗粒状、粉状物料提取，可以保温、恒温、常压、正压、负压提取，可满足不同中草药提取的工艺参数要求，适用广泛。缺点是微波提取生产线微波装机功率较大、制造难度高，提取生产线只能分批次作业，加料、进液、出液、出渣等辅助时间较长，降低了整机利用率。

2.5.4 超声强化提取设备

超声强化提取设备主要由超声波发生器、超声波振荡器、提取罐体、溶剂预热器、冷凝器、冷却器、油水分离器等组成，典型的超声强化提取设备如图 2-27 所示。

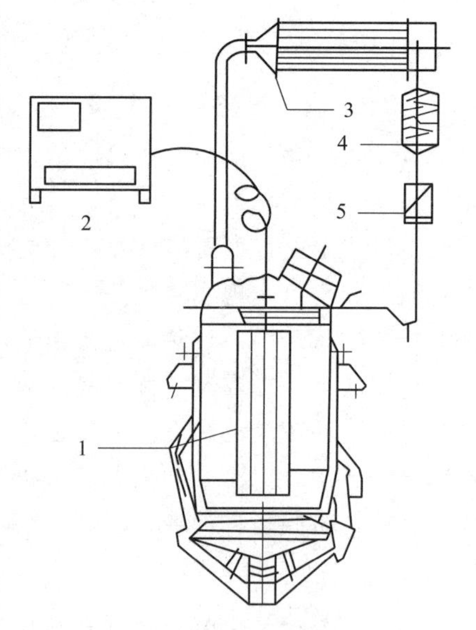

图 2-27 超声强化提取设备

1—超声波振荡器；2—超声波发生器；3—冷凝器；4—冷却器；5—油水分离器

目前，超声强化提取在制剂质量检测中已经广泛使用，在药物提取生产中也逐步从实验室向中试和工业化发展。可适用于实验室中进行各种中药有效成分及天然产物的提取工艺研究。体积 1～10L，设备采用机械搅拌和超声循环强化提取，提取时间、提取温度、循环速度等主要参数均可控制。

超声强化提取操作简单易行，应用广泛，不受成分极性、分子量大小的限制，不对提取物的结构、活性产生影响，提取料液杂质少，适用于绝大多数有效成分的提取。

2.5.5 超临界流体萃取设备

超临界萃取作为一种新的提取分离技术所用的介质可以有多种，但目前在中药提取过程中最常用的是超临界 CO_2 流体。超临界 CO_2 流体萃取工业化生产装备设计和制造技术发展十分迅速，其关键部分包括萃取釜、萃取装置的密封结构和密封材料以及 CO_2 加压装置，超临界萃取流程如图 2-28 所示。

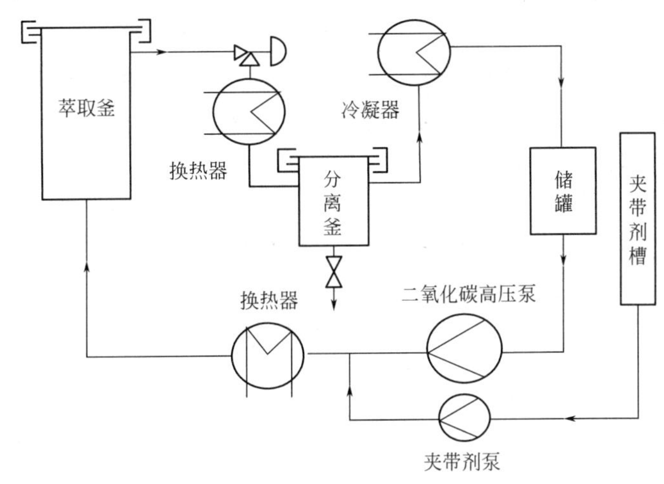

图 2-28　超临界萃取流程

与常规的提取分离方法相比，超临界流体萃取技术具有许多独特的优点，主要表现在以下几方面。

① 溶解度高。超临界流体具有液体溶剂的高溶解能力，可通过控制压力和温度改变超临界流体的密度，从而改变其溶解能力而实现组分的提取分离。

② 传质速率高，萃取时间短。超临界流体兼有气、液体的性质，所以具有类似于液体的高溶解能力，同时又保持了气体的传递特性，渗透力强，传质速率高，能更快地达到萃取平衡，大大缩短了萃取时间。

③ 适宜于热敏性物质。超临界萃取的操作温度低，系统封闭，排除了遇空气氧化和见光反应的可能性，可避免对热不稳定物质和易氧化成分的破坏，并且在萃取天然产物时能够保持原有的自然香气，这是其他方法无法比拟的。

④ 工艺流程简单，能耗低。通过降压或升温过程溶质就可与萃取剂分离，萃取、分离可一步完成，溶剂回收简单方便，节省能源。

⑤ 无溶剂残留，环保。超临界 CO_2 流体化学性质稳定，无毒，与萃取物分离后不残留在萃取物中，并且可循环使用，几乎不产生新的“三废”，真正实现生产过程绿色化，特别适合于药物、食品等工业生产。

超临界萃取的缺点主要是设备和操作都在高压下进行，对设备的材质和密封程度要求高，设备的一次性投资比较高，折旧大，一般不适合于附加值低、用常规技术就可以很好达到质量和技术指标的产品。另外，超临界流体萃取的研究起步较晚，目前对超临界萃取热力学及传质过程的研究还远不如传统的分离技术成熟，有待进一步的深入研究。

2.5.6 提取设备的选择

选择提取设备在考虑设备安装场地、生产成本、投资预算、能耗的同时，也必须考虑被处理物料的性质、数量、产品价值及提取率等。

① 对于小产量多品种的常温提取，选择渗漉罐是十分适宜的；要求提取比较彻底的贵重或粒径较小的药材，以及对提取液的澄明度要求较高的可以选用渗漉罐。

② 在提取的同时需要回收药材中的挥发油时适合选用多能提取罐。

③ 如要求排渣方便可选择微倒锥形提取罐。

④ 如需较快加热至沸腾，可使用直筒式多能提取罐。

⑤ 如需使药液提取更均匀，药材提取更高效、完全，可选用动态提取罐。

⑥ 如果为了提取得到芳香油和苷类物质，则选用微波提取设备会有很好的效果。

⑦ 在对固体样品进行快速、高效的预处理，以及提取热不稳定活性物质和有低温提取要求时，超声强化提取具有广阔的应用前景。

⑧ 对于从固体物料中提取已知化学结构、分子量较小的亲脂性物质，并且此物质在二氧化碳中有较大的溶解度时，则适合选用超临界流体萃取设备。

思考题

1. 工业上用于两相分离的方式有哪几类?
2. 沉降设备有哪些? 各自有哪些特点?
3. 回转真空过滤机的工作原理是什么?
4. 简述旋转离心分离设备的选用依据。
5. 当填料塔内填料很高时，为什么要安装液体再分布器?
6. 简述提取设备的类型与特点。

参考文献

[1] 柴诚敬．化工原理．北京：高等教育出版社，2010.
[2] 梁福兴，李文清．选煤技术，1999（4）：1.
[3] 唐燕辉．药物制剂生产专用设备及车间工艺设计．北京：化学工业出版社，2001.
[4] 李晓辉，等．制药设备与车间工艺设计管理手册．合肥：安徽文化音像出版社，2003.
[5] 周长征，等．制药工程原理与设备．济南：山东科学技术出版社，2008.
[6] 李绍芬．反应工程．3版．北京：化学工业出版社，2015.
[7] 许嘉璐．中国中学教学百科全书：化学卷．沈阳：沈阳出版社，1990.
[8] 林崇德．中国成人教育百科全书：化学·化工．海口：南海出版公司，1994.
[9] 李灿，曹亮．一种动态提取罐．CN 204485368U. 2015-07-22.
[10] 周丽莉，等．药物设备与车间设计．北京：中国医药科技出版社，2011.
[11] 王沛，等．药物设备与车间设计．北京：人民卫生出版社，2014.

第3章
蒸发与结晶设备

本章学习目的与要求：

（1）能够准确识别并列举常见蒸发、结晶设备的类型和名称。
（2）能够正确阐明不同类型蒸发、结晶设备的结构组成和特点。
（3）能够概述不同类型蒸发、结晶设备的工作原理。
（4）能够根据需要合理选择蒸发、结晶设备，并对其科学评价。

蒸发、结晶是为了将不挥发性的产品或中间体从液体溶剂中分离出来，是制药生产中常用的操作单元，十分普遍地应用在几乎所有的结晶性药物的生产工序中。蒸发与结晶两个步骤紧密相连，通常首先采用浓缩的方法去除溶剂以提高溶液浓度，再进一步使溶液过饱和析出固体产品，前一步骤常用的方法是蒸发，后一步骤常用的方法是结晶，有时甚至可以在同一设备内进行。

蒸发与结晶都是传质、传热同时进行的过程，传热是过程进行的条件，传质是过程进行的目的，所不同的是蒸发是通过加热的方法使溶剂由液相进入气相的过程，结晶则是通过冷却等方式使溶质由液相进入固相的过程。

本章重点介绍制药工业中常用的蒸发、结晶设备。

3.1 蒸发设备

能够完成蒸发操作的设备称为蒸发设备（蒸发器），属于传热设备。各类蒸发设备都必须满足的基本要求是：①应有充足的加热热源，以维持溶液的沸腾状态和补充溶剂汽化所带走的热量；②应保证及时排除蒸发所产生的二次蒸汽；③应有一定的传热面积以保证足够的传热量。

制药工业中大部分中间体或最终产物是受热后会发生化学或物理变化的热敏性物质，所以常采用低温蒸发，或者在相对较高的温度条件下，采用瞬时蒸发的方法来满足热敏性物料对蒸发浓缩过程的特殊要求。

随着工业技术的发展，新型蒸发设备不断出现。根据蒸发器加热室的结构和蒸发操作时溶液在加热室壁面的流动情况，可将间壁式加热蒸发器分为单程型（膜式）和循环型（非膜式）两大类。除此之外，制药工业中有时也采用夹套式蒸发器、板式蒸发器等。

3.1.1 单程型（膜式）蒸发器

单程型（膜式）蒸发器的基本特点是溶液通过加热室一次即达到所需的浓度，且溶液沿加热管壁呈膜状流动而进行传热和蒸发。此类蒸发器的设计和操作要求虽然较高，但它的主要优点是传热速率高、蒸发速度快、溶液在蒸发器内停留时间短（仅停留几秒至几十秒），因而特别适于热敏性溶液的蒸发。以下简要介绍几种膜式蒸发器。

3.1.1.1 升膜式蒸发器

升膜式蒸发器主要由列管式加热室及气液分离室组成，其构造如图 3-1 所示。

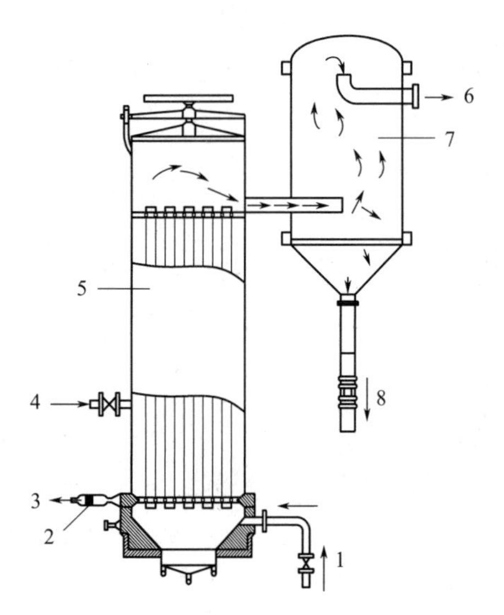

图 3-1 升膜式蒸发器

1—原料液进口；2—疏水器；3—冷凝水出口；4—加热蒸汽进口；5—加热室；6—二次蒸汽；7—气液分离室；8—浓缩液出口

原料液经预热器预热至近沸点温度后从蒸发器底部进入，溶液在加热管内受热迅速沸腾汽化，生成的二次蒸汽在加热管中高速上升，溶液则被高速上升的蒸汽带动，从而沿加热管壁面成膜状向上流动，并在此过程中不断蒸发。在升膜式蒸发器中，溶液形成的液膜与蒸发产生二次蒸汽的气流方向相同，由下而上并流上升，在分离室气液得到分离。升膜式蒸发器的加热管由细长的垂直管束组成，管子直径为 25～80mm，加热管长径比 L/d 为 100～300，这样才能使加热面供应足够成膜的气速。为了使溶液在加热管壁面有效地成膜，要求上升的二次蒸汽的气速应达到一定的值，在常压下加热室出口速率不应小于 10m/s，一般为 20～50m/s，减压下的气速可达到 100～160m/s 或更高。当然二次蒸汽的速度亦不可过高，否则会将液膜拉破，出现干壁现象，降低传热效果。气液混合物在分离室内分离，浓缩液由分离室底部排出，二次蒸汽在分离室顶部经除沫后导出，加热室中的冷凝水经疏水器排出。

在升膜式蒸发器设计时，要满足溶液只通过加热管一次即达到要求的浓度。加热管的长径比、进料温度、加热管内外的温度差、进料量等都会影响成膜效果、蒸发速率及溶液的浓度等。加热管过短溶液浓度达不到要求，过长则易在加热管上端出现干壁现象，加重结垢现象且不易清洗，影响传热效果。加热蒸汽与溶液沸点间的温差也要适当，温差大，蒸发速率较高，蒸汽的速率快，成膜效果好一些，但加热管上部易产生干壁现象且能耗高。原料液最好预热到近沸点温度再进入蒸发室中进行蒸发，如果将常温下的溶液直接引入加热室进行蒸发，在加热室底部需要有一部分传热面用来加热溶液使其达到沸点后才能汽化，溶液在这部分加热壁面上不能呈膜状流动，从而影响蒸发效果。

升膜式蒸发器适于蒸发量大、稀溶液、热敏性及易生泡溶液的蒸发；不适于黏度高（0.05Pa·s 以上）、受热后易结垢或浓缩时易结晶溶液的蒸发。

3.1.1.2 降膜式蒸发器

降膜式蒸发器的结构与升膜式蒸发器大致相同，也是由列管式加热室及气液分离室组成，但气液分离室处于加热室的下方，在加热管束上管板的上方装有液体分布板或分配头，其构造如图 3-2 所示。

原料液由加热室顶部进入，通过液体分布板或分配头均匀进入每根换热管，并沿管壁呈膜状流下同时被管外的加热蒸汽加热至沸腾汽化，气液混合物由加热室底部进入气液分离室分离，浓缩液由分离室底部排出，二次蒸汽由分离室顶部经除沫后排出。在降膜式蒸发器中，液体的运动是靠本身的重力和二次蒸汽运动的拖带力的作用，溶液下降的速度比较快，因此成膜所需的二次蒸汽的气速较小，对黏度较高的液体也较易成膜。降膜式蒸发器的加热管长径比 L/d 为 100～250，原料液从加热管上部流至下部即可完成浓缩。若蒸发一次达不到浓缩要求，可用泵将料液进行循环蒸发。

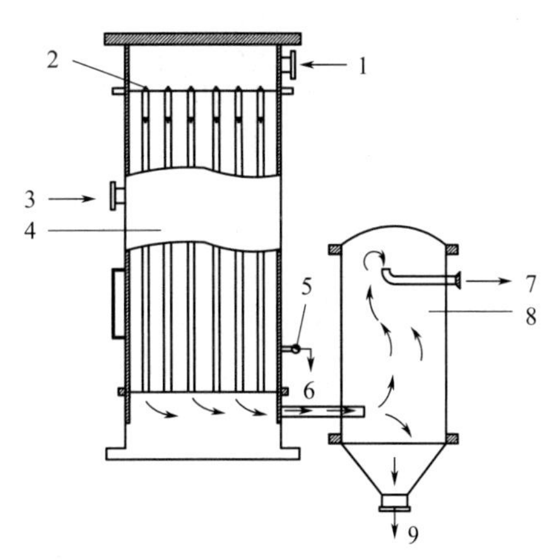

图 3-2 降膜式蒸发器

1—原料液进口；2—液体分布装置；3—加热蒸汽进口；4—加热室；5—疏水器；6—冷凝水出口；7—二次蒸汽；8—气液分离室；9—浓缩液出口

物料在降膜式蒸发器中的停留时间更短，因而可适用于热敏性物料的蒸发。料液黏度可高些，通常适宜黏度为 0.05～0.45Pa·s、浓度较高的溶液的蒸发，但不适宜易结晶或易结垢溶液的蒸发。

3.1.1.3 升-降膜式蒸发器

升膜与降膜式蒸发器各有其优缺点，而使用升-降膜式蒸发器可以互补其不足。比如，当制药车间厂房高度受限制时，可以采用升-降膜式蒸发器。升-降膜式蒸发器是将升膜式蒸发器和降膜式蒸发器安装在一个圆筒形壳体内，将加热室管束平均分成两部分，蒸发室的下封头用隔板隔开，其构造如图 3-3 所示。

预热至近沸点温度的原料液从加热室底部进入，溶液受热蒸发汽化产生的二次蒸汽夹带溶液在加热室壁面呈膜状上升。在蒸发室顶部，蒸汽夹带溶液进入降膜式加热室，向下呈膜状流动并再次被蒸发，气液混合物从加热室底部进入气液分离室，完成气液分离，浓缩液从分离室底部排出。

3.1.1.4 刮板搅拌式蒸发器

刮板搅拌式蒸发器是通过旋转的刮板强制使液料形成液膜的蒸发设备，主要由物料分配盘、刮板、轴承、蒸发室、夹套式加热室、动力装置等部分组成。常用的为可以分段加热的刮板搅拌式蒸发器，其构造如图 3-4 所示。

夹套内通入加热蒸汽加热蒸发筒内的溶液，刮板由轴带动旋转，刮板的边缘与夹套内壁之间的缝隙很小，一般 0.5～1.5mm。原料液经预热后沿圆筒壁的切线方向进入随轴旋转的分配盘中，在离心力的作用下，通过盘壁小孔被抛向器壁，在重力及旋转刮板的作用下在夹套内壁形成下旋液膜，液膜在下降时不断被夹套内蒸汽加热蒸发浓缩，浓缩液由圆筒底部排出，产生的二次蒸汽夹带雾沫由刮板的空隙向上运动，旋转的带孔刮板也可把二次蒸汽所夹带的液沫甩向加热壁面，在分离室进行气液分离后，二次蒸汽从分离室顶部经除沫后排出。

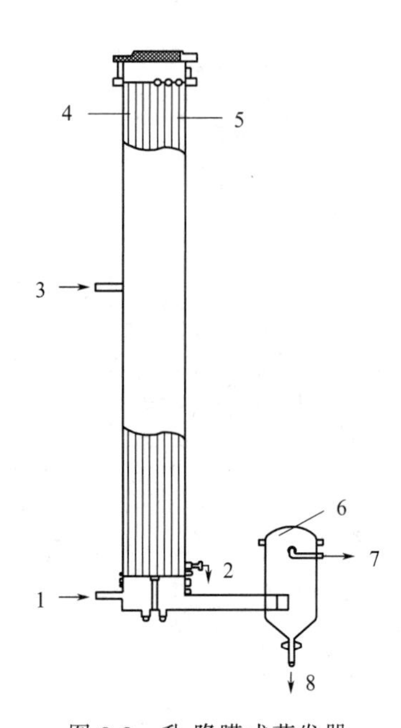

图 3-3 升-降膜式蒸发器

1—原料液进口；2—冷凝水出口；3—加热蒸汽进口；4—升膜加热室；5—降膜加热室；6—气液分离室；7—二次蒸汽出口；8—浓缩液出口

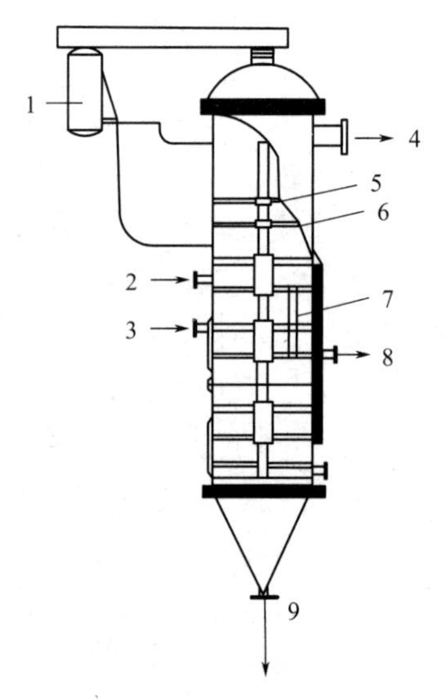

图 3-4 刮板搅拌式蒸发器

1—电机；2—原料液进口；3—加热蒸汽入口；4—二次蒸汽出口；5—除沫器；6—分配盘；7—刮板；8—冷凝水出口；9—浓缩液出口

刮板搅拌式蒸发器的蒸发室是一个圆筒，圆筒高度与工艺要求有关。当浓缩比较大时，加热蒸发室长度较长，此时可选择分段加热，采用不同的加热温度来蒸发不同的液料，以保证产品质量。加大圆筒直径可相应地加大传热面积，但也增加了刮板转动轴传递的力矩，增加了功率消耗，所以圆筒直径不宜过大，一般选择在 300～500mm 为宜。

刮板搅拌式蒸发器采用刮板的旋转来成膜、翻膜，液层薄膜不断被搅动，加热表面和蒸发表面不断被更新，传热系数较高。液料在加热区停留时间较短，一般几秒至几十秒，蒸发器的高度、刮板导向角、转速等因素会影响蒸发效果。刮板搅拌式蒸发器因具有转动装置，且多真空操作，对设备加工精度要求较高，并且传热面积较小。刮板搅拌式蒸发器适用于浓缩高黏度液料或含有悬浮颗粒的液料的蒸发。

3.1.1.5 离心式薄膜蒸发器

离心式薄膜蒸发器是利用高速旋转的锥形碟片（离心盘）所产生的离心力对溶液的周边分布作用而形成薄膜。杯形的离心转鼓内部叠放着几组梯形离心碟片，转鼓底部与主轴相连；每组离心碟片都是由上、下两个碟片组成的中空的梯形结构，两碟片上底在弯角处紧贴密封，下底分别固定在套环的上端和中部，构成一个三角形的碟片间隙，起到夹套加热的作用；两组离心碟片相隔的空间是蒸发空间，它们上大下小，并能从套环的孔道垂直相连并作为原液料的通道，各离心碟片组的套环叠合面用 O 形密封圈密封，上面加上压紧环将碟组压紧；压紧环上焊有挡板，它与离心碟片构成环形液槽。其构造如图 3-5 所示。

蒸发器运转时原料液从进料管进入，由各个喷嘴分别向各碟片组下表面喷出，并均匀分布于碟片锥顶的表面，液体受惯性离心力的作用向周边运动扩散形成液膜，液膜在碟片表面被夹层的加热蒸汽加热蒸发浓缩，浓缩液流到碟片周边就沿套环的垂直通道上升到环形液槽，由吸料管抽出作为完成液。从碟片表面蒸发出的二次蒸汽通过碟片中部的大孔上升，汇集后经除沫再进入冷凝器冷凝。加热蒸汽由旋转的空心轴通入，并由小通道进入碟片组间隙加热室，冷凝

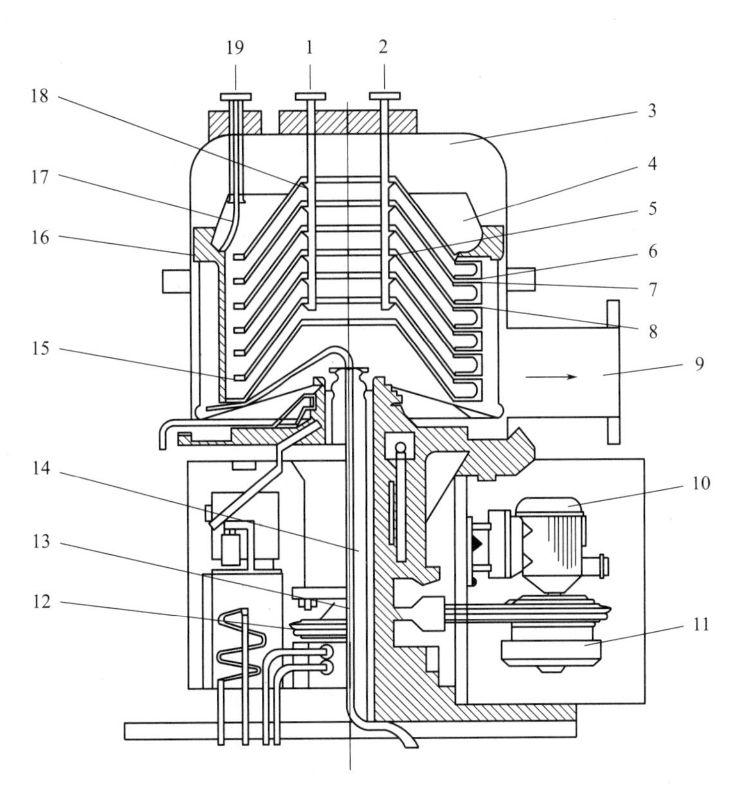

图 3-5 离心式薄膜蒸发器

1—清洗液进口；2—原料液进口；3—蒸发器外壳；4—浓缩液槽；5—物料喷嘴；6—上碟片；
7—下碟片；8—蒸汽通道；9—二次蒸汽出口；10—电机；11—液力联轴器；12—皮带轮；
13—排冷凝水管；14—进蒸汽管；15—浓缩液通道；16—离心转鼓；
17—浓缩液吸管；18—清洗喷嘴；19—浓缩液出口

水受离心作用迅速离开冷凝表面，从小通道甩出落到转鼓的最低位置，并从固定的中心管排出。

离心式薄膜蒸发器是在离心力场的作用下成膜的，料液在加热面上受离心力的作用，液流湍动剧烈，同时蒸汽气泡能迅速被挤压分离，成膜厚度很薄，一般膜厚 0.05～0.1mm，原料液在加热壁面停留时间不超过 1s，蒸发迅速，加热面不易结垢，传热系数高，可以真空操作，适宜热敏性、黏度较高的料液的蒸发。

3.1.2 循环型（非膜式）蒸发器

在蒸发操作中，如果原料液只流经加热管一次，因水或溶剂的相对蒸发量较小，达不到规定的浓缩要求，此时一般需要采取多次循环，称为循环型蒸发操作，所用的设备称为循环型蒸发器。在循环型蒸发器中，料液在器内循环流动，从而提高传热效果、减少污垢热阻，直至达到规定的浓缩要求后才可以排出，故蒸发器内的存液量较大，且原料液在加热室滞留的时间也较长，不适宜热敏性溶液的蒸发。

根据促使原料液产生循环的动因不同，循环型蒸发器可分为自然循环型和强制循环型两大类。自然循环型蒸发器是靠溶液在加热室的位置不同，被加热的过程中因溶液受热程度不同产生了密度差，自然地引起轻者上浮重者下沉而产生循环，循环速度较慢；强制循环型则是靠外加动力使溶液沿一定方向做循环运动，循环速度较快，但动力消耗大。循环型蒸发器有以下几种主要形式。

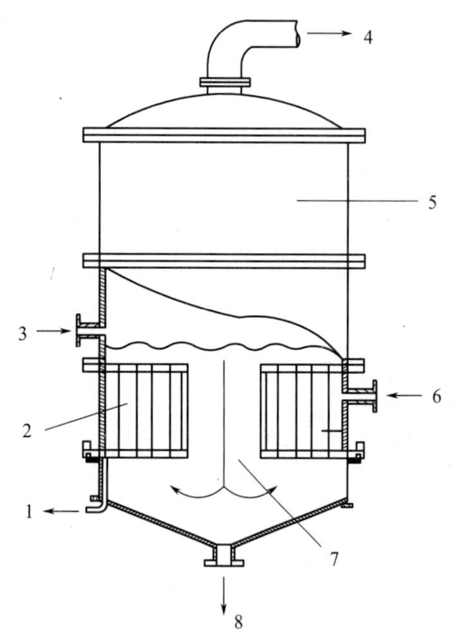

图 3-6 中央循环管式蒸发器

1—冷凝水出口；2—加热室；3—原料液进口；4—二次蒸汽；5—气液分离室；6—加热蒸汽进口；7—中央循环管；8—浓缩液出口

3.1.2.1 中央循环管式蒸发器

中央循环管式蒸发器属于自然循环型蒸发器，又称标准式蒸发器，主要由加热室、气液分离室及中央循环管等组成，其构造如图 3-6 所示。

中央循环管式蒸发器的加热室与列管换热器的结构类似，由一直立管束组成，加热管的直径为 25～75mm，管长为 0.6～2m，管束间通加热蒸汽。在直立的较细的加热管束中有一根直径较大的中央循环管，循环管的横截面积为加热管束总横截面积的 40%～100%。由于中央循环管的直径比加热管束的直径大得多，在该管内单位体积的溶液所具有的传热面积比加热管束的要小得多，因此加热管内溶液的温度比中央管的高，造成了两管内液体的密度差，再加上加热管中上升蒸汽的抽吸作用，而使料液自加热管上升，从中央管下降，构成一个自然的循环过程。

该设备结构简单紧凑、制造方便、操作稳定可靠，但由于它不可拆卸，清洗、检修和维护也不容易，故适于黏度不高、结垢不严重、有少量晶体析出、腐蚀性较小且密度随温度变化较大的溶液的蒸发。

3.1.2.2 外加热式蒸发器

外加热式蒸发器属于自然循环式长管型蒸发器，主要由列管式加热室、气液分离室及循环管等组成，其构造如图 3-7 所示。

外加热式蒸发器的加热室与蒸发室是分开的，管束较长的加热室安装在蒸发室旁边，降低了整个设备的高度。溶液在加热管内被管间的加热蒸汽加热至沸腾汽化，加热蒸汽冷凝液经疏水器排出，溶液蒸发产生的二次蒸汽夹带部分溶液上升至蒸发室，在蒸发室实现气液分离，二次蒸汽从蒸发室顶部经除沫器除沫后进入冷凝器冷凝。蒸发室下部的溶液沿循环管下降，循环管内溶液不受蒸汽加热，增大了循环管与加热管内溶液的密度差，加快了溶液的循环。

该类型蒸发器的适用范围较广，便于清洗、检修和更换，传热面积受限较小，由于循环速度提高，因此加热面附近的溶液浓度梯度差较小，有利于减轻结垢，但该类设备的缺点是尺寸较高、金属耗量偏多、结构不紧凑、热损失较大。

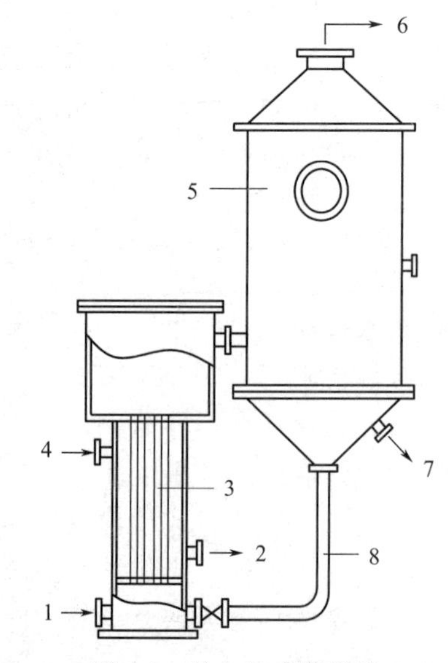

图 3-7 外加热式蒸发器

1—原料液进口；2—冷凝水出口；3—加热室；4—加热蒸汽进口；5—气液分离室；6—二次蒸汽；7—浓缩液出口；8—循环管

3.1.2.3 列文式蒸发器

列文式蒸发器也称管外沸腾式蒸发器，主要由加热室、沸腾室、气液分离室和循环管等部分组成。其构造如图 3-8 所示。

该设备是在普通蒸发器的加热室上方增设一段直管作为沸腾室，以进一步提高料液在蒸发器内的自然循环速度，减少清洗和维修次数。其特点是沸腾室在加热室之上，加热管中的溶液由于受到附加液柱的作用而不能沸腾，只有当溶液升到沸腾室时，由于所受压强降低才开始沸腾。沸腾室内设有纵向挡板，限制了大气泡的形成，降低了沸腾室内的溶液密度，如此可提高循环速度。另外，循环管较高（一般为 7～8m），截面积较大，是加热管总截面的 2～3.5 倍，且循环管设在加热室之外，这些因素都使得循环的推动力较大，阻力较小，因而溶液的循环速度较大。

列文式蒸发器的优点是可避免在加热管中析出晶体，且能减轻加热管表面上污垢的形成，传热效果较好，传热系数接近于强制循环蒸发器的数值，尤其适用于处理有结晶析出和黏度大的溶液。其缺点是设备庞大，消耗的金属材料多。此外，由于液柱静压强引起的温度差损失较大，为了保持一定的有效传热温差，要求加热蒸汽有较高的压力。

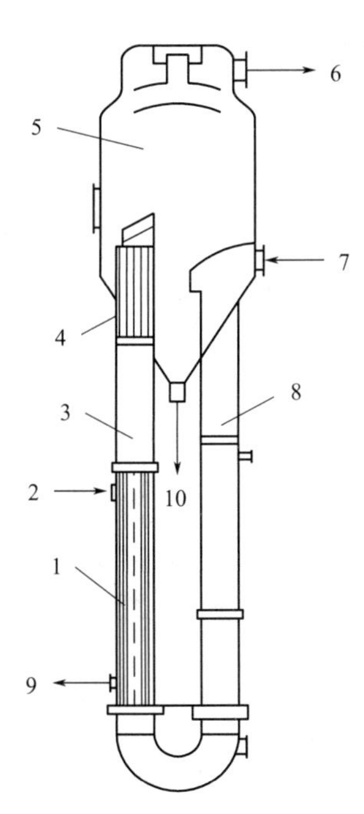

图 3-8 列文式蒸发器

1—加热室；2—加热蒸汽进口；3—沸腾室；4—沸腾室隔板；5—气液分离室；6—二次蒸汽；7—原料液进口；8—循环管；9—冷凝水出口；10—浓缩液出口

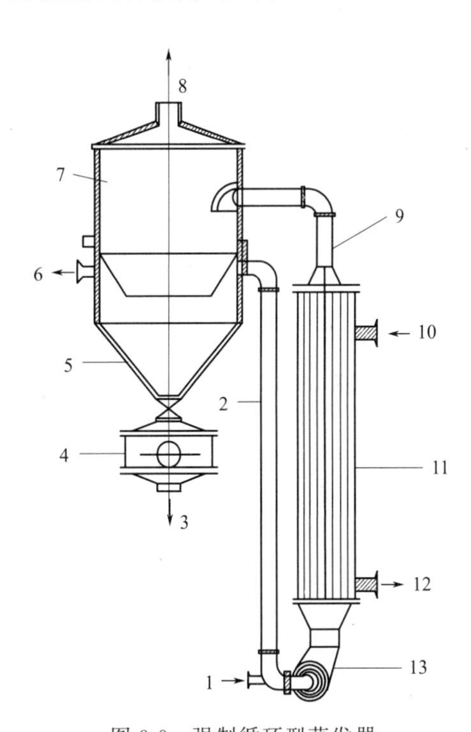

图 3-9 强制循环型蒸发器

1—原料液进口；2—循环管；3—滤液；4—过滤器；5—圆锥形底；6—浓缩液出口；7—气液分离室；8—二次蒸汽；9—导管；10—加热蒸汽进口；11—加热室；12—冷凝水出口；13—循环泵

3.1.2.4 强制循环型蒸发器

强制循环型蒸发器主要由列管式加热室、气液分离室、过滤器、循环管及循环泵等组成，其构造如图 3-9 所示。

与料液循环流动均是由于沸腾液的密度差而产生虹吸作用引起的自然循环型蒸发器相

比，强制循环型蒸发器中溶液的循环运动则主要依赖于外力，在蒸发器循环管的管道上安装有循环泵，循环泵迫使溶液沿一定方向以较高速率循环流动，通过调节泵的流量来控制循环速率。溶液被循环泵输送到加热管的管内并被管间的加热蒸汽加热至沸腾汽化，产生的二次蒸汽夹带液滴向上进入分离室，在分离室二次蒸汽向上排出，溶液沿循环管向下再经泵循环运动。

强制循环型蒸发器由于循环速度大，其传热系数比自然循环的传热系数大，蒸发速率高，但其动力消耗较大，适合蒸发高黏度、易结垢及大量结晶析出的溶液。

3.1.3 板式蒸发器

板式蒸发器主要由长方形加热板、机架、固定板及压紧板、螺栓、进出口等组成，其构造如图 3-10 所示。

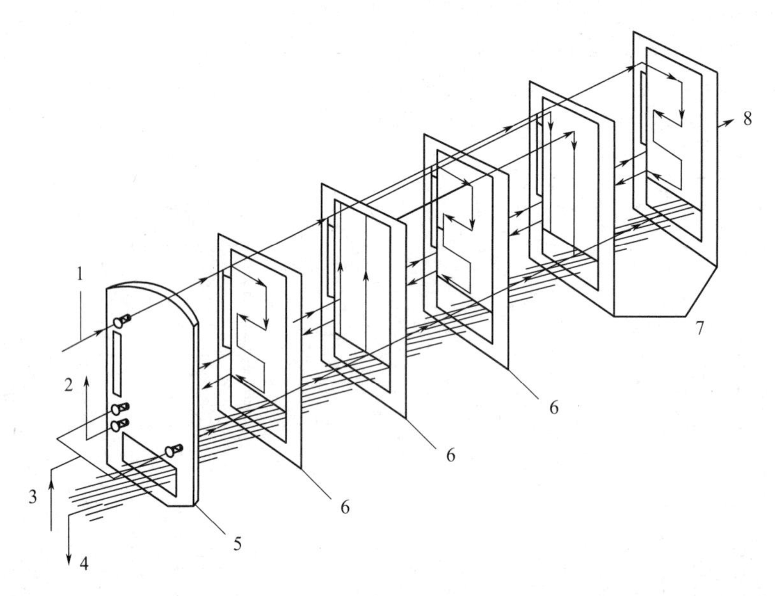

图 3-10 板式蒸发器

1—加热蒸汽进口；2—冷凝水出口；3—原料液进口；4—二次蒸汽出口；
5—压紧板；6—加热板；7—密封橡胶圈；8—浓缩液出口

在薄的长方形不锈钢板上用压力机压出一定形状的花纹作为加热板，每块加热板上都有一对原料液及加热蒸汽的进出口，将加热板装配在机架上，加热板四周及进出口周边都由密封圈密封，加热板的一侧流动原料液，另一侧流动加热蒸汽从而实现加热蒸发过程。一般四块加热板为一组，在一台板式蒸发器中可设置数组，以实现连续蒸发操作。

板式蒸发器的传热系数高，蒸发速率快，液体在加热室停留时间短、滞留量少，板式蒸发器易于拆卸及清洗，可以减少结垢，并且加热面积可以根据需要而增减。但板式蒸发器加热板的四周都用密封圈密封，密封圈易老化，容易泄漏，热损失较大，应用较少。

3.1.4 夹套式蒸发器

夹套式蒸发器是最简单的蒸发器，主要由夹套、搅拌叶、减速器、蒸发室等组成，其构造如图 3-11 所示。

在制药工业生产中常用的是搪瓷玻璃罐。罐内盛被蒸发的溶液，夹套内通以加热蒸汽，通过罐壁传热。为了提高传热效果，在罐内可装搅拌器，以强化溶液的流动。如加热面积不足时，可在内部设置蛇管进行加热。

这类设备加热面积小，生产能力低，只适于生产量小、加热量不太大、溶液中溶质较长时间受热不易分解和溶液黏稠的情况。

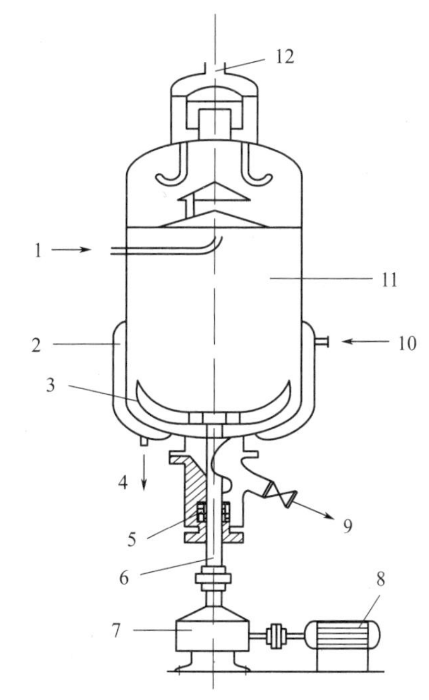

图 3-11 夹套式蒸发器

1—原料液进口；2—夹套；3—搅拌叶；4—冷凝水出口；5—填料密封；6—轴；7—减速器；8—电机；9—浓缩液出口；10—加热蒸汽进口；11—蒸发室；12—二次蒸汽出口

3.1.5 蒸发设备的选择

蒸发器的形式很多，特点各异，选型时应在综合考虑蒸发过程的生产任务、物料的性质、溶剂的种类等因素的基础上，遵循下列基本原则进行合理选择：①满足生产工艺要求，保证产品质量；②生产能力大；③结构简单，操作和维修方便；④经济性好，能耗低。

实际选择蒸发设备时，首先要考虑溶液增浓过程中溶液性质的变化，例如：是否有结晶生成、传热面上是否易结垢、是否易发泡、黏度随浓度的变化情况、溶液的热敏感性问题、溶液是否有腐蚀性等。蒸发过程中有结晶析出及易结垢的溶液，宜采用循环速度高、易除垢的强制循环式蒸发器；黏度较大、流动性差的，宜采用强制循环式、刮板式或降膜式蒸发器；若为热敏性溶液，应选择蒸发时间短、滞留量少的膜式蒸发器，以防止物料的分解；蒸发量大的不适宜选择刮板搅拌式蒸发器，应选择多效蒸发过程；蒸发量小的可选择夹套式蒸发器，以便制造、操作和节约投资成本等。

3.2 结晶设备

结晶设备按溶液浓度改变方法分为：冷却结晶设备、蒸发结晶设备、盐析结晶设备及真空结晶设备等；按结晶过程运转方式分为：间歇式结晶设备、连续式结晶设备；按照搅拌方式分为：有搅拌式结晶设备、无搅拌式结晶设备；按照操作压力分为：常压式结晶设备、真空式结晶设备等。

本节重点介绍当前制药生产常用的几种结晶设备。

3.2.1 冷却结晶罐

冷却结晶罐是制药过程中应用广泛的结晶器。图 3-12 与图 3-13 分别是典型的内循环式导流筒冷却结晶器和外循环式釜式冷却结晶器构造图，设有蛇管、夹套或外换热器进行传热，结晶罐内设有导流筒或锚式或框式搅拌器。

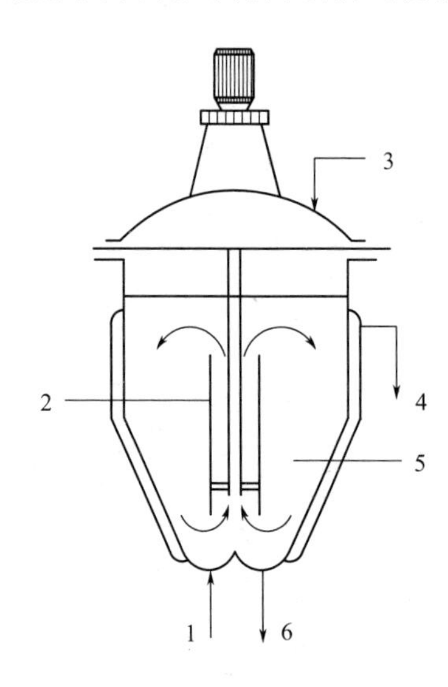

图 3-12 内循环式导流筒冷却结晶器

1—冷却剂进口；2—导流筒；3—料液进口；4—冷却剂出口；5—结晶室；6—晶浆出口

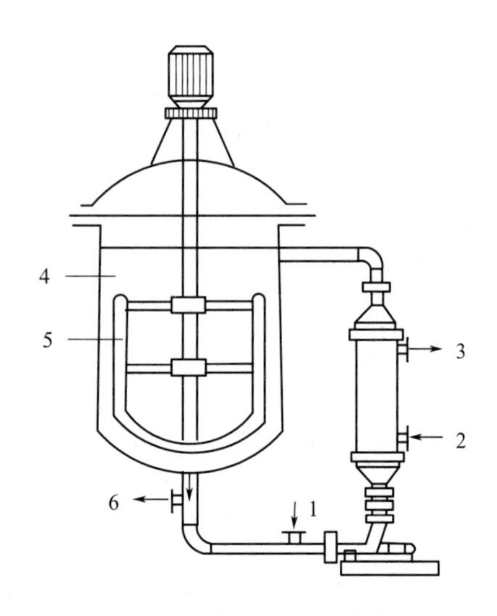

图 3-13 外循环式釜式冷却结晶器

1—料液进口；2—冷却剂进口；3—冷却剂出口；4—结晶室；5—搅拌器；6—晶浆出口

冷却结晶罐可根据结晶要求交替通以热水、冷水或冷冻盐水，以维持一定的过饱和浓度和结晶温度；搅拌的作用不仅能加速传热，还能使结晶罐内的温度趋于一致，促进晶核的形成，并使晶体均匀地成长。因此，该类结晶器产生的晶粒小而均匀。结晶过程中，溶液的过饱和度、物料温度的均匀一致性、搅拌转速和冷却面积是影响晶粒大小和外观形态的决定性因素。

此类结晶器结构简单、操作控制方便、传热效率高。内循环式结晶器由于受换热面积的限制，换热量不能太大。外循环式结晶器通过外部换热器传热，传热系数较大，还可根据需要加大换热面积，但必须选用合适的循环泵，以避免悬浮晶体的磨损破碎。在操作过程中，应注意随时清除蛇管及器壁上积结的晶体，以防影响传热效果。具体选用哪种形式的冷却结晶器，主要取决于结晶过程的换热量。

3.2.2 强制外循环结晶器

强制外循环结晶器是一种晶浆循环式连续结晶器，由结晶室、循环管及换热器、循环泵和蒸汽冷凝室等组成，其构造如图 3-14 所示。

操作时，料液自循环管加入，与由结晶室的锥形底排出的部分晶浆混合后，一起由泵送往蒸汽冷凝室，通过换热器加热升温（通常为 2～6℃），沿切线方向重新返回结晶室，在结晶室沸腾，使溶液达到过饱和状态，于是部分溶质沉积在悬浮晶粒表面上，使晶体长大，作为产品的晶浆从循环管上部排出。这种结晶器可用于间接冷却法、蒸发法及真空冷却结晶过程。设备特点是生产能力很大，但所得产品的平均粒度较小，粒度分布较宽。这是由于外循环管路较长，输送晶浆所需的压头较高，循环泵叶轮转速较快，因而循环晶浆中晶体与叶轮之间的接触成核速率较高；同时，它的循环量较低，结晶室内的晶浆混合不是很均匀，存在局部过浓现象。

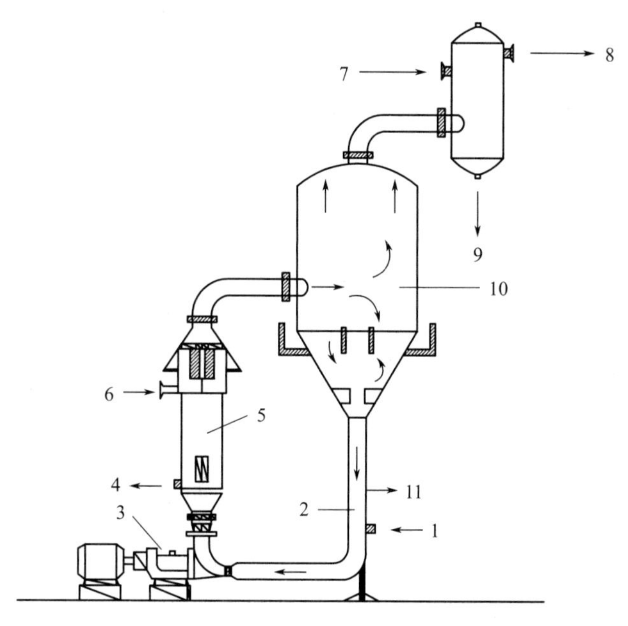

图 3-14 强制外循环结晶器

1—料液进口；2—循环管；3—循环泵；4—冷凝液出口；5—冷凝室；6—蒸汽进口；7—冷却水进口；8—二次蒸汽出口；9—冷却水出口；10—结晶室；11—晶浆出口

3.2.3 流化床型结晶器

流化床型结晶器又称奥斯陆结晶器，是一种母液循环式连续结晶器，有蒸发式结晶与冷却式结晶两种类型，两者的区别在于以冷却室代替蒸发结晶器中加热室并去掉蒸发室。图3-15与图3-16分别是流化床型蒸发式结晶器与冷却式结晶器的构造示意。

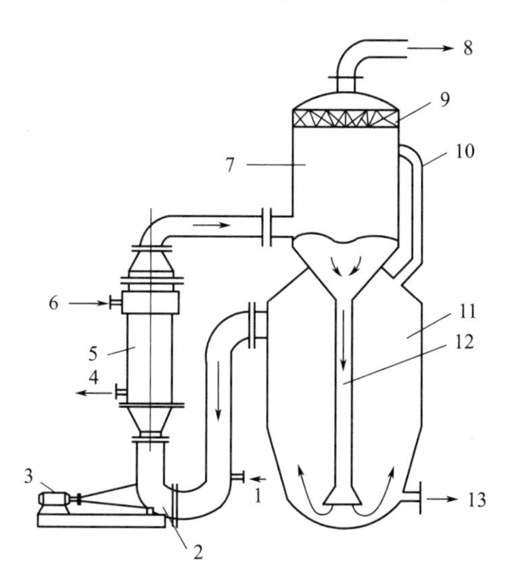

图 3-15 流化床型蒸发式结晶器

1—料液进口；2—循环管；3—循环泵；4—冷凝液出口；5—加热室；6—蒸汽进口；7—蒸发室；8—二次蒸汽出口；9—捕沫器；10—通气管；11—结晶室；12—中央管；13—晶浆出口

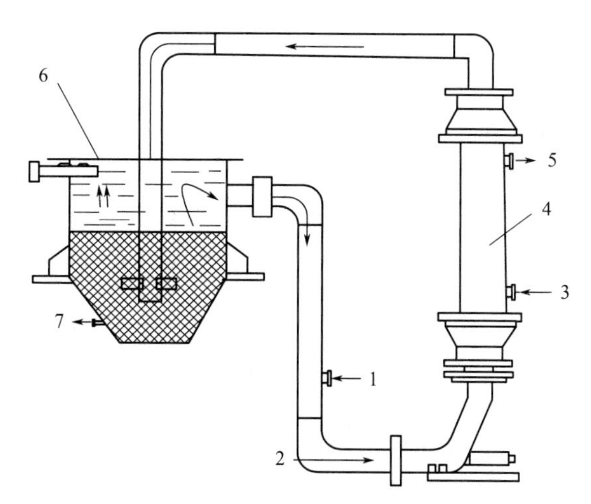

图 3-16 流化床型冷却式结晶器

1—料液进口；2—循环管；3—冷却剂进口；4—冷却室；5—冷却剂出口；6—结晶室；7—晶浆出口

结晶室的室身有一定的锥度，随着液体向上的流速逐渐降低，悬浮晶体的粒度越往上越小，因此结晶室成为粒度分级的流化床。在结晶室的顶层，已基本上不含晶粒，作为澄清的母液进入循环管路，与热浓料液混合后，由泵送至加热室，加热后的溶液送入蒸发室蒸发浓缩（对蒸发结晶器），或在冷却室中冷却（对冷却结晶器）而达到过饱和。经中央降液管流至结晶室底部，与富集于结晶室（晶体流化床）底层的粒度较大的晶体接触，使之长得更大。溶液在向上穿过晶体流化床时，逐步解除其过饱和度。

流化床型结晶器的主要特点是过饱和度产生的区域与晶体成长区分别设置在结晶器的两处，由于采用母液循环，循环液中基本不含晶粒，从而避免了叶轮与晶体间的接触成核现象，再加上结晶室（晶体流化床）对颗粒进行水力分级作用，大颗粒在下，而小颗粒在上，从流化床底部卸出粒度较为均匀的结晶产品，流化床中的细小颗粒则随母液流入循环管。其缺点在于溶质易沉积在传热表面上；另外，由于必须限制液体的循环速度及悬浮速度，把结晶室中悬浮液的澄清界面限制在循环泵的入口以下，以防止母液中夹带明显数量的晶体，因而生产能力受到限制。

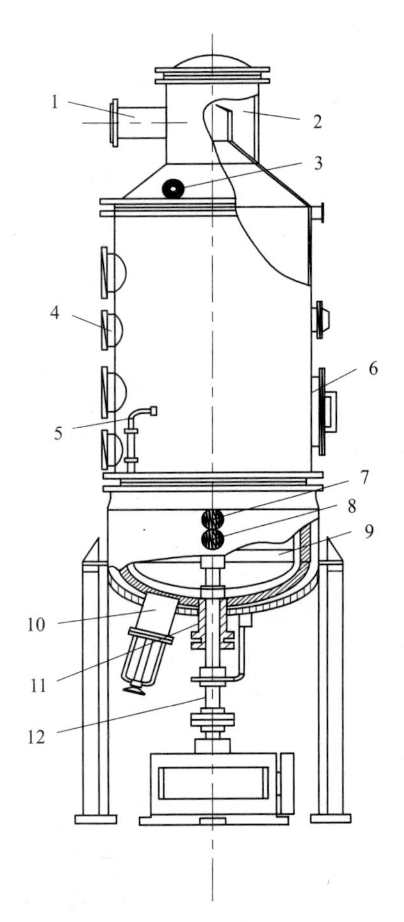

图 3-17 真空煮晶锅

1—二次蒸汽排出管；2—气液分离器；3—清洗孔；4—视镜；5—吸液孔；6—人孔；7—压力表孔；8—蒸汽进口管；9—锚式搅拌器；10—物料出口；11—轴封填料箱；12—搅拌轴

3.2.4 真空煮晶锅

真空煮晶锅是一个带搅拌的夹套加热真空蒸发罐，整个设备可分为加热蒸发室、加热夹套、气液分离器、搅拌器等部分，其构造如图 3-17 所示。

真空煮晶锅上部顶盖多采用锥形，上接气液分离器，以分离二次蒸汽所带走的雾沫，一般采用锥形除泡帽与惯性分离器结合使用。煮晶锅凡与产品有接触的部分均应采用不锈钢制成，以保证产品质量。它的优点是，可以控制溶液的蒸发速率和进料速率，以维持溶液一定的过饱和度进行育晶，同时采用连续加入未饱和的溶液来补充溶质的量，使晶体长大。要使结晶速率快，就要保持溶液较高的过饱和浓度，在维持较高的过饱和度育晶时，稍有不慎，即会自然起晶而增加细小的新晶核，这会导致最终产品晶体较小，晶粒大小不均匀，形状不一。产生新晶核时溶液出现白色混浊，这时可通入蒸汽冷凝水，使溶液降到不饱和浓度而把新晶核溶解。随着水分的蒸发，溶液很快又进入介稳区，重新往晶核上长大结晶，这样煮出的结晶产品形状一致，大小均匀。

对于结晶速度比较快、容易自然起晶，且要求结晶晶体较大的产品，多采用真空煮晶锅进行煮晶。

3.2.5 DTB 型结晶器

DTB 型结晶器是具有导流桶及挡板的结晶器的简称，属于典型的晶浆内循环式结晶器，其构造如图 3-18 所示。

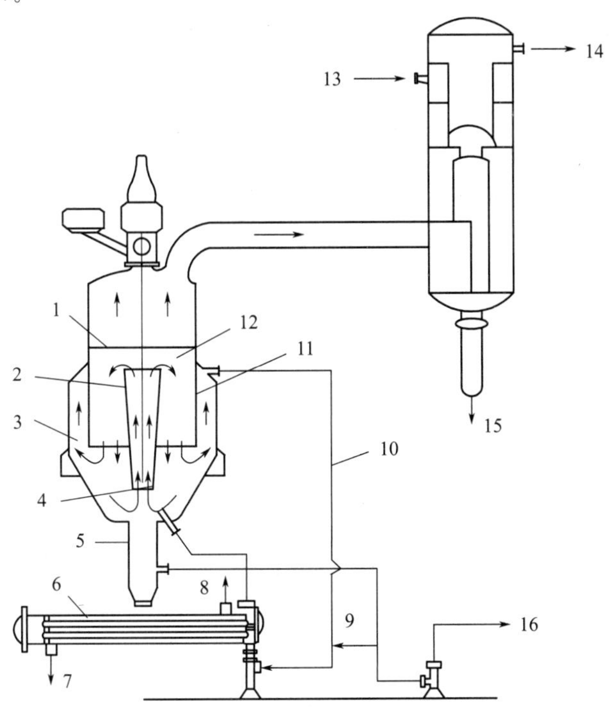

图 3-18　DTB 型结晶器

1—沸腾液面；2—导流筒；3—澄清区；4—螺旋桨；5—淘洗腿；6—加热器；
7—冷凝水出口；8—蒸汽出口；9—料液；10—循环管；11—筒形挡板；
12—结晶室；13—冷却水进口；14—喷射真空口；
15—冷却水出口；16—物料出口

结晶器内设有导流筒和圆筒形挡板，在其下端装置的螺旋桨式搅拌器的推动下，悬浮液在导流筒以及导流筒与挡板之间的环形通道内循环，形成良好的混合条件。圆筒形挡板将结晶器分为晶体成长区和澄清区。挡板与器壁间的环隙为澄清区，其中搅拌的作用基本上已经消除，使晶体得以从母液中沉降分离，只有过量的细晶可随母液从澄清区的顶部排出器外加以消除，从而实现对晶核数量的控制。

操作时，热饱和料液连续加到循环管下部，与循环管内夹带有小晶体的母液混合后泵送至加热器。加热后的溶液在导流筒附近流入结晶器，并由缓慢转动的螺旋桨沿导流筒送至液面。溶液在液面蒸发冷却达过饱和状态，其中部分溶质在悬浮的颗粒表面沉积，使晶体长大。在澄清区内大颗粒沉降，而小颗粒则随母液入循环管并受热溶解。晶体于结晶器底部入淘洗腿。为了使结晶产品的粒度分布更均匀，有时在结晶器的下部设置淘洗腿，将澄清区来的部分母液加到淘洗腿底部，利用水力分级的作用，使小颗粒随液流返回结晶器，而结晶产品从淘洗腿下部卸出。

DTB 型结晶器性能优良，生产强度高，能产生粒度达 600～1200μm 的大型结晶产品，器内不易结晶垢，已成为连续结晶器的最主要形式之一，可用于真空冷却法、蒸发法、直接接触冷冻法以及反应结晶法等多种结晶操作。

3.2.6　结晶设备的选择

结晶器是结晶过程得以实现的场所，对结晶过程的顺利实施有着直接的影响。不同的结晶物系有不同的特点，而不同的产品又有不同的质量指标，此外还要考虑生产进度与成本、生产能力和生产方式等，因此影响结晶器选择的因素比较多。

物系的特性是要考虑的首要因素。如果溶质在料液中的溶解度受温度影响比较大，可考虑选用冷却结晶器；如果温度对溶质的溶解度影响很小，可考虑选用蒸发结晶器；当温度对溶质的影响一般，为提高收率，可采用蒸发与冷却结合的结晶器形式；当过饱和度的产生方式为盐析或反应时，在选用相应反应器的同时，往往也要分析生成物的溶解度情况，要求结晶器具有冷却或蒸发等功能。

一般来说，如果生产量较小，可采用间歇式结晶器；如果生产量较大，则往往考虑采用连续结晶器进行生产。此外，通常连续结晶器的体积较间歇式结晶器的要小，但对操作过程的要求也高。

当对产品的晶体粒径有具体要求时，往往需要采用具有分级功能的结晶器；当杂质在操作条件下也析出，但析出的比例与目的溶质不同时，则可通过分步结晶以获得不同质量等级的产品。

除此之外，设备的造价、维护难易程度和运行成本等也是选择结晶器时要考虑的问题。例如采用有换热面的结晶器，如果结晶过程中晶垢或其他组分结垢现象严重，则一般不采用连续结晶器；而当对产品的质量和收率要求不是很严格时，可采用简单的敞口结晶槽进行操作，以节省费用。

目前虽然已对结晶过程进行了很多的研究，也开发出了种类繁多的结晶器，但由于结晶过程的复杂性和影响因素的多样性，在实际生产中，对于大部分产品来说，准确地对结晶过程进行定量预测与控制并选择最佳的结晶器仍然很难实现，甚至有观点认为结晶操作的优化比结晶器的选择更重要。这也就使得选择结晶器时，除了一些通用的原则可参考外，有时与选择设计新的结晶器相比，凭借实际经验，在简单选择的通用结晶器上通过优化操作条件一样能够获得好的生产效果。

思考题

1. 蒸发器的基本组成部件有哪些？ 各有什么功能？
2. 试列举几种典型蒸发器的结构及特点。
3. 试设计一需结晶的物系，并分析其在结晶器选型时应考虑的因素。

参考文献

[1] 朱宏吉，张明贤．药物设备与工程设计．2版．北京：化学工业出版社，2011.
[2] 周丽莉，等．药物设备与车间设计．北京：中国医药科技出版社，2011.
[3] 王沛，等．药物设备与车间设计．北京：人民卫生出版社，2014.
[4] 张珩，等．药物制剂过程装备与工程设计．北京：化学工业出版社，2012.

第4章 干燥设备

本章学习目的与要求：

（1）能够准确识别并列举常见干燥设备的类型和名称。

（2）能够正确阐明不同类型干燥设备的结构组成和特点。

（3）能够概述不同类型干燥设备的工作原理。

（4）能够根据需要合理选择干燥设备，并对其科学评价。

干燥是从物料中除去湿分的过程，广泛应用于医药、食品、化工、建材等行业。在工业生产中，往往是先用机械除湿法最大限度地去除物料中的大量非结合湿分，然后再用其他干燥法除去残留湿分。

就制药工业而言，无论是原料药生产的精烘包环节，还是制剂生产中的药剂辅料、固体造粒等，被干燥物料中都含有一定量的湿分，因此为了便于加工、运输、贮藏和使用，进而保证药品的质量和提高药物的稳定性，干燥都是不可缺少的单元操作。制药生产中，由于物料的形态、理化性质、产量要求、预期干燥程度、生产条件等存在着差异，所选用的干燥设备也不尽相同。本章重点介绍制药生产中一些常用的干燥设备。

4.1 厢式干燥器

厢式干燥器又称盘架式干燥器，是一种传统的间歇、对流式干燥设备，小型的通常称为烘箱，大型的称为烘房，多用盘架盛放物料，主要是以热风通过湿物料表面达到干燥的目的。根据干燥气流在干燥器内的流动方向和压力，厢式干燥器一般可分为水平气流厢式干燥器、穿流气流厢式干燥器、真空厢式干燥器3种。

4.1.1 水平气流厢式干燥器

水平气流厢式干燥器整体呈厢形，主要由若干长方形的烘盘、箱壳、通风系统（包括风机、分风板和风管等）等组成，外壁是绝热保温层，厢体上设有气体进出口，其构造如图 4-1 所示。

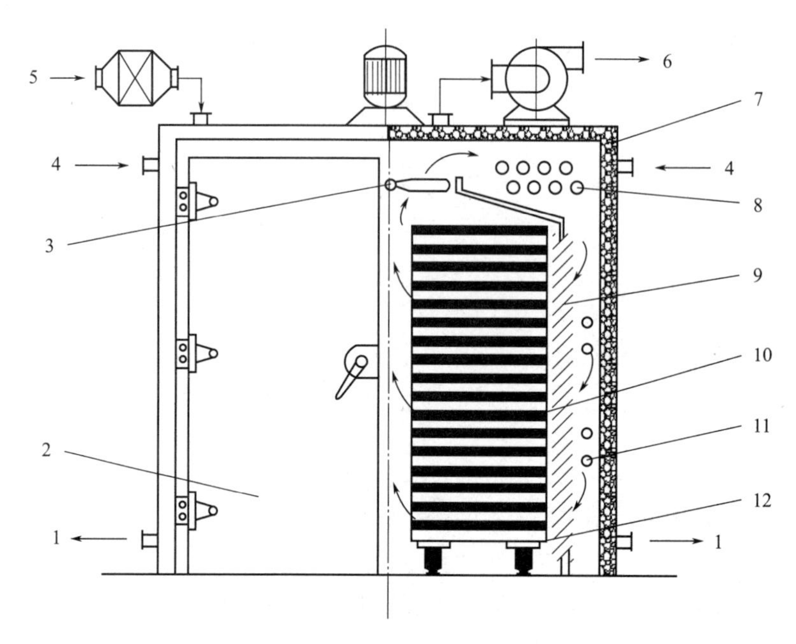

图 4-1 水平气流厢式干燥器

1—冷凝水；2—干燥气门；3—循环风机；4—加热蒸汽；5—空气；6—尾气；7—隔热器壁；
8—上部加热管；9—气流导向板；10—干燥物料；11—下部加热管；12—载料小车

物料放于烘盘上（料层不宜过厚，一般为 10～100mm），新鲜空气由风机吸入，经加热器预热后沿挡板水平地进入各层挡板之间，在湿物料表面流过进行热交换并带走湿气，小车方便推出推入；部分废气经排出管排出，余下的循环使用，以提高热利用率。

4.1.2 穿流气流厢式干燥器

穿流气流厢式干燥器是将水平气流厢式干燥器中的烘盘换成筛网，使气流垂直穿过物料层，其构造如图 4-2 所示。

由于气流穿过物料层，气固接触面积增大，内部湿分扩散距离短，克服了水平气流厢式干燥器的气流只在物料表面流过传热系数较低的缺点，干燥热效率要比水平气流式提高很多。为使热风在物料中形成穿流，物料以粒状、片状、短纤维等易于气流通过为宜。有些物料需要做前处理（也称预成型），才能满足此项要求，如制成环状、柱状、片状等。要使这种干燥器在高效率下工作，并得到质量较好的干燥产品，关键是通过床层的热风风速以不带走物料为宜，料层厚度均匀（一般为 25～65mm）、气流通过料层时无死角等。

水平气流厢式干燥器和穿流气流厢式干燥器的共同优点是：操作简单、容易装卸、物料损失小等。二者也存在着物料得不到分散、能耗高、干燥时间长、工人劳动强度大、装卸或翻动时易导致粉尘飞扬而引起严重的环境污染、产品质量不够稳定等共同缺点。但二者相比，后者具有相对高的热利用率和相对快的干燥速度。

4.1.3 真空厢式干燥器

真空厢式干燥器的干燥室为钢制保温外壳，内设多层空心隔板，分别与进气多支管和冷凝多支管相接，隔板中通常加热蒸汽或热水，其构造如图 4-3 所示。

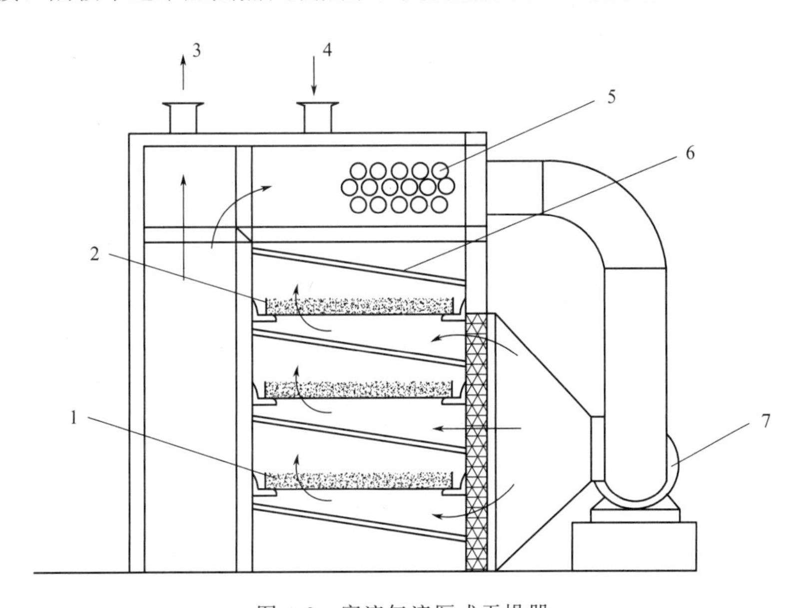

图 4-2　穿流气流厢式干燥器

1—干燥物料；2—网状料盘；3—尾气排放口；4—空气进口；5—加热器；6—气流挡板；7—风机

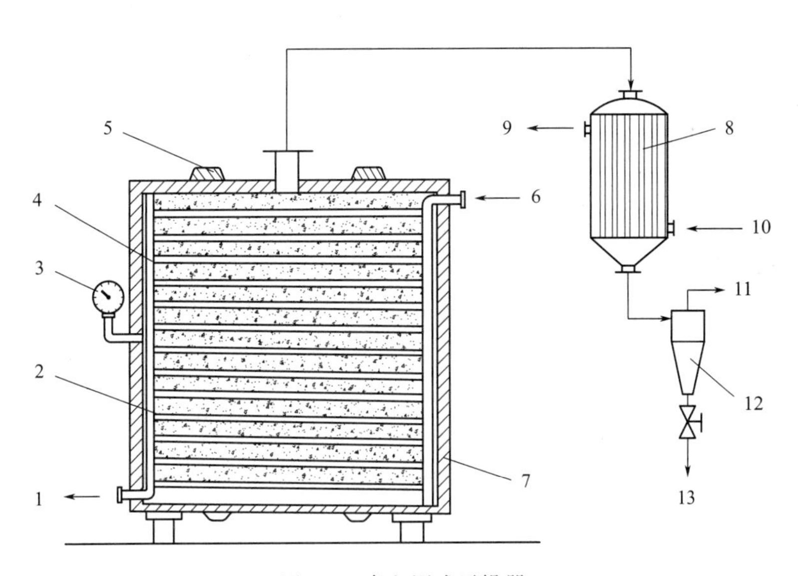

图 4-3　真空厢式干燥器

1,13—冷凝水；2—空心隔板；3—真空表；4—冷凝多支管；5—加强筋；6—加热蒸汽；7—进气多支管；8—冷凝器；9,10—冷却剂；11—真空泵；12—气水分离器

将料盘放于每层隔板之上，关闭厢门，即可用真空泵将厢内抽到所需要的真空度，干燥时汽化的水分在真空状态被抽走。与水平气流厢式干燥器、穿流气流厢式干燥器相比，真空厢式干燥器优点是热效率高、干燥速度快、干燥时间短、产品质量高、被干燥药物不受污染，但真空厢式干燥设备的结构和生产操作都较为复杂，相应的费用也较高。适用于不耐高温、易于氧化的物料，尤其对所含湿分为有毒、有价值的物料时，可以冷凝回收；同时，此种干燥器无扬尘现象，干燥小批量价值昂贵的物料更为经济。

4.2 带式干燥器

带式干燥器简称带干机，是制药生产中最常用的一类连续式干燥设备。由若干个独立的单元段组成，每个单元段包括循环风机、加热装置、单独或公用的新鲜空气抽入系统和层气排出系统，因此可独立控制干燥介质数量、温度、湿度和尾气循环量等操作参数，从而保证带干机工作的可靠性和操作条件的优化。带干机湿物料进料，湿物料置于连续传动的运送带上，用红外线、热空气、微波辐射等对运动的物料加热，使物料温度升高而被干燥。整个干燥过程在完全密封的箱体内进行，劳动条件较好，避免了粉尘的外泄。

带干机结构简单、安装方便、操作灵活、能长期运行、发生故障时可进入箱体内部检修、维修方便；缺点是占地面积大、运行时噪声较大。与转筒式、流化床和气流干燥器相比较，带干机中的被干燥物料随同输送带移动时，物料颗粒间的相对位置比较固定，具有基本相同的干燥时间；同时，物料在传送带上转动时，可以使物料翻动，能更新物料与热空气的接触表面，保证物料干燥质量的均衡。对干燥物料色泽变化或湿含量均匀至关重要的某些干燥过程，特别是具有一定粒度、没有黏性的固态物料来说，带干机是非常适用的。

根据结构，带干机可分为单级带式干燥器、多级带式干燥器、多层带式干燥器等。制药行业中主要使用的是单级带式干燥器和多层带式干燥器。

4.2.1 单级带式干燥器

单级带式干燥器箱体内通常分隔成几个单元，干燥段与冷却段之间有一隔离段，在此无干燥介质循环。典型的单级带式干燥器的构造如图 4-4 所示。

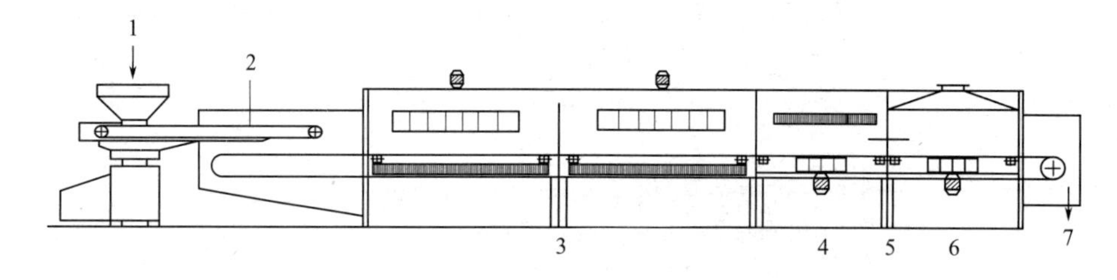

图 4-4 单级带式干燥器

1—加料口；2—摆动加料装置；3—上吹；4—下吹；5—隔离段；6—冷却段；7—卸料端

单级带式干燥器的输送带通常用穿孔的不锈钢薄板（或称网目板）制成。一定粒度的湿物料从进料端由加料装置被连续均匀地分布到输送带上，由电机经变速箱带动输送带以一定速度传动；作为干燥介质的空气用循环风机由外部经空气过滤器抽入，经加热器加热后，经分布板由输送带下部垂直上吹穿过物料和输送带，完成传热传质过程。为了使物料层上下脱水均匀，空气继上吹之后下吹。最后干燥物料被干燥后传送至卸料端，循环运行的传送带将干燥料由出口端自动卸出。

单级带式干燥器的每个单元可以独立控制运行参数。例如，在进料口湿含量较高区间，可选用温度、气流速度都较高的操作参数；中段可适当降低温度、气流速度；末端气流不加热，用于冷却物料。这样不但能使干燥有效均衡地进行，而且还能节约能源，降低设备运行费用。

4.2.2 多层带式干燥器

多层带式干燥器的干燥室是一个不隔成独立控制单元段的加热箱体，输送带层数通常为3～5层，多的可达15层，其构造如图4-5所示。

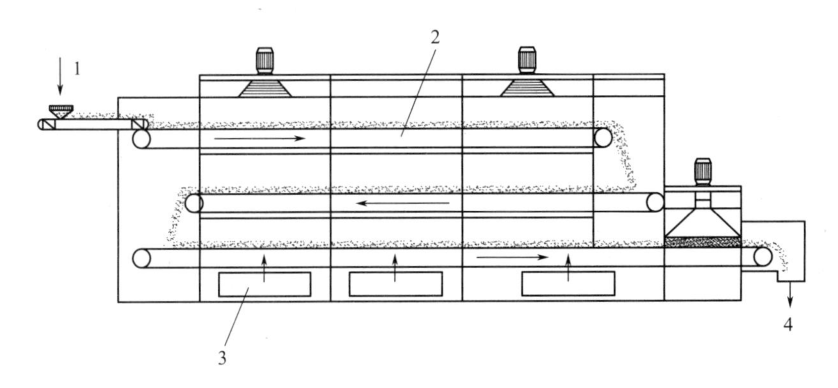

图4-5 多层带式干燥器

1—加料端；2—链式输送器；3—热空气入口；4—卸料端

工作状态时，多层带式干燥器的上下两层传送方向相反，热空气以穿流流动进入干燥室，物料从上而下依次传送。输送带的运行速度由物料性质、空气参数和生产要求决定，上下层速度可以相同，也可以不相同，许多情况是最后一层或几层的输送带运行速度适当降低，以调节物料层厚度，使大部分干燥介质流经开始的几层较薄的物料层，从而更合理地利用热能、提高总的干燥效率。

多层带式干燥器占地面积相对较小，常用于干燥速率要求较低、干燥时间较长、在整个干燥过程中工艺操作条件（如干燥介质流速、温度、湿度等）能保持恒定时，广泛用于中药饮片、谷物类物料的干燥。但由于操作中要多次装料和卸料，因此不适用于干燥易黏着输送带的物料。

4.3 流化床干燥器

流化床干燥器又称沸腾床干燥器，其基本工作原理是利用空气经过滤、加热后向上流动，穿过干燥室底部的多孔分布床板与床层内的颗粒物料接触，当气体以较低流速通过床板上的湿物料空隙时，颗粒层是静止的，但随着气流速度增加到一定程度后，床板上的湿颗粒开始松动并扬起，使颗粒开始悬浮于上升的气流中，似处于沸腾的状态，称为流化态，进行流化态操作的设备被称为流化床。气流速度区间的下限值称为临界流化速度，上限值称为带出速度。只要气流速度保持在颗粒的临界流化速度与带出速度之间，颗粒即能形成流化状态。处于流化状态时，颗粒在热气流中上下翻动互相混合、碰撞，与热气流之间进行传质和传热，湿物料最终被干燥由排料口卸出，尾气由流化床顶部排出，经旋风分离器回收细粉，然后由引风机排入大气。

在流化床干燥器中，固体颗粒小，但单位体积内的表面积很大，气固间高度混合，使传热传质速率较高；固体颗粒迅速混合，使整个床内温度均匀，不至于有局部过热现象；物料颗粒的剧烈跳动，使表面的气膜阻力大大减少，热效率可高达60%～80%；干燥室密封性好，传动机械又不接触物料，不会有杂质混入，特别适合对纯洁度要求较高的制药工业。同时，流化床干燥器的缺点是对物料颗粒度有一定的限制（一般要求不小于30μm，不大于6mm），湿含量高而且黏度大、易粘壁和结块的物料一般不适用。

流化床干燥设备主要分为：单层流化床干燥器、多层流化床干燥器、卧式多室流化床干燥器、塞流式流化床干燥器、振动流化床干燥器、机械搅拌流化床干燥器等。各种流化床干燥器基本上都是由原料输入系统、热空气供给系统、干燥室及空气分布板、气固分离系统、产品回收系统和控制系统等几部分组成。下面简单介绍制药工业中常用的几种流化床干燥器。

4.3.1 单层流化床干燥器

单层流化床干燥器主要由加热器、气体分布板、流化干燥室、旋风分离器、袋滤器等组成，其基本构造如图4-6所示。

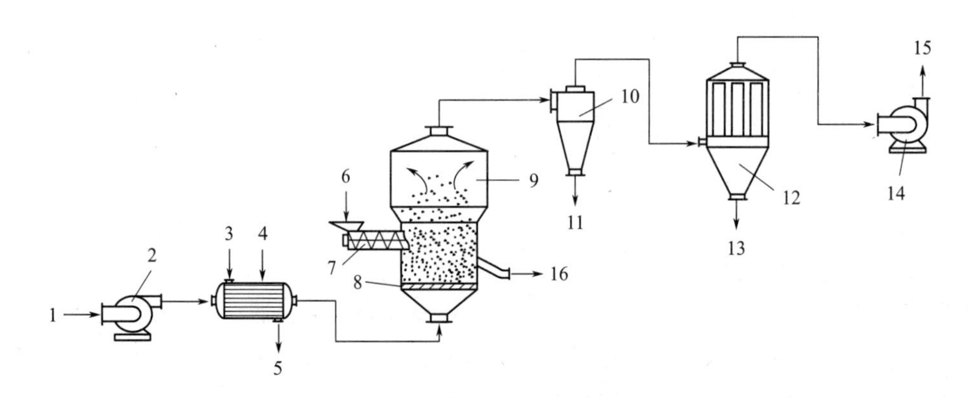

图4-6 单层流化床干燥器

1—空气；2—鼓风机；3—加热蒸汽；4—加热器；5—冷凝水；6—加料斗；7—螺旋加料器；8—气体分布板；9—流化干燥室；10—旋风分离器；11—粗粉回收；12—袋滤器；13—细粉回收；14—抽风机；15—尾气；16—干燥产品

单层流化床干燥器结构简单，可分为连续、间歇两种操作方法，操作方便，生产能力大，被广泛应用于制药工业生产。但由于流化床层内粒子接近于完全混合，连续操作时物料停留时间分布不均匀，易造成实际需要的平均停留时间较长、干燥后所得产品湿度不均匀，以及刚加入的未干燥颗粒可能和已干燥的颗粒一起流出等问题。为避免这些情况，可用提高流化层高度的方法延长颗粒在床内的平均停留时间，但是压力损失也随之增大。因此，多应用于处理比较容易干燥的产品，或干燥程度要求不高的粒状物料。单层流化床也可用于含水率较高的物料的干燥，操作是间歇式的，对于一些颗粒度不均匀并有一定黏性的物料，多采用在床层内装有搅拌器的低床层操作。

4.3.2　多层流化床干燥器

多层流化床干燥器与单层流化床干燥器相比，床内进行了分层，且安装有床内分离器，其基本构造如图 4-7 所示。

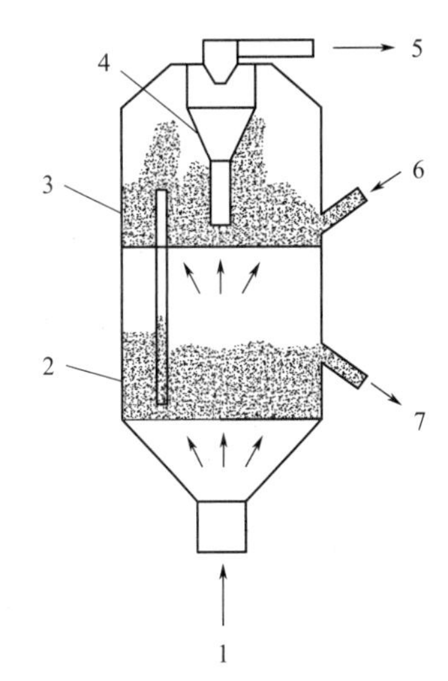

图 4-7　多层流化床干燥器

1—热空气；2—第二层；3—第一层；4—床内分离器；5—气体出口；6—加料口；7—出料口

湿物料从加料口加入，逐渐向下移动，干燥后由出料口排出。热气流由底部送入，向上通过各层，从顶部排出。物料与气体逆向流动，层与层之间的颗粒没有混合，但每一层内的颗粒可以互相混合，所以与单层流化床干燥器相比停留时间分布较均匀，实际需要的停留时间也远比单层的少，在相同条件下设备体积可相应缩小，可实现物料的均匀干燥。由于气体与物料的多次逆流接触，提高了废气中水蒸气的饱和度，因此热利用率较高。

多层流化床干燥器的缺点是：结构复杂，操作不易控制，难以保证各层流化的稳定及定量地将物料送入下层，导致这种情况的原因是由于物料与热风的逆向流动，各层既要形成稳定的沸腾层，又要定量地移出物料到下一层，如果操作不妥，沸腾层即遭破坏；另外，多层床因气体分布板数增多，床层阻力也相应地增加，导致能耗也较高，但是当物料为降速阶段干燥控制时，与单层床相比，由于平均停留时间的缩短，其床层阻力亦相应地减少，此时多层床热利用率较好，所以它适合于对产品含水量及湿度均匀性有很高要求的情况，适用于降速阶段的物料的干燥。

4.3.3　卧式多室流化床干燥器

卧式多室流化床干燥器为长方形流化床，底部为多孔筛板，在筛板上方的干燥室内用垂直隔板将流化床分隔成多个小室，每一小室的下部有一进气支管，支管上有调节气体流量的阀门，其构造如图 4-8 所示。

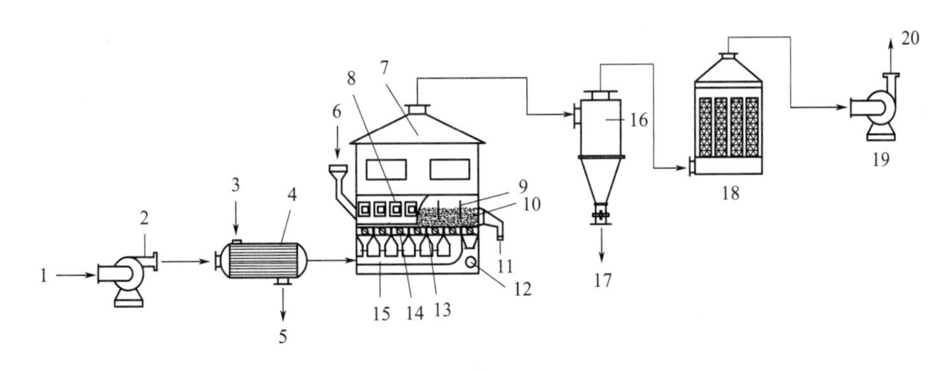

图 4-8　卧式多室流化床干燥器

1—空气；2—鼓风机；3—加热蒸汽；4—加热器；5—冷凝水；6—进料器；7—多室流化干燥器；8—观察窗；9—挡板；10—流化床；11—卸料管；12—冷空气；13—气体分布板；14—可调风门；15—热空气分配管；16—旋风分离器；17—粗粉回收；18—细粉回收室；19—抽风机；20—尾气

卧式多室流化床干燥器的隔板可以是固定的，也可是上下移动的，以调节其与筛板的间距。由于设置了与颗粒移动方向垂直的隔板，既防止了未干燥颗粒的排出，又使物料的滞留时间趋于均匀。湿物料由加料口连续地加入第一室，处于流化状态的物料由第一室逐渐向最后一室移动，每一小室相当于一个流化床，干燥后的物料由最后一室越过溢流堰经出料口卸出，热气流由各进气支管分别送入各室的下部，通过多孔进入干燥室，使多孔板上的物料进行流化干燥，废气由干燥室的顶部排出。

卧式多室流化床干燥器结构简单，操作方便，易于控制，干燥产品湿度均匀，且适应性广，不但可用于各种难以干燥的粒状物料和热敏性物料，也可用于粉状及片状物料的干燥；不足之处是热效率低。

4.3.4 振动流化床干燥器

普通流化床干燥器在干燥颗粒物料时，可能会存在诸如：当颗粒粒度较小时形成沟流或死区、当颗粒分布范围大时夹带会相当严重、由于返混颗粒在机内滞留时间不同导致干燥后的颗粒含湿量不均、物料湿度稍大时产生团聚和结块现象而使流化恶化等问题。为避免普通流化床的沟流、死区和团聚等情况的发生，人们将机械振动施加于流化床上，形成振动流化床干燥器，其基本构造如图 4-9 所示。

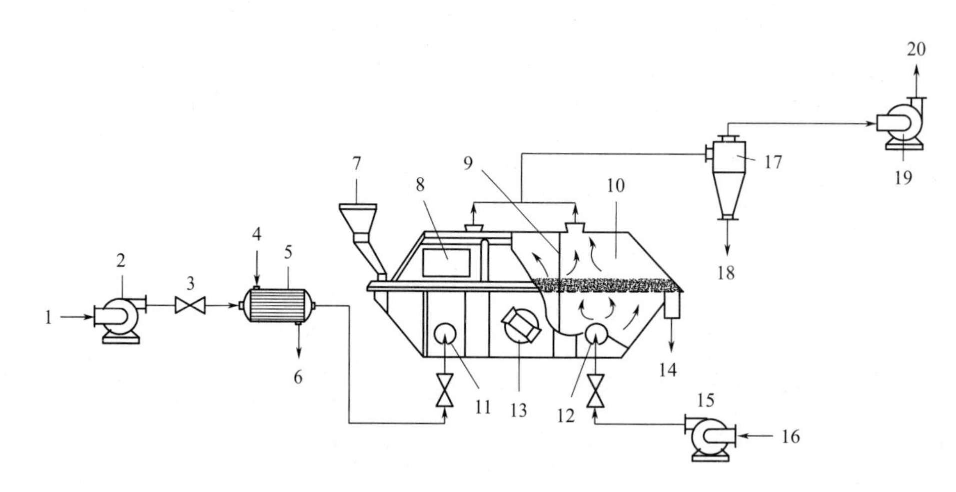

图 4-9 振动流化床干燥器

1,16—空气；2,15—送风机；3—阀门；4—加热蒸汽；5—加热器；6—冷凝水；7—加料机；8—观察窗；9—挡板；10—干燥室；11,12—空气进口；13—振动电机；14—干燥物料；17—旋风分离器；18—粉尘回收；19—抽风机；20—尾气

操作时，物料经给料器均匀连续地加到振动流化床中，同时，空气经过滤后，被加热到一定温度，由给风口进入干燥机风室中。物料落到分布板上后，在振动力和经空气分布板均匀的热气流双重作用下，呈悬浮状态与热气流均匀接触。调整好给料量、振动参数及风压、风速后，物料床层形成均匀的振动流化态，可以降低临界流化气速，使流化床层的压降减小。调整振动参数，可以使普通流化床的返混基本消除，连续操作时能得到较理想的定向塞流。物料粒子与热介质之间进行着激烈的湍动，使传热和传质过程得以强化，干燥后的产品由排料口排出，蒸发掉的水分和废气经旋风分离器回收粉尘后排入大气。调整各有关参数，可在一定范围内方便地改变系统的处理能力。振动流化床干燥器的不足是噪声大、设备磨损较大，对湿含量大、团聚性较大的物料干燥不很理想。

4.4 真空干燥器

当需要干燥的物料在常压下具有热敏性、易氧化、易燃烧或湿分蒸汽与空气混合具有爆炸危险时，一般可采用真空干燥操作。常用的真空干燥设备除本章 4.1.3 节介绍的真空厢式干燥器外，还有真空耙式干燥器、双锥回转真空干燥器和真空冷冻干燥器等。

4.4.1 真空耙式干燥器

真空耙式干燥设备主要由干燥室、抽真空系统、加热和捕集设备等部分组成，其构造如图 4-10 所示。

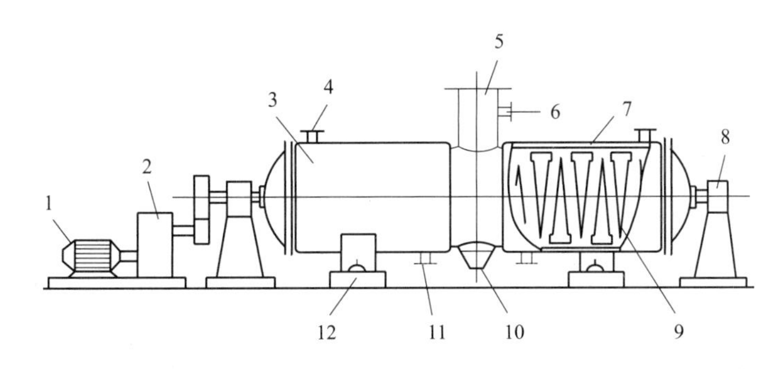

图 4-10 真空耙式干燥器

1—电动机；2—变速箱；3—干燥筒体；4—蒸汽入口；5—加料口；6—抽真空；7—蒸汽夹套；8—轴承座；9—耙式搅拌器；10—卸料口；11—冷凝水出口；12—筒体支座

正常操作时，被干燥物料从加料口加入后，将加料口密封好，在壳体夹套通入加热介质(热水或水蒸气)，启动真空泵抽真空，启动干燥器。电动机通过减速传动，驱动干燥器主轴正反转动。真空耙式干燥器内的耙式搅拌器可定时变向旋转。正转时，主轴上安装的耙齿组将物料拨动移向两侧；反转时，物料被移向中央。物料被夹套的热水或水蒸气加热，被耙齿不断搅拌翻动，使湿物料的湿分不断蒸发，物料逐渐变干，汽化的水蒸气被真空泵抽出。

真空耙式干燥器与厢式干燥器相比，优点是劳动强度低，物料可以是膏状、颗粒状或粉末状；缺点是干燥时间长、生产能力低、由于有搅拌桨的存在卸料不易干净等，不适宜用于需要经常更换品种的干燥操作。

4.4.2 双锥回转真空干燥器

双锥回转真空干燥器是间歇操作的干燥设备，干燥器中间为圆筒形，两端为圆锥形，外有加热夹套装置，除双锥回转真空干燥器之外，附属设备有真空泵、冷凝器、粉尘捕集器、热载体加热器等，其构造如图 4-11 所示。

一个圆锥顶部设置进、出料口，另一个圆锥顶部则设置人孔或手孔；中间夹套供热载体循环；干燥器两侧分别连接空心转轴，空心轴支承在轴承支架上，在电动机及减速传动装

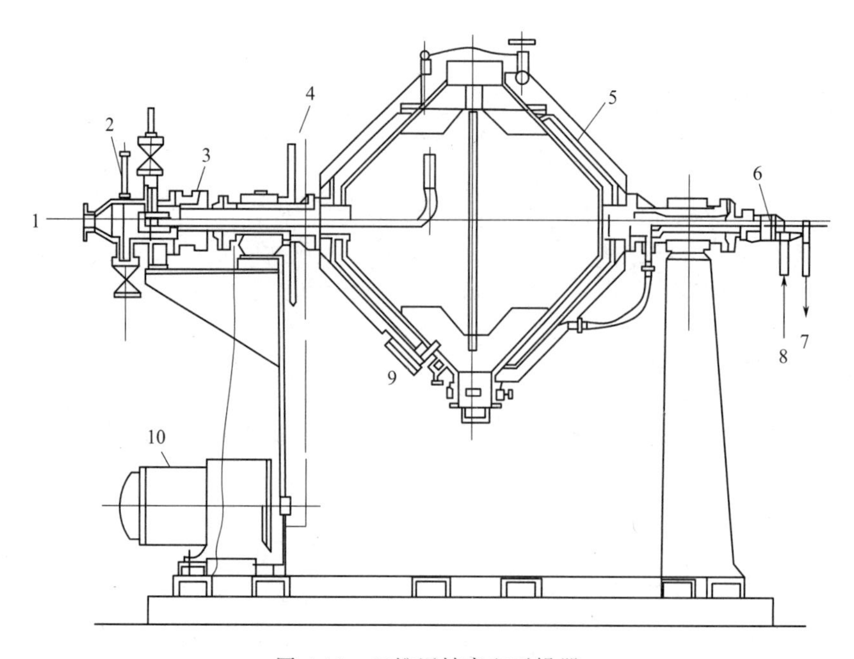

图 4-11 双锥回转真空干燥器

1—真空泵；2—温度计；3—密封装置；4—安全罩；5—保温层；6—旋转接头；7—排空阀；8—蒸汽入口；9—L形温度计；10—电机减速机

置的驱动下，干燥器绕水平轴线缓慢匀速回转，一侧的空心轴内通入蒸汽并排出冷凝水，另一侧的空心轴连接真空系统。根据工艺要求，控制干燥所需温度，即保持一定的真空度。

双锥回转真空干燥的工艺流程与真空耙式干燥流程相似。干燥器内放入被干燥物料，在真空状态下，干燥器作回转运动，物料不断地翻动，从接触的器壁内表面接受热量，器壁内表面不断更新，加快了物料的干燥。但由于是间歇操作，物料的加入与卸出增加了工人的劳动强度；受设备容积限制，当生产处理量较大时要增加台套，占地面积也较大。双锥回转真空干燥器适用于处理膏状、糊状、片状、粉粒状、结晶状、热敏性物料、易氧化及有毒性的物质、需回收有机溶剂物料的干燥，在制药行业应用广泛。

4.4.3 真空冷冻干燥器

真空冷冻干燥是将物料或溶液在较低的温度下预先冻结成固态，然后在真空下将其中湿分不经液态直接升华成气态而脱水的干燥过程，因而又称升华干燥。真空冷冻干燥在医药、食品、材料等方面的应用十分广泛。

真空冷冻干燥装置简称冻干机，主要由冻干箱、真空机组、制冷系统、加热系统、冷凝系统、控制及其他辅助系统组成。其构造如图 4-12 所示。

制品的冻干在冻干箱内进行。冻干箱是冷冻干燥器的核心部分，箱内设有若干层搁板，搁板内置冷冻管和加热管，分别对制品进行冷冻和加热。箱门四周镶嵌密封胶圈，临用前涂以真空脂，以保证箱体的密封。

冷冻干燥可以分为预冻、升华干燥、解析干燥三个阶段。

① 预冻阶段　预冻是将溶液中的自由水固化为冰晶，防止抽空干燥时起泡、浓缩、收

缩和溶质移动等不可逆变化产生，减少因温度下降引起的物质可溶性降低和生命特性的变化。

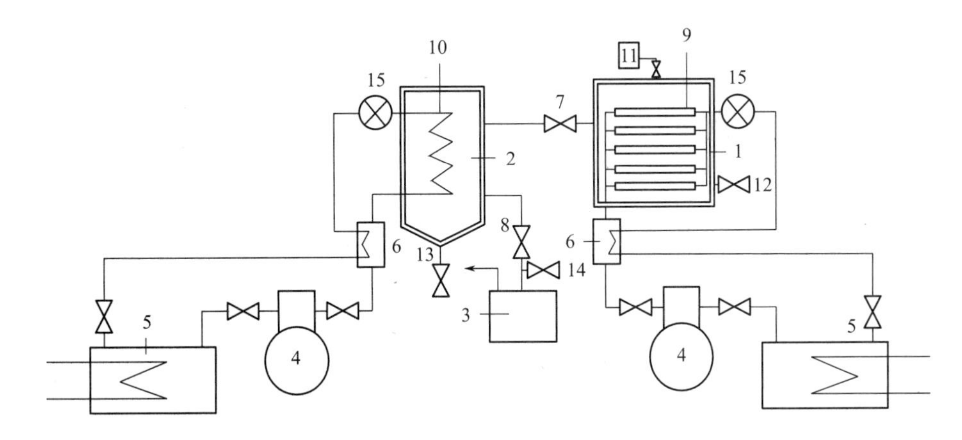

图 4-12 真空冷冻干燥器

1—冻干箱；2—冷凝器；3—真空泵；4—制冷压缩机；5—水冷却器；6—热交换器；7—冻干箱冷凝器阀门；8—冷凝器真空泵阀门；9—板温指示；10—冷凝温度指示；11—真空计；12—冻干箱放气阀门；13—冷凝器排液口；14—真空泵放气阀；15—膨胀阀

预冻温度必须低于产品的共晶点温度（所有需要冻干的物料达到全部冻结时的温度），一般要比共晶点温度低 5～10℃。物料的冻结过程需要一定时间，为使整箱全部产品冻结，一般在产品达到规定的预冻温度后，还需要保持 2h 左右的时间（具体时间可根据冻干机不同、总装量不同、物品与搁板之间接触不同等由试验确定）。

预冻速率直接影响冻干产品的外观和性质，冷冻期间形成的冰晶显著影响干燥制品的溶解速率和质量。缓慢冷冻产生的冰晶较大，快速冷冻产生的冰晶较小。大冰晶利于升华，但干燥后溶解慢，小冰晶升华慢，干燥后溶解快，能反映出产品原来的结构。

② 升华干燥阶段　升华干燥也称第一阶段干燥。将经预冻冻结后的产品置于密闭的真空容器中加热，其冰晶就会升华成水蒸气逸出而使产品脱水干燥。干燥是从外表面开始逐步向内推移的，冰晶升华后残留下的空隙变成升华水蒸气的逸出通道。当全部冰晶除去时，第一阶段干燥就完成了，此时除去全部水分的 90％左右，所需时间约占总干燥时间的 80％。

③ 解析干燥　解析干燥也称第二阶段干燥。在第一阶段干燥结束后，在干燥物质的毛细管壁和极性基团上还吸附有一部分水分，这些水分是未被冻结的。当它们达到一定含量，就为微生物的生长繁殖和某些化学反应提供了条件。因此为了改善产品的贮存稳定性，延长其保存期，需要除去这些水分。这就是解析干燥的目的。

冷冻干燥具有以下优点：①产品理化性质与生物活性稳定。物料于低温、真空环境中干燥，物理结构以及组分的分子分布变化小，同时又可避免有效成分的热分解、热变性失活和降低有效成分的氧化变质，药品的有效成分损失少，生物活性受影响小。②产品复溶性好。由于冷冻干燥后的物料是被除去水分的原组织不变的多孔性干燥产品，添加水分后，在短时间内即可恢复干燥前的状态。③产品含水量低、保质期长。真空条件使得产品含水量很低，加上真空包装，产品的质量稳定，保存时间长。④适用于热敏性、易氧化及具有生物活性类制品的干燥。

冷冻干燥的缺点：①由于对设备的要求较高，设备的投资和运行费用较大，动力消耗大；②由于低温时冰的升华速度较慢，装卸物料复杂，导致干燥时间比较长，生产能力低。因此冷冻干燥的应用受到一定的限制。

4.5 其他干燥器

4.5.1 气流干燥器

气流干燥设备有多种，其中一级直管式气流干燥器是气流干燥设备最常用的一种，主要由加热器、干燥管、旋风除尘器、储料斗、袋式除尘器等组成，其构造如图 4-13 所示。

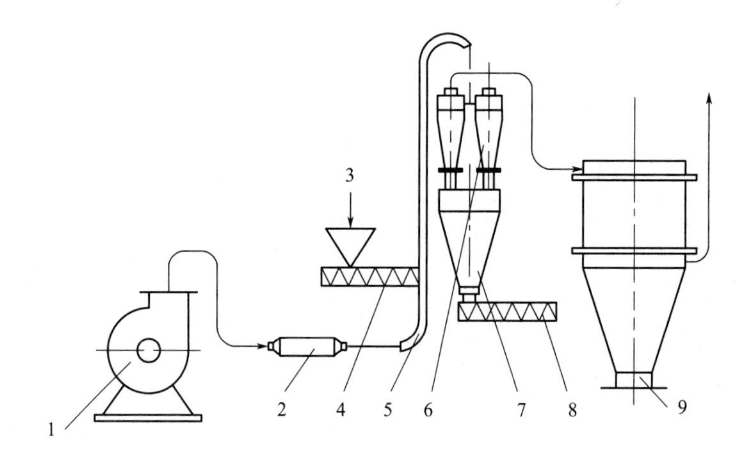

图 4-13 一级直管式气流干燥器

1—鼓风机；2—加热器；3—湿料；4—螺旋加料器；5—干燥管；6—旋风除尘器；7—储料斗；8—螺旋出料器；9—袋式除尘器

湿物料通过螺旋加料器进入干燥器，随经加热器加热的热空气流并流输送进行干燥，在热气流中分散成粉粒状并呈悬浮状态，热空气与湿物料充分接触，将热能传递给湿物料表面，直至湿物料内部。同时，湿物料中的水分从湿物料内部扩散到湿物料表面，并扩散到热空气中，达到干燥目的。干燥后的物料被旋风除尘器和袋式除尘器回收。

由于气速高以及物料在输送过程中与壁面的碰撞及物料之间的相互摩擦，整个干燥系统的流体阻力很大，因此动力消耗大；同时，干燥器的主体较高（在 10m 以上），对粉尘回收装置的要求也较高。尽管如此，由于气流干燥器具有结构简单、便于控制、热损失小、干燥效率高等优点，目前还是制药工业中应用较广泛的一种干燥设备。适用于干燥非结合水分及聚集不严重又不怕磨损的颗粒状物料，尤其适宜于干燥热敏性物料或临界含水量低的细粒或粉末状物料。对于能在气体中自由流动的颗粒物料，可直接采用气流干燥方法除去其中的水分，而对于块状物料则往往需要附设粉碎设备。

4.5.2 喷雾干燥器

喷雾干燥是采用雾化器将液态物料分散为雾滴，并用热气体干燥雾滴的一种操作方法。

物料可以是溶液、乳浊液、悬浮液，也可以是熔融液或膏糊液。干燥产品根据需要可制成粉状、颗粒状、空心球或团粒状。

喷雾干燥器主要由空气加热系统、原料液雾化系统、干燥系统、气固分离系统以及控制系统等组成，其构造如图 4-14 所示。

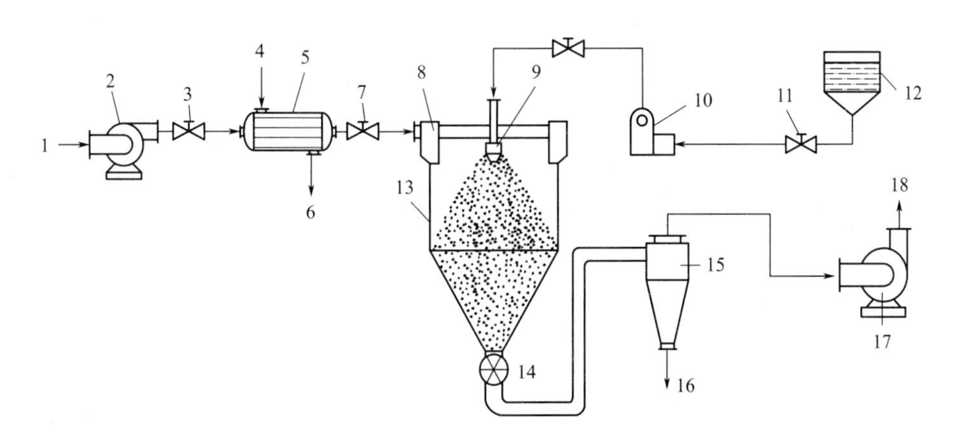

图 4-14 喷雾干燥器

1—空气；2—鼓风机；3,7,11—阀门；4—加热蒸汽；5—加热器；6—冷凝水；8—热空气分布器；9—压力喷嘴；10—高压液泵；12—贮液罐；13—喷雾干燥室；14—卸料口；15—旋风分离器；16—粉尘回收；17—抽风机；18—尾气

空气通过过滤器经送风机进入加热器，热交换后得到的热空气进入干燥室顶部的热空气分布器，以使空气均匀地进入干燥室；料液经过筛选过滤后由高压液泵送到干燥室顶部正中的压力喷嘴雾化，雾化后的雾滴与热空气在干燥室中接触，使水分迅速蒸发，在极短的时间内干燥成型，大部分粉粒由塔底卸料口卸出，废气及微小粉末经旋风分离器分离，废气由抽风机排出，粉末则由旋风分离器底部的收粉筒收集。

喷雾干燥生产能力大，每小时喷雾量可达几百吨，为干燥器中产量较大者之一；喷雾干燥过程容易实现机械化、自动化，控制方便，生产连续性好，操作环境粉尘少改善了劳动环境。缺点是单位产品动力消耗大，热效率和体积传热系数都较低；设备体积庞大，结构较为复杂；对于细粉产品，需要选择高效分离装置，故一次性设备投资较大等。喷雾干燥器的最大特点是喷雾干燥便于调节，可在较大范围内改变操作条件以控制产品的质量；能将液态物料直接干燥成固态产品，简化了传统所需的蒸发、结晶、分离、粉碎等一系列单元操作；干燥的时间很短，而且物料温升不高（物料的温度不超过热空气的湿球温度），不会产生过热现象，物料有效成分损失少。特别适合于热敏性物料的干燥（逆流式除外）。

喷雾干燥器所用的雾化器是喷雾干燥的关键部件。按雾化方式，目前常用的雾化器有气流式雾化器、压力式雾化器和离心式雾化器三种，制药生产中，应用较多的是前两种。气流式雾化器采用压缩空气或蒸汽以很高的速度（≥300m/s）从喷嘴喷出，靠气液两相间的速度差所产生的摩擦力，使料液分裂为雾滴；压力式雾化器用高压液泵使液体获得高压，高压液体通过喷嘴时，将压力能转变为动能而高速喷出时分散为雾滴；离心式雾化器则是料液在高速转盘（圆周速度 90～160m/s）中受离心力作用从盘边缘甩出而雾化。三种雾化器的优缺点比较见表 4-1。

表 4-1 三种雾化器的优缺点比较

型号	优点	缺点
气流式	结构简单，磨损小，适于小型或实验设备；可得20μm以下的雾滴；能处理黏性较高的物料；处理量的弹性较大	动力消耗较大
压力式	结构更简单，操作方便，成本低；适于逆流操作；产品的颗粒粗大	料液的物性及处理量改变时操作弹性很小；喷嘴易磨损引起雾化性能降低；要有高压泵，对腐蚀性物料需采用特殊材料
离心式	操作简便，对不同物料适应性强，处理量的弹性较大；可以同时雾化两种以上的料液；操作压力低，不易堵塞，腐蚀性小；产品的粒度较均匀	结构复杂，检修不便，不适于逆流操作；雾化器及动力机械的造价高；润滑剂易污染物料

4.5.3 红外干燥器

红外干燥又称红外线辐射干燥，是利用红外线辐射器产生的电磁波被物料吸收后转变为热量，使物料获得干燥的一种方法。

红外线辐射干燥器主要由照射、冷却、传送、排风和控制等部分组成。制药工业中，常用的红外干燥器主要有带式红外干燥器和振动式远红外干燥器，其构造分别如图 4-15 和图 4-16 所示。

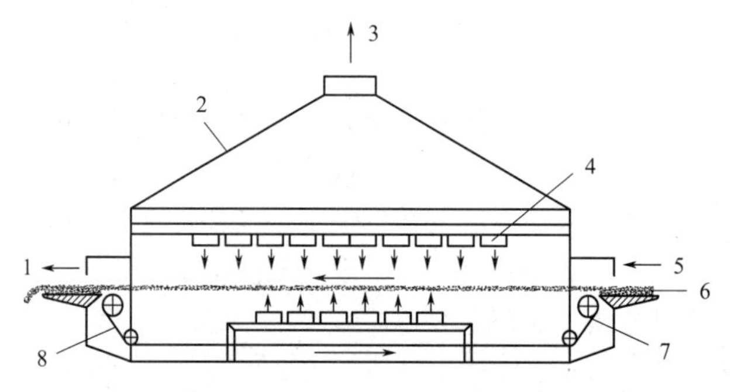

图 4-15 带式红外干燥器

1—出料端；2—排风罩；3—尾气；4—红外辐射热器；5—进料端；6—物料；7—驱动链轮；8—网状链带

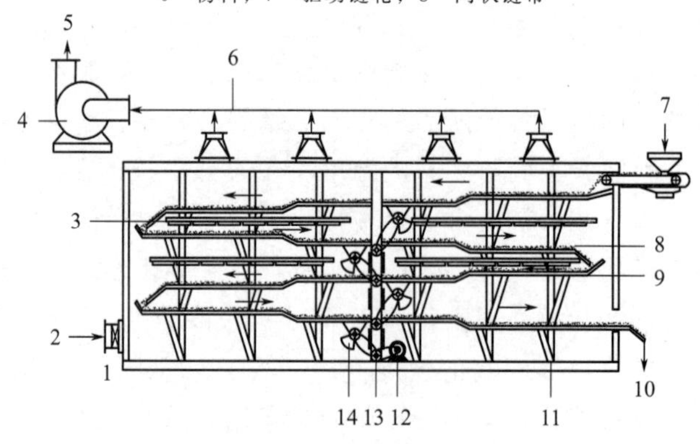

图 4-16 振动式远红外干燥器

1—空气过滤器；2—进气口；3—红外辐射加热器；4—抽风机；5—尾气；6—尾气排出口；7—加料口；8—物料层；9—振动料槽；10—卸料；11—弹簧连杆；12—电动机；13—链轮装置；14—振动偏心轮

当红外线照射到被干燥的物料时，若红外线的发射频率与被干燥物料分子的运动频率相匹配，将使物料分子强烈振动，引起物料温度升高，进而汽化水分子达到干燥的目的。红外线越强，物料吸收红外线的能力越大，物料与红外光源之间的距离越短，则干燥的速率越快。由于远红外线的频率与许多高分子及水等物质分子的固有频率相匹配，能够激发它们强烈共振，所以制药生产中更常采用远红外光干燥物料。

红外线干燥器具有结构简单、设备投资较少、调控操作灵活、能量利用率高、干燥速度快、适用物料种类范围广、产品质量好等优点；不足之处是电能耗费大。由于红外线辐射穿透深度有限，干燥物料的厚度受到限制，所以只限于干燥薄层物料等。

4.5.4 微波干燥器

微波干燥设备主要是由直流电源、波导装置、微波发生器、微波干燥室、传动系统、安全保护系统及控制系统等组成，常见的有箱式微波干燥器和连续式谐振腔微波干燥器，其构造分别如图 4-17 和图 4-18 所示。

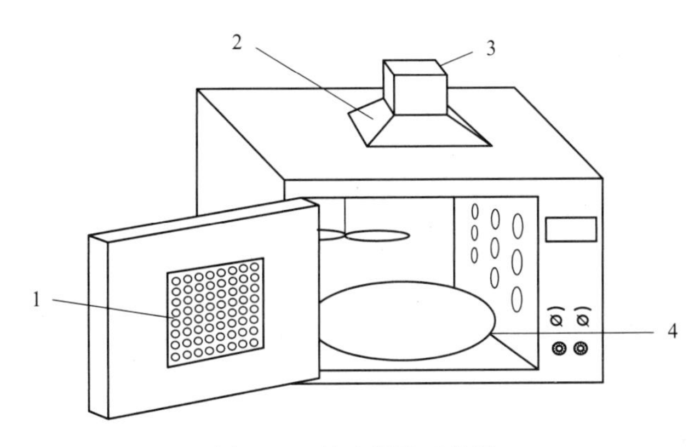

图 4-17 箱式微波干燥器

1—带屏蔽网视窗；2—微波入口；3—波导管；4—非金属旋料盘

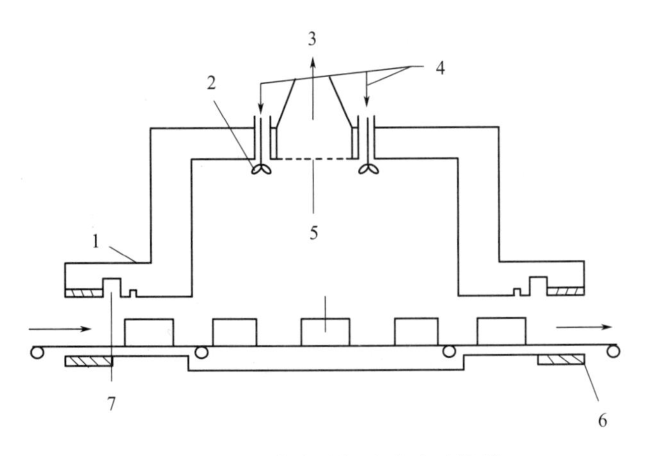

图 4-18 连续式谐振腔微波干燥器

1—金属反射腔体；2—金属模式搅拌器；3—空气出口；4—微波输入；5—物料；6—损耗介质；7—抑制器

微波干燥属于介电加热干燥。物料中极性很大的湿分水分子属于典型的偶极子，介电常数很大，在微波辐射作用下极易发生取向转动，分子间产生摩擦，辐射能转化成热能，温度升高，水分汽化，物料被干燥。

微波干燥器不同于其他传统的干燥器，它用于药物的加热、干燥、灭菌时有如下的优点：①微波对药物加热迅速而均匀、干燥速率快、生产效率高；②干燥温度低，产品质量高；③能量利用率高；④环境好、无污染，改善了工作环境和条件；⑤操作简便、控制灵敏。微波干燥器也存在不足：①设备投资大、产品成本费用较高；②对某些物料的稳定性会有影响；③微波对人体有害，所以使用时应防止微波泄漏，注意加强安全防护措施；④技术含量高，维护要求也高。

基于以上特点，微波干燥设备具有广阔的发展前景，但由于技术上和经济上的局限，也使得其应用受到一定的限制。目前较为普遍的应用方法是将微波干燥和普通干燥联合使用，如热空气干燥与微波干燥联合、喷雾干燥与微波干燥联合、真空冷冻与微波干燥联合等。

4.6 干燥器的选择

每种干燥设备都有其特定的适用范围，而每种物料都可找到若干种能满足基本要求的干燥装置，但最适合的只能有一种。干燥设备的合理选型直接影响产品质量、生产效率、运行成本、能源消耗、人员劳动强度等。

干燥设备选型应遵循下述一般原则。

① 适应工艺要求　干燥装置首先必须能适用于特定物料，且满足物料干燥的基本使用要求，包括能很好地处理物料（如给进、输送、流态化、分散、传热、排出等），并能满足生产能力、脱水量、产品质量（如湿含量、粒度分布、外表形状及光泽等）等方面的基本要求，其次才考虑经济性问题。如：散粒状物料的干燥以选用气流干燥器为主，而大量浆液的干燥则可选用喷雾干燥器。

② 干燥速率高　仅就干燥速率看，选用对流干燥器时物料高度分散在热空气中，临界含水率低、干燥速度快、可以缩短干燥时间、减小设备体积、提高设备的生产能力。

③ 耗能低　干燥是能量消耗较大的单元操作之一，不同干燥设备的热能利用率是技术经济的一个重要指标。一般传导式干燥的热效率理论上可达100%，对流式干燥只能达到70%左右。干燥系统的流体阻力要小，也是降低流体输送机械能耗的主要因素之一。

④ 符合环保要求　环境污染小、工作条件好、安全性高。某些干燥器虽然经济适用，但劳动强度大，条件差，且生产不能连续化，这样的干燥器特别不宜用来干燥高温、有毒、粉尘多的物料。

⑤ 投资、运行成本低　在符合上述选型原则的情况下，应使干燥器的投资费用和运行费用（如设备折旧、人工费、维修费、备件费等）尽量低。

⑥ 便于操作　操作要简便、安全、可靠，对于易燃、易爆、有毒物料，要采取特殊设备和技术措施，如采用组合式干燥器。

干燥设备的正确选型步骤是根据物料中水分的结合性质选择干燥方式；依据生产工艺要求，在试验基础上进行热量衡算，为选择预热器和干燥器的型号、规格及确定空气消耗量、干燥热效率等提供依据；计算得出物料在干燥器内的停留时间，确定干燥器的工艺尺寸等。

干燥设备的最终确定通常是对设备价格、运行费用、产品质量、安全、环保、节能和便于安装、控制、维修等因素综合考虑后，提出一个优化的方案，选择最佳的干燥器。在不确定的情况下，应做一些初步的试验，以查明设计和操作数据以及对特殊操作的适应性。

思考题

1. 简述干燥技术在制药生产中的主要应用。

2. 请根据药物的理化性质和生物活性，分别为阿莫西林、板蓝根及红霉素软膏等选择合适的干燥设备，并说明理由。

3. 干燥是高能耗工艺，选择哪些类型的干燥器能节约能耗？

4. 绝热干燥常用哪些设备？ 其主要特点和工作原理是什么？

5. 阐述自由水分和结合水分基本概念，并说明除去它们的难易程度和除去方法。

参考文献

[1] 朱宏吉，张明贤．药物设备与工程设计．2版．北京：化学工业出版社，2011.

[2] 周丽莉，等．药物设备与车间设计．北京：中国医药科技出版社，2011.

[3] 王沛，等．药物设备与车间设计．北京：人民卫生出版社，2014.

[4] 张珩，等．药物制剂过程装备与工程设计．北京：化学工业出版社，2012.

第5章
换热设备

本章学习目的与要求：

（1）能够准确识别并列举常见换热设备的类型和名称。
（2）能够正确阐明不同类型换热设备的结构组成和特点。
（3）能够概述不同类型换热设备的工作原理。
（4）能够阐述不同类型换热设备的优缺点，并根据需要合理选择换热设备。

换热设备是进行各种热量交换的设备，通常称作热交换器或简称换热器。换热设备的工作原理是热流体和冷流体同时在换热器传热面两侧流动，热量通过壁面从热流体传给冷流体。

制药工业生产中最常用的换热设备是间壁式换热器，按换热面形状的不同，可分为管壳式换热器（换热面为管状的）和板式换热器（换热面为板状的）。一般板式换热器单位体积的传热面积及传热系数比管壳式换热器大得多，因此又被称为高效换热器。

本章重点介绍几种典型的管壳式换热器和板式换热器。

5.1 管壳式换热器

管壳式换热器又称为列管式换热器，一种流体从管内流过，另一种流体从管外流过，两种流体互不混合，只通过管壁交换热量，是目前应用最广泛的一种换热器。由于管束和壳体结构的不同，管壳式换热器又可以进一步划分为固定管板式、浮头式、填料函式和U形管式等。

5.1.1 固定管板式换热器

固定管板式换热器主要由管束、管板、壳体、封头、折流板等组成，其构造如图5-1所示。

管束置于管壳之内，两端加装封头并以法兰与壳体连接，管束两端固定在管板上，管子可以胀接（将管子内孔用机械方法扩张，使管壁由内向外挤压而固定在管板上）或者焊接在管板上，两封头和管板之间的空间即作为分配或汇集管内流体之用。

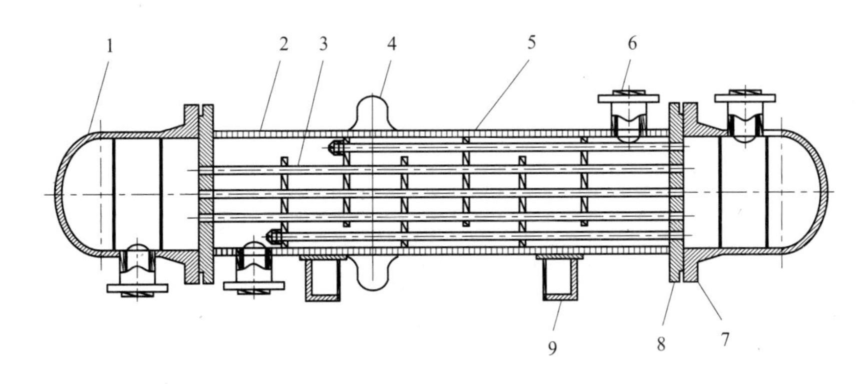

图 5-1 固定管板式换热器

1—封头；2—壳体；3—管束；4—膨胀节；5—折流板；6—管口；7—法兰；8—管板；9—支座

流体在管程内通过一次称为单管程，在壳程内通过一次称为单壳程。有时流体在管内流速过低，则可在封头内设置隔板，把管束分成几组，流体每次只流过部分管子，而在管束中多次往返，称为多管程。若在壳体内安装与管束平行的纵向挡板，使流体在壳程内多次往返，则称为多壳程。此外，为了提高管外流体与管壁间的传热系数，在壳体内可安装一定数量的与管束垂直的横向挡板，称为折流板，强制流体多次横向流过管束，从而增加湍动程度。当温差较大，但壳程内流体压力不高时，可在壳体上设置温差补偿装置，如膨胀节。

这种换热器具有壳体内所排列的管子多、结构简单、造价低等优点，但是壳程不易清洗，故要求走壳程的流体干净、不易结垢。同时，由于壳程和管程流体温度不同而存在温差应力，温差越大，该应力值就越大，大到一定程度时，温差应力可引起管子的弯曲变形，会造成管子与管板连接部位泄漏，严重时可使管子从管板上拉脱出来。因此，固定管板式换热器常用于管束及壳体的温度差小于 50℃的场合。

冷流体和热流体从换热设备的一端沿同一个方向流向另一端，这种流动方式称为顺流，其流体温度的变化情况如图 5-2(a) 所示；冷热流体沿相反的方向流动时，这种流动方式称为逆流，其流体温度的变化情况如图 5-2(b) 所示。

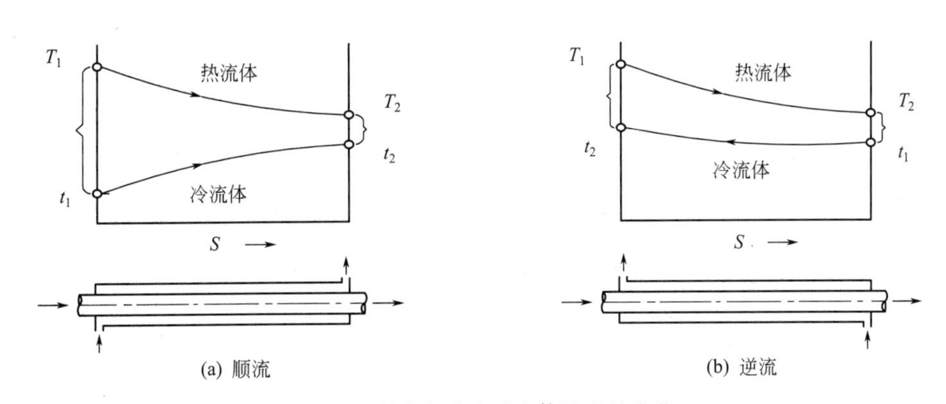

图 5-2 顺流和逆流时流体温度的变化

5.1.2 浮头式换热器

浮头式换热器主要由隔板、固定管板、壳盖、浮头盖、浮动管板、浮头勾圈法兰等组成，其构造如图 5-3 所示。

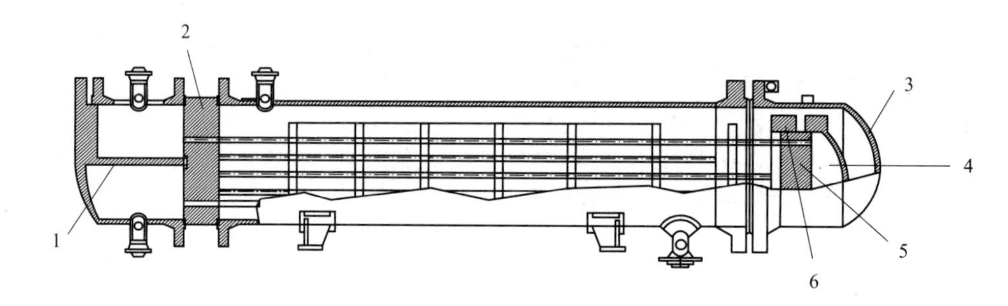

图 5-3 浮头式换热器

1—隔板；2—固定管板；3—壳盖；4—浮头盖；5—浮动管板；6—浮头勾圈法兰

浮头式换热器一端的管板与壳体固定，另一端管板可在壳体内移动，与壳体不相连的部分称为浮头，其管束可以拉出，便于清洗。与固定管板式换热器相比，浮头式换热器结构复杂，造价高。但由于管束的膨胀不受壳体的约束，当两种换热介质温差大时，不会因管束与壳体的热膨胀量不同而产生温差应力，因而可应用在管壁与壳壁金属温差大于 50℃，或者冷、热流体温度差超过 110℃的较高温度、较大压力范围。

5.1.3 填料函式换热器

填料函式换热器是将浮头式换热器的浮头移到壳体外边，浮头与壳体之间采用填料函进行密封，同时允许管束自由伸长，其构造如图 5-4 所示。

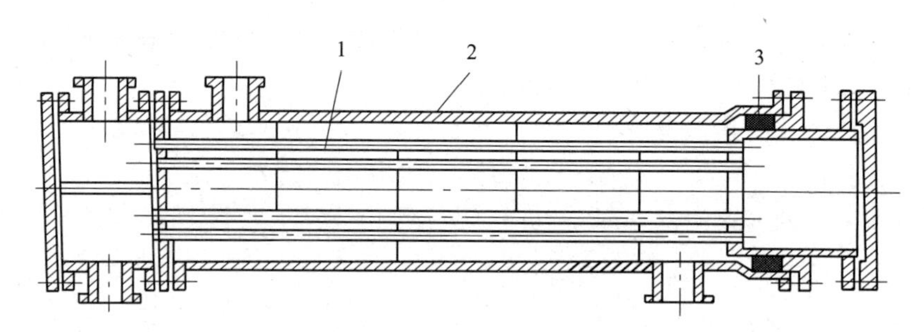

图 5-4 填料函式换热器

1—管束；2—壳体；3—填料函式密封

因为填料函式换热器既有浮头式换热器的优点，又克服了固定管板式换热器的不足，与浮头式换热器相比，结构简单，壳体与管束热变形自由，不产生热应力；制作方便、造价低；管束可以从壳体中抽出，管内和管间清洗方便，泄漏时能及时发现。但填料函式换热器也有其自身的不足，主要是由于填料函密封性能相对较差，壳层介质易泄漏，故在操作压力过高及温度较高的工况及大直径壳体（$DN>700$mm）下很少使用，壳程内介质具有易挥发、易燃、易爆及剧毒性质时也不宜应用。

5.1.4　U形管式换热器

与其他管壳式换热器相比，U形管式换热器主要增加了管程隔板、壳层隔板、U形管等部件，其构造如图5-5所示。

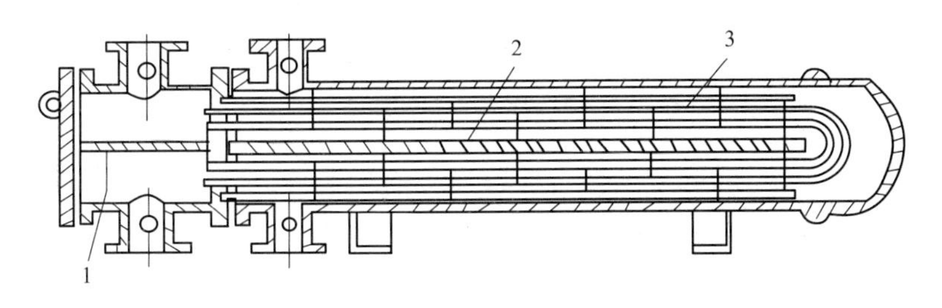

图5-5　U形管式换热器
1—管程隔板；2—壳层隔板；3—U形管

U形管式换热器的内部管束被弯成U形，管子两端固定在同一块管板上，这种结构的金属消耗量比浮头式换热器可减少12%～20%；由于只有一块管板，管程至少有两程；管束与管程只有一端固定连接，管束可因冷热变化而自由伸缩，因而不会造成温差应力，能承受较高的温度和压力；管束可以抽出，管外壁清洗方便。其缺点是在壳程内要装折流板，制造困难；因弯管需要一定弯曲半径，管板上管子排列少，结构不紧凑，管内清洗困难。

5.2　板式换热器

板式换热器是由一系列具有一定波纹形状的金属片叠装而成的一种高效换热器。其各种板片之间形成薄矩形通道，通过板片进行热量交换，具有换热效率高、热损失小、结构紧凑轻巧、占地面积小、应用广泛、使用寿命长等特点。在相同压力损失情况下，其传热系数比管式换热器高3～5倍，占地面积为管式换热器的1/3，热回收率可高达90%以上，是液-液、液-汽进行热交换的理想设备。板式换热器主要有平板式换热器、螺旋板式换热器和板翅式换热器等形式。

5.2.1　平板式换热器

平板式换热器是由许多金属薄板平行排列组成，每块金属板经冲压制成各种形式的凹凸波纹面、人字形波纹板片，其构造如图5-6所示。

组装时，两板之间的边缘夹装一定厚度的橡胶垫，压紧后可以达到密封的目的，并使两板间形成一定距离的通道。调整垫片的厚薄，就可以调节两板间流体通道的大小。每块板的四个角上，各开一个孔道，其中有两个孔道可以和板面上的流道相通；另外两个孔道则不和板面上的孔道相通；不同孔道的位置在相邻板上是错开的。冷热流体分别在同一块板的两侧流过，每块板面都是传热面。流体在板间狭窄曲折的通道中流动时，方向、速度改变频繁，其湍动程度大大增强，因此可以大幅度提高总传热系数。平板式换热器还具有易于调节传热面积，检修、清洗方便的优点；主要缺点是密封面大、操作温度和压力有限。

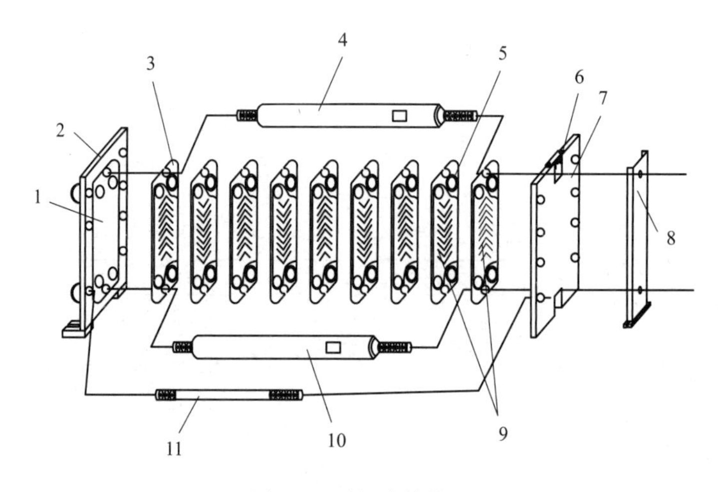

图 5-6 平板式换热器

1—橡胶板；2—固定夹紧板；3—换热板片；4—上导杆；5—密封胶垫；6—滚轮；7—活动夹紧板；8—支柱；9—相邻板片（波纹方向相反）；10—下导杆；11—夹紧螺栓

5.2.2 螺旋板式换热器

螺旋板式换热器是在中心隔板上，焊接两张平行金属薄板，然后卷制成螺旋状而构成传热壁面，其构造如图 5-7 所示。

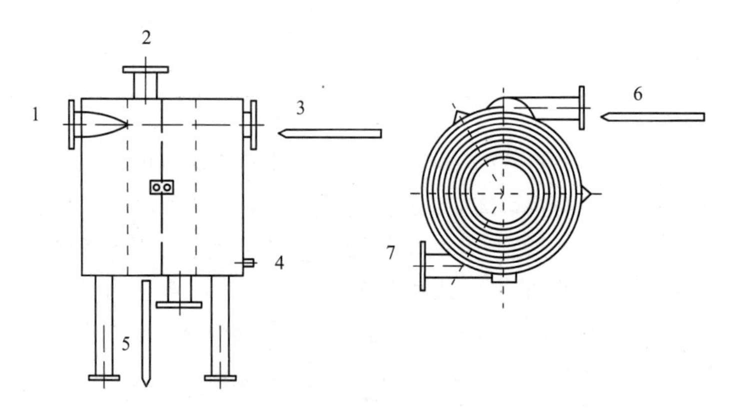

图 5-7 螺旋板式换热器

1,7—低温介质出口；2—低温介质进口；3,6—高温介质进口；4—排污口；5—高温介质出口

隔板使换热器内形成两个矩形断面的通道，冷、热流体在两个相邻的通道内均以较高的流速（液体可达 2m/s，气体可达 20m/s）严格按逆流旋转流动。其中，冷流体由顶部接管进入，沿通道向中央部分流动，由中央冷流体接管流出；而热流体由中央热流体接管进入换热器，与冷流体作逆向流动，由底部接管流出。流体湍动程度较强，使其传热系数及传热平均温度差都较大。并且，同样的流速在螺旋板式换热中的流体阻力比在管壳式换热器中小，热损失也比较小，故螺旋板换热器为高效率的换热器。

螺旋板式设备的主要优点为：①结构紧凑、体积小、重量轻、金属消耗量小，其单位传热面所占有的体积比管壳式小。②效率高。由于流体在通道内流动时，在离心力的作用下，在低雷诺数下即可得到湍流，并且在设计中，允许液体流速较高（液体≤2m/s），又保证逆流操作，故传热效率很高。③有“自洁作用”，通道不易堵塞。其“自洁作用”表现为：若通道局部为污物所堵，因截面积减小，局部流速增大，因而对沉积物起着冲刷作用，这点与管壳式换热器的管内流动截然相反。螺旋板式换热器的缺点为：①该类换热器的制造和维修复杂，焊接质量要求高，不易检修；钢板如有漏泄，要拆开修理较为困难。②所能承受的压力不高，一般为0.6～2.5MPa。③流动阻力和动力消耗较大，螺旋形通道一旦堵塞，很难清洗。适于处理含固体颗粒或纤维的料液以及其他高黏度液体。

5.2.3　板翅式换热器

板翅式换热器的结构形式很多，但其最基本的结构元件是大致相同的，主要由封条、隔板、翅片等组成，其构造如图5-8所示。

在两块金属隔板间，夹装了波纹状的金属导热翅片，称为二次表面。两边以侧条密封而组成单元体。将单元体进行适当的叠积、排列，并用钎焊焊牢，即可得到不同形式的组装体，所得组装体称为板束。将板束焊在带有流体进、出口的集流箱上，即可构成板翅式换热器。

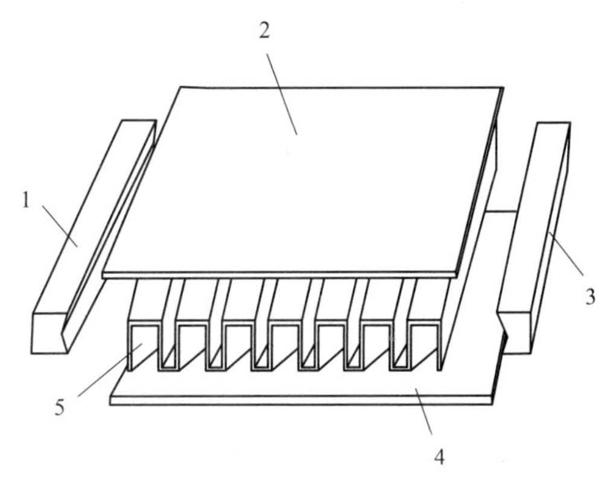

图5-8　板翅式换热器
1，3—封条；2，4—隔板；5—翅片

波纹翅片是最基本的元件，它的作用一方面承担并扩大了传热面积（占总传热面积的67%～68%），另一方面促进了流体流动的湍动程度，对平隔板还起着支撑作用。这样，即使翅片和平隔板材料较薄（常用平隔板厚度为1～2mm，翅片厚度为0.2～0.4mm的铝锰合金板），仍具有较高的强度，能耐较高的压力。此外，采用铝合金材料，热导率大、传热壁薄、热阻小、传热系数大。

这种换热器结构最为紧凑，并且轻巧而牢固；主要缺点是流道小，容易产生堵塞并增大压降，结垢后清洗困难，对焊接要求质量高，发生内漏很难修复，造价高昂。只能用于处理清洁的物料。

5.3　换热设备的选择

换热器的类型很多，每种形式都有特定的应用范围。因此，针对具体情况正确地选择换热器的类型是很重要的。换热器选型时需要考虑的因素是多方面的，主要有：介质流程、终端温差、流速、压力降、传热系数、污垢系数等。

选用换热设备时，温差较小侧流体的接口处流速不宜过大，应能满足压力降的要求；应尽量使换热系数小的一侧得到大的流速，并且尽量使两流体换热面两侧的换热系数相等或相近，提高传热系数。

板式换热器较适合大流量小温差的液液换热工况，对于流量大允许压力降小的情况应选用阻力小的板型；反之，选用阻力大的板型。

管壳式换热设备是应用最为广泛的一种，适合于加热、冷凝等多种工况，多应用在蒸馏回流、料液干燥、汽液换热等工艺点。

思考题

1. 常用的换热器有哪些？ 试比较其优缺点。
2. 管壳式换热器主要有哪些结构？ 各有什么特点？
3. 固定管板式换热器的温差应力的产生原因和采取的措施是什么？
4. 板式换热器的结构形式有哪些？ 各有何优缺点？
5. 板翅式换热器有何优缺点？
6. 简述选择换热器的一般原则。

参考文献

[1] 刘书志，陈利群．制药工程设备．北京：化学工业出版社，2008.
[2] 王沛，刘永忠，王立．制药设备与车间设计．北京：人民卫生出版社，2014.
[3] 蔡凤，谢彦刚．制药设备及技术．北京：化学工业出版社，2011.
[4] 周丽莉．制药设备与车间设计．北京：中国医药科技出版社，2011.
[5] 周长征，李学涛．制药工程原理与设备．北京：中国医药科技出版社，2017.
[6] 姚日生．制药工程原理与设备．北京：高等教育出版社，2007.
[7] 朱宏吉，张明贤．制药设备与工程设计．2 版．北京：化学工业出版社，2011.
[8] 杨俊杰．制药工程原理与设备．重庆：重庆大学出版社，2017.

第 6 章 流体输送设备

本章学习目的与要求：

（1）能够准确识别并列举常见流体输送设备的类型和名称。
（2）能够正确阐明不同类型流体输送设备的结构组成、特点和离心泵的主要性能参数。
（3）能够概述不同类型流体输送设备的工作原理。
（4）能够根据需要合理选择流体输送设备，并对其科学评价。

在制药生产过程中经常遇到流体的输送问题，有时还需提高流体的压力或将设备造成真空，这就需要采用为流体提供能量的输送设备。根据流体性质不同，流体输送设备分为液体输送设备和气体输送设备两类。其中，为液体提供能量的输送设备称为泵，为气体提供能量的输送设备称为风机或压缩机，而气体的抽真空机械称为真空泵。由于输送的物料性质各不相同，要求的流量及扬程也不尽相同，因而需要不同结构和特性的输送设备。

目前，常用的液体输送设备，按工作原理不同可分为离心式、往复式、旋转式以及流体动力作用式等；气体输送机械一般以其出口表压强（终压）或压缩比（指出口与进口压强之比）的大小进行分类，可分为通风机、鼓风机、压缩机、真空泵等。

6.1 液体输送设备

6.1.1 离心泵

6.1.1.1 离心泵的结构和工作原理

离心泵的主要部件有叶轮、泵轴和泵壳（又称蜗壳）等，其构造如图 6-1 所示。

叶轮一般由若干片（6～8 片）向后弯曲的叶片所组成，密封并紧固在泵壳内的泵轴上，叶片间是流体通过的通道；泵壳为一螺旋蜗壳，液体吸入口位于轴心处，与吸入管路相连接，排出口则位于泵壳切线方向，与排出管路相连接，在吸入管路的末端装有带滤网的底阀，滤网的作用是防止杂物进入管路和泵体。排出管上装有调节阀，用以调节泵的流量，通常还装有止逆阀（图 6-1 中未标出），以防止停车时液体倒流入泵壳内而造成事故。当电机通过泵轴带动叶轮转动时，液体便经吸入管从泵壳中心处被吸入泵内，然后经排出管从泵壳切线方向排出。

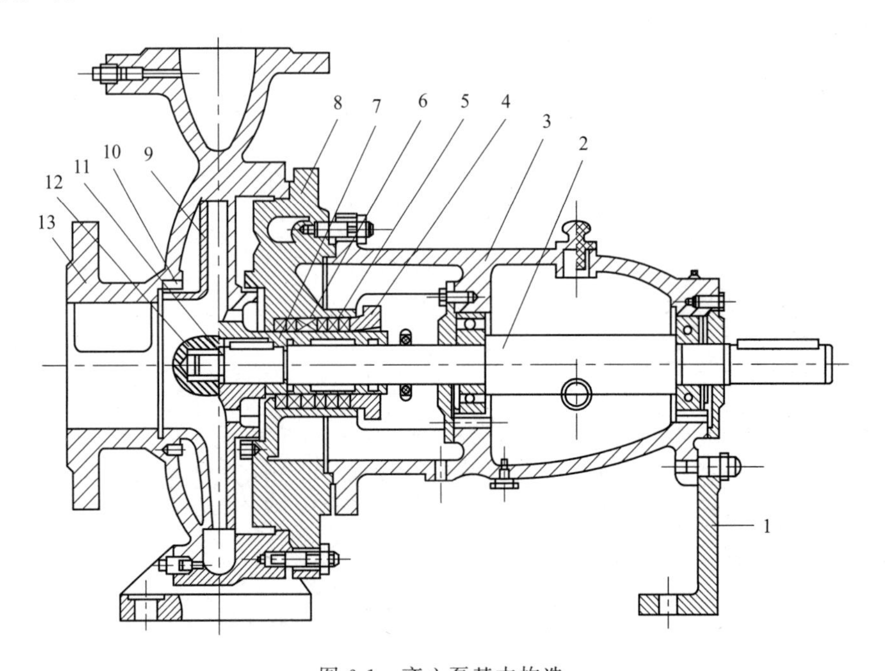

图 6-1 离心泵基本构造

1—支架；2—泵轴；3—悬架；4—填料压盖；5—填料；6—填料环；7—轴套；8—泵盖；9—叶轮；10—密封环；11—止动垫圈；12—叶轮螺母；13—泵体

离心泵输送液体的过程是由吸入和排出两个过程组成的。其工作原理如图 6-2 所示。

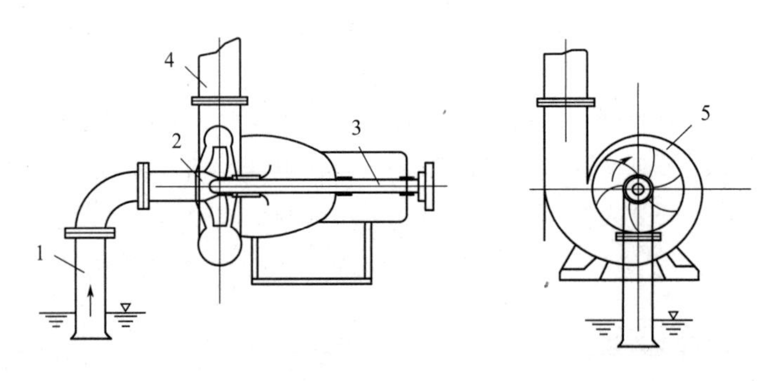

图 6-2 离心泵工作原理

1—进水管；2—叶轮；3—泵轴；4—出水管；5—泵体

离心泵是利用叶轮在泵腔内高速旋转产生的离心力将液体“甩出”，其旋转速度高达每分钟上千甚至几千转，如此高的旋转速度使叶轮对通过泵腔的液体产生了巨大的机械剪切力，液体中的沉淀颗粒会被“切碎”，如果液体中含有硬质颗粒还会损坏叶轮。与此同时，由于被输送液体与叶轮、泵腔内壁的剧烈摩擦还会产生一定的热量，这些热量会被输送的液体吸收，被输送液体的温度会有明显的变化。

当泵内液体从叶轮中心被甩出时，在叶轮中心处形成了一定真空的低压区。这样，造成了吸入管储槽液面与叶轮中心处的压差。在此静压差的作用下，液体便沿着吸入管连续地进入叶轮中心，以补充被排出的液体。只有在泵壳内充满液体时，液体从叶轮中心流向边缘后，在叶轮中心处才能形成低压区，泵才能正常和连续地输送液体。为此，在离心泵启动前，需先用被输送的液体把泵灌满，称作灌泵。否则，如果泵壳内存有空气，由于空气的密度小于液体的密度，产生的离心力小，叶轮中心处所形成的低压不足以将储槽内的液体吸入泵内。此时即使启动离心泵也不能输送液体，这种现象称为“气缚”。通常，在吸入管末端安装底阀，目的就是为了在第一次开泵时，使泵内容易充满液体，减少液体直接进入泵壳时产生的碰撞，从而减小能量损失。由于叶轮的结构比较复杂，一般不易清洗，因此离心泵在制药中的应用受到了很大的限制。

6.1.1.2　离心泵的主要性能参数

要正确地选择和使用离心泵，就必须考察离心泵的性能，包括流量、扬程、效率、轴功率、转速和允许吸上真空高度等参数。

① 流量　离心泵的流量又称送液能力，是指泵单位时间内能输送的液体量，常以体积流量表示，其单位是 L/s 或 m^3/h。离心泵流量的大小取决于泵的结构、叶轮的直径、叶片的宽度和转速。

② 扬程　泵的扬程又称为泵的压头，是指单位质量的液体通过泵后所获得的有效能量，单位为 m。离心泵扬程的大小取决于泵的结构，如叶轮直径的大小、叶片的弯曲情况、转速等。

③ 效率与轴功率　由于液体在泵内流动时的冲撞与摩擦产生水力损失，叶轮外缘与泵壳和叶轮吸入口与泵体之间有缝隙，使排出液体又漏回吸入口，造成容积损失，以及泵在运转时机械部件因摩擦引起的机械损失，泵轴从电动机得到的功率，并不等于液体从泵得到的功率（有效功率）。上述三项能量损失的总和用“泵效率”表示，则泵的效率为有效功率与泵轴功率的比值。

④ 允许吸上真空高度　泵进口处绝对压力与大气压力的差值，称水泵的吸上真空高度，它一方面用于维持水的流动所需的流速水头，另一方面用于克服因流动引起的水力损失。允许吸上真空高度是保证泵内压力最低点不产生汽蚀时，泵进口处允许的最大真空度。要使泵内不发生汽蚀，必须使有效汽蚀余量大于或等于允许汽蚀余量，这种情况下才是安全的。

6.1.1.3　离心泵的类型

（1）水泵　应用最广的是单级单吸悬臂式离心水泵，它只有一个叶轮，从泵的一侧吸液，叶轮装在伸出轴承外的轴端上，通称为单级水泵。泵体和泵盖都是铸铁制成。全系列扬程范围为 8～98m，流量范围为 4.5～360m^3/h。若要求压头较高而流量并不太大时，可采用多级泵，其构造如图 6-3 所示。

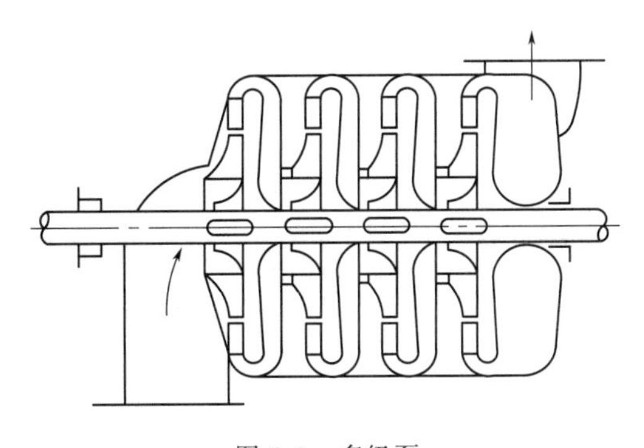

图 6-3　多级泵

多级泵一般为 2～9 级，最多可到 12 级。其工作原理是在多级泵的轴上装有多个叶轮，从一个叶轮流出的液体通过泵壳内的导轮引导液体改变流向，同时将一部分动能转变为静压能，然后进入下一个叶轮入口。液体在数个叶轮中多次接受能量，故可达到较高的压头。全系列扬程范围为 14～351m，流量范围为 0.8～850m^3/h。

若输送液体的流量较大而所需的压头并不高时，则可采用双吸泵，其构造如图 6-4 所示。

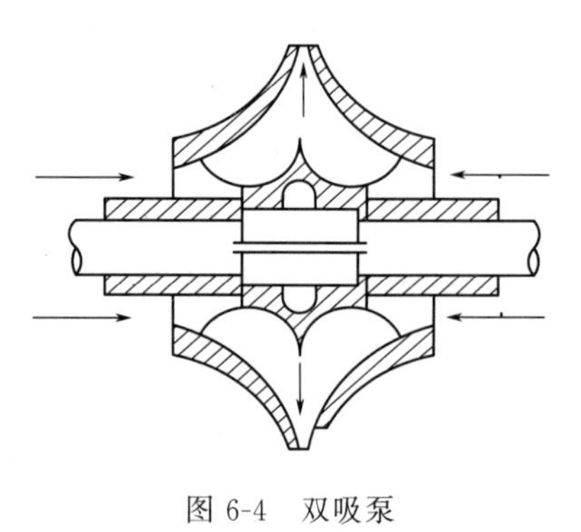

图 6-4 双吸泵

双吸泵的叶轮有两个入口，由于双吸泵叶轮的厚度与直径之比加大，且有两个吸入口，故送液量较大，全系列扬程范围为 9～140m，流量范围为 120～12500m^3/h。

（2）耐腐蚀泵 在制药生产中，许多液体都是有腐蚀性的，这就要求采用耐腐蚀泵，其主要特点是和液体接触的部件用耐腐蚀性材料制成。例如，灰口铸铁、高硅铸铁、铬镍合金钢、铬镍钼钛合金钢、聚三氟乙烯塑料。耐腐蚀泵结构与水泵基本上相同，耐腐蚀泵的扬程范围为 15～105m，流量范围为 2～400m^3/h。

（3）卫生泵 该类泵接口采用 ISO 标准卡箍式连接，整体全部采用 SUS316L 或者 SUS304 不锈钢制造，采用快开式结构，对物料无污染，便于清洗，符合 GMP 质量标准要求。

6.1.2 其他类型泵

制药生产中，被输送的液体性质往往差异很大，工作状态也多种多样，对泵的要求也不尽相同。除了大量地使用离心泵外，还广泛地采用了其他形式的泵，这里介绍几种生产中常用的输送泵。

6.1.2.1 往复泵和计量泵

往复泵为容积式泵中的一种，由泵缸、缸内的往复运动件、单向阀（吸出液体和排出液体）、往复密封以及传动机构等组成。其工作原理是泵缸内的往复运动件做往复运动，周期性地改变密闭液缸的工作容积，经吸入液单向阀周期性地将被送液体吸入工作腔内，在密闭状态下以往复运动件的位移将原动机的能量传递给被送液体，并使被送液体的压力直接升高，达到需要的压力值后，再通过排液单向阀排到泵的输出管路。重复循环上述过程，即完成输送液体。按往复运动件的形式，往复泵分为活塞式往复泵、柱塞式往复泵、隔膜式往复泵三类。

（1）活塞式往复泵 活塞式往复泵的往复运动件为圆盘（或圆柱）形的活塞，其构造如图 6-5 所示。

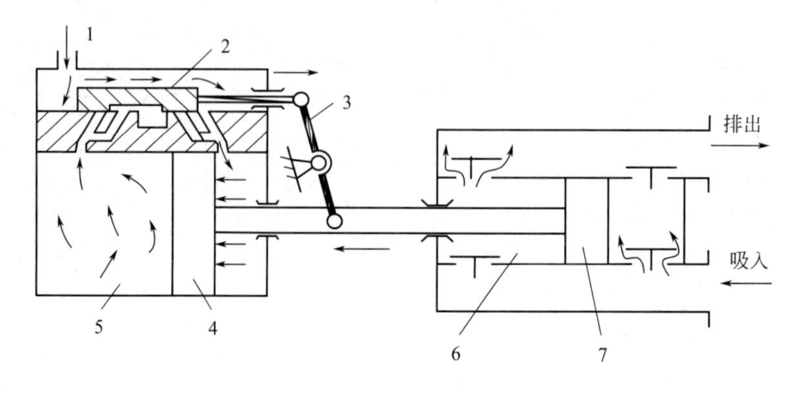

图 6-5 活塞式往复泵

1—蒸汽入口；2—蒸汽滑阀；3—摇臂；4—蒸汽缸活塞；5—蒸汽缸；6—泵缸；7—泵缸活塞

活塞环与液缸内壁贴合而构成密闭的工作腔，活塞在液缸内的位移周期性地改变泵工作腔的容积，从而完成液体输送。

（2）柱塞式往复泵 柱塞式往复泵的往复运动部件为表面经精加工的圆柱体，即柱塞，其构造如图 6-6 所示。

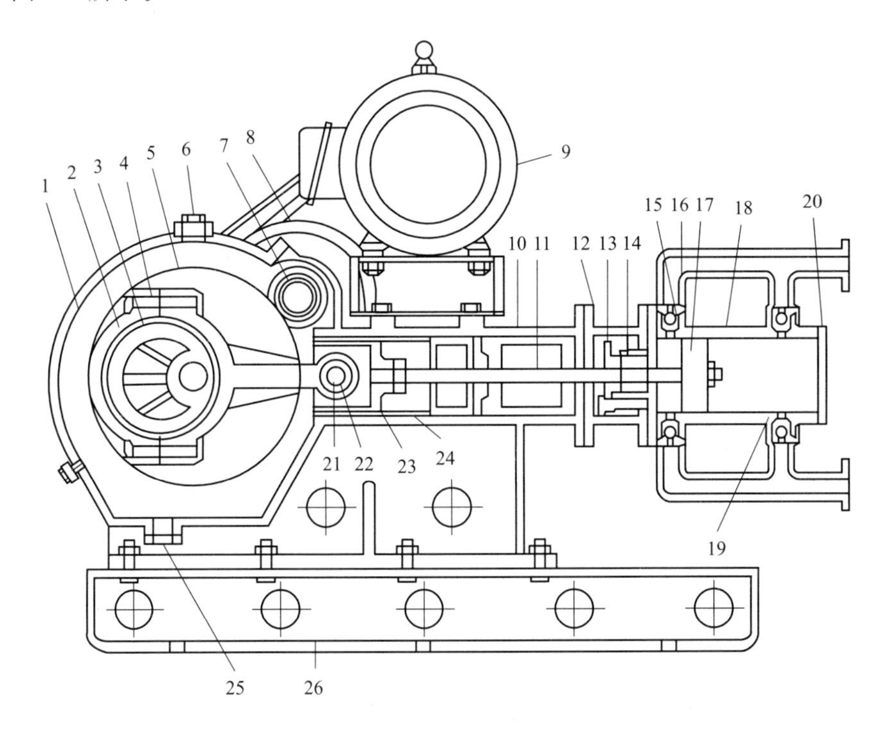

图 6-6 柱塞式往复泵

1—箱盖；2—连杆；3—连杆套；4—连杆螺丝；5—偏心轮；6—加油孔；7—齿轮轴；8—皮带轮；9—电机；10—箱体；11—泵轴；12—垫料架；13—电料压盖；14—垫料；15—单向球阀；16—活塞环；17—活塞；18—泵体；19—单向球阀座；20—泵盖；21—连杆销；22—连杆铜套；23—十字头；24—往复缸；25—放油孔；26—底盘

其圆柱表面与液缸之间构成密闭的工作腔，柱塞进入泵工作腔内的长度周期地改变，从而改变工作腔的容积，完成输送液体。柱塞泵的排出压力很高，最高可达 1000MPa，甚至更高。

（3）隔膜式往复泵 隔膜式往复泵的往复运动件为很坚韧但是弹性很好的膜片，有单隔膜泵、双隔膜泵之分，双隔膜泵的工作效率远高于单隔膜泵。双隔膜泵的构造如图 6-7 所示。

以膜片与液缸之间的静密封构成密闭的工作腔，以膜片的变形周期性地改变泵工作腔的容积，完成液体输送。双隔膜泵的一侧隔膜腔室吸液时，另一侧的隔膜腔室处于排液状态。隔膜泵的排出压力可高达 400MPa，自吸能力很强，在泵腔无液的情况下就可以开始工作，可以将液面低于泵身很多的液体吸入泵腔后再送往很高的位置。

隔膜泵因其工作原理造成泵体在运行时有震动，出液压力有波动。由于隔膜泵密封性好，适用于输送强腐蚀性、易燃、易爆、易挥发、贵重以及含有固体颗粒的液体和浆状物料。

计量泵是基于泵的用途进行分类的，而往复泵是基于泵的工作原理进行分类的。在连续

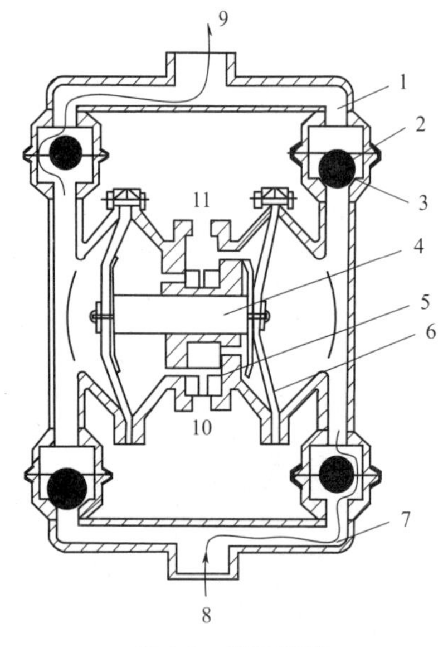

图 6-7 双隔膜泵

1—排出管；2—球阀；3—球阀座；4—连接杆；5—配气阀；6—隔膜；7—进料管；8—泵进口；9—泵出口；10—压缩空气入口；11—压缩空气出口

和半连续的生产过程中，往往需要按照工艺的要求来精确地输送定量的液体，有时还要将两种或两种以上的液体按比例进行输送。上述柱塞式和隔膜式往复泵是计量泵的两种基本形式，可以用一个电动机同时带动两台或三台计量泵，每台泵输送不同的液体，即可实现各种流体的流量按一定比例进行输送或混合。

6.1.2.2 蠕动泵

蠕动泵的转子上有多个滚柱（三个的居多），其构造及工作原理如图 6-8 所示。

滚柱与泵壳内表面的距离很小，这个距离会将弹性胶管完全挤扁（即压缩点），相邻的两个压缩点之间的弹性胶管形成一小段封闭的管道腔，由于弹性胶管不动，而压缩点不停地向一个方向运动，封闭的管道腔随之移动，在泵的出口处封闭的管道腔成为一端开放的形式；工作时利用滚柱碾压弹性胶管，将液体或气体强行“挤出”，同时在泵的入口处形成新的封闭的管道腔。这个过程不断重复，就在输入管上产生足够的真空，于是不断地吸入液体或气体，然后再排出。

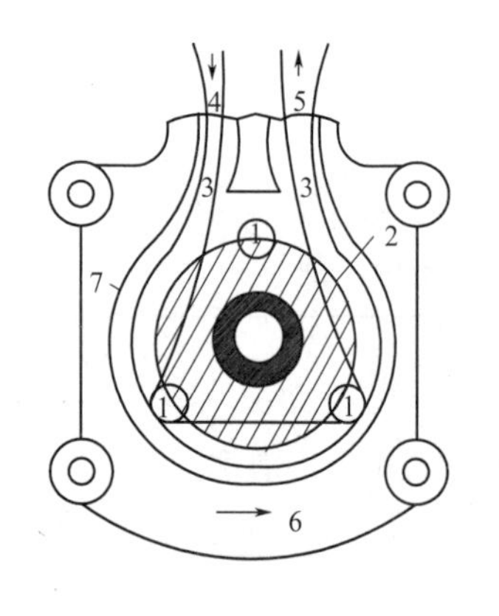

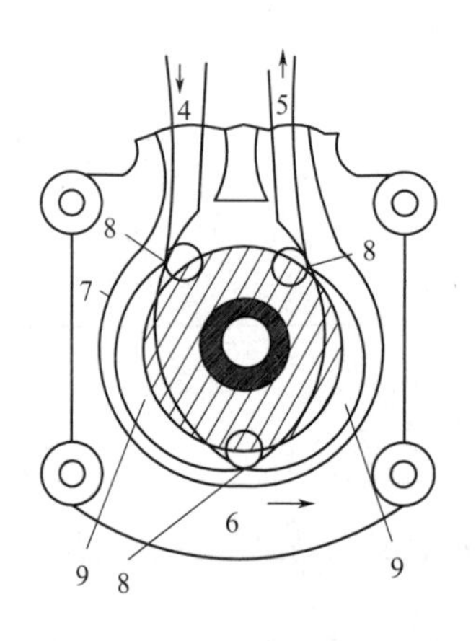

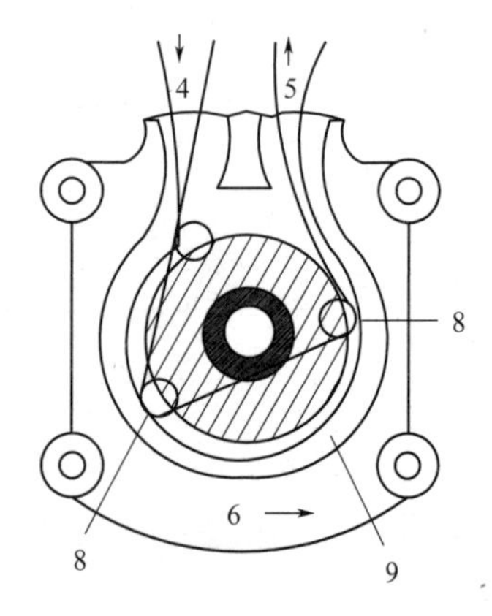

图 6-8 蠕动泵

1—滚柱；2—转子；3—弹性胶管；4—液体入口；5—液体出口；6—液体流动方向及转子旋转方向；7—泵壳内表面；8—压缩点；9—管道腔

蠕动泵的缺点是弹性胶管的使用寿命较短，更换频率较高；泵的出口不能承受过高的压力，一般为 0.15MPa；输出液体的压力有波动，如果下游设备对压力波动比较敏感，必须采取一定的手段来降低压力波动，如在蠕动泵的出口端加装缓冲器等措施。如果物料中含有硬质颗粒，也不宜使用蠕动泵。

6.1.2.3 转子泵

转子泵又称旋转泵，是和往复泵一样属正位移泵的一种类型，其工作原理是由于泵壳内的转子的旋转作用而吸入和排出液体。主要有齿轮泵、螺杆泵、凸轮泵等基本形式。

（1）齿轮泵 齿轮泵的主要部件是相互啮合的齿轮，其结构如图 6-9 所示。

泵壳内有一对相互啮合的齿轮，其中一个齿轮由电动机带动，称为主动轮，另一个齿轮为从动轮。两齿轮与泵体间形成吸入和排出空间。当两齿轮旋转时，在吸入空间因两轮的齿互相分开形成低压而将液体吸入齿穴中，然后分两路，由齿沿壳壁推送至排出空间，两轮的齿又互相合拢，形成高压而将液体排出。齿轮泵的扬程高而流量小，适用于输送黏稠液体及膏状物料，但不能输送含有固体颗粒的悬浮液。

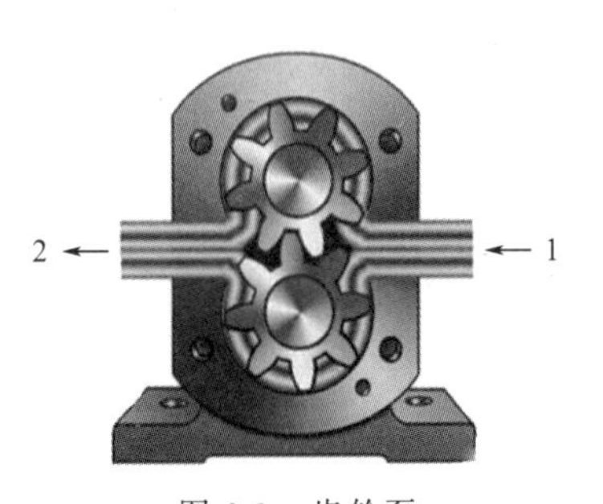

图 6-9 齿轮泵
1—进油口；2—出油口

（2）螺杆泵 螺杆泵主要由泵壳与一个或一个以上的螺杆所组成，单螺杆泵和双螺杆泵的构造分别如图 6-10、图 6-11 所示。

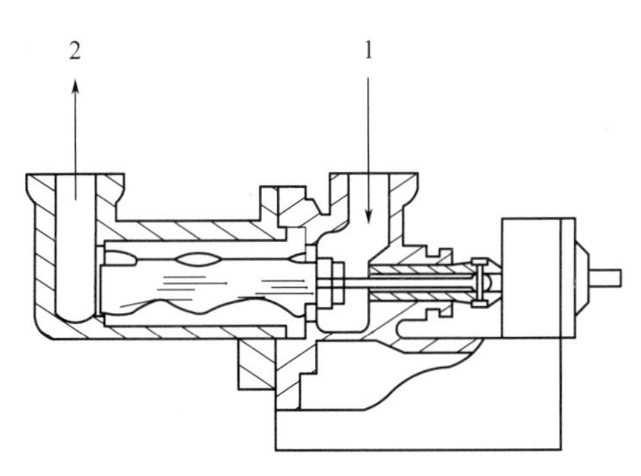

图 6-10 单螺杆泵
1—进液口；2—出液口

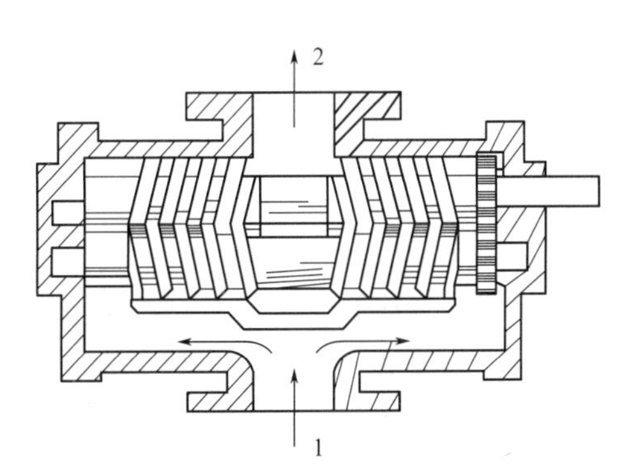

图 6-11 双螺杆泵
1—进液口；2—出液口

单螺杆泵的工作原理是靠螺杆在螺纹形的泵壳中做偏心转动，将液体沿轴间推进，最后挤压至排出口而推出。双螺杆泵的工作原理与齿轮泵相似，它利用两根相互啮合的螺杆来排送液体。螺杆泵的扬程高、效率高、无噪声、流量均匀，适用在高压下输送黏稠液体。当所需的扬程很高时，可采用长螺杆。

（3）凸轮泵 凸轮泵也属转子泵，它是利用电机来驱动两个配合得非常好的凸轮在泵腔内旋转，两个凸轮的旋转方向是相反的。其结构如图 6-12 所示。

凸轮的顶端及两个纵向侧面与泵腔内壁间的空隙很小，当凸轮达到一定的旋转速度时，就产生了类似蠕动泵中弹性胶管被挤压后出现不断向一个方向移动的“封闭”管道腔，于是液体从泵的一侧被吸入，而从另一侧被“推出”。这种“封闭”的管道腔在两个凸轮的旁边均可形成。

与蠕动泵相比，凸轮泵由于有两个相向旋转的凸轮使得输出端压力的波动大大减小，但凸轮泵的自吸能力却很弱。凸轮形状有两叶和三叶，两叶凸轮适用于比较黏稠或含有一定大小硬质颗粒的物料的输送。

除上述几种类型的泵外，制药厂中常用的液体输送机械还有如流体作用泵、漩涡泵、喷射泵等。

其中，流体作用泵是借助一种流体的动力作用而造成对另一种流体压送或抽吸，从而达到输送流体的目的。如蛋形升酸器和喷射泵即为此类型泵。其特点是没有运动部件，结构简单，但效率很低。可用于输送腐蚀性、有毒的液体。

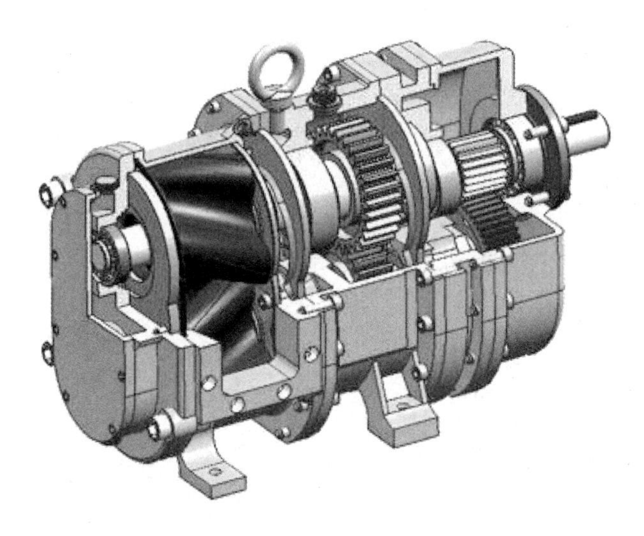

图 6-12 凸轮泵

漩涡泵是指叶轮为外缘部分带有许多小叶片的整体轮盘，液体在叶片和泵体流道中反复做漩涡运动的泵。其工作过程、结构以及特性曲线的形状等与离心泵和其他类型泵都不太相同，是靠叶轮旋转时使液体产生漩涡运动的作用而吸入和排出液体的。液体由吸入管进入流道，并经过旋转的叶轮获得能量，被输送到排出管，完成泵的工作过程。

喷射泵是一种流体动力泵，又称射流泵和喷射器，也称射流真空泵。它没有机械传动和机械工作构件，工作时借助另一种高压工作流体的喷射作用做动力源来输送低能量液体，用来抽吸易燃易爆的物料时具有良好的安全性。

在制药生产中，离心泵的应用最广。它具有结构简单、紧凑，能与电动机直接相连；对安装基础要求不高，流量均匀，调节方便，可应用各种耐腐蚀材料，适应范围广等优点。缺点是扬程不高、效率低、没有自吸能力等。离心泵的转速通常不能调整，可以通过增加旁路并调整旁路流量的方式来改变其输送量。

6.1.3 液体输送泵的选型

泵的选择，一般可按下列方法和步骤进行。

（1）确定泵型　根据工艺条件及泵的特性，首先确定泵的形式再确定泵的尺寸。从被输送物料的基本性质出发，如物料的温度、黏度、挥发性、毒性、化学腐蚀性、溶解性和物料是否均一等因素来确定泵的基本形式。例如输送清水选用清水泵，输送酸则选择耐腐蚀泵，输送油则选油泵等；制药与制剂生产主要选用如隔膜泵、蠕动泵、卫生离心泵等液体输送泵；输送易燃易爆液体可以选择隔膜泵、屏蔽泵、磁力泵等形式。在选择泵的形式时，应以满足工艺要求为主要目标。

（2）确定选泵的流量和扬程

① 流量的确定和计算　选泵时以最大流量为基础，根据工艺情况，考虑一定安全系数，取正常流量的 1.1～1.2。

② 扬程的确定和计算　先计算出所需要的扬程，即用来克服两端容器的位能差，两端

容器上静压力差，两端全系统的管道、管件和装置的阻力损失，以及两端（进口和出口）的速度差引起的动能差。

③ 校核泵的轴功率 泵的样本上给定的功率和效率都是用水试验出来的，输送介质不是清水时，应考虑密度、黏度等对泵的流量、扬程性能的影响。

6.2 气体输送设备

气体输送设备主要用于克服气体在管路中的流动阻力和管路两端的压强差以输送气体或产生一定的高压或真空以满足各种工艺过程的需要。输送和压缩气体的设备统称为气体输送设备。

气体输送设备与液体输送设备的结构和工作原理大致相同，其作用都是向流体做功以提高流体的静压强。但是由于气体具有可压缩性，压强变化时其体积和温度同时发生变化，对输送设备的结构和形状有一定的特殊要求。由于气体的密度小，输送同样质量的气体时，体积流量就大；同时，气体在管路中的流速要比液体大得多，其产生的流动阻力就多，因而需要提高的压力也大。

气体输送设备一般以其出口表压强（终压）或压缩比（指出口与进口压强之比）的大小分为以下 4 类。

① 通风机：出口表压强不大于 15kPa，压缩比为 1～1.15。

② 鼓风机：出口表压强为 15～300kPa，压缩比小于 4。

③ 压缩机：出口表压强大于 300kPa，压缩比大于 4。

④ 真空泵：用于产生真空，出口压强为大气压。

6.2.1 离心式通风机

工业上常用的通风机有轴流式和离心式两种。轴流式通风机的风量大，但产生的风压小，一般只用于通风换气，而离心式通风机则应用广泛。离心式通风机是由蜗形机壳和多叶片的叶轮组成，其构造如图 6-13 所示。

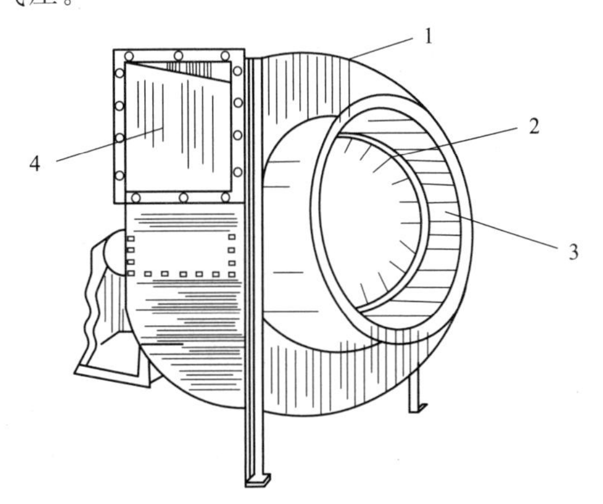

图 6-13 离心式通风机

1—机壳；2—叶轮；3—吸入口；4—排出口

离心式通风机叶轮上的叶片数目虽多但较短，蜗壳的气体通道一般为矩形截面。其工作原理与离心泵相似。离心式通风机选用时，首先根据气体的种类（清洁空气、易燃气体、腐蚀性气体等）与风压范围，确定风机类型；然后根据生产要求的风量和风压值，从产品样本上查得适宜的风机型号规格。

6.2.2 离心式鼓风机

离心式鼓风机的结构与离心机相似，蜗壳形通道的截面为圆形，但是外壳直径和宽度都较离心泵大，叶轮上的叶片数目较多，转速较高。离心式鼓风机的工作原理与离心式通风机相同。单级离心式鼓风机的出口表压一般小于 30kPa，所以当要求风压较高时，均采用多级离心式鼓风机。为达到更高的出口压力，要用离心压缩机。

6.2.3　旋转式鼓风机

罗茨鼓风机是最常用的一种旋转式鼓风机，其构造如图 6-14 所示。

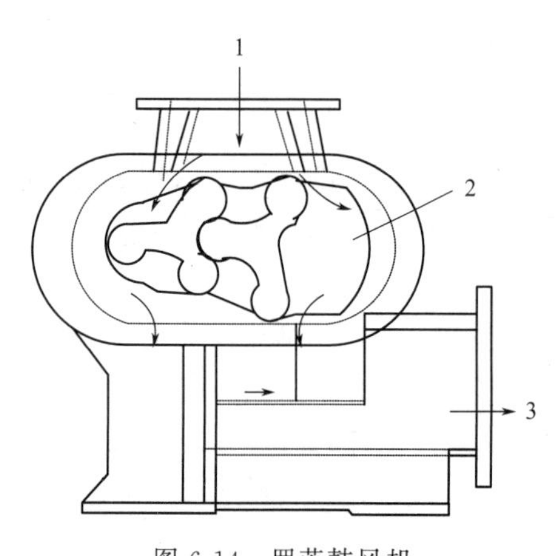

图 6-14　罗茨鼓风机

1—进气口；2—基元容积；3—出气口

机壳中有两个转子，两转子之间、转子与机壳之间的间隙均很小，以保证转子能自由旋转，同时减少气体的泄漏。其工作原理和齿轮泵类似，两转子旋转方向相反，气体由一侧吸入，由另一侧排出。罗茨鼓风机的风压与转速成正比，在一定的转速时，出口压力增大，气体流量大体不变（略有减小），流量一般用旁路调节。风机出口应安装安全阀或气体稳定罐，以防止转子因热膨胀而卡住。

6.2.4　离心式压缩机

离心式压缩机又称透平压缩机，其工作原理及基本结构与离心式鼓风机相同，但叶轮数多，在 10 级以上，且叶轮转速较高，因此它产生的风压较高。由于压缩比高，气体体积变化很大，温升也高。故压缩机常分成几段，每段由若干级组成。在段间要设置中间冷却器，避免气体温度过高。离心式压缩机具有流量大、供气均匀、机内易损件少、运转可靠、容易调节和方便维修等优点。

6.2.5　往复式压缩机

往复式压缩机的主要部件为气缸、活塞、吸气阀和排气阀等，其构造如图 6-15 所示。

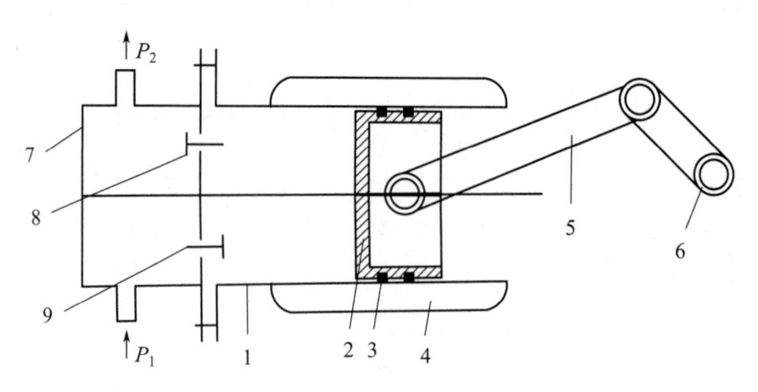

图 6-15　往复式压缩机

1—气缸；2—活塞；3—活塞环；4—冷却套；5—连杆；6—曲轴；7—气缸盖；8—排气阀；9—吸气阀

往复式压缩机的工作原理与往复泵相似，它依靠活塞的往复运动将气体吸入和压出。但由于压缩机的工作流体为气体，其密度比液体小得多，因此在结构上要求吸气和排气阀门更为轻便而易于启闭。为移除压缩放出的热量来降低气体的温度，必须设冷却装置。

6.2.6 真空泵

在化工生产中要从设备或管路系统中抽出气体，使其处于绝对压强低于大气压状态，所需要的机械称为真空泵。下面仅介绍最常见的形式。

6.2.6.1 水环真空泵

水环真空泵的外壳呈圆形，外壳内有一偏心安装的叶轮，上有辐射状叶片，其构造如图 6-16 所示。

泵的壳内装入一定量的水，当叶轮旋转时，在离心力作用下将水甩至外壳形成均匀厚度的水环。水环与各叶片间的空隙形成大小不同的封闭小室，叶片间的小室体积呈由小而大，又由大而小的变化。当小室增大时，气体由吸入口吸入，当小室从大变小时，小室中的气体即由排气口排出。

水环真空泵属湿式真空泵，吸入时可允许少量液体夹带，一般达到 83%的真空度。泵在运转时要不断充水以维持泵内的水环液封，并起到冷却作用。水环真空泵的特点是结构紧凑，易于制造和维修，但效率较低。

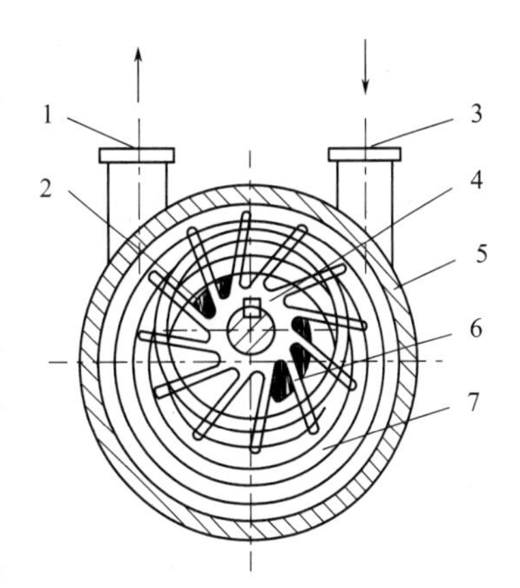

图 6-16 水环真空泵

1—排气口；2—排气孔；3—吸气口；4—叶轮；5—泵体；6—吸气孔；7—液环

6.2.6.2 喷射真空泵

喷射真空泵属于流体动力作用式的流体输送机械，常见的为单级蒸汽喷射泵，其构造如图 6-17 所示。

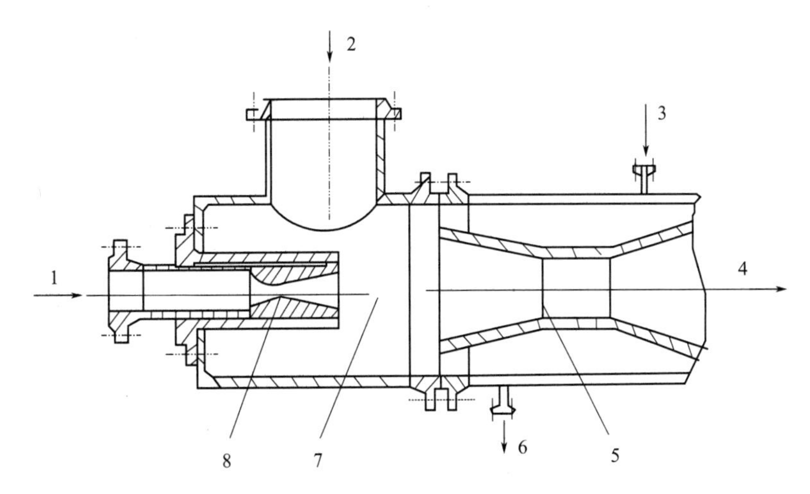

图 6-17 单级蒸汽喷射泵

1—喷射蒸汽进口；2—被抽气体；3—保温蒸汽进口；4—排气口；5—扩压器；6—保温蒸汽出口；7—喷嘴室；8—喷嘴

它是利用工作流体流动时静压能转换为动能而造成真空将气体吸入泵内的。这类真空泵当用水作为工作流体时称为水喷射泵；用水蒸气作为工作流体时称为蒸汽喷射泵。单级蒸汽喷射泵可以达 90%的真空度，若要达到更高的真空度，可以采用多级蒸汽喷射泵。喷射泵的结构简单、无运动部件，但效率低且工作流体消耗大。

6.2.7 气体输送设备的选择

气体输送设备有不同的方式和形式，它们各有优缺点。使用时，必须根据不同的使用场合和条件进行选择。选择的原则是：根据气体种类、风压范围、出口表压强或压缩比确定风机的类型；确定所求的风量和全风压，风量根据生产任务来定，全风压按伯努利方程来求，但要按标准状况校正，即根据入口状态计的风量和校正后的全风压在产品系列表中查找合适的型号。

对于纯粹为了输送的目的而需要克服管路的阻力对气体加压时，压力一般都不高，但气体输送量很大，需要的动力往往相当大，此时可以选用通风机。

对于需要产生高压气体以有利于化学反应发生时，这些高压进行的过程对相关气体的输送设备出口压力提出了相当高的要求，此时常选用压缩机。

而对于相当多的单元操作是在低于常压的情况下进行，即需要形成生产真空，这时就需要真空泵从设备中抽出气体。

思考题

1. 流体输送设备有哪些?
2. 离心泵的类型有哪些?
3. 隔膜泵的优点有哪些?
4. 简述转子泵的工作过程。
5. 简述液体输送泵的选型方法和步骤。
6. 流体输送设备有哪些种类?
7. 简述旋转式鼓风机工作过程。
8. 简述真空泵的工作原理。

参考文献

[1] 周丽莉，等．制药设备与车间设计．北京：中国医药科技出版社，2011.
[2] 王沛，刘永忠，王立．制药设备与车间设计．北京：人民卫生出版社，2014.
[3] 刘书志，陈利群．制药工程设备．北京：化学工业出版社，2008.
[4] 蔡凤，谢彦刚．制药设备及技术．北京：化学工业出版社，2011.
[5] 周长征，李学涛．制药工程原理与设备．北京：中国医药科技出版社，2017.
[6] 姚日生．制药工程原理与设备．北京：高等教育出版社，2007.

第7章 制药用水生产设备

本章学习目的与要求：

（1）能够准确识别各种类型制药用水生产设备的类别并写出相应名称。

（2）能够正确阐明各种类型制药用水生产设备的结构组成和特点。

（3）能够概述各种类型制药用水生产设备的工作原理。

（4）能够根据生产需要合理选用制药用水生产设备。

制药工业中作为不同剂型药品的溶剂、洗涤药品包装容器等的用水统称为工艺用水，包括饮用水、纯化水和注射用水。饮用水是制备纯化水的原料水，纯化水是制备注射用水的原料水，工艺用水的质量直接影响着药品的质量。

制取药物生产中所需的各种工艺用水的设备称为制药用水生产设备。本章重点介绍常用的制备纯化水的离子交换柱、电渗析器、反渗透装置及制备注射用水的列管式多效蒸馏水机、盘管式多效蒸馏水机及热压式蒸馏水机等制药用水生产设备。

7.1 纯化水设备

7.1.1 离子交换柱

离子交换柱是管柱法离子交换的柱状压力容器设备，一般用有机玻璃或内衬橡胶的钢板制成。除进出水口、上下排污口、上下布水板、树脂装入和排出口等主体部件外，还包括存放酸、碱及产品的储槽、管道阀门、流量计、流速计及各种测定仪表等辅助设备。其主要构造如图7-1所示。

树脂层高度约占圆筒高度的60%。溶液从圆筒形交换柱的一端通入，与柱内密实的固定离子交换树脂层或流动状态的离子交换树脂床充分接触，进行离子交换。流过离子交换树脂层的溶液成分随时间和层高度变化而变化。一般地，产水量$5m^3/h$以下时常用柱高与柱径之比为5∶10的有机玻璃型交换柱；产水量较大时，则多用高径比为2～5的钢衬胶或复

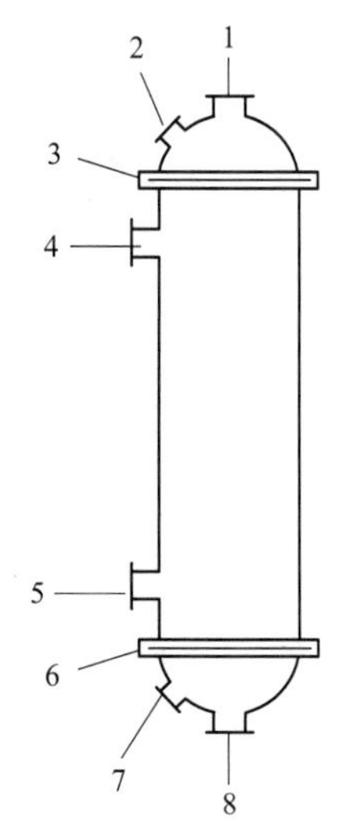

图 7-1 离子交换柱

1—进水口；2—上排污口；3—上布水板；4—树脂装入口；5—树脂排出口；6—下布水板；7—下排污口；8—出水口

合玻璃钢材质的有机玻璃型交换柱。

离子交换树脂上的官能团虽然可去除原水中的离子，但随着使用时间的增加，离子交换树脂将逐渐呈“饱和状态”，从而会导致去离子效率的降低而引起水质劣化；此外，离子交换树脂本身也是有机物，使用中会受到氧化分解、机械性破裂而造成有机物质的溶出；带有电荷的有机物质、微生物也会受到离子交换树脂的吸附，使离子交换树脂很容易受到有机物质、微生物的污染。使用离子交换柱时，上述因素都易造成水质劣化。通常失去离子去除能力（饱和）的离子交换树脂，可以经由酸碱解吸液解吸而再生，以达到重复使用的目的。

离子交换柱虽然具有纯化容量有一定的限制、水质会起伏、树脂的再生过程较麻烦等缺点，但其对无机离子的去除能力优良，具备再生能力，并且装置简单，因此广泛应用于工业生产。

7.1.2 电渗析器

电渗析器是在外加直流电场作用下，利用离子交换膜和直流电场，使溶液中阴、阳离子发生离子迁移，分别通过阴、阳离子交换膜而达到除盐或浓缩目的，从而使水淡化的装置。其构造如图 7-2 所示。

电渗析器的两端为电极，极室、浓室、淡室均由 2mm 厚聚氯乙烯隔板制成，隔板间有阳膜或阴膜，按照阴极-极室-阳膜-淡室-阴膜-浓室-阳膜-淡室-…-极室-阳极的顺序叠合，由多层隔室组成。

电渗析器是利用离子交换膜的选择透过性除盐的。在外加直流电场的作用下，水中离子作定向迁移，其中淡室中的阳离子交换膜只允许阳离子通过，阻挡阴离子通过；阴离子交换膜只允许阴离子通过，阻挡阳离子通过。这样淡化室中阴阳离子分别迁移到相邻的浓室中去，从而使含盐原水在淡化室中除盐淡化。浓室中离子在电场作用下被滞留于浓室中。电渗析器每运行 4～8h，需倒换电极，此时原浓室变为淡室，故倒换电极后，需逐渐升到工作电压，以防离子迅速转移使膜生垢。

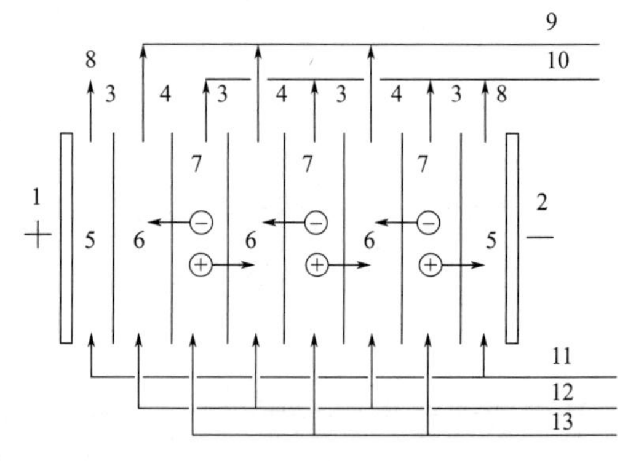

图 7-2 电渗析器

1—阳极；2—阴极；3—阳膜；4—阴膜；5—极室；6—浓室；7—淡室；8—极水；9—浓水；10—淡水；11—去电极室；12—去浓缩室；13—原水

电渗析器部件多，组装要求较高，易产生极化结垢和中性扰乱现象，电渗析过程中所能除去的也仅是水中的电解质离子，对于不带电荷的粒子、不解离的物质、解离度小的物质均难以分离。但电渗析器因具有工艺简单、除盐率高、制水成本低、操作方便、不污染环境等主要优点，广泛应用于水的除盐。

7.1.3 反渗透装置

反渗透装置和自然渗透相反，它是利用一定的大于渗透压的压力，使溶液中的溶剂（一般是水）通过反渗透膜（或称半透膜）的。反渗透膜的孔径较小，一般0.1～1nm，材料多为醋酸纤维素或三醋酸纤维素等。

反渗透装置占地面积小、常温操作、设备简单、操作简便、脱盐率高、回收率高、运行稳定，在除盐的同时，也将大部分细菌、胶体及大分子量的有机物去除，能适应各类含盐量的原水，尤其是在高含盐量的水处理工程中，能获得很好的经济、技术效益。但反渗透装置需要高压设备，原水利用率只有75%～80%，反渗透膜须定期清洗。

7.1.4 纯化水设备的选择

一般地，反渗透装置出水质量最好，但是生产成本也较高；离子交换柱虽水质会有起伏，但生产成本也较低。生产者选择何种纯化水设备需从自身实际需求出发，如：每小时用水量、设备的纯化容量、原水水质情况、纯化水水质要求等，选用经济且能够满足自身用水要求的制水设备。

纯化含阴、阳离子较多的原水，如果每小时用水量不大，并且对纯化水水质要求不苛刻时，可选用离子交换柱；如果用水量较大且对水质要求较高，则优先选用电渗析器；如原水除盐的同时还需去除不带电荷的粒子或有机物，则可以选用反渗透装置。

7.2 注射用水设备

7.2.1 列管式多效蒸馏水机

列管式多效蒸馏水机是采用列管式的多效蒸发制取蒸馏水的设备。多效蒸馏水机的效数多为3～5效，5效以上时蒸汽耗量降低不明显。目前，我国列管式多效蒸馏水机多为Finn-Aqua式。Finn-Aqua式四效蒸馏水机构造如图7-3所示。

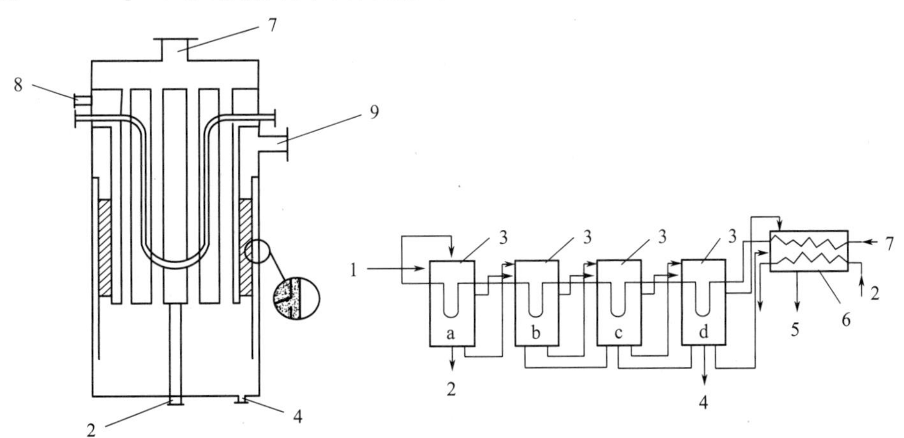

图7-3 Finn-Aqua式四效列管式多效蒸馏水机

1—蒸汽；2—冷凝水；3—蒸发器；4—废水；5—蒸馏水；6—冷凝器；7—进料水；8—加热蒸汽；9—纯蒸汽

进料水经冷凝器，并依次经各蒸发器内的发夹形换热器，最终被加热至142℃进入蒸发器a，外来的加热蒸汽（165℃）进入管间，将进料水蒸发，蒸汽冷凝后排出。进料水在蒸发器内约有30%被蒸发，其生成的纯蒸汽（141℃）作为热源进入蒸发器b，其余的进料水也进入蒸发器b（130℃）。在蒸发器b内，进料水再次被蒸发，而纯蒸汽全部冷凝为蒸馏水，所产生的纯蒸汽（130℃）作为热源进入蒸发器c。蒸发器c和d均以同一原理依此类推。最后从蒸发器d出来的蒸馏水及二次蒸汽全部引入冷凝器，被进料水和冷却水所冷凝。进料水经蒸发后所聚集含有杂质的浓缩水最后从蒸发器底部排出。另外，冷凝器顶部也排出不凝性气体。

列管式多效蒸馏水机具有体积小、重量轻、产水量大、出水快、水质稳定性好、节约蒸汽、不用额外的冷却水等优点。

7.2.2 盘管式多效蒸馏水机

盘管式多效蒸馏水机是采用盘管式多效蒸发来制取蒸馏水的设备。蒸发传热面是蛇管结构，属于蛇管降膜蒸发器。其一效工作原理及多效流程如图7-4(a)、图7-4(b)所示。

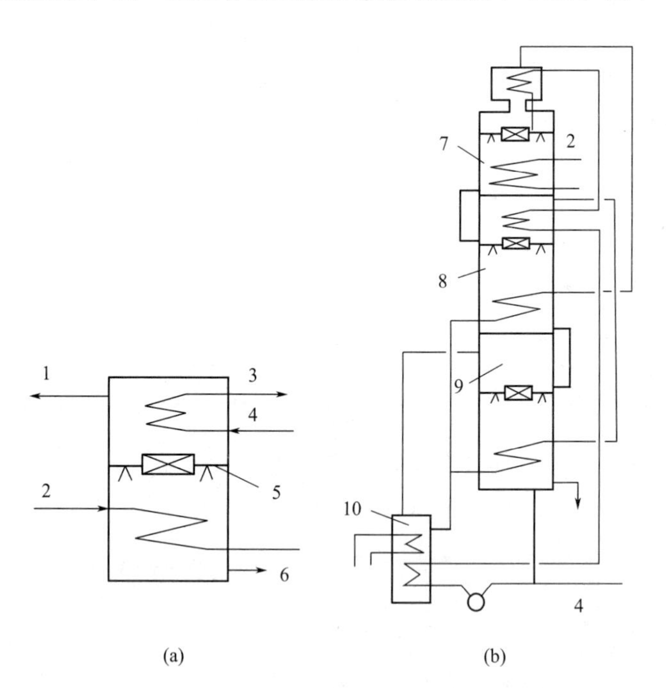

图7-4 蛇管降膜蒸发器

1—二次蒸汽；2—蒸汽；3—出水；4—进水；5—进料水分布器；6—排水；7—第一效；8—第二效；9—第N效；10—冷凝冷却器

图7-4(a)中，蛇管上方是进料水分布器，用于将料水均匀地分布到蛇管的外表面，蛇管内通加热蒸汽，均匀地分布在蛇管外表面的进料水吸收热量后部分蒸发，未蒸发的水由底部节流孔流入下一效的分布器，继续蒸发。二次蒸汽经除沫器除沫分出雾滴后，由导管送入下一效，作为该效的热源。

盘管多效蒸馏水机一般3～5效，其流程如图7-4(b)所示。由锅炉来的蒸汽进入第一效蛇管内，冷凝水排出；第一效产生的二次蒸汽进入第二效蛇管作为热源，第二效的二次蒸汽作为第三效热源，直至第 N 效。进料水加压进冷凝冷却器，然后顺次经第 $N-1$ 效至第一效预热器，最后进入第一效的分布器，喷淋到蛇管外表面，部分料水被蒸发，蒸汽作为第二效热源，未被蒸发的料水流入第二效分布器。以此原理顺次流经第三效，直至第 N 效，第 N 效底部排出少量的浓缩水。这种蒸馏水机具有传热系数大、操作稳定等优点。

7.2.3 热压式蒸馏水机

热压式蒸馏水机是采用机械动力对二次蒸汽进行压缩、循环蒸发，制取蒸馏水的设备，主要由蒸汽压缩机、蒸发冷凝器、循环罐、蒸馏水换热器及不凝气换热器等组成，其构造如图 7-5 所示。

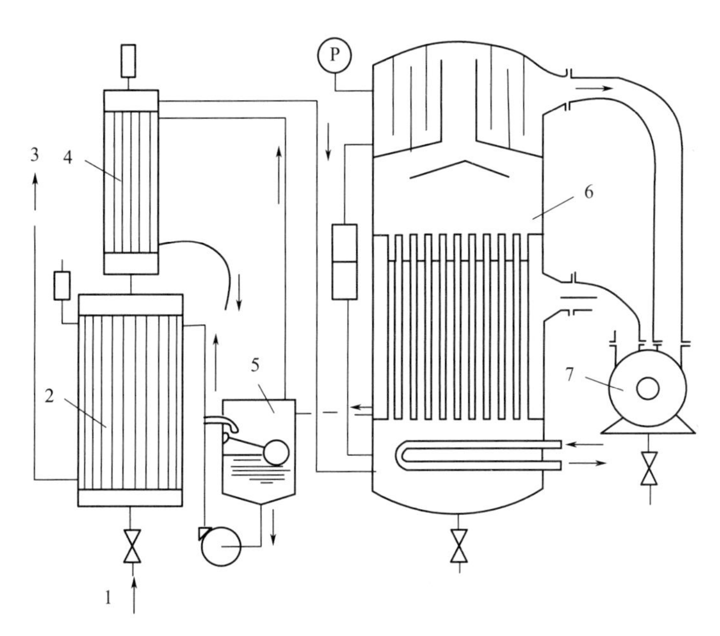

图 7-5 热压式蒸馏水机

1—原料水；2—蒸馏水换热器；3—蒸馏水；4—不凝气换热器；5—循环罐；6—蒸发冷凝器；7—蒸汽压缩机

原料水经蒸馏水换热器及不凝气换热器，被预热后进入蒸发冷凝器，在蒸发管内蒸发成纯蒸汽，进入蒸汽压缩机被压缩，进入蒸发冷凝器蒸发管的外侧，纯蒸汽被冷凝为蒸馏水。冷凝时释放的热量使原料水在管内蒸发。蒸馏水经循环罐及泵压入蒸馏水换热器，加热原料水。原料水中带入系统的不凝性气体经循环罐与不凝气换热器冷却后排入大气。整个流程需要外加的能量只是蒸汽压缩机的电能及蒸发冷凝器中做补充加热时的少量蒸汽。

该装置的主要特点是不用冷却水、出水水质好、水机寿命长、使用安全，但投资及维护成本高。

7.2.4 注射用水设备的选择

目前，热压式蒸馏水机虽然能充分利用热交换和回收热能，节能效果更明显，且整个生产过程不需要冷却水，进水质量要求低，得到的注射用水水质好，但是其耗电量大，运转时有一定噪声，调节系统复杂，整机启动较慢，而且其主机容积式或离心式压缩机构造复杂，维护要求高，因此在我国使用不多。

多效蒸馏水机由于结构紧凑，简洁合理，整机启动快，能重复使用热能，使蒸汽的潜能得到充分利用，因而能耗少，且冷却水耗能低，运行过程中无运转部分，动力消耗小。同时，操作方法简单可靠，操作过程安静，寿命长，因此被广泛应用于国内医药行业生产中。

思考题

1. 制药工业用水有哪些种类?
2. 简述电渗析器的工作原理。
3. 反渗透装置有哪些特点?

参考文献

[1] 钱庭宝．离子交换应用技术．天津：天津科学出版社，1984.

[2] 唐燕辉．药物制剂生产专用设备及车间工艺设计．北京：化学工业出版社，2001.

[3] 李晓辉，等．制药设备与车间工艺设计管理手册．合肥：安徽文化音像出版社，2003.

[4] 朱宏吉，张明贤．药物设备与工程设计．2版．北京：化学工业出版社，2011.

[5] 周长征，等．制药工程原理与设备．济南：山东科学技术出版社，2008.

[6] 陈武，梅平．环境污染治理的电化学技术．北京：石油工业出版社，2013.

[7] 蒋克彬，彭松，高方述．污水处理技术问答．北京：中国石化出版社，2013.

[8] 李融，王纬武，蒋丽芬．化工原理（下册）.2版．上海：上海交通大学出版社，2009.

第 8 章 粉碎与筛分设备

本章学习目的与要求：

（1）能够准确识别并列举常见粉碎与筛分设备的类型和名称。

（2）能够正确阐明不同类型粉碎与筛分设备的结构组成和特点。

（3）能够概述不同类型粉碎与筛分设备的工作原理。

（4）能够根据需要合理选择粉碎与筛分设备，并对其科学评价。

粉碎与筛分是药物的原材料处理及后处理过程中的重要环节，粉碎质量的好坏直接关系到产品的质量，对粉碎后的物料进行过筛所得产品的颗粒尺寸也影响着药物的时效性、即效性等应用性能，而粉碎与筛分设备的选择与使用是保证粉碎与筛分质量的重要条件。

本章重点介绍制药工业中常用的粉碎与筛分设备。

8.1 粉碎设备

工业上使用的粉碎机种类很多，按不同的分类标准有不同的分类结果。其中，按粉碎颗粒的大小来划分，可分为破碎机、磨碎机和超细粉碎机三大类。破碎机包括粗碎、中碎和细碎，粉碎后的颗粒达到数厘米至数毫米以下；磨碎机包括粗磨和细磨，粉碎后的颗粒度达到数百微米至数十微米以下；超细粉碎机能将 1mm 以下的颗粒粉碎至数微米以下。制药工业常用的是超细粉碎机，按粉碎方式可分为锤式粉碎机、球磨机、振动磨、气流磨等。

8.1.1 锤式粉碎机

锤式粉碎机属于机械撞击式粉碎机，主要由一个固定的外齿盘、一个高速旋转的转子、转子周围安装的若干个可自由活动的 T 形活动锤、加料斗、螺旋加料器、筛板和产品排出口等组成，其构造如图 8-1 所示。

固体物料自加料口由螺旋加料器连续加入粉碎室后，既受到高速旋转 T 形活动锤的撞

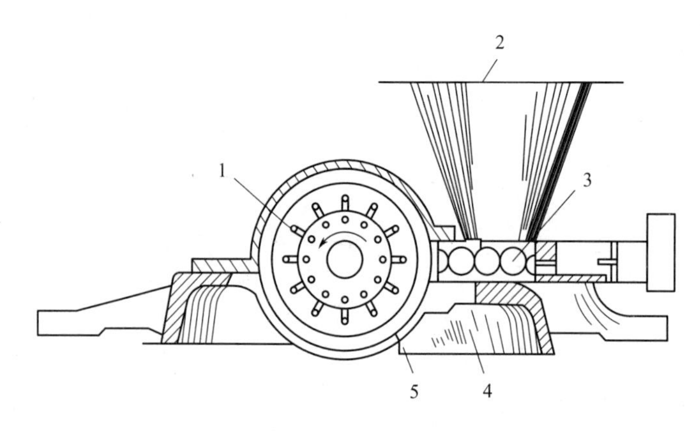

图 8-1 锤式粉碎机

1—T形活动锤；2—加料斗；3—螺旋加料器；4—产品排出口；5—筛板

击、剪切，又受到外固定齿盘的剪切，加之物料之间相互碰撞，颗粒逐渐被粉碎成微细颗粒，最后物料小颗粒在气流推挤下，通过筛孔经出口排出。筛网孔径的大小决定滤出细度，可以根据需要调换筛网。

锤式粉碎机类型很多，按结构特征可分类如下：按转子数目，分为单转子锤式粉碎机和双转子锤式粉碎机；按转子回转方向，分为可逆式（转子可朝两个方向旋转）和不可逆式两类；按锤子排数，分为单排式（锤子安装在同一回转平面上）和多排式（锤子分布在几个回转平面上）；按锤子在转子上的连接方式，分为固定锤式和活动锤式。

锤式粉碎机的特点是体积紧凑、构造简单；物料中若混有难以破碎的物品时活动锤头可避让，经多次撞击剪切后，将物料颗粒变小；破碎比大；单位产品的能量消耗低，并有很高的生产能力等。广泛用于粉碎各种中硬度以下且磨蚀性弱的物料，由于锤式粉碎机具有一定的混匀和自行清理作用，能够粉碎含有水分及油质的有机物。其中，固定锤式粉碎机主要用于软质物料的细碎和粉磨。

8.1.2 球磨机

球磨机是粉磨中应用广泛的细磨机械之一，是装有研磨介质的密闭圆筒或圆锥筒，按筒体内仓室数可分为单仓和多仓，筒体内装有直径为 25～150mm 的钢球、瓷球或棒作为研磨介质。圆锥转筒球磨机的构造如图 8-2 所示。

在传动装置带动下筒体产生回转运动，当筒体转动时，研磨介质随筒体上升至一定高度后呈抛物线下滑。物料从左方进入筒体，逐渐向右方扩散移动，在从左至右的运动过程中，物料受到钢球的冲击、研磨而逐渐粉碎，最终从右方排出机外。

研磨介质在筒内的运动状态对磨碎效果有很大影响，可能出现如图 8-3 所示的三种情况。其中，图 8-3(a) 表示转速太快，由于离心力作用，研磨介质与物料黏附在筒体上一道旋转，称为“离心状态”，研磨介质对物料起不到冲击和研磨作用。图 8-3(b) 表示转速太慢，研磨介质和物料因摩擦力被筒体带到等于摩擦角的高度时就下滑，称为“泻落状态”，此状态下研磨介质对物料虽有研磨作用，但因高度不够，冲击作用小，粉磨效率不佳。图 8-3(c) 所示为抛落状态，由于转速适中，研磨介质提升到一定高度后抛落，研磨介质对物料不仅有较大的研磨作用，也有较强的冲击力，所以有较好的磨碎效果。

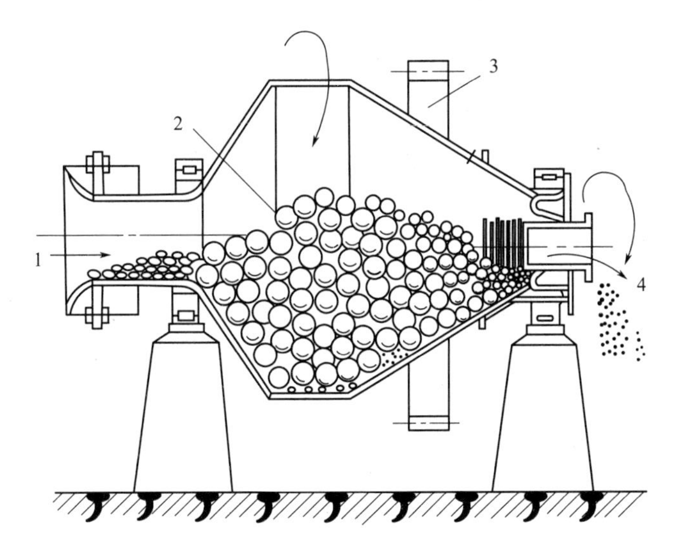

图 8-2　圆锥转筒球磨机

1—进料口；2—研磨介质；3—齿轮；4—产品排出口

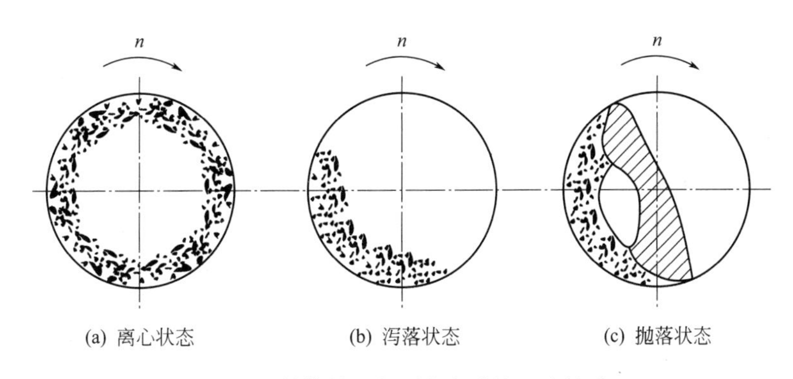

(a) 离心状态　(b) 泻落状态　(c) 抛落状态

图 8-3　筒体转速与研磨介质的运动关系

球磨机的优点是结构简单、系统封闭、运行可靠、劳动条件好；适应性强，生产能力大，能满足工业大生产需要；粉碎比大，粉碎物细度可根据需要进行调整；可将干燥和磨粉操作同时进行，对混合物的磨粉有均化作用。缺点是工作效率低、单位产量能耗大；机体笨重，清洗麻烦，噪声较大；需配置大型昂贵的减速装置。在制药工业中，球磨机广泛应用于结晶性药物、非组织的脆性药物等的粉磨；由于封闭操作，球磨机也可用于剧毒药物、刺激性药物以及吸湿性、挥发性、易氧化物料的粉碎。

8.1.3　振动磨

振动磨是一种利用振动原理来进行固体物料粉磨的设备，由槽形或圆筒形磨体及装在磨体上的激振器（偏心重体）、支承弹簧和驱动电机等部件组成。按其振动特点分为惯性式振动磨和偏旋式振动磨两种，其构造如图 8-4 所示。

惯性式振动磨是在主轴上装有不平衡体，当轴旋转时，由于不平衡所产生的惯性离心力使筒体发生振动；偏旋式振动磨是将筒体安装在偏心轴上，因偏心轴旋转而产生振动。

驱动电机通过挠性联轴器带动激振器中的偏心重块旋转，从而产生周期性的激振力，使

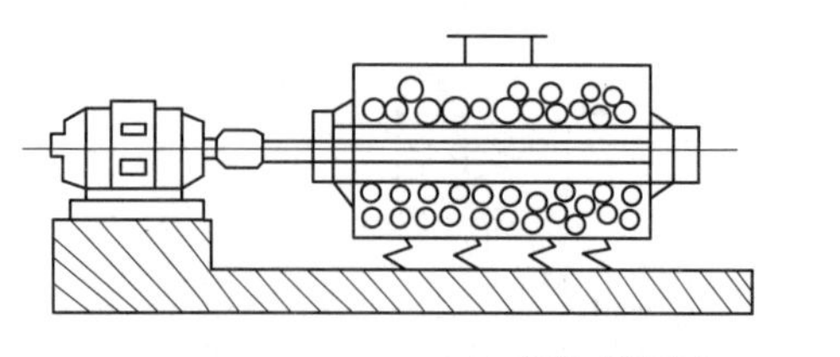
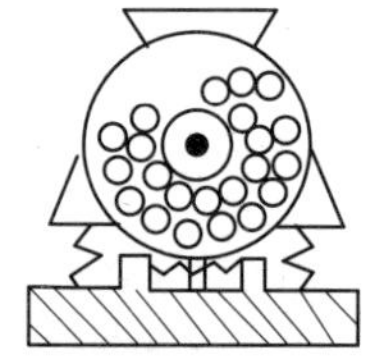

(a) 惯性式振动磨

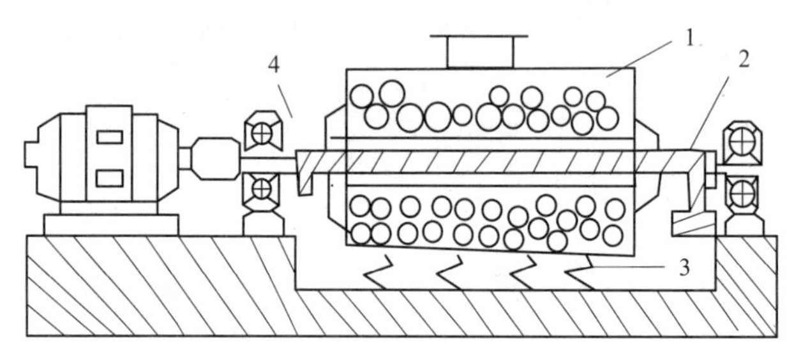

(b) 偏旋式振动磨

图 8-4　振动磨

1—筒体；2—主轴；3—弹簧；4—轴承

磨机筒体在支承弹簧上产生高频振动，机体获得了近似于圆的椭圆形运动轨迹。随着磨机筒体的振动，筒体内的研磨介质可获得三种运动：①强烈的抛射运动，可将大块物料迅速破碎；②高速同向自转运动，对物料起研磨作用；③慢速的公转运动，起均匀物料作用。磨机筒体振动时，研磨介质强烈地冲击和旋转，进入筒体的物料在研磨介质的冲击和研磨作用下被磨细，并随着料面的平衡逐渐向出料口运动，最后排出磨机筒体成为粉磨产品。

由于振动磨振动频率可达 1500 次/min，虽然冲击次数在相同时间内要比球磨机高得多，但是振动磨内每个研磨介质的冲击力要比球磨机小得多。这是因为球磨机的钢球直径较大，球磨机筒体又做回转运动，自由抛落高度大，冲击力就大；而振动磨不做回转运动，其研磨介质冲击力就小，对细颗粒物料其能量利用率会更高，即钢球之间的搓研作用使物料处于剪切应力状态，其研磨粉碎作用较强，而脆性物料的抗剪切强度远小于抗压强度，所以脆性物料在研磨作用下极易破坏。在振动磨内钢球填充率可高达 85%，又加大了研磨作用，因此采用振动磨来进行固体物料的细磨和超细磨是非常有效的。

振动磨的特点是占地面积小，操作方便，易于管理维修，研磨介质装填较多且直径小，振动和研磨频率高；研磨成品粒径细且粒度分布均匀；可以实现研磨连续化、封闭式操作，改善操作环境；但振动磨运转时产生噪声大，机械部件强度和加工要求高。

8.1.4　气流磨

气流磨又称流能磨或气流粉碎机，与其他粉碎设备不同，其粉碎的基本原理是利用高速气流喷出时形成的强烈多相紊流场，使其中的固体颗粒在自撞中或与冲击板、器壁撞击中发生变形、破碎而最终获得粉碎的机械。因粉碎由气体完成，故整个机器无活动部件。

与机械式粉碎相比，气流粉碎有如下优点：粉碎强度大；粉碎效率高；颗粒在高速旋转中分级，产品粒度细微（可达到数微米甚至亚微米）且分布窄，颗粒规整、表面光滑；设备结构简单，易于清理，可获得极纯产品，还可进行无菌作业；可以在机内实现粉碎与干燥、粉碎与混合等联合作业；能量利用率高；适用于粉碎热敏性及易燃易爆物料。尽管气流粉碎有上述许多优点，但也存在着一些缺点：辅助设备多、一次性投资大；影响运行的因素多，操作不稳定；粉碎成本较高；产量低，噪声较大；粉碎系统堵塞时会发生倒料现象，喷出大量粉尘，使操作环境恶化等。

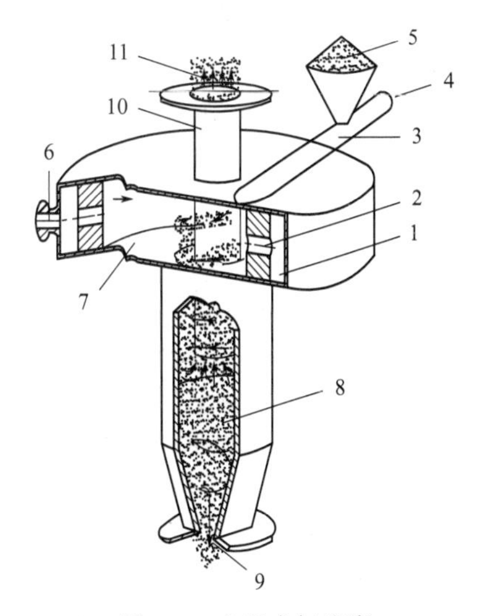

图 8-5　扁平式气流磨

1—高压气体分配室；2—气流喷嘴；3—喷射式加料器；4—压缩空气；5—物料；6—高压气体入口；7—粉碎分级室；8—成品收集器；9—粗粒；10—废气流排出管；11—细粒

目前，应用的气流磨主要有扁平式气流磨、循环管式气流磨、对喷式气流磨等类型。

8.1.4.1　扁平式气流磨

扁平式气流磨的高压气体分配室与粉碎分级室之间由若干个气流喷嘴相连通，其构造如图 8-5 所示。

高压气体经入口进入高压气体分配室中，气体在自身高压作用下，强行通过喷嘴时，产生高达每秒几百米甚至上千米的喷气流。待粉碎物料经过喷射式加料器进入粉碎分级室的粉碎区时，在高速喷气流作用下发生粉碎。由于喷嘴与粉碎分级室的相应半径成一锐角，所以气流夹带着被粉碎的颗粒做回转运动，把粉碎合格的颗粒推到粉碎分级室中心处，进入成品收集器，较粗的颗粒由于离心力强于流动曳力，将继续停留在粉碎区。收集器实际上是一个旋风分离器，与普通旋风分离器不同的是夹带颗粒的气流是由其上口进入，物料颗粒沿着成品收集器的内壁，螺旋形地下降到成品料斗中，而废气流夹带着 5%～15%的细颗粒，经废气排出管排出，作进一步捕集回收。

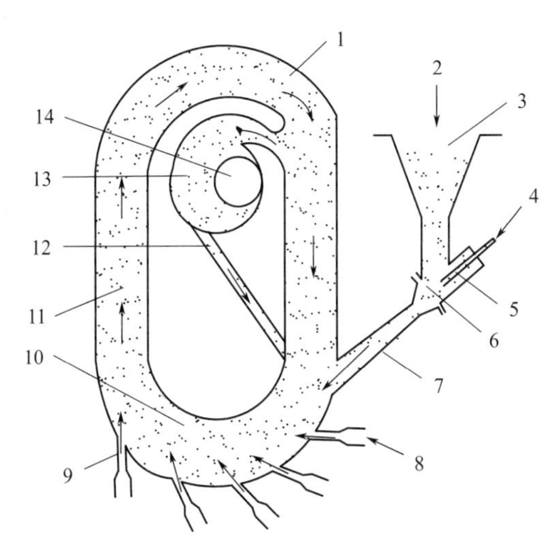

图 8-6　循环管式气流磨

1—一次分级腔；2—原料；3—进料管；4,8—压缩空气进口；5—加料喷射器；6—混合室；7—文丘里管；9—粉碎喷嘴；10—粉碎腔；11—上升管；12—回料通道；13—二次分级腔；14—产品出口

该设备中 80%以上的颗粒是依靠颗粒之间的相互冲击碰撞而粉碎，只有不到 20%的颗粒是与粉碎室内壁形成冲击和摩擦而粉碎的，因此气流粉碎的喷气流不但是粉碎的动力，也是实现分级的动力。

8.1.4.2　循环管式气流磨

循环管式气流磨也称为跑道式气流粉碎机。该机由进料管、加料喷射器、混合室、文丘里管、粉碎喷嘴、粉碎腔、一次及二次分级腔、上升管、回料通道及出料口等组成，其构造示意如图 8-6 所示。

物料由进料口被吸入混合室，并经文丘里管射入 O 形环道下端的粉碎腔，在粉碎腔的外围有一系列喷嘴，喷嘴射流的流速很高，但各层断面射流的流速不相等，颗粒随各层射流运动，因而颗粒之间的流速也不相等，从而互相产生研磨和碰撞作用而粉碎。射流可粗略分为外层、中层、内层。外层射流的路程最长，在该处颗粒产生碰撞和研磨的作用最强。由喷嘴射入的射流，也首先作用于外层颗粒，使其粉碎，粉碎的微粉随气流经上升管导入一次分级腔。粗粒子由于有较大的离心力，经下降管（回料通道）返回粉碎腔循环粉碎，细粒子随气流进入二次分级腔，粉碎好的物料从分级旋流中分出，由中心出口进入捕集系统而成为产品。

循环管式气流磨的特点是通过两次分级，产品较细，粒度分布范围较窄；采用防磨内层，提高气流磨的使用寿命，且适应较硬物料的粉碎；在同一气耗条件下，处理能力较扁平式气流磨大；压缩空气绝热膨胀产生降温效应，使粉碎在低温下进行，因此尤其适用于低熔点、热敏性物料的粉碎；生产流程在密闭的管路中进行，无粉尘飞扬；能实现连续生产和自动化操作，在粉碎过程中还起到混合和分散的效果等。

8.1.4.3 对喷式气流磨

对喷式气流磨主要由喷嘴、喷射泵、粉碎室、料仓、旋风分离器、滤尘器等组成，其构造如图 8-7 所示。

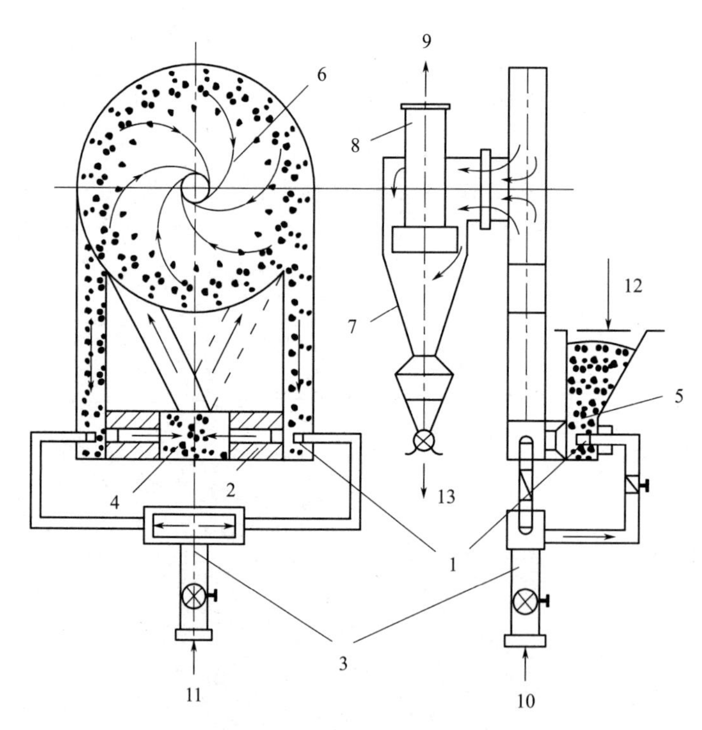

图 8-7 对喷式气流磨

1—喷嘴；2—喷射泵；3—压缩空气；4—粉碎室；5—料仓；6—旋流分级区；7—旋风分离器；8—滤尘器；9，10，11—气流；12—物料；13—产品

两束载粒气流（或蒸气流）在粉碎室中心附近正面相撞，相撞角为 180°，物料随气流在相撞中实现自磨而粉碎，随后在气流带动下向下运动，并进入上部设置的旋流分级区中。细料通过分级器中心排出，进入旋风分离器中进行捕集；粗料仍受较强离心力制约，沿分级器边缘向下运动，并进入垂直管路，与喷入的气流汇合，再次在磨腔中心与给料射流相撞，从而再次得到粉碎。如此周而复始，直至达到产品要求的粒度为止。

8.1.5 粉碎设备的选择

粉碎机的种类很多，结构各不相同，每种机型都有其优缺点。因此在对物料进行粉碎前要按照一定的原则进行设备选型。

① 掌握物料性质和对粉碎的要求。包括粉碎物料的原始形状、大小、硬度、韧脆性、可磨性和磨蚀性等有关数据，同时对粉碎产品的粒度大小及分布、粉碎机的生产速率、预期产量、能量消耗、磨损程度及占地面积等要求有全面的了解。

② 合理设计和选择粉碎流程和粉碎机械。如采用粉碎级数、开式或闭式、干法或湿法等，根据要求对粉碎机械正确选型是完成粉碎操作的重要环节。例如处理磨蚀性很大的物料不宜采用高速冲击的磨机，以免采用昂贵的耐磨材料；而对于处理非磨蚀性很大的物料、粉碎粒径要求又不是特别细时，就不必采用能耗较高的气流磨，而选用能耗较低的机械磨。

③ 符合 GMP 要求的系统设计。一个完善的粉碎工序设计必须对整套工程进行系统考虑。除了粉碎机主体结构外，其他配套设施如给料装置及计量、分级装置、粉尘及产品收集、包装、消声措施等都必须充分注意。特别应指出的是，粉碎作业往往是工厂产生粉尘的污染源，如有可能，整个系统最好在微负压下操作，以使粉碎机械符合 GMP 提出的相关要求。

8.2 筛分设备

固体药物粉碎后所得的颗粒粗细不匀，为了适应不同的处理及应用要求，必须将其按不同的粒度范围分离出来。筛分就是借助筛网孔径大小不同将物料按粒径进行分离的方法，因其操作简单、经济且分级精度较高而成为制药工业中应用最广泛的分级操作之一。

在制药工业中，通过筛分可以达到如下目的：①筛除粗粒或异物，如固体制剂的原辅料等；②筛除细粉或杂质，如中药材的筛选、去除碎屑及杂质等；③整粒，筛除粗粒及细粉以得到粒度较均一的产品，如冲剂等；④粉末分级，满足丸剂、散剂等制剂要求。

筛分所用的药筛应是按药典规定的标准筛。实际生产上常用工业筛，这类筛的选用应与药筛标准相近。药筛按制作方法可分为两种：一种为冲制筛（冲眼或模压），是在金属板上冲出一定形状的筛孔而成，其筛孔坚固，孔径不易变动，多用于高速运转粉碎机的筛板及药丸的筛选；另一种为编织筛，是用有一定机械强度的金属丝（如不锈钢丝、铜丝、铁丝等），或其他非金属丝（如人造丝、尼龙丝、绢丝、马尾丝等）编织而成，由于编织筛线易发生移位致使筛孔变形，故常将金属筛线交叉处压扁固定。

在制药工业中，长期以来习惯用目数表示筛号和粉体粒度，例如每英寸（25.4mm）有100 个孔的筛称为 100 目筛，能够通过此筛的粉末称为 100 目粉。

《中国药典》（2020 版）以药筛的筛孔内径大小为标准规定了 9 种筛号，每种筛号都标明相对应的目数，一号筛孔径最大，其他依次减小。我国的药筛分等如表 8-1 所示。

表 8-1 药筛分等

筛号	筛孔内径(平均值)/μm	筛目/(孔/in)	筛号	筛孔内径(平均值)/μm	筛目/(孔/in)
一号筛	2000±70	10	六号筛	150±6.6	100
二号筛	850±29	24	七号筛	125±5.8	120
三号筛	355±13	50	八号筛	90±4.6	150
四号筛	250±9.9	65	九号筛	75±4.1	200
五号筛	180±7.6	80			

注：1in=0.0254m。

由于药物使用的要求不同，各种制剂常需有不同的粉碎度，所以要控制粉末粗细的标准。粉末的等级是基于粉体粒度分布筛选的区段按通过相应规格的药筛而定的。《中国药典》(2020 版) 规定了 6 种粉末的规格，具体如表 8-2 所示。

表 8-2 粉末的分等标准

等级	分等标准
最粗粉	指能全部通过一号筛,但混有能通过三号筛不超过 20%的粉末
粗粉	指能全部通过二号筛,但混有能通过四号筛不超过 40%的粉末
中粉	指能全部通过四号筛,但混有能通过五号筛不超过 60%的粉末
细粉	指能全部通过五号筛,但混有能通过六号筛不少于 95%的粉末
最细粉	指能全部通过六号筛,但混有能通过七号筛不少于 95%的粉末
极细粉	指能全部通过八号筛,但混有能通过九号筛不少于 95%的粉末

对丸剂除另有规定外，供制丸剂用的药粉应为细粉或最细粉。因此《中国药典》(2020 版) 中的丸剂大多数规定药粉为细粉，少数为最细粉。对散剂、供制剂的药材均应粉碎。一般散剂应为细粉，儿科及外用散剂应为最细粉。

影响筛分效果的因素除了粉体的性质外，还与粉体微粒松散性、流动性、含水分高低或含油脂多少等有关，同时还与筛分的设备有关。

① 振动与筛网运动速度　粉体在存放过程中，由于表面能趋于降低，易形成粉块，因此过筛时需要不断地振动，才能提高效率。振动时微粒有滑动、滚动和跳动，其中跳动属于纵向运动最为有利。粉末在筛网上的运动速度不宜太快，也不宜太慢，否则也影响过筛效率。

② 载荷　粉体在筛网上的量应适宜，量太多或层太厚不利于接触界面的更新，量太少不利于充分发挥过筛效率。

③ 其他　微粒形状，表面粗糙，摩擦产生静电，引起堵塞等。

在制药工业中，常用的筛分机械有：振动筛、旋动筛、摇动筛等。

8.2.1 振动筛

振动筛是采用电磁或机械等激振装置使筛箱或筛网产生振动，依靠筛面振动及一定的倾角促使物料在筛面上不断运动，防止筛孔堵塞，提高筛分效率的机械。根据动力来源，可分为机械振动筛和电磁振动筛；根据筛面的运动轨迹可分为圆运动振动筛（单轴惯性振动筛）、直线运动振动筛（双轴惯性振动筛）和三维振动筛。各种振动筛都是筛箱用弹性支撑，依靠振动发生器使筛面产生振动进行工作的。常见的振动筛为三维振动圆筛，其构造如图 8-8 所示。

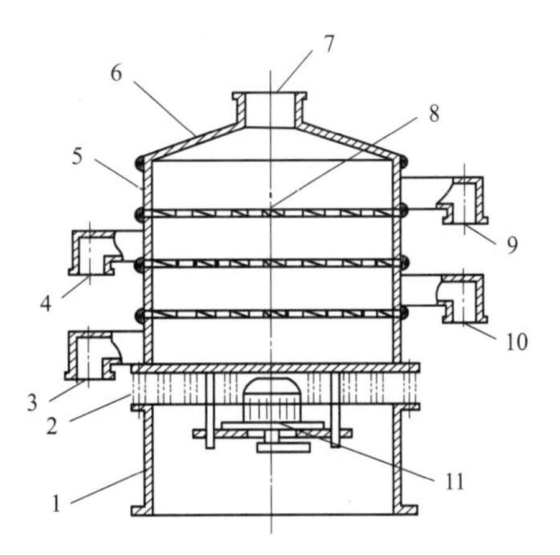

图 8-8 三维振动圆筛

1—底座；2—支撑弹簧；3,4,9,10—出料口；5—筛框；6—顶盖；7—进料口；8—筛面；11—偏心振动电机

工作时，上部重锤使筛网产生水平圆周运动，下部重锤使筛网产生垂直运动，由此形成筛网的三维振动。当物料加至筛网中心部位后，将以一定的曲线轨迹向器壁运动，其中的细颗粒通过筛网由下部出料口排出，而粗颗粒则由上部出料口排出。

该类振动筛的特点是占地面积小、重量轻、维修费用低、分离效率高、可连续操作、生产能力大，适合于大批量物料的筛分。

8.2.2 旋动筛

对三维振动圆筛的激振装置进行改进，在振动电机上下两端不同相位、非对称地安装偏心块，就构成了旋振筛，其构造如图 8-9 所示。

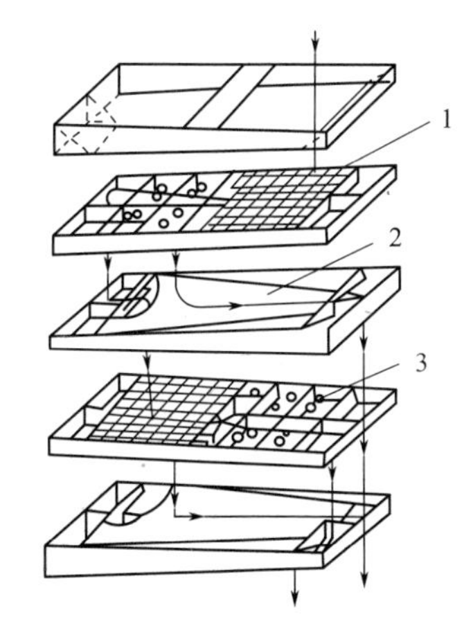

图 8-9 旋动筛

1—筛内格栅；2—筛内圆形轨迹旋面；3—筛网内小球

筛框一般为长方形或正方形，由偏心轴带动在水平面内绕轴心沿圆形轨迹旋动，回转速度为 150～260r/min，回转半径为 32～60mm。筛网具有一定的倾斜度，故当筛旋转时，筛网本身可产生高频振动。为防止堵网，在筛网底部网格内置有若干小球，利用小球撞击筛网底部亦可引起筛网的振动。旋动筛粗、细筛可组合使用，粗、细物料分别从各层出料口排出。

旋动筛的特点是体积小、重量轻，可连续操作，筛分效率高，适合于难筛分物料的筛分。

8.2.3 摇动筛

摇动筛主要由筛框、筛网、摇杆、连杆、偏心轮等部件组成，筛框通常为长方形，长方形筛水平或稍有倾斜地放置，其构造如图 8-10 所示。

操作时，利用偏心轮及连杆使其发生往复运动。筛框支撑于摇杆或以绳索悬吊于框架上。物料加于筛网较高的一端，借助筛的往复运动使物料向较低的一端运动，细料通过筛网落于网下，粗料则在网的另一端排出。

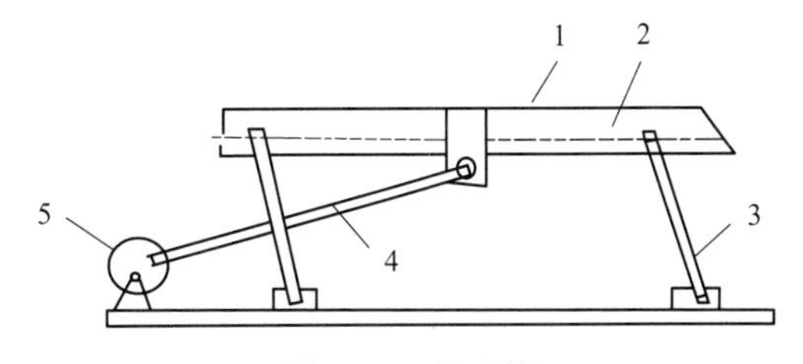

图 8-10 摇动筛

1—筛框；2—筛网；3—摇杆；4—连杆；5—偏心轮

摇动筛的特点是筛分速度慢，生产能力和筛分效率都较低，适宜小规模生产，也适用于有毒性、刺激性或质轻的药粉的筛分，避免细粉飞扬。

8.2.4 筛分设备的选择

通常，筛选设备所用筛网规格应按物料粒径选取。设 D 为粒径，L 为方形筛孔尺寸（边长）。一般地，$D/L<0.75$ 的粒子容易通过筛网，$0.75\leqslant D/L<1$ 的粒子难以通过筛网，$1\leqslant D/L<1.5$ 的粒子很难通过筛网并易堵网，故 $0.75\leqslant D/L<1.5$ 的粒子称为障碍粒子。过筛设备的种类很多，可以根据对粉末细度的要求、粉末的性质和量等来适当选用。

思考题

1. 用锤击式粉碎机粉碎物料，要获得较小的粒度，可采取哪些措施？
2. 球磨机粉碎物料的原理是什么？ 适合于哪些物料？
3. 气流磨的分类依据和结果是什么？ 简述其工作特点。
4. 药料的分级对提高药品质量有何意义？
5. 影响筛分效果的因素有哪些？ 实际生产中应采取什么措施改善筛分效果？

参考文献

[1] 张珩，等．药物制剂过程装备与工程设计．北京：化学工业出版社，2012.
[2] 王沛，等．药物设备与车间设计．北京：人民卫生出版社，2014.
[3] 朱宏吉，张明贤．药物设备与工程设计．2版．北京：化学工业出版社，2011.
[4] 张洪斌，等．药物制剂工程技术与设备．3版．北京：化学工业出版社，2019.

第9章 混合与制粒设备

本章学习目的与要求：

（1）能够准确列举出多种不同类型的混合制粒设备的名称。
（2）能够正确阐明不同类型的混合制粒设备的结构组成和特点。
（3）能够概述不同类型的混合制粒设备的工作原理。
（4）能够正确说明不同类型的混合制粒设备的适用领域，并根据需要合理进行选择。

制药工业中的混合是指把两种以上的物质均匀分散的操作，是制剂工艺的基本工序之一，其目的在于使药物各组分分散开来以得到化学成分均匀的物料，这一过程中混合设备是不可缺少的。常见的混合设备主要有搅拌槽型混合机、锥形螺旋混合机、V形混合机、多向运动混合机、二维运动混合机等。

9.1 混合设备

9.1.1 搅拌槽型混合机

搅拌槽型混合机由断面为U形的固定混合槽和内装螺旋状二重带式搅拌桨组成，其实物外形如图9-1所示。

搅拌桨为通轴式，便于清洗，桨叶与桶身间隙小，混合无死角，可使物料在混合槽内向各个方向运动的过程中均匀混合，混合时以剪切混合为主，混合时间较长；混合槽可以绕水平轴转动，料斗采用按钮点动控制，便于卸料。

图9-1 搅拌槽型混合机

搅拌槽型混合机具有分散性好、能防止物料外泄、出料方便、投资小、占地面积小、操作简单、能耗低、使用寿命长等优点。广泛适用于制药行业的粉状或湿性物料混合，特别适用于均匀度要求高、密度差大的物料混合；也适用于制粒前的捏合（制软材）操作。

9.1.2 锥形螺旋混合机

锥形螺旋混合机是指利用圆锥形筒体内螺旋轴的旋转作用，使物料进行搅拌的混合设备。该混合机由锥形容器部分和转动部分组成，锥形容器内装有一个或两个与锥壁平行的提升螺旋推进器。其中，单螺旋锥形混合机的构造如图 9-2 所示。

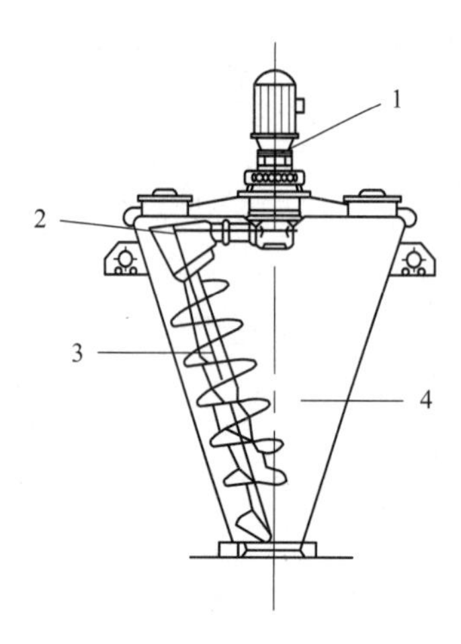

图 9-2 单螺旋锥形混合机

1—电机；2—摆动臂；3—螺旋桨；4—锥形筒体

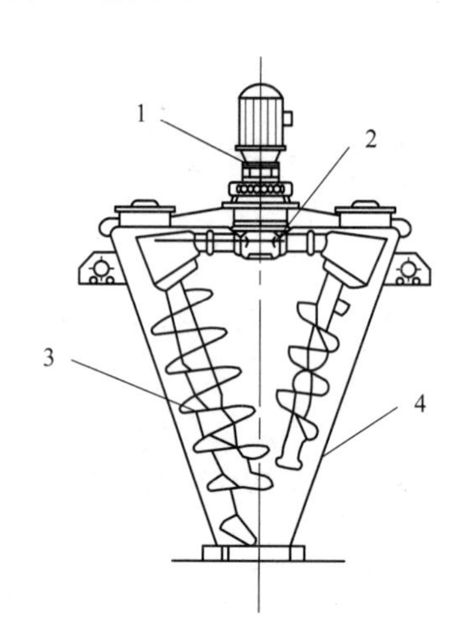

图 9-3 双螺旋锥形混合机

1—电机及减速装置；2—转臂传动装置；3—螺旋桨；4—锥形筒体

单螺旋锥形混合机的螺旋推进器由旋转横臂驱动在容器内既绕自己的轴线自转的同时，还环绕锥形容器的中心轴借助转臂的回转在锥体壁面附近又作行星公转，将物料上下翻动，使筒体内的物料随着螺旋轴作行星式旋转，以使物料得到充分的翻动和混拌。单螺旋锥形混合机的优点是：混合速度快，混合度高，而且动力消耗较其他混合设备小。

双螺旋锥形混合机属于容器固定式混合机，有两根螺旋桨，其构造如图 9-3 所示。

双螺旋锥形混合机的搅拌部件为两条不对称悬臂螺旋，长短不同；工作时，螺旋快速自转带动物料形成两股螺旋柱物流沿筒体壁上升，同时横臂带动螺旋公转，使螺柱体外的物料混入螺柱体物料内，在锥体内产生剪切、对流、扩散等复合运动，从而达到混合的目的。

锥形螺旋混合机具有结构简单、动力消耗低、混合均匀等优点。缺点是转速过慢时，物料容易分层滚动，无法快速有效地掺入混合，而且容易形成球形结团粒。锥形螺旋混合机对于大多数粉粒状物料都能满足混合要求，尤其适合于细颗粒或粉料及密度相差小的各种物料的干混。与单螺旋锥形混合机相比，双螺旋锥形混合机由于有两根螺旋桨，进一步提高了混合效率，混合能力大，混合精度高，对混合物料适应性更广，对热敏性物料不会产生过热，对颗粒物料不会磨损和磨碎，对密度悬殊和粒度不同的物料混合不会产生分屑离析现象。

9.1.3 V 形混合机

V 形混合机为高效不对称混合机，由两个圆筒呈 V 形交叉结合而成，其实物外形如图

9-4所示。

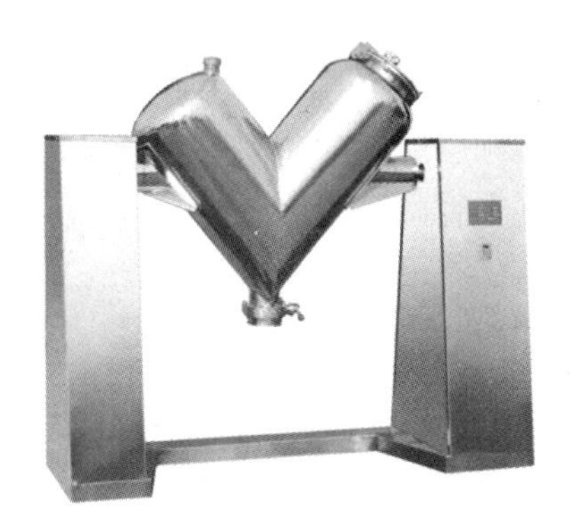

图9-4 V形混合机

V形混合机利用混合机二圆柱筒长度不相等形成不对称的原理，当混料机转动时，物料在圆筒内被分成两部分，每转动一圈横向力使部分物料从一个筒流向另一个筒，这样物料从分解到组合、从组合到分解，进行横向、径向混合，反复循环，使物料达到均匀的混合效果。

V形混合机优点是结构合理、简单，操作密闭，进出料方便，筒体采用不锈钢材料制作，便于清洗。缺点是当混合粉体物料的物性差距较大时，一般不能得到理想的混合物，能耗较大。由于其以对流混合为主的特点，使得混合容器内的物料流动平稳，不会破坏物料原形，混合速度快、混合均匀、无死角，因此适用于易破碎、易磨损的粒状物料的混合，或较细的粉粒、块状、含有一定水分物料的混合。

图9-5 多向运动混合机

9.1.4 多向运动混合机

多向运动混合机又称三维运动混合机，装料的筒体是在主动轴的带动下，作周而复始的平移、转动和翻滚等复合运动，促使物料沿着桶体作环向、径向和轴向的三向复合运动，从而实现多种物料的相互流动、扩散、积聚、掺杂，达到均匀混合的目的。其实物外形如图9-5所示。

多向运动混合机的混合筒体具有多方向运输转动，使各种物料在混合过程中的混合点多，加速了流动和扩散作用，物料无离心力作用，从而避免了一般混合机因离心力作用所产生的物料密度偏析和积聚现象，混合无死角。

多向运动混合机具有高度低、回转空间小、占地面积少、振动小、噪声低、工位随意可调、安装维修方便、使用寿命长、料筒内不存物料、各组分允许有悬殊的重量比、混合率达99.9%以上等优点，缺点是装载率低。特别适用于流动性较好的粉状或颗粒状物料的混合，但是对于超轻粉、超细粉则容易漂浮料筒上方，难以达到颗粒与颗粒之间的充分均匀混合。

图9-6 二维运动混合机

9.1.5 二维运动混合机

二维运动混合机主要由转筒、摆动架、机架三大部分构成，其实物外形如图9-6所示。

二维运动混合机的转筒装在摆动架上，由四个滚轮支撑并由两个挡轮对其进行轴向定位，在四个支撑滚轮中，其中两个传动轮由转动动力系统拖动使转筒产生转动。摆动架由轴承组件支撑在机架上，由一组装在机架上的曲柄摆杆机构来驱动。混合筒在转动的同时又参与摆动，使筒中物料得以迅速充分混合；混合筒的出料口偏离混合筒圆筒部分的中心线，出料口带有螺旋叶片，出料迅速便捷。

二维运动混合机结构简单、成本低、运行稳定、操作安全、故障率低、无噪声、底部不积料、易清洗、方便上料、效率高，尤其适用于大吨位固体物料的混合。

9.1.6 混合设备的选择

在选择混合设备时，需从混合物料特性、流动性、粉体的密度及粒度大小、含水分量、形态、混合均匀度、混合机结构、装载量和混合方式等方面综合考虑。

一般来说，对于均匀度要求高，密度差大的物料的混合常选用搅拌槽型混合机；对于细颗粒或粉料及密度差小的各种物料的干混可选用锥形螺旋混合机；对于易碎、易磨损的粒状物料或较细的粉粒、块状以及含有一定水分物料的混合常选择 V 形混合机；而对于大吨位固体物料的混合可选用二维运动混合机。

9.2 制粒设备

制粒过程是使细粒物料团聚为粒度适宜制粒物的过程，制粒物可能是最终产品也可能是中间体，几乎与所有的固体制剂相关。制粒主要是为了达到以下效果：

① 改善流动性。一般地，颗粒状物料比粉末状物料的粒径大，每个颗粒周围可接触的其他颗粒数目少，因而黏附性、凝集性大为减弱，从而可以大大改善颗粒的流动性。

② 防止各成分的离析。混合物各成分的粒度、密度存在差异时容易出现离析现象。混合后制粒或制粒后混合均可有效地防止混合物各成分发生离析。

③ 防止粉尘飞扬及在器壁上的黏附。粉末的粉尘飞扬及黏附性严重，制粒后可防止环境污染，减少原料的损失，有利于 GMP 管理。

④ 调整堆密度，改善溶解性能。

⑤ 改善片剂生产中压力的均匀传递。

⑥ 便于服用，携带方便，提高商品价值等。

在制药生产中广泛应用的制粒方法可分为湿法制粒、干法制粒、喷雾（流化）制粒三大类。由于湿法制成的颗粒经过了表面润湿，其表面改性较好，具有外形美观、耐磨性较强、压缩成型性好等优点，在制药工业中应用最为广泛。

常用的制粒设备主要有摇摆式颗粒机、高效混合制粒机、流化制粒机、干式制粒机等。

9.2.1 摇摆式颗粒机

摇摆式颗粒机主要由接收盘、刮刀、筛网、加料斗、滚筒和机械传动系统等组成，其构造如图 9-7 所示。

加料斗内靠下部装有一个可正反向旋转的滚筒，机械传动系统带动滚筒转动，滚筒上有 7 根截面形状为梯形的刮刀。滚筒下面紧贴着带有手轮的管夹夹紧的筛网，筛网由带手轮的管夹固定。筛网采用金属丝网，装拆简易，松紧可调。工作时，成团的物料由加料斗加入，电动机带动胶带轮转动，并通过曲柄摇杆机构使滚筒做正反向转动，利用旋转滚筒的摇摆作用，以及滚筒正反方向旋转，刮刀对湿物料产生挤压和剪切，通过铁丝筛子将潮湿的粉末原料研成颗粒，将物料挤过筛网成粒落于接收盘中。

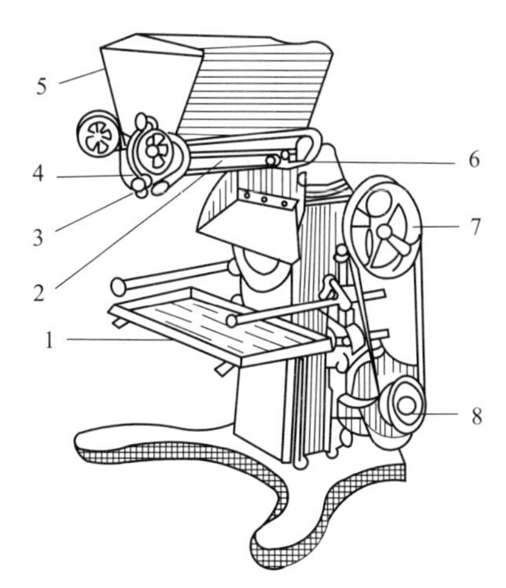

图 9-7　摇摆式颗粒机

1—接收盘；2—刮刀；3—管夹；4—筛网；5—加料斗；6—滚筒；7—胶带轮；8—电动机

摇摆式颗粒机具有结构简单，操作简易，运转平稳，生产能力大，安装、拆卸、清理均比较方便等优点，此外，制得的颗粒一般粒径分布均匀，有利于湿粒均匀干燥，旋转滚筒的转速可以调节，机械传动系统全部密封在机体内，可以提高机件寿命；缺点是粉尘较多。适用于湿法制粒、干法制粒和整粒，但不适用于半固体、流体、浆状物料的制粒。

9.2.2　高效混合制粒机

高效混合制粒机又称为三相制粒机，是通过搅拌器混合以及高速造粒刀切割，将湿物料制成颗粒的装置，是一种集混合与造粒功能于一体的先进设备，通常由盛料筒、搅拌器、造粒刀、电动机和控制器等组成，其构造如图 9-8 所示。

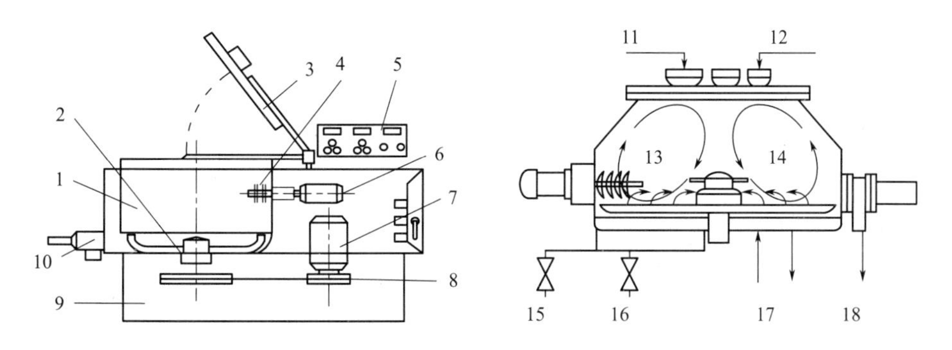

图 9-8　高效混合制粒机

1—盛料筒；2—搅拌器；3—桶盖；4—造粒刀；5—控制器；6—造粒电机；7—搅拌电机；8—传动皮带；9—机座；10—出料口；11—物料口；12—黏合剂；13—切割刀；14—搅拌桨；15—喷射气体；16—喷射清洗；17—冷却介质；18—出料

工作时，首先将原、辅料按处方比例加入盛料筒，并启动搅拌电机将干粉混合，待混合均匀后加入黏合剂，物料与黏合剂在圆筒形容器中由底部混合浆充分搅拌混合成湿润软材。然后启动造粒电机，由侧置的高速旋转的造粒刀将软材切割成均匀的湿颗粒。由于物料在筒内快速翻动和旋转，使得每一部分的物料在短时间内均能经过造粒刀部位，从而都能被切割成大小均匀的颗粒。控制造粒电机的电流或电压，可调节造粒速度，并能精确控制造粒终点。

高效混合制粒机混合效果好、生产效率高、颗粒与球度佳、流动性好、易清洗无污染、含量稳定和能耗低等，在制药工业湿法制粒中有着广泛的应用。

9.2.3 流化制粒机

流化制粒机又称为沸腾制粒机，由于气流的温度可以调节，因此可将混合、制粒、干燥等操作在一台设备中完成，故也称一步制粒机。一般由空气预热器、压缩机、鼓风机、流化室、袋滤器等组成，其构造如图 9-9 所示。

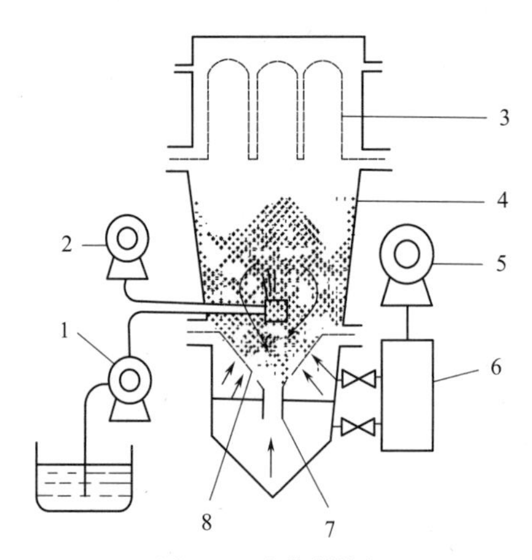

图 9-9 流化制粒机

1—黏合剂输送泵；2—压缩机；3—袋滤器；4—流化室；5—鼓风机；6—空气预热器；7—二次喷射气流入口；8—气体分布器

流化室多采用倒锥形，以消除流动“死区”。气体分布器通常为多孔倒锥体，上面覆盖着 60～100 目的不锈钢筛网；流化室上部设有袋滤器以及反冲装置或振动装置，以防袋滤器堵塞。

经过空气过滤器的纯净空气由鼓风机送到空气预热器，在预热器中加热到一定的温度（60℃左右）后，从下部经气体分布器和二次喷射气流入口进入流化室，使室内的粉粒体物料呈流化状态。随后，液态的黏合剂由送液装置泵送至喷嘴管内，由压缩空气将黏合剂喷成雾状，与流态化的粉粒体表面结合，使粉粒体相互接触凝集成颗粒，即可出料。湿热空气经由流化室顶部的袋滤器除去粉末后排出。

流化制粒机制得的颗粒粒度多为 30～80 目，颗粒外形比较圆整，压片时的流动性也较好，这些优点对提高片剂质量非常有利。由于流化制粒机可在一套设备中完成混合、制粒、干燥多种操作，自动化程度高，简化了工序和设备，因而生产效率高，生产能力大，劳动强度低；缺点是动力消耗较大。适用于含湿或热敏性物料的制粒；此外，物料密度不能相差太大，否则将难以流化制粒。

9.2.4 干式制粒机

干式制粒是把药物粉末直接压缩成较大片剂或片状物后，重新粉碎成所需大小的颗粒的方法，有压片法和滚压法。压片法干式制粒机外形如图 9-10 所示。

其工作原理及结构特点是：在密闭的容器中，将原料粉末连续输送到轧辊上，挤压成片，通过特别设计的旋转切刀和一定目数的筛网系统，获得成品的颗粒。该法不加入任何液体，靠压缩力的作用使粒子间产生结合力。干法制粒方法简单、省工省时。缺点是颗粒成型率低，粉率高；制粒速度慢，温度高；颗粒硬度大，水溶性差。常用于热敏性物料、遇水易分解的药物以及容易压缩成形的药物的制粒，以及中药和西药的冲剂、片剂、胶囊剂生产，但采用干法制粒时，应注意由于压缩引起的晶型转变及活性降低等。

图 9-10 干式制粒机

9.2.5 制粒设备的选择

选用制粒设备时需考虑多种因素，如物料是粉末状还是熔融液、浆状和膏糊状物料能否进行泵送和雾化、物料是否有热敏性以及对颗粒的粒度及粒度分布的要求、对生产能力的要求等。如：将潮湿的粉料或块状的干料研制成所需的颗粒时可使用摇摆式颗粒机，制得的颗粒一般粒径分布均匀；如果物料是干粉末状，可使用高效混合制粒机、流化制粒机或干式制粒机；对于某些物料密度相差不大、对溶剂敏感或含湿或热敏性物料的制粒，可选用流化制粒机；遇水易分解以及容易压缩成型药物的制粒等则可选用干式制粒机。

思考题

1. 制药工业中常用的混合设备有哪些？
2. 锥形螺旋混合机的结构有哪几类？ 适用于哪些混合要求？
3. 什么叫制粒？制粒的目的是什么？
4. 高效混合制粒机的原理是什么？与摇摆式颗粒机相比有何优点？
5. 流化制粒机有何特点？说明其工作原理。

参考文献

[1] 李昭华．中成药，2003，25（3）：256.
[2] 唐燕辉．药物制剂生产专用设备及车间工艺设计．北京：化学工业出版社，2001.
[3] 李晓辉，等．制药设备与车间工艺设计管理手册．合肥：安徽文化音像出版社，2003.
[4] 周长征，等．制药工程原理与设备．济南：山东科学技术出版社，2008.
[5] 王军．化工机械，1999（3）：159.
[6] 朱宏吉，张明贤．药物设备与工程设计．2版．北京：化学工业出版社，2011.

第10章 制剂成型设备

本章学习目的与要求：

（1）能够准确识别常见的药物制剂成型设备的类别。
（2）能够正确阐明药物制剂成型设备的结构特点。
（3）能够概述常用药物制剂成型设备的工作原理。
（4）能够根据生产需要合理选用药物制剂成型设备。

由于药物剂型的种类较多，因此药物的生产设备也各式各样，本章仅重点介绍临床上应用较为广泛的几种固体剂型和液体剂型的专用生产设备。

10.1 片剂生产设备

片剂是指药物与适宜辅料均匀混合后通过压制而成的片状或异形片状的制剂，其生产过程除了前面几章已介绍过的粉碎、过筛、制粒、干燥等工艺外，还包括压片工艺和包衣工艺。

10.1.1 压片设备

压片是片剂成型的关键步骤，通常由压片机完成。将各种粉状物料或颗粒置于模孔中，用冲头压制成片剂的机械称为压片机，是片剂生产过程的核心设备。目前，我国常用的压片机有单冲撞击式压片机、多冲旋转式压片机两种。

10.1.1.1 单冲撞击式压片机

单冲撞击式压片机由冲模、加料系统、填充调节系统、压力调节系统及出片控制系统等组成，其构造如图10-1所示。

在单冲撞击式压片机上部装有主轴，主轴右侧装有飞轮，飞轮上附有活动的手柄可作为调整压片机各个部件工作状态和手摇压片用；左侧的齿轮与电动机相连接，电动机带动齿轮作为电动压片用；中间连接着三个偏心轮：①左偏心轮连接下冲连杆，带动下冲头上升、下降，起填料、压片和出片的作用；②中偏心轮连接上冲连杆，带动上冲头上升、下降，起压片作用；③右偏心轮带动加料器在中模平台上做平移、往复摆动。起向模孔内填料、刮粉和出片的作用。

单冲撞击式压片机的压力调节器附在中偏心轮上或上冲连杆上；片重调节器附在下冲的下部；出片调节器附在下冲的上部，出片机构在单冲撞击式压片机上，利用凸轮带动拨叉上下往复运动，使下冲大幅度上升，从而将压制成的药片从中模孔中顶出。下冲上升的最高位置的调节是由出片调节螺母来完成的。

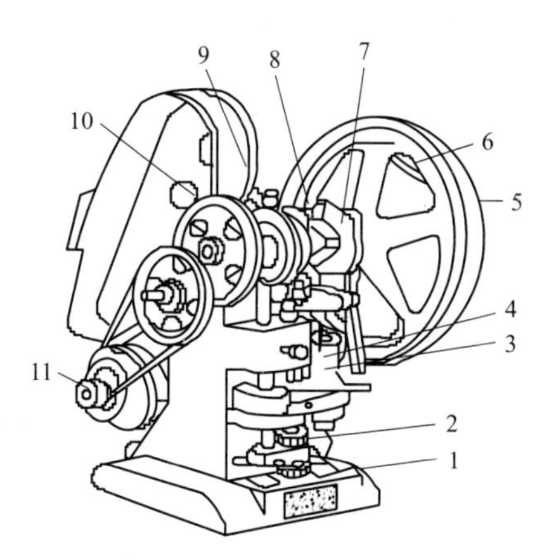

图 10-1　单冲撞击式压片机

1—片重调节器；2—出片调节器；3—上冲；4—加料器；5—飞轮；6—手柄；7—右偏心轮；8—中偏心轮；9—左偏心轮；10—齿轮；11—电机

工作时，单冲撞击式压片机的压片过程是由加料、压片至出片自动连续进行的。这个过程中，下冲杆首先降到最低，上冲离开模孔，加料器在模孔内摆动，颗粒填充在模孔内，完成加料。然后加料器从模孔上面移开，上冲压入模孔，实现压片。最后，上冲和下冲同时上升，将药片顶出冲模。接着加料器转移至模圈上面，把片剂推下冲模台而落入接收器中，完成压片的一个循环。同时，下冲下降，使模内又填满了颗粒，开始下一组压片过程；如是反复压片出片。

单冲撞击式压片机所制得片剂的质量和硬度（即受压大小）受模孔和冲头间距离的影响，可分别通过片重调节器和压力调节部分调整。片重轻时，将片重调节器向上转，使下冲杆下降，增加模孔的容积，借以填充更多的物料，使片重增加。反之，上升下冲杆，减小模孔的容积可使片重减轻。冲头间的距离决定了压片时压力的大小，上冲下降得愈低，上、下冲头距离愈近，则压力愈大，片剂越硬；反之，片剂越松。

在压片过程中，由于单冲撞击式压片机的上冲头向下冲头撞击，片剂单侧受压、受压时间短、受力分布不均匀，使药片内部密度和硬度不一致，易产生松片、裂片或片重量差异大、噪声较大等问题。单冲撞击式压片机是一种小型台式电动连续压片的机器，也可以手摇，产量为 80～100 片/min，适用于小批量、多品种的生产。

10.1.1.2　多冲旋转式压片机

多冲旋转式压片机是基于单冲撞击式压片机的基本原理，又针对瞬时无法排出空气的缺点，在转盘上设置了多组冲模，绕轴不停旋转，变瞬时压力为持续且逐渐增减的压力，从而保证了片剂的质量的设备。其构造大致可分动力及传动、加料、压制、吸粉四个部分，其构造如图 10-2 所示。

多冲旋转式压片机的核心部件是一个可绕轴旋转的三层圆盘，上层装着若干上冲，在中层与上冲对应的位置装着模圈，下层的对应位置装下冲；另有位置固定的上、下压轮，片重调节器，压力调节器，饲粉器，刮粉器，推片调节器以及附属机构（如吸尘器和防护装置等）。上层的上冲随机台而转动，并沿着固定的上冲轨道有规律地上、下运动；下冲也随机台并沿下冲轨道做上、下运动；在上冲之上及下冲之下的固定位置分别装着上压轮和下压轮，在机台转动时，上、下冲经过上、下压轮时，被压轮推动使上冲向下、下冲向上运动，并对模孔中的颗粒加压；机台中层有一固定位置的刮粉器，颗粒由固定位置的饲粉器中不断地流入刮粉器中并由此流入模孔；压力调节器用于调节下压轮的高度，从而调节压缩时下冲升起的高度，高则两冲间距离近，压力大；片重调节器装于下冲轨道上，用调节下冲经过刮粉器时的高度以调节模孔的容积。

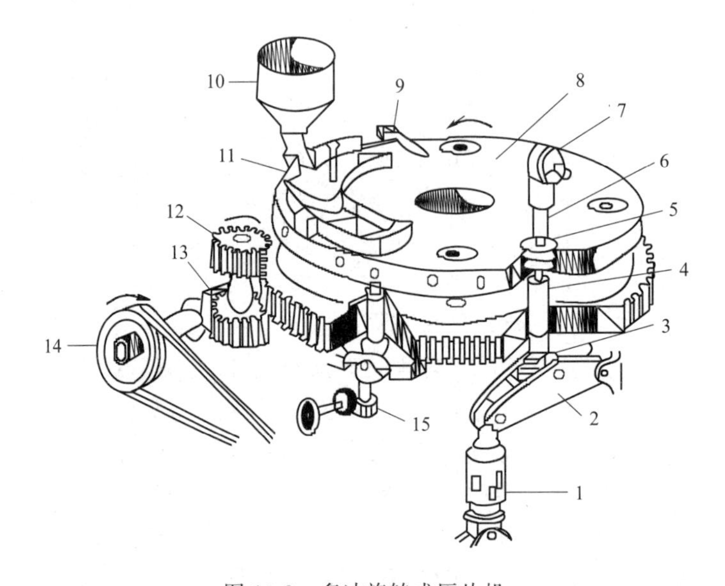

图 10-2 多冲旋转式压片机

1—缓冲装置；2—下压轮套；3—下压轮；4—下冲；5—中模；6—上冲；7—上压轮；8—旋转盘；9—刮板；10—料斗；11—饲粉器；12—小齿轮；13—蜗轮；14—皮带轮；15—承重调节轨道

操作时，利用加料器将颗粒充填于中模孔中，在转盘回转至压片部分时，上、下冲在压轮的作用下将药粉压制成片，压片后下冲上升将药片从中模孔内推出，等转盘运转至加料器处靠加料器的圆弧形侧边推出转盘。

剂量的控制。根据片剂不同的剂量要求，剂量调节是通过选择不同冲头直径的冲模来实现的，如有直径 ϕ6mm、ϕ8mm、ϕ11.5mm、ϕ12mm 等冲头。

药片厚度及压实程度控制。药物的剂量是根据处方及药典确定的，不可随意更改。压片时，压力调节是通过调节上冲在模孔中的下行量来实现的，即通过调节上冲下行量的机构来实现压力调节与控制的。

多冲旋转式压片机具有许多突出的优点。在其旋转时连续完成充填、压片、推片等动作，是一种连续操作的设备，生产能力较大；采用逐渐加压，颗粒间的空气有充分时间逸出，裂片率低；加料器固定，运行时振动较小，粉末不易分层，故片重准确均一，是试制或小批量生产时将各种颗粒状原料压制成圆片、异形片的最佳设备。

10.1.2 包衣设备

包衣是压片工序之后常用的一种制剂工艺，是指在片剂（片芯、素片）表面包裹上适宜材料的衣层，使片剂与外界隔离，有时也用于颗粒或微丸的包衣。不同药物的包衣目的是不同的，有的是为了增加药剂的稳定性，避免药物受其他原辅料或外界环境影响而发生物理或化学变化，有的是为了控制药物的定时、定速、定位释放。可根据衣层材料及溶解性分为糖衣、薄膜衣、肠溶衣等。目前国内常用的包衣设备主要有普通（荸荠式）包衣锅、高效包衣机、流化包衣设备等。

10.1.2.1 普通包衣锅

普通包衣锅又称荸荠包衣锅，是最基本、最常见的滚转式包衣设备，国内厂家目前基本使用这种包衣锅进行包衣操作。整个设备由包衣锅、动力系统、加热系统和排风系统四部分组成，其实物外形如图 10-3 所示。

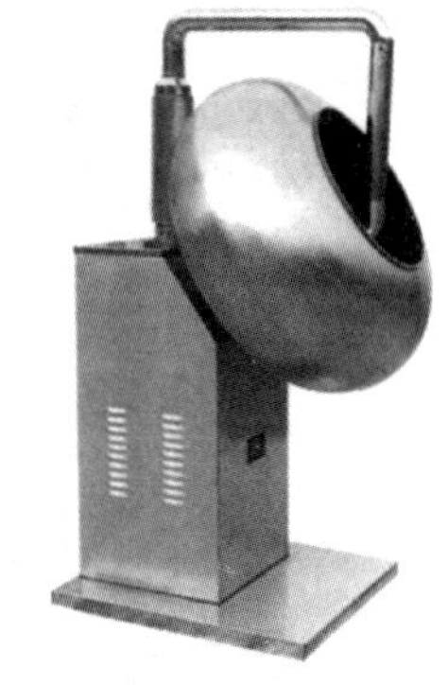

图 10-3 普通包衣锅

包衣锅一般倾斜安装于转轴上，由动力系统带动轴一起转动，倾斜角和转速可根据需要进行调节。为了使片剂在包衣锅中既能随锅的转动方向滚动，又有沿轴方向的运动，该轴常与水平呈 30°～45°的倾斜角；生产中的常用的转速范围为 12～40r/min。包衣时，将片芯放入不断翻滚的包衣锅内，多次喷洒包衣液，通过加热系统将预热的空气连续吹入包衣锅，边包层边加热使之干燥，这样就使衣料在片剂表面不断沉积成膜层，当包衣达到规定的质量要求，即可停机后出料。

普通包衣锅的锅体一般用不锈钢或紫铜衬锡等性质稳定并有良好导热性的材料制成，常见的形状除荸荠形外还有莲蓬形，锅体较浅，开口很大，各部分厚度均匀，内外表面光滑，这种锅体设计有利于片剂的快速滚动，相互摩擦机会较多，而且散热及液体挥发效果较好，易于搅拌；缺点是间歇操作、劳动强度大、生产周期长，且包衣厚薄不均，片剂质量也难均一。可用于包糖衣、薄膜衣和肠溶衣，片剂包衣时采用荸荠形较为合适，微丸剂包衣时则采用莲蓬形较好。

10.1.2.2 高效包衣机

高效包衣机的结构、工作原理与传统的普通敞口包衣锅完全不同。普通包衣锅干燥时，热交换仅限于表面层，热风仅吹在片芯层表面，部分热量直接由吸风口吸出而没有被利用，从而浪费了热源，包衣表面的厚薄也不一致。高效包衣机干燥时，热风表面的水分或有机溶剂进行热交换，并能穿过片芯间隙，使片芯表面的湿液充分挥发，因而保证包衣的厚薄一致，且提高了干燥效率、充分利用了热能，具有密闭、防爆、防尘、热交换效率高的特点。

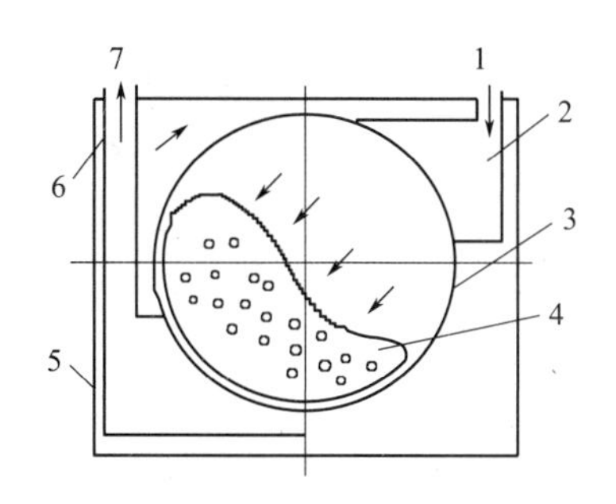

图 10-4 网孔式高效包衣机

1—净化热风；2—进气管；3—锅体；4—片芯；5—外壳；6—排风管；7—排风

高效包衣机的锅型结构大致可分为网孔式、间隔网孔式和无孔式三类。

(1) 网孔式高效包衣机　网孔式包衣机包衣锅的整个圆周都带有圆孔（$\phi 1.8 \sim \phi 2.5$mm），其构造如图 10-4 所示。

经过滤并加热的空气从包衣锅的右上部通过网孔进入锅内，热空气穿过运动状态的片芯间隙，穿过锅底下部的网孔后经排风管排出。图 10-4 中热空气的流向为右上角进入左下角排出，这种称为直流式；热空气的流向也可以是逆向的，即从左下角进入右上角排出，称为反流式。这两种方式使片芯分别处于“紧密”和“疏松”状态，可根据品种不同进行选择。网孔式包衣机的传热方式决定了工作过程不存在短路现象，并能与药片表面的水分或溶剂充分接触而进行热交换，因此热能利用率较高，干燥速度较快。

(2) 间隔网孔式高效包衣机　间隔网孔式包衣机外壳的开孔部分不是整个圆周，而是按圆周的几个等分部位，其构造如图 10-5 所示。

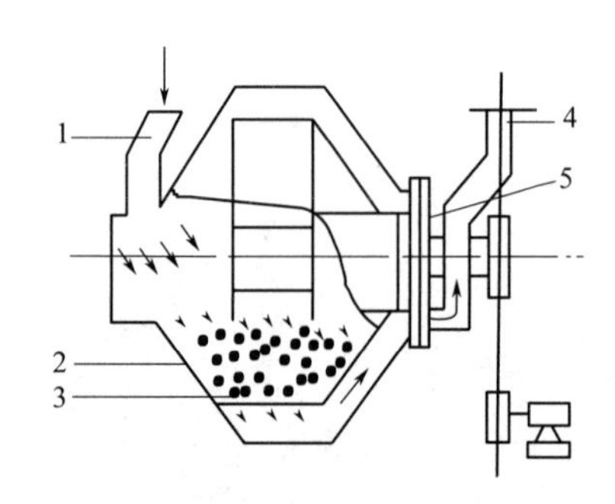

图 10-5 间隔网孔式高效包衣机
1—进气管；2—锅体；3—片芯；
4—排风管；5—风门

每个网孔区域联结一个风管，每个风管与一个风门相通，在转动过程中，开孔部分间隔地与风管接通，处于通气状态，达到排湿的效果。这种间隙的排湿结构使锅体减少了打孔的范围，减轻了加工量。同时热量也得到充分的利用，节约了能源，不足之处是风机负载不均匀，对风机有一定的影响。

（3）无孔式高效包衣机 无孔式高效包衣机是指锅的圆周没有圆孔，其热交换是通过另外的形式进行的。流通的热风是由旋转轴的部位进入锅内，然后穿过运动着的片芯层，通过锅的下部两侧而被排出锅外。设备除了能达到与有孔同样的效果外，由于锅体表面平整、光洁，对运动着的物料没有任何损伤，在加工时也省却了钻孔这一工序，除了适用于片剂包衣外，也适用于微丸等小型药物的包衣。

10.1.2.3 流化包衣设备

流化包衣机由主机系统、空气加热系统、空气过滤系统、排送风系统、雾化系统、控制系统组成，主机由底端进风室、喷嘴、分离室、过滤室组成，其构造如图 10-6 所示。

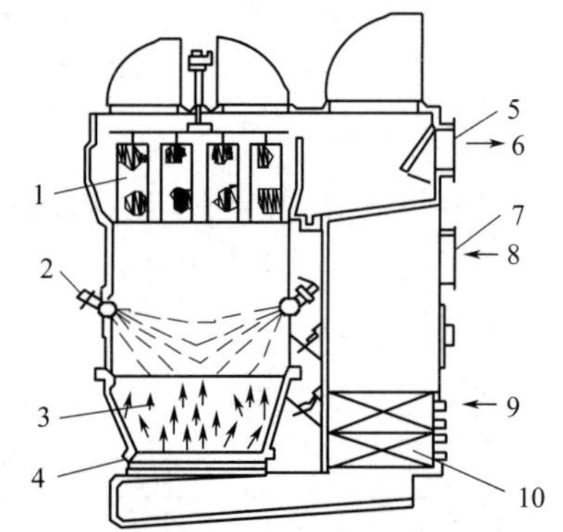

图 10-6 流化包衣机
1—袋滤器；2—喷嘴；3—流化包衣室；
4—气体分布器；5—排气口；6—废气；
7—进气口；8—空气；9—蒸汽；
10—换热器

流化包衣机的核心是包衣液的雾化喷入方法，喷头安装位置一般有顶部、侧面切向和底部 3 种。工作时，经预热的空气以一定的速度经气体分布器进入包衣室，从而使药片悬浮于空气中，并上下翻动。随后，气动雾化喷嘴将包衣液喷入包衣室。药片表面被喷上包衣液后，周围的热空气使包衣液中的溶剂挥发，并在药片表面形成一层薄膜。

流化包衣机的优点是：包衣速度快，不受药片形状限制；喷雾区域粒子浓度低，速度大，不易粘连，适合于小粒子包衣；可制成均匀、圆滑的包衣膜；缺点是包衣层较薄，且药物做悬浮运动时碰撞较强烈，外衣易碎，大型机的放大生产困难。流化床包衣机目前只限于用来包薄膜衣，但可包衣的药剂范围很广，只要被涂颗粒粒径不是太大，包衣物质可以在不太高的温度熔融或能配制成溶液，均可应用流化包衣机。

10.2 胶囊剂生产设备

胶囊剂是指药物或与适宜辅料充填于空心硬胶囊或密封于软质囊材中制成的固体制剂。胶囊剂根据胶囊的硬度和封装方式可分为硬胶囊剂和软胶囊剂（亦称胶丸）两种。软胶囊剂指将一定量的药液密封于球形或椭圆形的软质囊材中，用滴制法或压制法制成的制剂。软胶囊剂通常为球形、椭圆形、圆筒形或是其他形状；硬胶囊剂指将一定量的药物加辅料制成均匀的粉末或颗粒充填于空心胶囊中制成，呈圆筒形，由胶囊体和胶囊帽套合而成。

10.2.1　软胶囊剂生产设备

滴丸机是滴制法生产软胶囊剂的专用设备；滚模式软胶囊机是压制法生产软胶囊剂的专用设备。

10.2.1.1　滴丸机

滴丸机主要由药液储罐、囊材（一般用明胶）储液槽、定量装置、喷头、冷却装置、控制系统、干燥部分等组成，其构造如图 10-7 所示。

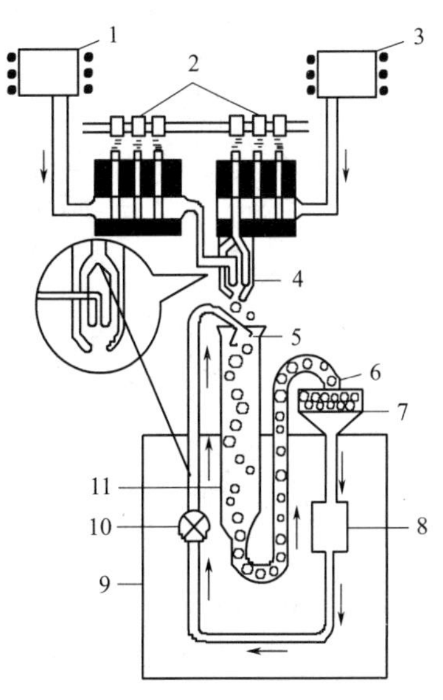

图 10-7　滴丸机

1—药液储罐；2—定量装置；3—囊材储液槽；4—喷头；5—液体石蜡出口；6—胶丸出口；7—过滤器；8—液体石蜡储槽；9—冷却箱；10—循环泵；11—冷却柱

一般双层喷头的外层通入 75～80℃的熔融囊材浆，内层通入 60℃的原料药溶液，然后根据胶丸处方，调节好出料口和出胶口，由剂量泵定量，双层喷头以不同速度、前后连续地将胶浆和药液滴入下面冷凝缸内的不相混溶的冷却剂中（通常用液体石蜡），使定量的胶液包裹定量的药液，在表面张力作用下形成球形，并逐渐冷却、凝固成软胶囊。在滴制过程中，胶液温度、药液温度、滴头大小、滴制速度、冷却液温度等因素均会影响软胶囊的质量。

软胶囊滴丸机生产过程中的回料较少，能有效地降低生产成本；缺点是生产速度较慢，且只能生产球形产品。

10.2.1.2　滚模式软胶囊机

滚模式软胶囊机也称旋转式自动轧囊机，主要由软胶囊压制主机、输送机、干燥机、电控柜、供料斗等多个单体设备组成，其总体结构和主机构造分别如图 10-8、图 10-9 所示。

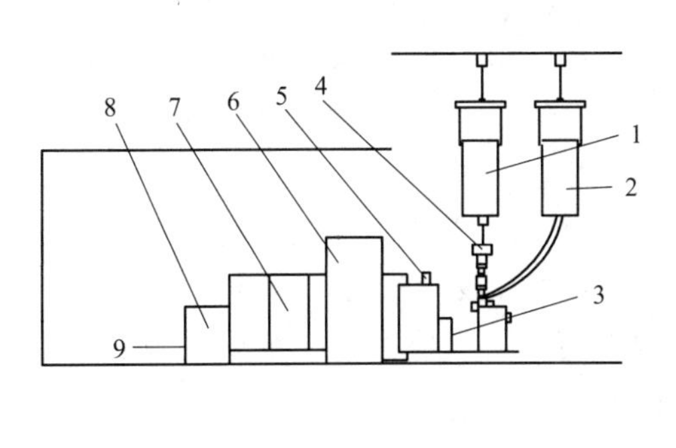

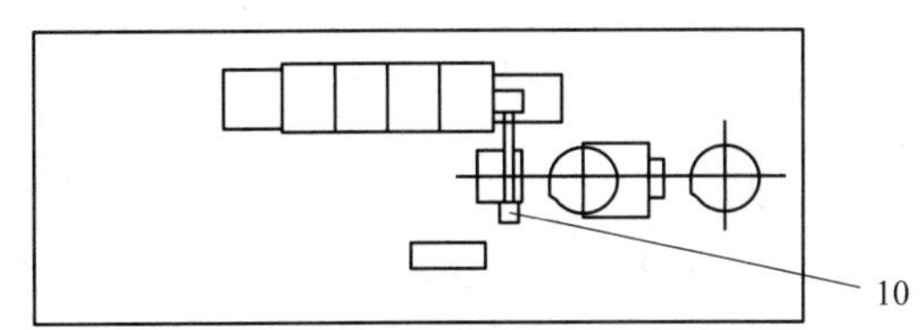

图 10-8　滚模式软胶囊机总体结构

1—药液桶；2—明胶桶；3—剩胶桶；4—主机；5—链带输送机；6—电控柜；7—干燥机；8—风机；9—成品出口；10—废囊桶

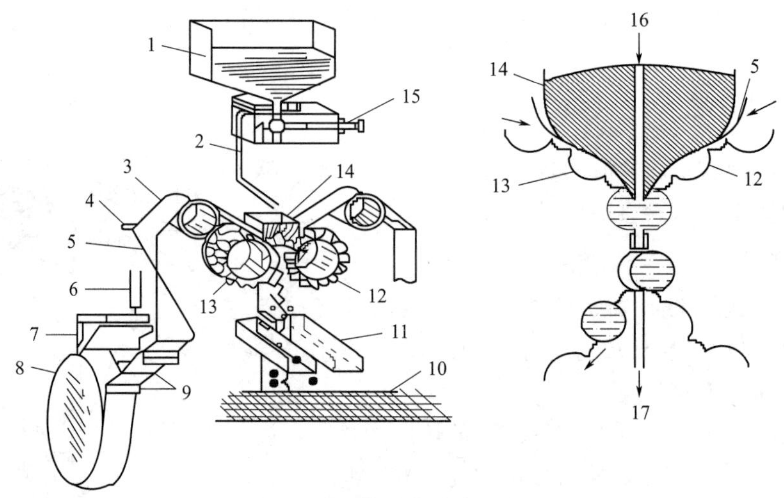

图 10-9 滚模式软胶囊机主机

1—供料斗；2—导管；3—送料轴；4—胶带导杆；5—胶带；6—输胶管；7—涂胶机箱；8—鼓轮；9—油轴；10—胶囊输送机；11—导向斜槽；12，13—滚模；14—楔形注入器；15—计量泵；16—定量药液；17—胶带片屑

药液桶、明胶桶吊置在高处，明胶桶的温度控制在60℃左右，将明胶和药液按照一定流速向主机上的明胶盒和供药斗内加入。左右两个滚模组成一套模具，并分别安装于滚模轴上。滚模上的模孔形状、尺寸和数量取决于所生产的胶囊剂的胶囊型号。两根滚模轴做相对运动，其中左滚模轴既能转动，又能做横向水平移动，而右滚模轴只能转动。工作时，明胶液经两根输胶管分别通过两侧预热的涂胶机箱将明胶液涂布于温度为16～20℃的鼓轮（右侧鼓轮未画出）上。随着鼓轮的转动，并在冷风的冷却作用下，明胶液在鼓轮上定型为具有一定厚度的均匀明胶带。由于明胶带中含有一定量的甘油，因而塑性和弹性较大。两边形成的明胶带分别由胶带导杆和送料轴送入两滚模之间，同时，药液经导管进入温度为37～40℃的楔形注入器，并注入夹入旋转滚模的明胶带中，注入的药液体积由计量泵的活塞所控制。当胶带经过楔形注入器时，其内表面被加热至37～40℃，胶质已软化，内表面也已接近于熔融状态，因此，在药液压力的作用下，胶带在两滚模的凹槽（模孔）中很容易形成两个含有药液的半囊。此后，滚模继续旋转所产生的机械压力将两个半囊压制成一个整体软胶囊，并在37～40℃发生闭合，从而将药液封闭于软胶囊中。随着滚模的继续旋转或移动，软胶囊被切离后，依次落入导向斜槽和胶囊输送机，由输送机送出。

滚模式软胶囊机自动化程度高，生产能力大，可以制得圆球形、橄榄球形、管形、瓶形、栓形和鱼形等形状的胶囊。

10.2.2 硬胶囊剂生产设备

硬胶囊填充机是生产硬胶囊剂的专用设备，可分为半自动胶囊填充机和全自动硬胶囊充填机。对于品种单一、生产量较大的硬胶囊剂多采用全自动胶囊填充机。按照主工作盘的运动方式，全自动胶囊填充机可分为间歇回转和连续回转两种类型。现以间歇回转式全自动胶囊填充机为例，介绍硬胶囊填充机的主要结构与工作原理。

间歇回转式全自动胶囊填充机的工作台下的机壳内设有传动系统，工作台面上设有可绕轴旋转的主工作盘，主工作盘可带动胶囊板做周向旋转。围绕主工作盘设有空胶囊排序与定向装置、拔囊装置、药物填充装置、剔除废囊装置、闭合胶囊装置、出囊装置和清洁装置等，主工作盘及各区域功能如图 10-10 所示。

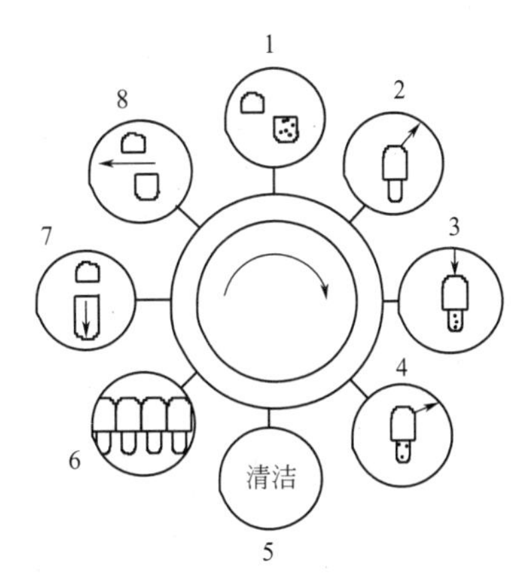

图 10-10 主工作盘及各区域功能

1—药物填充区；2—废囊剔除区；3—胶囊闭合区；4—出囊区；5—清洁区；6—排序与定向区；7—拔囊区；8—体帽错位区

工作时，自贮囊斗落下的杂乱无序的空胶囊经排序与定向装置后，均被排列成胶囊帽在上的状态，并逐个落入主工作盘上的囊板孔中。在拔囊区，拔囊装置利用真空吸力使胶囊体落入下囊板孔中，而胶囊帽则留在上囊板孔中。在体帽错位区，上囊板连同胶帽一起移开，并使胶囊体的上口置于定量填充装置的下方。在药品填充区，定量填充装置将药物填充进胶囊体。在废囊剔除区，剔除装置将未拔开的空胶囊从上囊板孔中剔除出去。在胶囊闭合区，上、下囊板孔的轴线对齐，并通过外加压力使胶囊帽与胶囊体闭合。在出囊区，闭合胶囊被出囊装置顶出囊板孔，并经出囊滑道进入包装工序。在清洁区，清洁装置将上、下囊板孔中的药粉、胶囊皮屑等污染物清除。随后，进入下一个操作循环。由于每一区域的操作工序均要占用一定的时间，因此主工作盘是间歇转动的。

10.3 丸剂生产设备

丸剂是用药物细粉或提取物配以适当辅料或黏合剂制成的具有一定直径的球形制剂或类球形制剂。丸剂的制备方法包括塑制法、泛制法及滴制法。丸剂的生产设备依据生产工艺不同而各异，塑制法常用的生产设备包括丸条机、轧丸机、滚圆机，泛制法常用的生产设备是包衣锅或连续成丸机，滴制法常用的生产设备是滴丸机或轧丸机。其中，包衣机和滴丸机在前面均已介绍过，故此处只重点介绍丸条机、轧丸机、滚圆机等。

10.3.1 丸条机

丸条机可将药物细粉与黏合剂充分混合，并制成具有一定几何形状的丸条，以供制丸之用，有螺旋式和挤压式两种，其构造分别如图 10-11、图 10-12 所示。

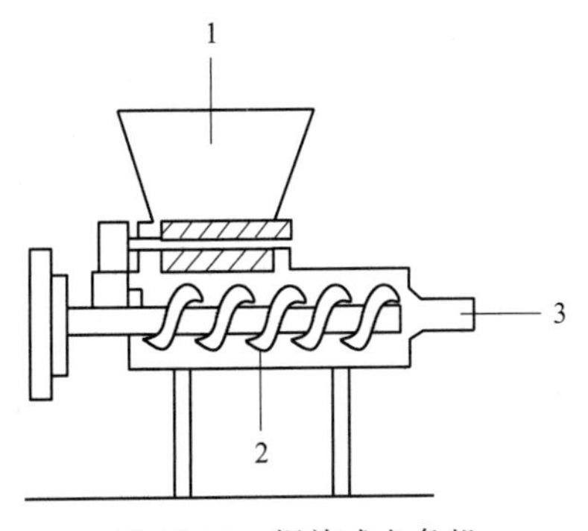

图 10-11 螺旋式丸条机

1—加料口；2—螺旋杆；3—出条口

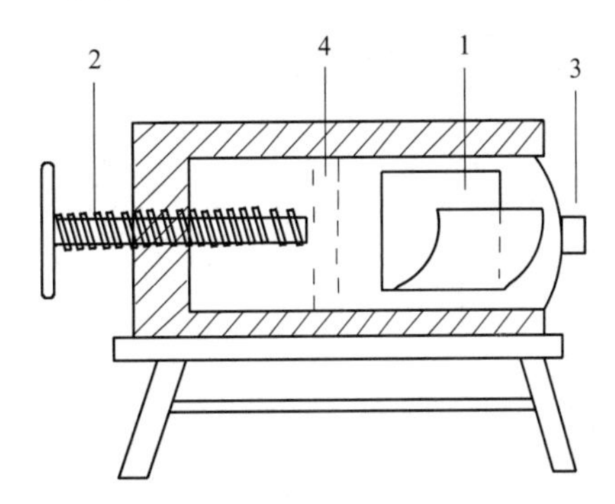

图 10-12 挤压式丸条机

1—加料口；2—螺旋杆；3—出条口；4—挤压活塞

螺旋式丸条机工作时，丸块从加料口加入，由轴上叶片的旋转将丸块挤入螺旋输送器中，丸条即由出条口处挤出。出口丸条管的粗细可根据需要进行更换。

挤压丸条机工作时，将丸块放入料筒，利用机械能推进螺旋杆，使挤压活塞在绞料筒中不断前进，筒内丸块受活塞挤压由出条口挤出，呈粗细均匀状。可通过更换不同直径的出条管来调节丸粒质量。

10.3.2　轧丸机

丸条制备完成后，将丸条按照一定粒径进行切割即得到丸粒。大量生产丸剂时使用轧丸机，有双滚筒式和三滚筒式两种，其构造如图 10-13、图 10-14 所示。

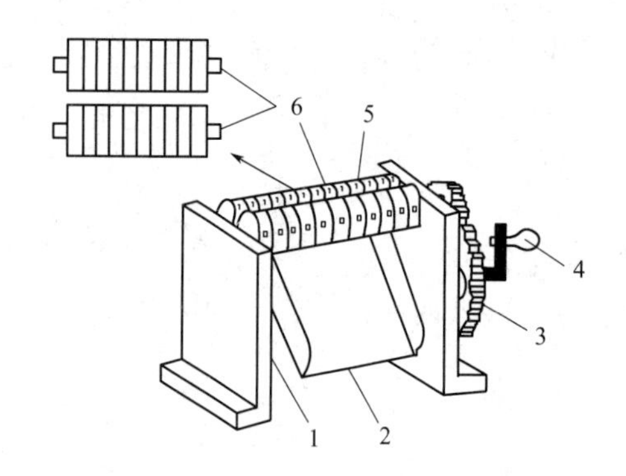

图 10-13　双滚筒式轧丸机
1—机架；2—导向槽；3—齿轮；4—手摇柄；5—刃口；6—滚筒

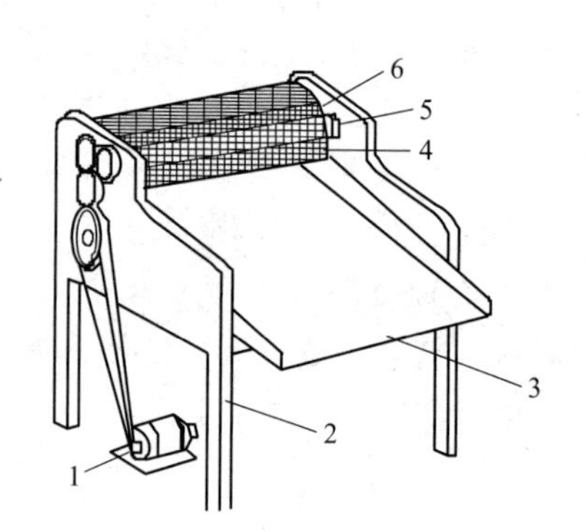

图 10-14　三滚筒式轧丸机
1—电机；2—机架；3—导向槽；4,5,6—有槽金属滚筒

双滚筒式轧丸机的核心部件是两个表面有半圆形切丸槽的金属滚筒，两滚筒切丸槽的刃口相吻合，滚筒的一端有齿轮。当齿轮转动时，两滚筒按相对方向转动，但转速一快一慢(约 90r/min 和 70r/min)。工作时，将丸条置于两滚筒切丸槽的刃口上，滚筒转动时，将丸条切断并搓圆成丸剂。

三滚筒式轧丸机的核心部件是三个呈三角形排列的有槽金属滚筒。工作时，三个滚筒都做相对运动，丸条被切割成若干小段；在三个滚筒的联合作用下，小段被滚成光圆的药丸后落入导向槽。采用不同直径的滚筒，可以制得不同重量和大小的丸粒。

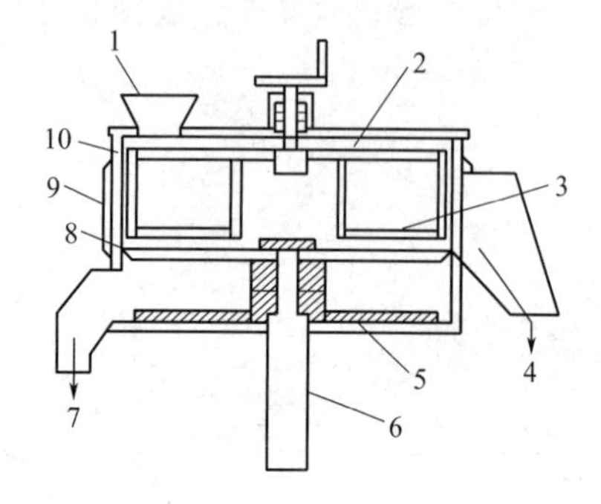

图 10-15　回转式滚圆机
1—加料口；2—挡板；3—桨叶；4—丸剂出口；5—刮板；6—转轴；7—细粉出口；8—摩擦板；9—调温夹层；10—筒壁

10.3.3　滚圆机

回转式滚圆机的筒内设有桨叶，其旋转方向与摩擦板的旋转方向相反；筒外设有调温夹层，其内可通入蒸汽或冷却水，以控制操作过程的温度。其构造如图 10-15 所示。

其核心部件是一块可水平旋转的摩擦板。工作时，丸条由加料口装入滚圆机，在高速旋转的摩擦板带动下，丸条与丸条之间、丸条与摩擦板及筒壁之间产生摩擦和碰撞，结果丸条被分成长度均匀的小球，并进一步被滚圆成球形药丸。将丸条机和回转式滚圆机配合使用，可用于微丸剂的生产。

10.3.4 泛制设备

丸剂的泛制是利用一定量的黏合剂在转动、振动、摆动或转动下，使固体粉末黏附成球形颗粒的操作，又称为转动造粒。可在包衣锅内进行，方法是将适量的混合药粉加入包衣锅内，然后使包衣锅旋转，再向锅内喷入适量的水或其他黏合剂，使药粉在翻滚过程中逐渐形成坚实而致密的小粒。此后间歇性地将水和药粉加入锅内，使小粒逐渐增大，泛制成所需大小的丸剂。在泛制过程中，可用预热空气和辅助加热器对颗粒进行干燥。

10.4 口服液生产设备

10.4.1 洗瓶设备

目前制药工业中常用的洗瓶设备有毛刷式洗瓶机、喷淋式洗瓶机、超声波式洗瓶机等。毛刷式洗瓶机以毛刷的机械运动再配以碱水或酸水等使口服液瓶获得较好的清洗效果，但会有刷毛掉入瓶中，瓶壁内粘得很牢或死角杂质不易清洗；喷淋式洗瓶机是用泵将水加压，经过滤器压入喷淋盘，由喷淋盘将高压水流分成许多股激流将瓶内外冲洗干净；超声波式洗瓶机是近几年来最为优越的清洗设备，具有简单、省时、省力，清洗成本低等优点。

10.4.2 灭菌干燥设备

口服液瓶洗净后，必须进行灭菌干燥，才能符合口服液剂的生产要求。常用口服液瓶的灭菌干燥设备有：手工操作的蒸汽灭菌柜、隧道式灭菌干燥机、对开门远红外灭菌烘箱等。

10.4.3 灌封机

口服液灌封机是口服液剂生产设备中的主机，灌封机主要包括自动送瓶、灌药、送盖、封口、传动等几个部分。灌封机的型号有多种，以 YG-10B 型口服液瓶灌封机为例介绍其结构和工作原理，其结构如图 10-16 所示。

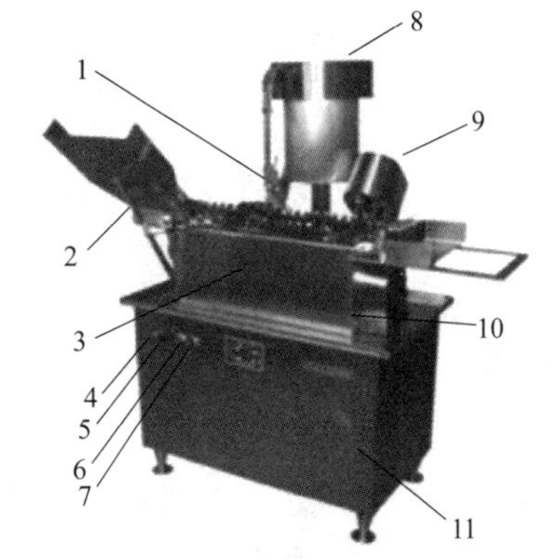

图 10-16 YG-10B 型口服液瓶灌封机

1—灌液组件；2—进瓶组件；3—传动组件；4—振荡器开关；5—进盖速度开关；6—启动；7—停止；8—振荡器组件；9—锁口组件；10—出瓶组件；11—机架电气组件

本设备将灌液、加铝盖、轧口功能汇于一机，结构紧凑合理，运转平稳，生产效率高。采用螺旋杆将瓶垂直送入转盘；灌液分两次灌装，避免液体泡沫溢出瓶口，并装有缺瓶止灌装置，以免料液损耗，污染机器及影响机器的正常运行；由三把滚刀采用离心力原理，将盖收轧锁紧。

10.5 注射针剂生产设备

目前，我国注射剂所使用的容器都采用曲颈易折安瓿，因此此处主要讨论采用灭菌工艺生产水注射剂时所涉及的主要设备，包括安瓿洗涤、灌封、灯检等设备。

10.5.1 安瓿预处理设备

安瓿是盛放无菌药液的容器，其内不允许沾带微生物、灰尘或其他污染物。因此，水注射剂生产中，安瓿首先要经过清洗、干燥灭菌等预处理工序，然后才能用于药液灌装。

10.5.1.1 冲淋式安瓿洗涤机组

冲淋式安瓿洗涤机组包括安瓿冲淋机、安瓿蒸煮箱、安瓿甩水机。

（1）安瓿冲淋机　安瓿冲淋机是利用清洗液（通常为水）冲淋安瓿内、外壁浮尘，并向内注水的设备，简单的安瓿冲淋机的构造如图 10-17 所示。

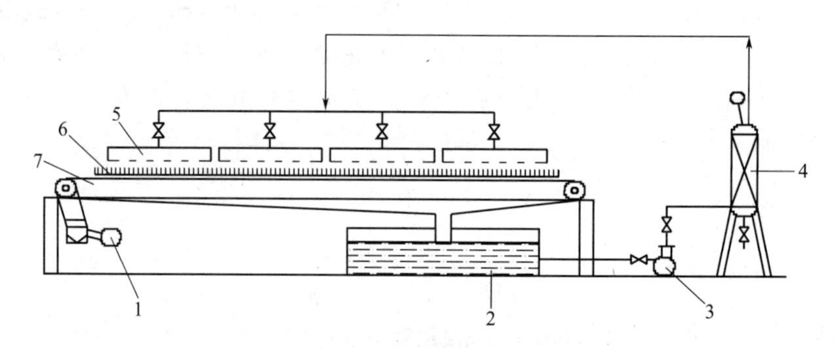

图 10-17　安瓿冲淋机

1—电动机；2—集水箱；3—循环泵；4—过滤器；5—多孔喷嘴；6—安瓿瓶；7—传送带

安瓿冲淋机由传送系统和供水系统组成。工作时，在输送带的传送下，安瓿瓶以口朝上的方式整齐排列于安瓿盘内，逐一通过喷嘴下方。水以一定的压力和速度由各组喷嘴喷出，将瓶内外的污垢冲洗干净，同时将安瓿内注满水。由于冲淋下来的污垢将随水一起汇入集水箱，故在循环水泵后设置了一台过滤器，该过滤器可不断对洗涤水进行过滤净化，从而可保证洗涤水清洁。此种冲淋机的优点是结构简单，效率高；缺点是耗水量大，且个别安瓿可能会因受水不足而难以保证淋洗效果。

（2）安瓿蒸煮箱　安瓿经冲淋并注满水后，需送入蒸煮箱蒸煮消毒。蒸煮箱可由普通消毒箱改制而成。小型蒸煮箱内设有若干层盘架，其上可放置安瓿盘。大型蒸煮箱内常设有小车导轨，工作时可将安瓿盘放在可移动的小车盘架上，再推入蒸煮箱。蒸煮时，蒸汽直接从底部蒸汽排管中喷出，利用蒸汽冷凝所放出的潜热加热注满水的安瓿。

（3）安瓿甩水机　经蒸煮消毒后的安瓿应送入甩水机，以将安瓿内的积水甩干。安瓿甩水机主要由圆筒形外壳、离心框架、固定杆、传动机构和电动机等组成，其结构如图 10-18 所示。

离心框架上焊有两根固定安瓿盘的压紧栏杆。工作时，不锈钢框架上装满安瓿盘，瓶口朝外，并在瓶口上加装尼龙网罩，以免安瓿被甩出。机器开动后，在离心力的作用下，安瓿内的积水被甩干。甩干后的安瓿再送往冲淋机冲洗注水，经蒸煮消毒后再用甩水机甩干，如此反复2～3次即可将安瓿洗净。

图10-18　安瓿甩水机

10.5.1.2　超声安瓿洗涤机

超声安瓿洗涤机是一种利用超声技术清洗安瓿的先进设备。在超声波的作用下，安瓿与液体接触界面处所产生的“空化”现象加剧了液体的搅拌和冲刷作用，使安瓿表面的污垢因超声波冲击而剥落，从而使洗涤效果得到显著提高。利用超声技术清洗安瓿可以同时保证内外壁清洁、无菌，这是其他洗涤方法无法比拟的。

10.5.2　安瓿灌封设备

将规定剂量的药液灌入经清洗、干燥及灭菌后的安瓿，并加以封口的过程称为灌封。安瓿灌封的工艺过程一般包括安瓿的排整、灌注、充氮和封口等工序，安瓿的灌封操作可在安瓿灌封机上完成。灌封机有1～2mL、5～10mL和20mL三种机型，但三者结构特点差别不大，且灌封过程基本相同。现以1～2mL安瓿灌封机为例介绍安瓿灌封机的结构与工作原理。

（1）传送部分　传送部分的功能是将定量的安瓿按一定的距离间隔排放于灌封机的传送装置上，并由传送装置输送至灌封机的各工位完成相应的工序操作，最后将安瓿送出灌封机，其结构如图10-19所示。

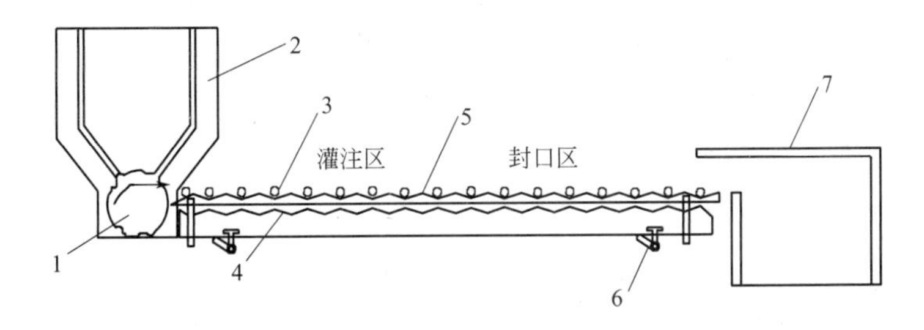

图10-19　安瓿灌封机传送部分

1—梅花盘；2—安瓿斗；3—安瓿瓶；4—移瓶齿板；5—固定齿板；6—偏心轴；7—出瓶斗

安瓿斗与水平呈45°倾角，底部设有梅花盘，盘上开有轴向直槽，槽的横截面尺寸与安瓿外径相当。梅花盘由链条带动，每旋转1/3周即可将2支安瓿推至固定齿板上。固定齿板由上、下两条齿板构成，每条齿板的上端均设有三角形槽，安瓿上下端可分别置于三角形槽中，此时安瓿与水平仍成45°角。移瓶齿板由上、下两条与固定齿板间距相同的齿形板构成，但其齿形为椭圆形。移瓶齿板通过连杆与偏心轴相连。在偏心轴带动移瓶齿板向上运动的过程中，移瓶齿板先将安瓿从固定齿板上托起，然后超过固定齿板三角形槽的齿顶，接着偏心轴带动移瓶齿板前移两格并将安瓿重新放入固定齿板中，然后移瓶齿板空程返回。因此，偏心轴每转动一周，固定齿板上的安瓿将向前移动两格。随着偏心轴的转动，安瓿将不断前移，并依次通过灌注区和封口区，完成灌封过程。完成灌封的安瓿在进入出瓶斗前仍与水平呈45°倾斜，但出瓶斗前设有一块舌板，该板呈一定角度倾斜，在移瓶齿板推动的惯性力作用下，安瓿在舌板处转动40°，并呈竖立状态进入出瓶斗。

（2）灌注部分 灌注部分的功能是将规定体积的药液注入安瓿中，并向瓶内充入氮气以提高药液的稳定性。灌注部分主要由凸轮杠杆装置、吸液灌液装置和缺瓶止灌装置组成，其结构如图10-20所示。

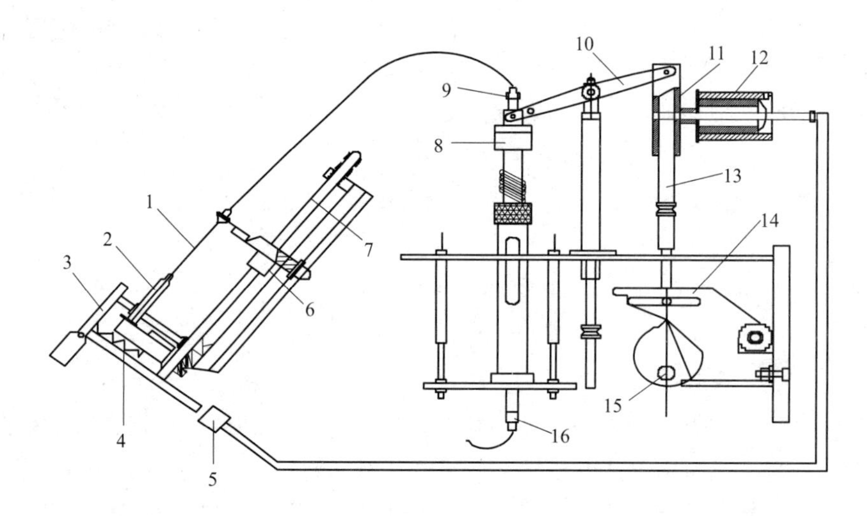

图10-20 安瓿灌封机灌注部分

1—针头；2—安瓿；3—摆杆；4—拉簧；5—行程开关；6—针头托架；7—针架轴；8—计量活塞；9—单向玻璃阀；10—杠杆；11—顶杆套；12—电磁阀；13—顶杆；14—扇形板；15—凸轮；16—单向玻璃阀

凸轮上面顶着扇形板，将凸轮的连续转动转换为顶杆的上下往复运动。①当灌装工位有安瓿时，上升的顶杆使压杆一端上升，另一端下压。当顶杆下降时，压簧可使压杆复位。即凸轮的连续转动最终被转换为压杆的摆动。②吸液灌液装置主要由针头、针头托架座、针头托架、单向玻璃阀及压簧、针筒芯等部件组成。③针头固定在托架上，托架可沿托架座的导轨上下滑动，使针头伸入或离开安瓿。④当压杆顺时针摆动时，压簧使针筒芯向上运动，针筒的下部将产生真空，在单向玻璃阀的作用下，药液罐中的药液被吸入针筒。⑤当压杆逆时针摆动而使针筒芯向下运动时，针头注入安瓿药液。

但是，若灌液工位出现缺瓶，则拉簧将摆杆下拉，并使摆杆触头与行程开关触头接触。此时，行程开关闭合，电磁阀开始动作，将伸入顶杆座的部分拉出，这样顶杆就不能使压杆动作，不能灌装，这就是缺瓶止灌功能。

（3）封口部分 封口部分的功能是用火焰加热已灌装药液的安瓿颈部，待其熔融后，采用拉丝封口工艺使安瓿密封。封口部分主要由压瓶装置、加热装置和拉丝装置组成，其结构如图10-21所示。

当安瓿被移瓶齿板送至封口工位时，其颈部靠在固定齿板的齿槽上，下部放在蜗轮蜗杆箱的滚轮上，底部则放在呈半球形的支头上，而上部由压瓶滚轮压住；蜗轮转动带动滚轮旋转，从而使安瓿围绕自身轴线缓慢旋转，同时来自喷嘴的高温火焰对瓶颈加热，当瓶颈需加热部位呈熔融状态时，拉丝钳张口向下，当到达最低位置时，拉丝钳收口，将安瓿颈部钳住，随后拉丝钳向上移动将安瓿熔化丝头抽断，从而使安瓿闭合；当拉丝钳运动至最高位置时，钳口启闭两次，将拉出的玻璃丝头甩掉。安瓿封口后，压瓶凸轮和摆杆使压瓶滚轮松开，移瓶齿板将安瓿送出。

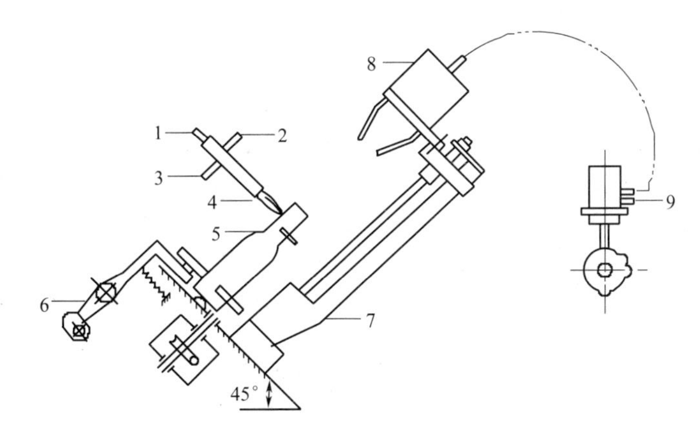

图 10-21 安瓿灌封机封口部分

1—煤气入口；2—压缩空气入口；3—氧气入口；4—火焰喷口；5—安瓿；6—摆杆；7—拉丝钳座；8—拉丝钳；9—压缩空气入口

10.5.3 真空检漏设备

真空检漏的目的是检查安瓿封口的严密性，以保证安瓿灌封后的密封性。使用真空检漏技术的原理是将置于真空密闭容器中的安瓿于 0.09MPa 的真空度下保持 15min 以上，使封口不严密的安瓿内部也处于相应的真空状态，然后向容器中注入着色水（红色或蓝色水），将安瓿全部浸没于水中，着色水在压力作用下将渗入封口不严密的安瓿内部，使药液染色，从而与合格的、密封性好的安瓿得以区别。对于使用灭菌法生产的安瓿，通常于灌封后立即进行灭菌消毒，而灭菌消毒与真空检漏设备可用同一个密闭容器。在利用湿热法的蒸汽高温灭菌未冷却降温之前，立即向密闭容器注入着色水，将安瓿全部浸没后，安瓿内的气体与药水遇冷成负压。这时如遇有封口不严密的安瓿也会出现着色水渗入安瓿的现象，故可同机实现灭菌和检漏工艺。

10.5.4 灯检设备

灯检是控制透明瓶装药品或饮品内在质量的一道重要关口，如果处理不好，将造成严重后果。

(1) 人工灯检 人工灯检主要通过目测，依靠待测安瓿被振摇后药液中微粒的运动从而达到检测目的。按照我国 GMP 的有关规定，一个灯检室只能检查一个品种的安瓿。检查时一般采用 40W 的日光灯作光源，并用挡板遮挡以避免光线直射入眼内，背景应为黑色或白色（检查有色异物时用白色），使其有明显的对比度，提高检测效率。检测时将待测安瓿置于检查灯下距光源约 200mm 处轻轻转动安瓿，目测药液内有无异物微粒。

(2) 安瓿异物光电自动检查仪 安瓿澄明度光电自动检查仪的构造如图 10-22 所示。

待检安瓿由传送履带输送进入拨瓶盘，拨瓶盘与回转工作台同步作间歇运动，安瓿 4 支一组间歇地进入回转工作转盘，高速旋转安瓿带动瓶内药液高速旋转，当安瓿突然停止转动时，瓶内药液由于惯性会继续旋转一段时间。在安瓿停转的瞬间，以光束从瓶底部投射药液，检测头接收其中异物产生的散射光或投影，然后向微机输出检测信号，利用光电系统采集运动图像中（此时只有药液是运动的）微粒的大小和数量的信号，并排除静止的干扰物，再经电路处理可直接得到不溶物的大小及多少的显示结果。再通过机械动作及时准确地将不合格安瓿剔除，合格品则由正品轨道输出。

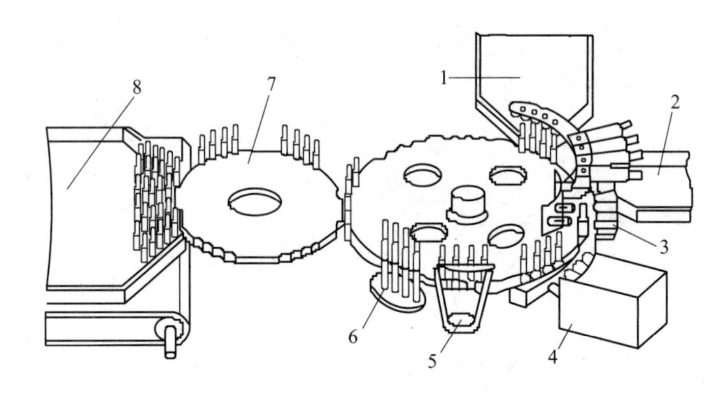

图 10-22　安瓿澄明度光电自动检查仪

1—合格贮瓶盘；2—不合格贮瓶盘；3—空瓶、药液过少检查；4—异物检查；5—转瓶；6—顶瓶；7—拨瓶盘；8—输瓶盘

10.6　粉针剂生产设备

粉针剂是以固体形态封装，使用之前加入注射用水或其他溶剂，将药物溶解而使用的一类灭菌制剂。这里主要介绍无菌分装粉针剂的生产工艺设备。

无菌分装粉针剂生产是以设备联动线的形式来完成的，无菌分装玻璃瓶粉剂生产联动线由超声波洗瓶机、隧道灭菌箱、抗生素玻璃瓶粉剂分装机、抗生素玻璃瓶轧盖机、传送带、灯检机和贴签机等组成。其工艺流程如图 10-23 所示。

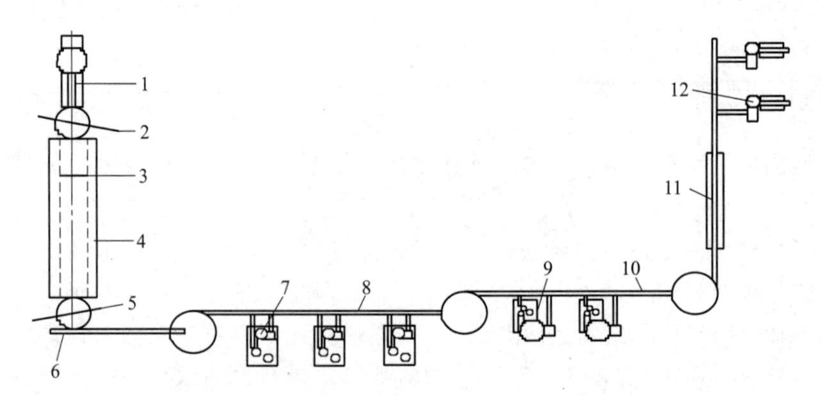

图 10-23　无菌分装粉针剂生产设备联动线工艺流程

1—超声波洗瓶机；2—转盘；3—网带；4—隧道烘箱；5—转盘；6,8,10—传送带；7—分装机；9—轧盖机；11—灯检机；12—贴签机

目前国内粉针剂的分装容器大致可分西林瓶、直管瓶和安瓿瓶三种类型。就产量而言，西林瓶分装占粉针产量的绝大部分。下面将主要介绍西林瓶分装粉针剂的生产设备。

10.6.1 西林瓶洗瓶机

目前对于西林瓶的清洗国内绝大多数厂家使用毛刷式洗瓶机，先进的洗瓶机有超声波清洗机，其相关内容在安瓿洗瓶机中已经叙述，这里不再介绍。

10.6.2 粉针分装设备

分装设备的功能是将药物定量灌入西林瓶内，并加上橡皮塞。这是无菌粉针生产过程中最重要的工序，依据计量方式的不同常用螺杆分装机和气流分装机两种形式。

10.6.2.1 螺杆分装机

螺杆分装机由送药嘴、计量螺杆、导料管、料斗、搅拌装置、传动装置等组成，图 10-24 所示是一种常见的螺杆分装机的构造示意。

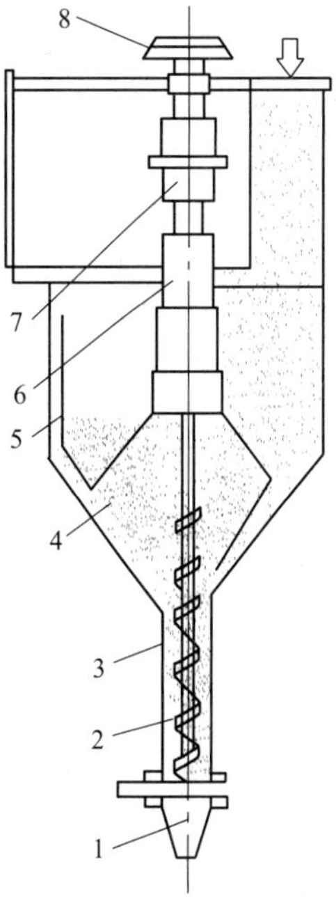

图 10-24 螺杆分装机
1—送药嘴；2—计量螺杆；3—导料管；4—料斗；5—搅拌叶；6—支撑座；7—单向离合器；8—传动齿轮

粉剂置于料斗中，在料斗下部有落粉头，其内部有单向间歇旋转的计量螺杆，每个螺距具有相同的容积，计量螺杆与导料管的壁间有均匀及适量的间隙（约 0.2mm），螺杆转动时，料斗内的药粉则被沿轴移送到送药嘴处，并落入位于送药嘴下方的药瓶中。为使粉剂加料均匀，料斗内还有一搅拌桨，连续反向旋转以疏松药粉。控制离合器间歇定时“离”或“合”是保证计量准确的关键。

螺杆分装机具有结构简单、无须净化压缩空气及真空系统等附属设备、使用中不会产生漏粉或喷粉现象、调节装量范围大以及原料药粉损耗小等优点，但速度较慢。

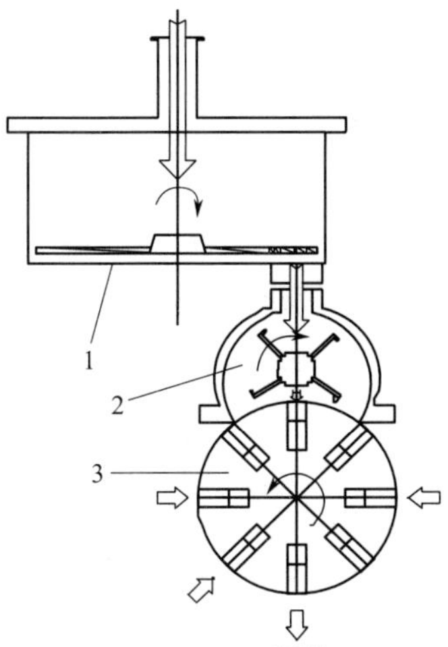

图 10-25 粉刷气流分装机
1—装粉筒；2—搅粉斗；3—粉剂分装头

10.6.2.2 气流分装机

气流分装机利用真空吸取定量容积粉剂，再通过净化干燥压缩空气将粉剂吹入玻璃瓶内，是一种较为先进的粉针分装设备。粉刷气流分装机是目前我国引进最多的一种，其构造如图 10-25 所示。

真空接通，药粉被吸入定量分装孔内并有粉剂吸附隔离塞阻挡，让空气逸出；当粉剂分装头回转 180°至装粉工位时，净化压缩空气通过吹粉阀门将药粉吹入瓶中。分装盘后端面有与装粉孔数相同且和装粉孔相通的圆孔，靠分配盘与真空和压缩空气相连，实现分装头在间歇回转中的吸粉和卸粉。搅粉斗与搅拌桨每吸粉一次旋转一周，其作用是将装粉筒落下药粉保持疏松，并协助将药粉装进粉剂分装头的定量分装孔中。

气流分装机实现了机械半自动流水线生产，装量误差小、速度快、机器性能稳定，提高了生产能力和产品质量，降低了劳动强度。

10.6.3 粉针轧盖设备

粉针剂一般易吸湿，吸湿会导致药物稳定性下降，因此粉针在分装塞胶塞后应轧上铝盖，保证瓶内药粉密封不透气，确保药物在贮存期内的质量。粉针轧盖机按工作部件可分单刀式和多头式。国内最常用的是单刀式轧盖机。

10.6.3.1 单刀式轧盖机

单刀式轧盖机主要由进瓶转盘、进瓶星轮、轧盖头、轧盖刀、定位器、铝盖供料振荡器等组成。工作时，盖好胶塞的瓶子由进瓶转盘送入轨道，经过铝盘轨道时铝盖供料振荡器将铝盖放置于瓶口上，由撑牙齿轮控制的一个星轮将瓶子送入轧盖头部分，底座将瓶子顶起，由轧盖头带动作高速旋转，由于轧盖刀压紧铝盖的下边缘，同时瓶子旋转，即将铝盖下缘轧紧于瓶颈上。

10.6.3.2 多头式轧盖机

多头式轧盖机的工作原理与单刀式轧盖机相似，只是轧盖头由一个增加为几个，同时机器由间隙运动变为连续运动。其工作特点是速度快、产量高，有些安装有电脑控制系统，一般不需人看管，可大大节约劳动力，但这样的设备对瓶子的各种尺寸规格要求严格。

思考题

1. 压片机由哪几个关键部件组成？ 说明其工作原理。
2. 旋转式压片机的压片过程分为几个阶段？ 各阶段是怎样进行工作的？
3. 说明片剂生产的主要工艺过程主要采用哪些生产设备？
4. 试阐述高效包衣锅的工作原理。
5. 丸剂的制备方法有哪些？
6. 软胶囊剂的主要设备有哪些？
7. 说明硬胶囊填充的工艺过程，指出全自动胶囊填充机的主要部件组成。
8. 口服液生产有哪些主要设备？
9. 简述超声波清洗的原理。
10. 粉针剂分装有哪几种方法？ 说明其工作原理。

参考文献

[1] 蔡凤，谢彦刚．制药设备及技术．北京：化学工业出版社，2011.
[2] 王沛，刘永忠，王立．制药设备与车间设计．北京：人民卫生出版社，2014.
[3] 朱宏吉，张明贤．药物设备与工程设计．2版．北京：化学工业出版社，2011.
[4] 王沛．药物制剂设备．北京：中国医药科技出版社，2016.
[5] 王泽．药物制剂设备．北京：人民卫生出版社，2018.
[6] 杨宗发．药物制剂设备．北京：中国医药科技出版社，2017.
[7] 张健泓．药物制剂技术实训教程．2版．北京：化学工业出版社，2014.
[8] 朱国民．药物制剂设备．北京：化学工业出版社，2018.

第 11 章 药用包装设备

本章学习目的与要求：

（1）能够正确阐明常见药用包装设备的结构特点。
（2）能够概述常见药用包装设备的工作原理。
（3）了解常见药用包装设备的用途。

各种剂型的药品其包装形式可能不同，所用的包装设备的类型也不同。其中，液体、软膏、粉针制剂的包装设备在第 10 章相应制剂的生产设备中已述及，本章仅重点介绍固体制剂的几种常见包装设备。

11.1 瓶包装设备

瓶包装包括玻璃瓶包装和塑料瓶包装，其生产线一般包括理瓶机构、输瓶轨道、计数机构、拧盖机构、封口机构、贴签机构、打批号机构、电器控制部分等。其中，自动装瓶机是瓶包装生产线的重要部分。

① 输瓶机构　输瓶机构由理瓶机构和输瓶轨道组成，多采用可调带速的匀速直线输送带，或采用梅花轮间歇旋转输送机构。理瓶机送至输送带上的瓶相互之间具有间隔，在落料口处设有挡瓶定位装置，间歇地挡住空瓶或满瓶，以保证在落料口前的瓶不会堆积。

② 计数机构　常见的转盘数片装置及其传动系统的构造如图 11-1 所示。其外形为与水平呈 30°倾角的带孔转盘，盘上以间隔扇形面相间组成，开有 3～4 组计数模孔，每组孔数即为每瓶所需的装填片剂等制剂的数量，转盘的药片孔数可根据需要选定。在转盘下面装有一个固定不动、带有扇形缺口的托板，转盘做逆时针转动，药片顺势进入转盘的药片孔，多余的药片沿斜面落回或被毛刷刷向下部，缺口下连接落片漏斗，落片漏斗下抵药瓶口。

③ 拧盖机构　拧盖机是在输瓶轨道旁，设置机械手将到位的药瓶抓紧，由上部自动落下扭力扳手，先衔住对面机械手送来的瓶盖，再快速将瓶盖拧在瓶口上，当旋拧至一定松紧时，扭力扳手自动松开，并回升到上停位。当轨道上无药瓶时，抓瓶定位机械手抓不

到瓶子，扭力扳手不下落，送盖机械手也不送盖，直到机械手有瓶可抓时，旋盖头又下落旋盖。

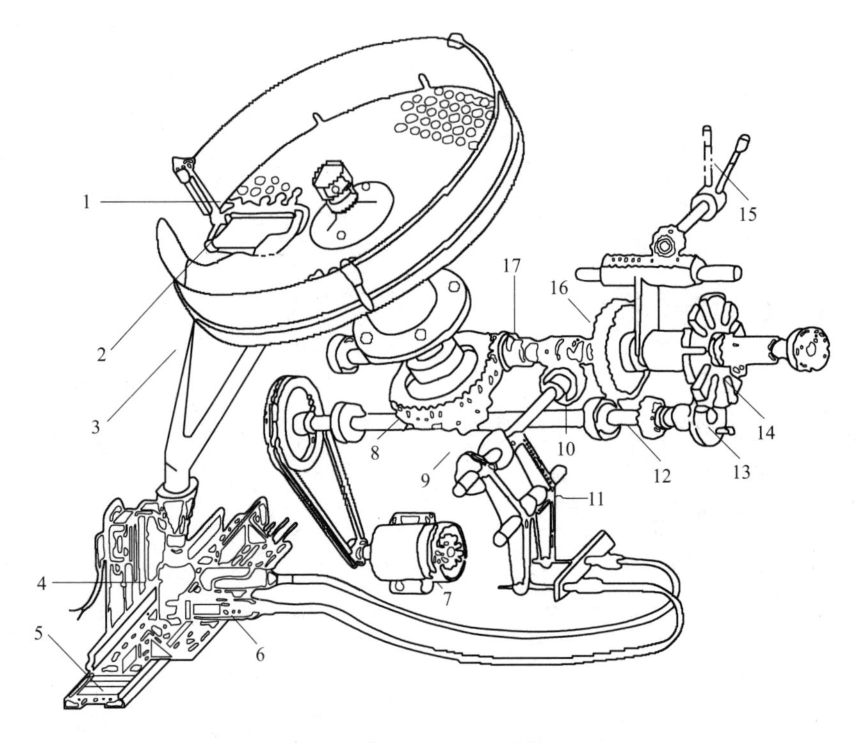

图 11-1 转盘数片装置及其传动系统

1—数片盘；2—托盘；3—漏斗；4—药瓶；5—输瓶带；6—挡瓶板；7—电动机；8—大蜗轮；9—凸轮；10—蜗轮；11—摆动杆；12—小直齿轮；13—拔销；14—槽轮；15—手柄；16—直齿轮；17—蜗杆

④ 封口机构　药瓶封口分为电磁感应封口和压塞封口两种。电磁感应封口是一种非接触式加热方法，位于药瓶封口区上方的电磁感应头内的交变电流线圈产生交变磁力线，并穿透瓶盖作用；铝箔受热后，黏合铝箔与纸板的蜡层熔化，蜡被纸板吸收，铝箔与纸板分离，纸板起垫片作用，同时铝箔上的聚合胶层也受热熔化，将铝箔与瓶口黏合在一起。压塞封口是将具有弹性的瓶内塞在机械力作用下压入瓶口，依靠瓶塞与瓶口间的挤压变形而达到瓶口的密封，瓶塞常用的材质有橡胶和塑料等。

⑤ 贴签机构　目前较广泛使用的标签有压敏（不干）胶标签、热黏性标签、收缩筒形标签等。剥标刃将剥离纸剥开，标签由于较坚挺不易变形而与剥离纸分离，径直前行与容器接触，经滚压后贴到容器表面。

11.2 泡罩包装设备

泡罩包装也称铝塑包装，是将产品封合在塑料薄片形成的泡罩与底板之间的一种板式包装方法，是固体制剂的典型包装形式之一，具有保护性好、使用方便、质量轻便等优点。

常用的药用铝塑泡罩包装机可分为辊筒式铝塑泡罩包装机、平板式铝塑泡罩包装机、辊板式铝塑泡罩包装机三类，它们的工作原理一致，主要由机体、放卷部、加热器、成型部、充填部、热封部、夹送装置、打印装置、冲裁部、传动系统和气压、冷却、电气控制、变频调速等系统组成。

11.2.1 辊筒式（铝塑）泡罩包装机

辊筒式泡罩包装机采用的泡罩成型模具和热封模具均为圆筒形，根据包装机工艺流程，辊筒式泡罩包装机由PVC薄膜放卷装置、加热成型装置、物料充填机构、热封合装置、打字压印装置、冲切装置以及各导向辊、调整辊、废料辊等工作部件构成。另外，还有气控系统、电控系统、真空系统、水冷却系统等，其构造如图11-2所示。

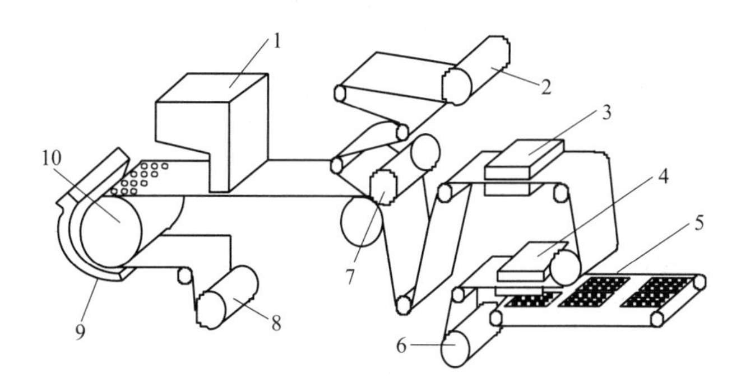

图11-2 辊筒式泡罩包装机

1—填充装置；2—覆盖膜卷筒；3—打批号装置；4—冲切装置；5—包装成品；6—废料辊；7—热封辊；8—薄膜卷筒；9—远红外加热器；10—辊式成型模

药用PVC薄膜（硬片）经加热装置加热软化至可塑状态，在成型模辊上以真空负压吸出泡罩后，由充填装置向泡罩内充填被包装物品，然后经辊式热封装置在合适的温度和压力下将单面涂有黏合剂的铝箔覆盖在泡罩上，使被包装物品分别密封在泡罩内，再由打字及压印装置在设定的位置上打上字号并压出折断线，最后冲切成一定尺寸的包装板块。

此机采用真空负压成型，结构简单、费用低，但泡窝壁厚不均，顶部易变薄，精度不高，深度较小，主要适合用来包装同一品种大批量生产各种规格的片剂、胶囊及丸剂等药品。

11.2.2 平板式（铝塑）泡罩包装机

平板式泡罩包装机采用的泡罩成型模具和热封模具均为平板形，总体结构可分为两类：箱式结构和框架式结构。其中，箱式结构平板式泡罩包装机主要由预热、成型、充填、热封、打字、压印、冲裁等十几个机械部分组成，另外还有控制系统、气动系统、水冷系统及其他附件等，其构造如图11-3所示。

工作时，成型、热封、打字、压印、冲裁等模具沿垂直方向做同步直线往复运动。当泡罩形状规则、成型深度较小、泡罩容积较小时采用此结构（对于成型深度较大、泡罩容积较大时，可采用冲模辅助成型，进行预拉伸）。

板式模具，结构复杂，费用高，泡窝成型精确度高、壁厚均匀，泡窝拉伸大，深度可达35mm，适合中小批量、特殊形状药品包装。

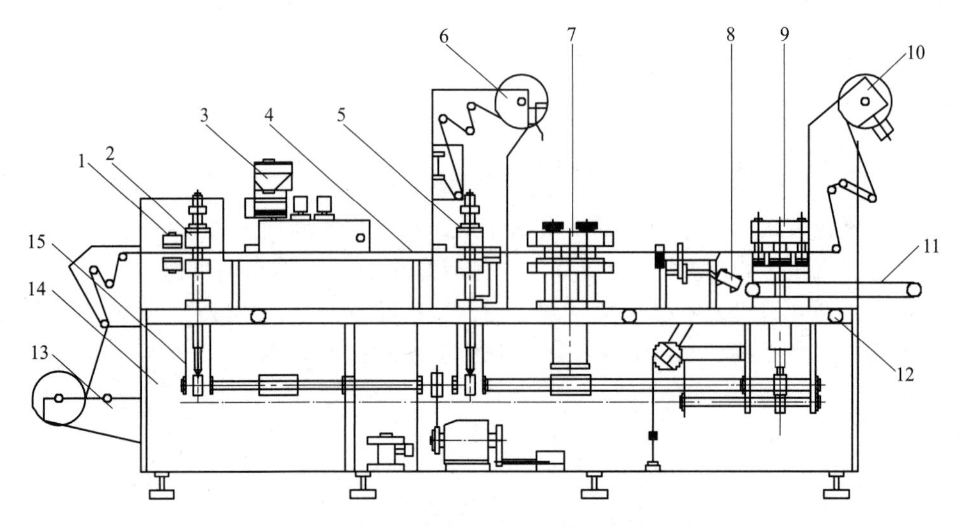

图 11-3 箱式结构平板式泡罩包装机

1—预热装置；2—成型装置；3—填充装置；4—充填平台；5—热封装置；6—覆盖膜放卷装置；7—压印装置；8—步进装置；9—冲裁装置；10—废料回卷装置；11—输送装置；12—调整手轮；13—底膜放卷机构；14—机体；15—传动系统

11.2.3 辊板式（铝塑）泡罩包装机

辊板式泡罩包装机采用的泡罩成型模具为平板形，热封模具为圆筒形，其构造如图 11-4 所示。

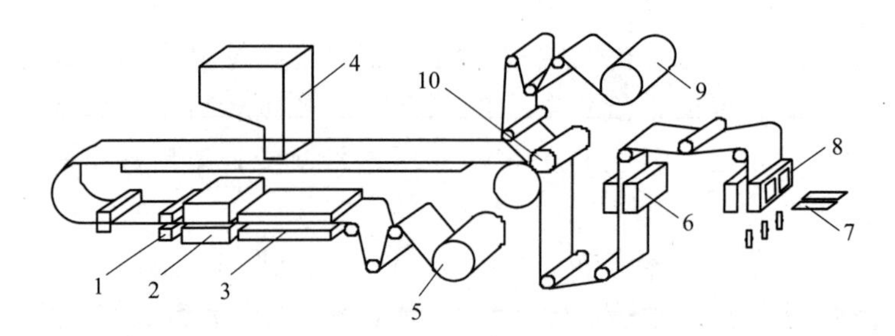

图 11-4 辊板式泡罩包装机

1—薄膜输送机构；2—板式成型器；3—加热装置；4—充填装置；5—薄膜卷筒；6—打批号装置；7—包装成品；8—冲切装置；9—覆盖膜卷筒；10—热封辊

泡罩材料经加热装置进行加热软化，随后被步进装置送进板式成型装置，利用真空负压吸出泡罩，然后将单面涂有黏合剂的覆盖膜封合在带泡罩材料表面，并将被包装物密封在泡罩内；再经打字、压印装置打印上批号及压出折断线，最后冲切装置冲切成一定尺寸的产品板块，成品被输送机构送出，废料被回收。

辊板式泡罩包装机效率高、节省包装材料、泡罩质量好、泡窝成型精确度高、壁厚均匀，泡窝拉伸大，深度可达 35mm。优点是克服了辊筒式泡罩包装机的泡罩壁厚不均匀、外形不挺括、包装范围小、排列方式受到限制以及平板式泡罩包装机的封合质量难以保证的缺点，适合同一品种大批量生产。

11.3　条带包装设备

条带热封包装机属于一种小剂量片剂包装机，其结构由储片装置、控片装置、热压轮、切刀等组成，可以完成理片、供片、热合和剪裁工作。其构造如图 11-5 所示。

储片装置是将料斗中的药片在离心盘作用下，向周边散开，进入出片轨道，经方形弹簧下片轨道进入控片装置。控片装置通过做往复运动并带动有缺口的牙条将片剂逐片地供出，进入下片槽。两个相向旋转的热压轮的外表面均匀分布有长凹槽用以容纳药片，当下片槽中的药片进入两热压轮对应凹槽间的薄膜中时，热压轮的旋转使药片封装于条带包装中，条带经过切刀时被裁切成一定长度。其包装的每个单元多为两片或单片片剂，具有压合牢靠、密封性好、使用方便、花纹美观等特点。

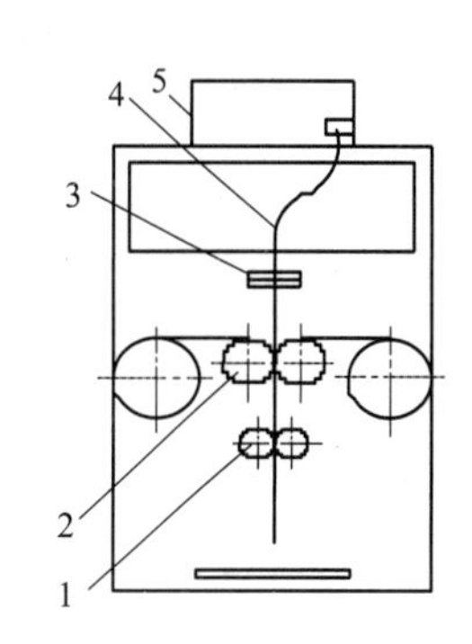

图 11-5　条带热封包装机
1—切刀；2—热压轮；3—控片装置；4—方形弹簧；5—储片装置

思考题

1. 转盘数片装瓶机工作原理是什么？
2. 固体制剂泡罩包装设备有哪些类型？简述其优缺点。
3. 简述平板式泡罩包装机组成及工作原理。
4. 简述条带热封包装机的工作过程。

参考文献

[1]　孙智慧，高德，谷吉海．药品包装学．北京：中国轻工业出版社，2006.
[2]　王沛，刘永忠，王立．制药设备与车间设计．北京：人民卫生出版社，2014.
[3]　孙怀远．药品包装技术与设备．北京：印刷工业出版社，2008.
[4]　刘书志，陈利群．制药工程设备．北京：化学工业出版社，2008.
[5]　孙智慧．包装机械．北京：中国轻工业出版社，2010.
[6]　刘安静．包装工艺与设备．北京：中国轻工业出版社，2017.
[7]　张绪峤．药物制剂设备与车间工艺设计．北京：中国医药科技出版社，2000.
[8]　张国全，徐伟民．包装机械设计．北京：印刷工业出版社，2013.

第二篇
车间设计

第 12 章 制药工程设计

本章学习目的与要求：

（1）准确描述制药工程设计的基本工作程序。
（2）掌握初步设计的基本内容。
（3）正确使用制药工程项目试车验收的基本原则。

制药工程设计是一项涉及工程学理论和工程技术、药学、药剂学以及药品生产质量管理规范等的综合性技术工作，主要是指由获得国家主管部门认可的从事专业设计的单位和技术人员根据业主和建设单位要求，设计药品生产厂区或生产车间的一系列工程技术活动。它是实现药物由实验室研究向工业化生产转化的必经阶段，是把一项医药工程从设想变成现实的重要建设环节，其最终目的是建设一个生产高效、运行安全、绿色环保、能够稳定生产优质药品的生产企业。药品的质量不是检验出来的，而是通过科学的设计得以保障和实现的，设计质量的好坏关系到项目的整体投资、建设速度、经济效益以及能否连续生产出质量稳定的药品。因此一项高质量的设计对于一个药厂的成功建设起到决定性的作用。

药品生产按照产品的形态可以分为：原料药生产和药物制剂生产。所以，制药工程设计项目可分为原料药生产设计和制剂生产设计。其中原料药生产车间设计又可以分为：合成原料药车间设计、生物发酵车间设计、中药提取车间设计等；制剂车间设计可分为：固体制剂车间设计、液体制剂车间设计等。

12.1 制药工程设计的基本要求

制药工程是应用化学合成、生物发酵、中药提取以及药物制剂技术结合各种单元操作，实现药物工业化生产的工程技术。制药工程设计就是对这些不同种类的药品的生产过程和单元操作，设计出满足各自产品特点的生产车间，包括新厂房（生产与辅助设施）的建设与已有厂房的改建、扩建等。尽管生产各类产品的车间设计细则不尽相同，但均应该遵循下列基本要求：

① 严格执行国家相关的规范和规定以及国家药品监督管理局颁布的《药品生产质量管

理规范》(good manufacturing practice，GMP) 的各项规范和要求。使药品生产的环境、设备、车间布局等符合 GMP 的要求。

② 环境保护、消防安全、职业安全卫生、节能设计与制药工程设计同步。严格执行国家及地方有关的法规、法令。

③ 工艺路线选择要与工程设计同步，要求做到生产工艺流程环保、消防隐患低、职业危害小、资源利用高效、工艺流程与车间设备融合完美。

④ 设备选型要选择技术先进、成熟、自动化程度较高的设备，尽量选用成套设备。其中关键设备要进行验证。

⑤ 对整个工程统一规划，合理使用工程用地，并结合制药生产特点，尽可能采用联片生产厂房一次设计，一期或分期建设。

⑥ 公用工程的配套和辅助生产的配备均应以满足项目生产需要为原则，并考虑与预留设施及发展规划的衔接。

⑦ 为方便对生产车间进行成本核算和生产管理，各车间的水、电、汽、冷量均应单独计算，仓库、公用工程设施、备料以及人员生活用室(更衣室)统一设置，按集中管理的模式考虑。

总之，制药工程设计的出发点和落脚点就是设计的安全性、可靠性和规范性。设计时必须要与时俱进，更新观念，要有绿色环保的设计理念。同时，制药工程设计也是一项政策性、技术性很强的工作，其目的是要保证新建或改扩建药厂(车间)的标准符合 GMP 以及其他技术法规，技术上可行，经济上合理，运行安全平稳，易于操作管理。

12.2 制药工程设计的基本程序

制药工程设计的基本程序一般可分为：设计前期、设计中期和设计后期三个主要阶段。其中设计前期的工作内容包括：项目建议书、可行性研究报告和设计(任务书)委托书。设计中期的工作内容主要包括：初步设计和施工图设计。设计后期的工作内容包括：施工、试车、竣工验收和交付生产等。基本工作程序如图 12-1 所示。

设计前期工作和初步设计的目的主要是供政府部门对项目进行立项审批和开工审批提供参考依据。同时也为药厂建设单位或业主提供决策建议。初步设计的重点是方案的制订，供政府职能部门和业主进行审查与决策用，与基础工程设计内容有很大差别，施工图设计才真正进入具体的工程设计阶段。工程设计人员应按照设计工作基本程序开展工作。根据工程项目的生产规模、技术的复杂程度、建设资金和设计水平的差异，设计工作程序可能会有所调整。

制药车间工艺设计的基本过程一般分为初步设计和施工图设计两个阶段，对于技术复杂或缺乏设计经验的重大项目，经政府主管部门和建设业主确定，可在设计前期之后进行设计中期的工作；对于技术成熟又较为简单的小型工程项目，在初步设计确定后即可进入施工图设计工作。

制药车间工艺设计的主要内容有：①确定车间生产工艺流程；②进行物料衡算；③工艺设备计算和选型；④车间工艺设备布置；⑤确定劳动定员及生产班制；⑥能量衡算［车间水电气(汽)冷公用工程用量的估算]；⑦管路计算和设计；⑧设计说明书的编写；⑨概预算

的编写；⑩非工艺项目的设计。

12.2.1 制药工程设计的前期工作

制药工程设计前期工作的目的和任务是对拟建项目建设进行全面分析，研究产品的社会需求和市场、项目建设的外部条件、产品技术成熟程度、投资估算和资金筹措、经济效益评价等，为项目建设提供工程技术、工程经济、产品销售等方面的依据，以期为拟建项目在建设期间能最大限度地节省时间和投资，在生产经营时能获得最大的投资效果奠定良好的基础，设计前期的两项内容——项目建议书和可行性研究报告的目标是一致的，基本任务也相近，只是深度不同。

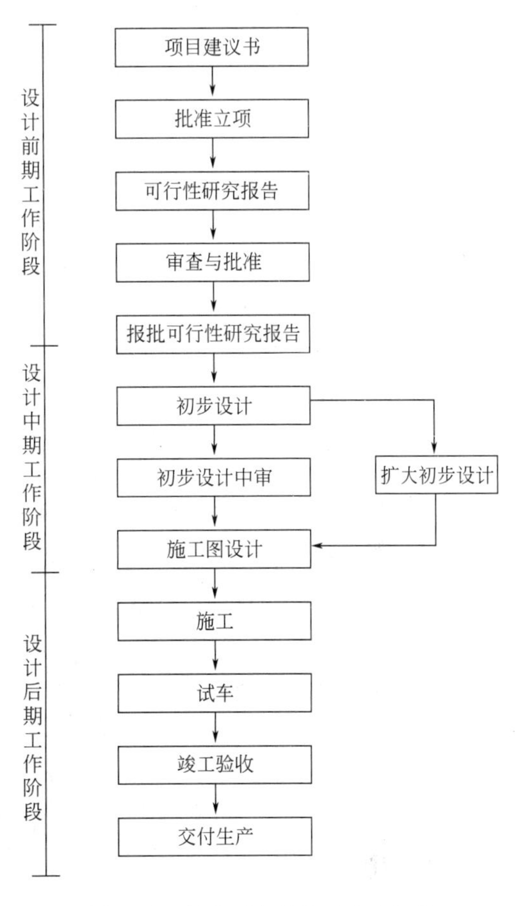

图 12-1 制药工程设计的基本程序

12.2.1.1 项目建议书

项目建议书是法人单位向国家、省、市有关主管部门推荐项目时提出的报告书。建议书主要说明项目建设的必要性和初步可能性，并对项目建设的可行性进行初步分析，为可行性研究提供依据。项目建议书是设计前期各项工作的依据，国内外都非常重视这一阶段的工作，并称之为决定投资命运的关键环节。

项目建议书主要包括以下主要内容：①项目名称、背景和建设依据。②企业的基本情况、项目投资的必要性和经济意义。③产品名称及质量标准、产品方案、市场预测、项目投资估算及资金来源及拟建生产规模。④工艺技术初步方案，包括工艺技术来源，先进性介绍，主要设备设施的选择与来源。⑤主要原材料的规格和来源、燃料和动力供应情况。⑥建设条件和厂址选择初步方案。包括建设地点、电力、交通、供水等条件及配套条件等。⑦环境保护与三废的处理方案。⑧工厂组织和劳动定员估算。⑨项目实施初步规划，建设工期和建设进度计划。⑩经济与社会效益的初步估算。⑪结论。

项目建议书经上级主管部门批准后，即可进行可行性研究。对于一些技术成熟又较为简单的小型工程项目，项目建议书经主管部门批准后，即可进行方案设计，直接进入施工图设计阶段。

12.2.1.2 可行性研究报告

项目建议书经国家主管部门批准后，即可由上级主管部门或业主委托设计、咨询单位进行可行性研究。可行性研究是设计前期工作中的重点，可行性研究是对拟建项目在技术、工程、经济和外部协作条件上是否合理可行进行全面分析、论证和方案比较，是主管部门对工程项目进行评估决策的主要依据。其主要任务是论证新建或改扩建项目在技术上是否先进、成熟、适用，经济上是否合理。

可行性研究报告一般包括以下几方面的内容。

① 总论：项目名称、建设单位、项目负责人，企业概况，说明项目提出的背景、投资的必要性和经济性；编制依据和原则，研究的主要内容和结论，主要技术经济指标；存在的主要问题和建议。

② 市场预测：产品概况，在国内外市场需求情况预测，市场营销策略，价格走向预测。

③ 产品方案及生产规模：产品方案和发展远景的技术经济比较分析，提出产品方案和建设规模；主副产品的名称、规格、产量、质量标准（国标还是部门标准，出口产品标明符合哪个国家的产品标准和药典）。

④ 工艺技术方案：综合国内外相关工艺，分析比较选择技术方案；绘制生产工艺流程图，通过计算对比选择先进技术和先进的制药设备，制订严格的质量、生产管理标准操作规程；说明生产车间的布置、自控情况；原辅料、包装材料消耗指标。

⑤ 原材料及公用系统供应：主要原辅料、包装材料的品种、规格、年需用量、来源；水、电、气（汽）、冷公用系统的用量及来源。

⑥ 建厂条件及厂址方案：厂址的地理位置、自然条件、交通运输、当地施工协作条件；厂址方案的技术经济比较和选择意见。

⑦ 公用工程和辅助设施方案：确定全厂初步布置方案，阐明厂区各车间的分布、车间布置原则及方案，厂房的建筑设计和结构方案；全厂运输总量和厂内外交通运输方案；水、电、汽的供应方案；采暖通风和空气净化方案；土建方案及土建工程量的估算；其他公用工程和辅助设施的建设规模。

⑧ 环境保护：阐述项目建设地区的环境现状；厂区绿化规划，工程项目的主要污染源、污染物及治理的初步方案和可行性，综合利用与环境检测设施方案；环境保护的综合评价；环保投资估算。

⑨ 消防：生产工艺特点及安全措施；消防的基本情况；消防设施的整体规划。

⑩ 劳动保护和安全卫生：工程建设的安全卫生要求，生产过程危险、危害因素分析；劳动安全的防护措施；劳动保护机构的设置及人员配备；综合评价。

⑪ 节能：能耗指标及分析；节能措施综述；单项节能工程。

⑫ 工厂组织、劳动定员和人员培训：工厂体制及管理机构；生产班制及定员；人员来源及素质要求，人员培训计划和要求。确立有关GMP培训的培训对象、目标、步骤，制订详细的培训内容，建立一套完整的GMP管理系统。

⑬ 项目实施规划：对项目建设周期规划编制依据和原则；各阶段实施进度规划及正式投产时间的建议；编制项目实施规划进度或实施规划。

⑭ 投资估算与资金筹措：项目总投资（包括固定资产、建设期间贷款利息和流动资金等投资）的估算；项目建设工程、设备购置、安装工程及其他投资费用的估算；资金来源；项目资金的筹措方式和资金使用计划；项目资金如有贷款，需要说明贷款偿还方式。

⑮ 社会及经济效果评价：产品成本和销售收入的估算；财务评价、国民经济评价和社会效益评价。

⑯ 项目风险分析：综合分析政策与市场风险；技术创新与人力资源的风险；财务风险。

⑰ 结论与建议。

综合以上信息，从技术、经济等方面论述工程项目的可行性，从技术创新性、可靠性、经济效益、社会效益、市场销售等方面做出分析，列出项目建设存在的主要问题，得出可行性研究结论。

可行性研究报告编制完成后，由项目委托单位上报审批，审批程序包括预审和复审。通常根据工程项目的大小不同，分别报请国务院或国家主管部门或各省、直辖市、自治区等主管部门审批立项。对于一些较小项目，常将项目建议书与可行性研究报告合并上报审批立项。

12.2.1.3 设计委托书

设计委托书是项目业主以委托书或合同的形式委托工程公司或设计单位进行某项工程的设计工作，是建设项目必不可少的重要设计依据。设计委托书内容包括项目建设主要内容、项目建设基本要求和项目业主的特殊需求（并提供工艺资料），是工程设计公司进行工程设计的依据。

12.2.2 制药工程设计的中期工作

制药工程设计就是根据已批准的可行性研究报告开展设计工作，即通过技术手段把可行性研究报告的构思变成工程现实。其中设计文件是工程建设的依据，所有工程建设都必须经过设计。

根据工程的重要性、技术的复杂性以及设计任务的规定，工程设计阶段一般划分为三个阶段、两个阶段、一次完成设计三种情况。凡是重大的工程项目，在技术要求严格、工艺流程复杂、设计往往缺乏经验的情况下，为了保证设计质量，设计过程一般分为三个阶段来完成，即：初步设计、技术设计和施工图设计三个阶段。技术成熟的中小型工程，为了简化设计步骤，缩短设计时间，可以分为两个阶段进行，两阶段设计又分为两种情况，一种情况是分为技术设计和施工图设计两个阶段；另一种情况是将初步设计和技术设计合并为扩大初步设计和施工图设计两个阶段。技术简单、成熟的小型工程或个别生产车间可以一次设计完成。目前，我国的制药工程项目多采用两阶段设计。

12.2.2.1 初步设计

根据已批准的可行性研究报告及基础设计资料，对设计对象进行全面的研究，寻求技术上可行、经济上合理、最符合要求的设计方案。从而确定总体工程设计原则、设计标准、设计方案和重大技术问题。如：总工艺流程、总图布置、全厂组成、生产组织方式、水电气（汽）冷供给方式及用量、工艺设备选型、全厂运输方案、车间单体工程工艺流程、消防、职业安全卫生、环境保护、综合利用等。初步设计的文件成果主要有初步设计说明书、初步设计图纸（带控制点的工艺流程图、车间布置图、重要设备的装配图）、设计表格、计算书和设计技术条件等。

初步设计说明书的内容包括：项目概况；设计依据和设计范围；设计指导思想和设计原则；产品方案及建设规模；生产方法和工艺流程；车间组成和生产制度；物料衡算和热量衡算；主要工艺设备计算与选型；工艺主要原材料、动力消耗定额及公用系统消耗；车间工艺布置设计；生产过程分析控制；仪表及自动化控制方案；土建、采暖通风与空调公用工程；原辅材料及成品储运；车间维修；职业安全卫生；环境保护，消防，节能；项目行政编制及车间定员；工程概算及财务评价；存在的问题及建议等。

初步设计文件的深度需要达到下列要求：设计方案比较选择和确定；主要工艺设备选型、订货；土地征用范围确定；基建投资控制；施工图设计编制；施工组织设计编制；施工准备等。

12.2.2.2 施工图设计

施工图设计是根据初步设计内容以及审批的意见，结合实际建筑安装工程或主要工艺设备安装需要，进一步完成各类施工图纸、施工方法说明和工程概算书的内容，使初步设计的内容更加完善、具体和详尽，以便施工。施工图设计阶段的设计文件由设计单位直接负责，不再上报审批。

施工图设计的内容主要包括设计图纸和设计说明书（文字说明、表格），具体内容主要包括：图纸目录、设计说明、管道及仪表流程图（带控制点工艺流程图）、设备布置及安装图、非标设备制造及安装图、管道布置及安装图、非工艺工程设计项目施工图、设备一览表、管道及管道特征表、管架表、弹簧表、隔热材料表、防腐材料表、综合材料表、设备管口方位表等。

设计说明的内容除初步设计说明书的内容外，还包括以下内容：对初步设计内容及进行修改的原因说明，设备安装、试压、保温、油漆等要求，管道安装依据、验收标准和注意事项等。

施工图设计的深度必须达到下列要求：各种设备及材料的安排和订货；各种非标设备的设计和制作；工程预算的编制；土建、安装工程的具体要求等。

12.2.3 制药工程设计的后期工作

设计后期工作主要是施工设计图纸交付建设单位后，设计人员依据工程概算或施工图预算协助建设单位完成单位工程招标，项目设计单位、建设单位、施工单位和监理单位对施工图进行会审，设计单位对项目建设单位和施工单位进行施工交底，对设计中的一些问题进行解释和处理。必要时设计单位派人参观施工现场并进行指导和解决存在的问题。施工中凡涉及方案问题、标准问题、安全问题等的变动，必须及时与设计部门协商，达成一致意见后方可改动。

制药工程项目完成施工后，进行设备的调试和试车生产。设计人员参加试车前的准备及试车工作，向业主说明设计意图并及时处理试车过程出现的设计问题。设备调试的总原则是从单机到联机再到整条生产线；从空车到以水代替物料再到实际物料；以实际物料试车并生产出合格产品。设备运行达到设计要求后，设计单位、建设单位、监理单位按照工程承建合同、施工技术文件及工程验收规范组织验收，并向主管部门提出竣工验收报告。

竣工验收达到合格后，交付使用方，开展正常生产，并达到稳定生产合格产品的能力。设计部门还要注意收集资料、进行总结，为以后的设计工作以及该厂的后期改扩建提供经验。

思考题

1. 制药工程设计的基本程序各部分内容的内涵是什么？
2. 可行性研究报告在制药工程设计中作用？ 具体内容是什么？
3. 初步设计的任务是什么？
4. 初步设计说明书包含哪些内容？

参考文献

[1]　朱宏吉，张明贤．制药设备与工程设计．北京：化学工业出版社，2011.
[2]　张珩，等．制药工程工艺设计．3版．北京：化学工业出版社，2018.
[3]　王沛，等．制药设备与车间设计．北京：人民卫生出版社，2014.
[4]　周丽莉，等．药物设备与车间设计．北京：中国医药科技出版社，2011.
[5]　王志祥，等．制药工程学．3版．北京：化学工业出版社，2015.

第 13 章 厂址选择与厂区布局

本章学习目的与要求：

（1）概述 GMP 对厂址选择与厂区布置的要求。

（2）准确阐明厂址选择时要考虑的因素。

（3）正确使用药厂总平面设计的基本原则。

（4）具有对药厂选址和厂区布置的能力。

药品是一种特殊的商品，其质量的好坏关系到人的生命安危。药品生产企业必须严格遵守国家药品监督管理局颁布的《药品生产质量管理规范》（GMP）要求，以确保药品的质量符合要求。国家为强化对药品生产过程的监督管理，确保药品安全有效，药品生产企业除必须按照国家关于开办生产企业的法律法规规定，履行报批程序外，还必须具备开办药品生产企业的相关要求条件。2019 年新修订的中华人民共和国药品管理法第四十二条规定：从事药品生产活动要有与药品生产相适应的厂房、设施和卫生环境；2010 版《药品生产质量管理规范》（GMP）第三十八条规定：厂房的选址、设计、布局、建造、改造和维护必须符合药品生产要求，应能最大限度避免污染、交叉污染、混淆和差错，便于清洁、操作和维护。因此药厂厂址的选择，整个厂区车间的布置必须综合考虑区域因素、经济因素以及拟申请生产药品的品种、种类等因素。

13.1 厂址选择

13.1.1 厂址选择概述

药品生产企业应有与生产品种和规模相适应的足够生产建筑面积和空间，以及与之相匹配的辅助建筑和设施。厂房与设施是否满足 GMP 的要求，是生产企业能否进行药品生产的一个先决条件，可以说是硬件设施中的基础部分。

厂址选择是指在拟建地区的一定范围内，根据拟建工程项目所必须具备的条件和区域规划要求，结合制药项目所必须具备的条件与制药工业的特点，选定建设项目坐落的具体位置，是制药企业筹建的前提，是基本建设前期工作的一个重要环节。制药厂因厂址选择不当、“三废”不能治理而被迫关停或限期停产治理或限期搬移的例子很多，其结果是造成人力、物力和财力的严重损失。同时，厂址选择的好坏对工厂的设计建设进度、建设质量、投资金额、产品质量、经济效益、可持续发展、环境保护等方面具有重大意义。因此，在厂址选择时，必须采取科学、慎重的态度，认真调查研究，确定适宜的厂址。

厂址选择涉及多个部门，是一项政策性和科学性很强的综合性工作。在厂址选择时，必须采取科学、慎重的态度，进行调查、比较、分析、论证，考虑周全，力求经济合理、节约用地和减少工程投资，更应严格按照国家的相关规定、规范执行，提出方案，编制厂址选择报告，经上级主管部门批准后，即可确定厂址的具体位置。

13.1.2　厂址选择的基本原则

厂址选择要根据地区城市长远发展规划方案进行。从综合方面看，应考虑国家的方针政策、地理位置、地质状况、环境保护、供排水、能源供给、电能输送、水源及清洁污染情况、常年的主导风向、通信设施、交通运输等因素。

（1）贯彻执行国家的方针政策　选择厂址时，必须贯彻执行国家的方针、政策，遵守国家的法律、法规。要符合国家的长远发展规划及工业布局、国土开发整治规划和地区经济发展整体规划，同时药品生产也必须符合 GMP 的要求。

（2）充分考虑环境保护和综合利用　药品质量好坏直接关系到人体健康和安全，药品的特殊性决定其生产环境必须达到一定的要求。GMP 规定药品生产厂房所处的环境应能最大限度降低物料或药品遭受污染的风险。生产环境有外部环境和内部环境，虽然药品生产主要是在车间内部进行，但外部环境会对内部环境产生影响。首先大气污染会加大空气净化系统的技术要求，增加投资，增加运行成本以及维护成本；其次人员、物料的流动也会给内部洁净环境带来潜在污染的风险。若外部环境较好，就能相应地减少净化设施的投资费用和潜在污染的风险，所以一定要在选择厂址中注意环境的情况。2010 版 GMP 第三十九条规定：应根据厂房及生产防护措施综合考虑选址，厂房所处的环境应能最大限度降低物料或药品遭受污染的风险。

制药企业宜选址在大气条件良好、空气污染少的地区，周围环境较洁净且绿化较好，大气中含尘、含菌浓度低，无有害气体、粉尘、放射物等污染源；周围人口密度较小，这样可以克服人为造成的各种污染；应远离码头、铁路、机场、交通要道以及散发大量粉尘和有害气体的工厂、贮仓、堆场等严重空气污染、水质污染、振动或噪声干扰的区域，不宜选在多风沙的地区和严重灰尘、烟气、腐蚀性气体污染的工业区。通常选在空气质量为二级的地区。空气质量分级见表 13-1。

表 13-1　空气质量指数相关信息

空气质量指数	空气质量指数级别	空气质量指数类别	空气质量指数表示颜色
0～50	一级	优	绿色
51～100	二级	良	黄色
101～150	三级	轻度污染	橙色
151～200	四级	中度污染	红色
201～300	五级	重度污染	紫色
＞300	六级	严重污染	褐红色

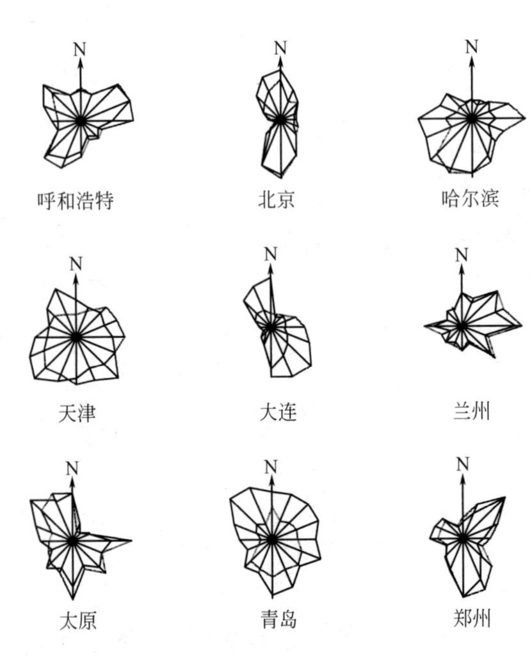

图 13-1 部分地区全年风向频率玫瑰图

如不能远离严重空气污染区时，要求掌握该地区全年主导风向和夏季主导风向的资料，厂址应位于整个工业园区最大风向频率的上风侧，或全年最小风向频率的下风侧。部分地区的全年风向频率玫瑰图见图 13-1。

风向频率表示某一地区在一定时间内各种风向出现的次数占所有观察次数的百分比。图 13-1 中线段最长者，即外面到中心的距离越大，表示风频越大，其为该地区主导风向；外面到中心的距离越小，表示风频越小，其为该地区最小风频。玫瑰图上所表示的风向，是指从外部吹向地区中心的方向即来风方向，各方向上按统计数值画出的线段，表示此方向风频率的大小，线段越长表示该风向出现的次数越多。

同时，企业必须对所产生的污染物进行综合治理，不得造成环境污染。制药生产中的废弃物很多，从排放的废弃物中回收有价值的资源，开展综合利用，是保护环境的一个积极措施。

（3）具备良好的自然条件和基本的生产条件　主要考虑拟建项目所在地的气候特征（四季气候特点、日照情况、温湿度情况、降水量、汛期、雷暴雨、灾害天气等）是否有利于减少项目投资和日常运行费用；地质地貌应无地震断层和基本烈度为 9 度以上的地震，应符合建筑施工的要求，地耐力宜在 150kN/m^2 以上，自然地形应整齐、平坦，这样既有利于工厂的总平面布置，又有利于场地排水和厂内的交通运输；土壤的土质及植被好，无泥石流、滑坡等隐患；地势利于防洪、防涝或厂区周围有积蓄、调节洪水和防洪等设施。当厂址靠近江河、湖泊、水库等地段时，厂区场地的最低设计标高应高于计算最高洪水位 0.5m 以上。总之，综合拟建项目所在地的综合条件，可以为整套设计必须考虑的全局性问题提供决策依据。

（4）公用设施满足生产需要　公用设施包括水、电、汽、原材料、燃料的供应，交通运输以及通信设施等，要满足并方便药厂日常运行要求，同时也要满足排污及废水处理后的排放需求。

① 水源　水在药品生产中是保障药品质量的关键因素。通常选择药厂厂址的地下水位不能过高，水质要好，给排水设施、管网设施、距供水主管网距离等均应满足工业化生产的需要。

② 供电、供气能力　包括电压、电负荷容量，要满足整个厂区设计生产能力的要求，蒸汽的供应需要考虑煤炭、天然气等能源的运输、供给管线的要求。

③ 通信设施　包括光缆、电缆、信号基站等通信设备，是否与现代高科技技术接轨，以满足现代自动化车间技术要求。

④ 交通运输　制药厂的物流量比较大，为减少运输成本，厂址应选在交通比较发达的地区，能提供快捷方便的公路、铁路或水路运输条件，并配有消防通道。

（5）符合在建城市和地区的近远期发展规划，节约用地，但应留有发展余地。

（6）协作条件 厂址应选择在储运、机修、公用工程（电力、蒸汽、给水、排水、交通、通信）和其他生活设施等方面具有良好协作条件的地区。

（7）下列地区不宜建厂 有开采价值的矿藏区域；国家规定的历史文物古迹保护区；生物保护和风景游览地；地基允许承受力（地耐力）0.1MPa以下的地区；对飞机起降、电台通信、电视转播、雷达导航和重要的天文、气象、地震观测以及军事设施等有影响的地区。

厂址选择首先要遵守国家和地方的相关政策和法规，符合工程所在地的工业布局和总体规划要求。选址应与城镇和工业区的总体规划相协调，这不仅有利于医药企业的生产和发展，还可促进城镇与工业区的发展。工艺设计人员应从项目最初的设计阶段开始考虑GMP对厂房选址的要求，避免新建厂房在进行GMP验收认证阶段造成隐患。

13.2 厂区布局

厂区布局设计是在主管部门批准的既定厂址上，根据制药工程项目的生产品种、生产工艺流程、生产规模、生产特点和相互关系及有关技术要求，缜密考虑和总体设计厂区内部所有建筑物和构筑物在平面和竖向上布置的相对位置，运输网、工程网、行政管理、福利及绿化设施的布置关系，即工厂的总图布置。

13.2.1 厂区布局设计的意义

厂区内总平面布局设计是工程设计的一个重要组成部分，不仅要与GMP认证结合起来，更主要的是要把“认证通过”与“生产优质高效的药品”的最终目标结合起来。其方案的科学性、合理性、规范性直接关系到工程设计的质量和建设投资的效果，对于整个工程施工产生很大影响。科学合理的总平面布置可以大大减少建筑工程量，节省建筑投资，加快建设速度，为企业创造良好的生产环境，提供良好的生产组织经营管理条件。如果总平面布局设计的不协调、不完善，不仅会使工程项目的总体紊乱、不合理，建设投资增加，而且项目建成后还会带来生产、生活和管理上的混乱，甚至影响产品的质量和企业的经营效益。因此，在厂区平面布局设计方面，应该把握住“合理、先进、经济”的原则，有效地防止污染和交叉污染；采用的药品生产技术要先进；投资费用要经济节约，以降低生产成本。

13.2.2 厂区划分

根据2010版GMP第四十三条规定：企业应有整洁的生产环境；厂区的地面、路面及运输等不应对药品的生产造成污染；生产、行政、生活和辅助生产区的总体布局应合理，不得互相妨碍；厂区和厂房内的人、物流走向应合理。根据这条规定，药品生产企业应将厂区按建筑物的使用性质进行归类分区布置，老厂区规划改造时也应达到这个要求。

厂区划分就是根据生产、管理和生活的需要，结合安全、卫生、管线、运输和绿化的特点，将全厂的建筑物和构筑物划分为若干联系紧密、性质相近的单元，以便进行总体布置。

① 生产区　厂内生产成品或半成品的主要工序部门称为生产车间，主要生产车间是生产区的主体，如原料药生产车间、制剂生产车间等。生产车间可以是多品种共用，也可以为生产某一产品而专门设置，如抗生素、激素等生产车间。生产车间通常由若干建（构）筑物（厂房）组成，是全厂的主体。通常根据工厂的生产情况可将其中的1～2个主体生产车间作为厂区布置的中心，其他辅助车间围绕生产车间进行就近布置。

② 辅助生产区及公用系统　协助生产车间正常运行的辅助生产部门称为辅助车间，如机修、电工、仪表等辅助车间以及仓库、污水处理车间、动物房、质检中心等建（构）筑物（厂房）等组成。公用系统包括供水、供电、锅炉、冷冻、空气压缩等车间或设施，其作用是保证生产车间的顺利生产和全厂各部门的正常运转。

③ 行政管理区　由全厂性管理办公室、研发中心、中心化验室、培训中心、传达室等建（构）筑物组成。

④ 生活区　由职工宿舍、食堂、活动中心、医务室、绿化美化等建（构）筑物和设施组成，是体现企业文化的重要部分。

⑤ 其他消防设施、环保设施、车库、道路等。

厂区划分一般以主体生产车间为中心，分别对生产、辅助生产、公用系统、行政管理及生活设施进行归类分区，然后进行总体布置。

13.2.3 厂区总图布局设计要求

GMP核心就是预防药品生产过程中的污染、交叉污染、混批、混杂。总平面设计原则就是依据GMP的规定创造合格的布局，合理的生产场所，预防污染和交叉污染。预防污染也是厂房规划设计的重点。

生产厂房包括一般厂房和有空气洁净度级别要求的洁净厂房。一般厂房按一般工业生产条件和工艺要求布置，洁净厂房按GMP的要求布置。制药企业的洁净厂房必须以微粒和微生物两者为主要控制对象，这是由药品及其生产的特殊性所决定的；设计与生产都要坚持控制污染的主要原则。

总平面布置应在总体规划的基础上，遵循国家发展方针政策，按照GMP的要求，根据工厂的性质、规模、生产流程、交通运输、环境保护、防火、安全、卫生、施工、检修、生产、经营管理、厂容厂貌及厂区发展等要求，结合场地自然条件进行布置，经方案比较后择优确定，做到整体布局满足生产、安全、发展规划三个方面的要求。

13.2.3.1 生产要求

（1）合理的功能分区和避免污染的总体规划　根据厂区内功能区域的划分，整体上把握功能区布置合理，区域之间保证相互联系便利又不互相影响，人流、物流分开，运输管理方便高效。具体应考虑以下原则和要求：

① 一般主要生产区布置在厂区的中心，辅助车间布置在它的附近。

② 生产性质相类似或工艺流程相联系的车间要靠近或集中布置。

③ 生产厂房应考虑工艺特点和生产时的交叉感染。例如兼有原料药生产和制剂生产的药厂，原料药生产车间应布置在制剂生产区的下风侧；抗生素类生产厂房的设置应考虑防止与其他产品的交叉污染。

④ 将卫生要求相似的车间靠近布置，将产生大量烟、粉尘、有害气体的车间和设备布

置在厂区边沿地带以及生活区的全年主导风向的下风向。办公、质检、食堂、仓库等行政、生活辅助区布置在厂前区，并处于全年主导风向的上风侧或全年最小频率风向的下风侧。因此，在总图布置前，要掌握该地区的全年主导风向和夏季主导风向的资料。

⑤ 车库、仓库、堆场等布置在邻近生产区的货运出入口及主干道附近，应避免人、物流交叉，并使厂区内外运输路线短、直。

⑥ 锅炉房、冷冻站、机修、制水、配电等严重空气、噪声及电磁污染的布置在厂区主导风向的下风侧。

⑦ 动物房的设置应符合原国家食品药品监督管理局《实验动物管理办法》等有关规定，布置在僻静处，并设有专用的排污和空调设施。

⑧ 危险品仓库应设于厂区安全位置，并有防冻、降温、消防等措施，麻醉药品、剧毒药品应设有专用仓库，并有防盗措施。

⑨ 考虑工厂建筑群体的空间处理及绿化环境布置，符合当地城镇规划要求。

⑩ 考虑企业发展需要，留有余地（发展预留生产区），使近期建设与远期的发展规划相结合，以近期为主。

目前国内不少中小型制剂厂都采用大块式、连廊组合式布置，这种布局方式能满足生产并缩短生产工序路线，方便管理和提高工效，节约用地并能将零星的间隙地合并成较大面积的绿化区。

（2）适当的建筑物和构筑物布置　药厂的建筑物及构筑物是指其车间、辅助生产设施及行政、生活用房等。进行建筑物及构筑物布置时，应考虑以下几方面：

① 提高建筑系数、土地利用系数及容积率，节约建筑用地。

在进行厂区总体平面设计时，应面向城镇交通干道方向做企业的正面布置，正面的建（构）筑物应与城镇的建筑群保持协调。充分利用厂址的地形、地势、地质等自然条件，因地制宜，紧凑布置，提高土地利用率。若厂址位置地形坡度较大，可采用阶梯式布置，这样既能减少平整场地的土石方量，又能缩短车间之间的距离。当地形、地质受到限制时，应采取相应的施工措施，既不能降低总平面设计的质量，也不能留下隐患，否则会影响长期生产经营。

为满足卫生及防火要求，药厂的建筑系数及土地利用系数都较低。设计中，以保证药品生产工艺技术及质量为前提，合理地提高建筑系数、厂区利用系数和容积率，对节约建设用地、减少项目投资有很大意义。

建筑系数为厂区用地范围内各种建（构）筑物占（用）地面积的总和（包括露天生产装置和设施、露天堆场、操作场地的用地面积）与厂区建设用地面积的比率，按式(13-1)计算：

$$C=(A_1+A_2+A_3)/A\times 100\% \tag{13-1}$$

式中　C——建筑系数；

A_1——建（构）筑物占地面积，$\times 10^4 m^2$；

A_2——露天生产装置和设施用地面积，$\times 10^4 m^2$；

A_3——露天堆场及操作场地的用地面积，$\times 10^4 m^2$；

A——厂区建设用地面积，$\times 10^4 m^2$。

厂区利用系数为厂区用地范围内各种建（构）筑物占（用）地面积、铁路和道路用地面积、工程管线用地面积的总和与厂区用地面积的比率，按式(13-2)计算：

$$B=[B_1+(S_1+S_2+S_3)/A]\times 100\% \tag{13-2}$$

式中 B——厂区利用系数；

B_1——建筑密度；

S_1——铁路用地面积，$\times 10^4 m^2$；

S_2——道路用地面积，$\times 10^4 m^2$；

S_3——工程管线用地面积，$\times 10^4 m^2$；

A——厂区建设用地面积，$\times 10^4 m^2$。

厂房集中布置或车间合并是提高建筑系数及厂区利用系数的有效措施之一。例如，生产性质相近的水针剂车间及大输液车间，对洁净、卫生、防火要求相近，可合并在一座楼房内分层（区）生产；片剂、胶囊剂、散剂等固体制剂加工有相近过程，可按中药、西药类别合并在一座楼房内分层（区）生产；总之，只要符合 GMP 要求和技术经济合理，尽可能将建筑物、构筑物加以合并。

容积率应为计算容积率的总建筑面积与厂区建设用地面积的比值，应按式(13-3)计算：

$$R=S/A \tag{13-3}$$

式中 R——容积率；

S——计算容积率的总建筑面积，$\times 10^4 m^2$；

A——厂区建设用地面积，$\times 10^4 m^2$。

设置多层建筑厂房是提高容积率的主要途径。一般可根据药品生产性质和使用功能，将生产车间组成综合制剂厂房，并按产品特性进行合理分区。例如，固体制剂生产车间中物料密闭转运系统的使用，使固体制剂生产由传统的水平布置向垂直布置转变，垂直布置可以减少车间占地面积，物料转运可实现重力下料，减少洁净区面积和体积，降低空调系统运行费用。常见为三层或四层垂直布置。三层布置中，主生产区通常位于二层，三层为物料称量、粉碎、配料等前处理区以及制粒、总混、压片、包衣等岗位下料区，一层为包装区及接料区，内包装物料在二层下料。根据生产中采用的物料密闭转运系统的密闭等级的不同，可将下料区、接料区、中间物料暂存区设置在受控的一般区内，可最大限度地减少洁净区面积。

因此，在占地面积已经规定的条件下，需要根据生产规模考虑厂房的层数。现代化制剂厂房以单层大跨度、无窗厂房较为常见。

根据 GMP 对厂房设计的常规要求，确定药厂各部分建筑占地面积的分配比例：厂房占厂区总面积 15%；生产车间占建筑总面积 30%；库房占总建筑面积 30%；管理及服务部门占总建筑面积 15%；其他占总建筑面积 10%。

② 确保安全卫生，合理确定建筑物间距。

决定建筑物间距的因素很多，对于药厂来说，主要有防火、防爆、防毒、防尘等以及通风、采光等卫生要求。另外，还有地形地质条件、交通运输、管线布置等要求。

总图布置时，将卫生要求相近的车间集中布置，将产生粉尘和有害气体的车间布置在下风侧的边沿地带。因此，需要向当地气象部门了解全年主导风向和夏季主导风向的资料，对于可以在夏季开窗生产的车间，常以夏季主导风向来考虑车间的相互位置。但对质量要求严格以及防尘、防毒要求较高的产品，并且全年主导风向差别十分明显时，则应该以全年主导风向来考虑。同时要注意建筑物的方位，以保证车间有良好的自然采光和天然通风。

按照《工业企业设计卫生标准》规定，在厂区布置时应该注意：建筑物之间的距离一般不得小于相对两个建筑物中较高建筑物的高度（由地面到屋檐）；产生有害因素的工业企业与生活区之间，应保持一定的卫生防护距离。卫生防护距离的宽度，应由建设主管部门协同卫生部门、环保部门共同研究确定。在卫生防护距离内，不得建设住房，且必须进行绿化。

（3）人流、物流协调　根据GMP规定：制药厂厂区和厂房内的人、物流走向应合理。按照人流物流协调，工艺流程协调，洁净级别协调的原则，在厂区设置人流入口和物流入口，出入口的位置和数量，应根据工厂规模、厂区用地面积和当地规划要求等因素综合确定，数量不宜少于2个。

人流与货流的方向最好进行相反布置，并将货物出入口与工厂的主要出入口分开，以消除彼此的交叉。货运量较大的仓库，堆场应布置在靠近货运大门；车间货物出入口与门厅分开，避免与人流交叉。在防止污染的前提下，应使人流和物流的交通运输路线尽可能径直、短捷、通畅，避免交叉重叠。生产负荷中心应靠近水、电、汽、冷的供应中心，有顺畅和便捷的生产作业线，使各种物料的输送距离小，减少介质输送距离和耗损；原材料、半成品存放区与生产区的距离也要尽量缩短，以减少途中污染。

洁净厂房宜布置在厂区内环境清洁、人流物流不穿越或少穿越的地段，与市政交通干道的间距宜大于100m。车间、仓库等建（构）筑物应尽可能按照生产工艺流程的顺序进行布置，将人流和物流通道分开，并尽量缩短物料的传送路线，避免与人流路线的交叉。同时，应优先设计厂内的运输系统，努力创造优良的运输条件和效益。

对有洁净厂房的药厂进行总平面设计时，设计人员应对全厂的人流和物流分布情况进行全面分析和预测，合理规划和布置人流和物流通道，并尽可能避免不同物流之间以及物流与人流之间的交叉往返，无关人员或物料不穿越洁净生产区，以免影响洁净区域的整体环境。厂区与外部环境之间以及厂内不同区域之间，可以设置若干个大门。为人流设置的大门，主要用于生产和管理人员出入厂区或厂内的不同区域；为物流设置的大门，主要用于厂区与外部环境之间以及厂内不同区域之间的物流输送。

（4）工程管线综合布置　药厂涉及的工程管线，主要有生产和生活用的上下水管道、热力管道、压缩空气管道、冷冻管道以及生产用的动力管道、物料管道等，另外还有通信、广播、照明、动力等各种电线电缆，进行总图布置时要综合考虑。一般要求管线与管线之间，管线与建筑物、构筑物之间尽量相互协调，方便施工，安全生产，便于检修。

药厂管线的铺设，有技术夹层、技术夹道或技术竖井布置法、地下埋入法、地下综合管沟法和架空法等几种方法，一般根据药厂实际情况选择具体铺设方法。

（5）厂区绿化　按照生产区、行政区、生活区和辅助生产区的功能要求，规划一定面积的绿化带，在各建筑物四周空地及预留地布置绿化，特别是洁净厂房的周围绿化设计更加重要。厂房周围应该土不见天，绿化面积最好达到50%以上。绿化以种植耐寒草坪为主，辅以不产生花絮的常绿灌木和乔木，这样可以减少土地裸露面积，利于保护生态环境，净化空气。厂区道路两旁种植常青的行道树，厂区内不应种植观赏花卉及高大乔木，不能绿化的道路应铺设成不起尘的水泥地面，杜绝尘土飞扬。

总之，药厂总图布置设计首先要遵守国家《建筑设计防火规范》（GB 50016—2014）和GMP的要求，结合业主要求和厂区实际情况，根据项目规划要求，充分考虑厂址周边环境，做到功能分区明确，人流、物流分开，合理用地，尽量增大绿化面积；其次，要满足生产工艺要求，做到功能区划分合理，方便生产与交通便捷，避免人物流折返、交叉。建筑立面设计简洁、大方。充分体现医药行业卫生、洁净的特点和现代化制药厂房的建筑风格。

13.2.3.2 安全要求

药厂生产使用的有机溶剂、液化石油气等易燃易爆危险品，厂区布置时应充分考虑安全布局，严格遵守《建筑设计防火规范》等安全规范和标准的有关规定，重点防止火灾和爆炸事故的发生。

根据生产使用物质的火灾危险性、建筑物的耐火等级、建筑面积、建筑层数等因素确定建筑物的防火间距。

油罐区、危险品仓库应布置在厂区的安全地带，生产车间污染及使用液化气、氮气、氧气和蒸馏回收有机溶剂时，则将它们布置在邻近生产区域的单层防火、防爆厂房内。

13.2.3.3 合理规划厂区，留有发展余地

药厂的厂区布置要能较好地适应工厂的近、远期规划，留有一定的发展余地。在设计上既要适当考虑工厂的发展远景和标准提高的可能，又要注意未来扩建时不至于影响生产以及扩大生产规模的灵活性。

图 13-2、图 13-3 分别为某两制药厂的总平面布置图。

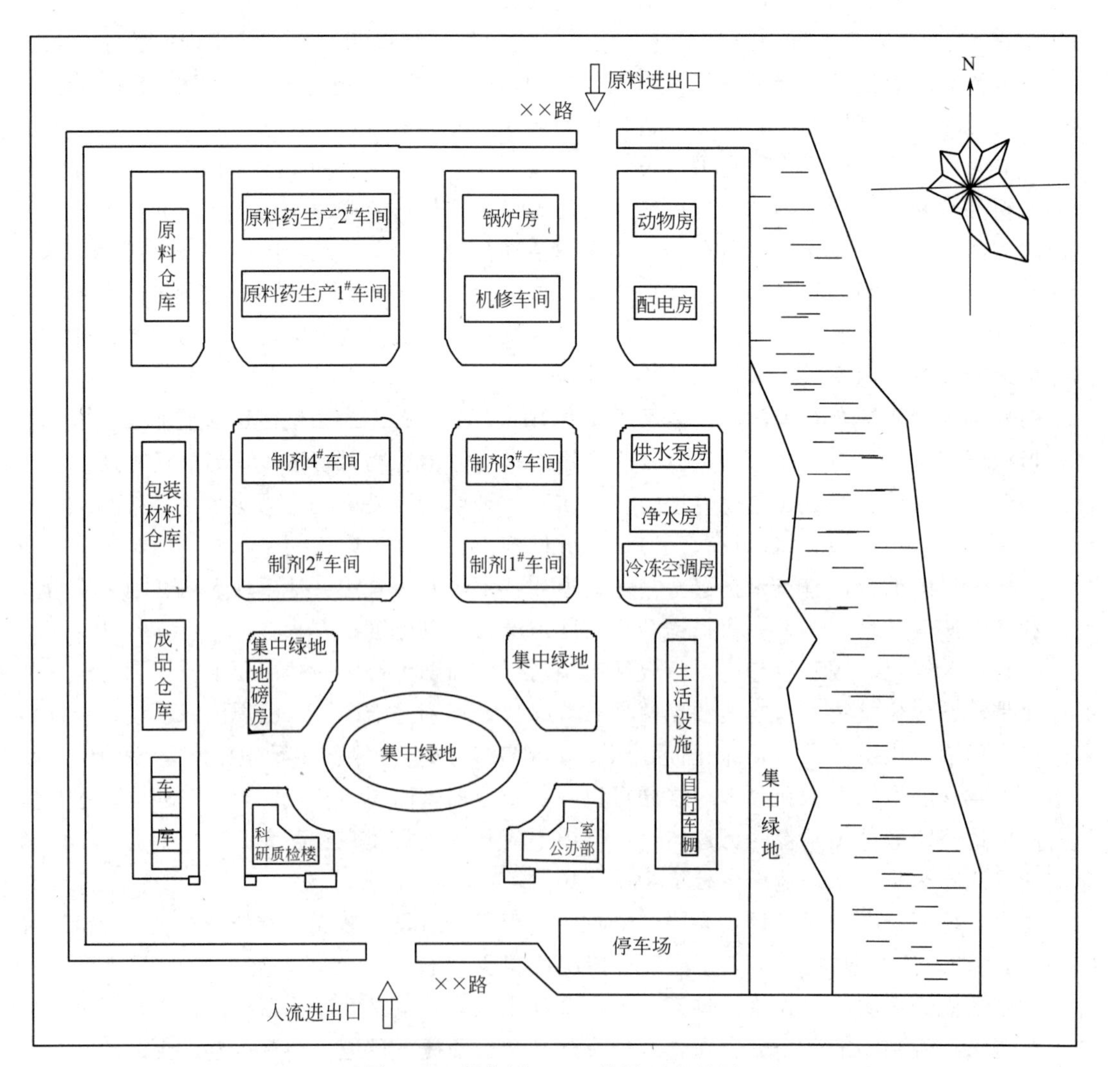

图 13-2 制药厂（一）总平面布置图

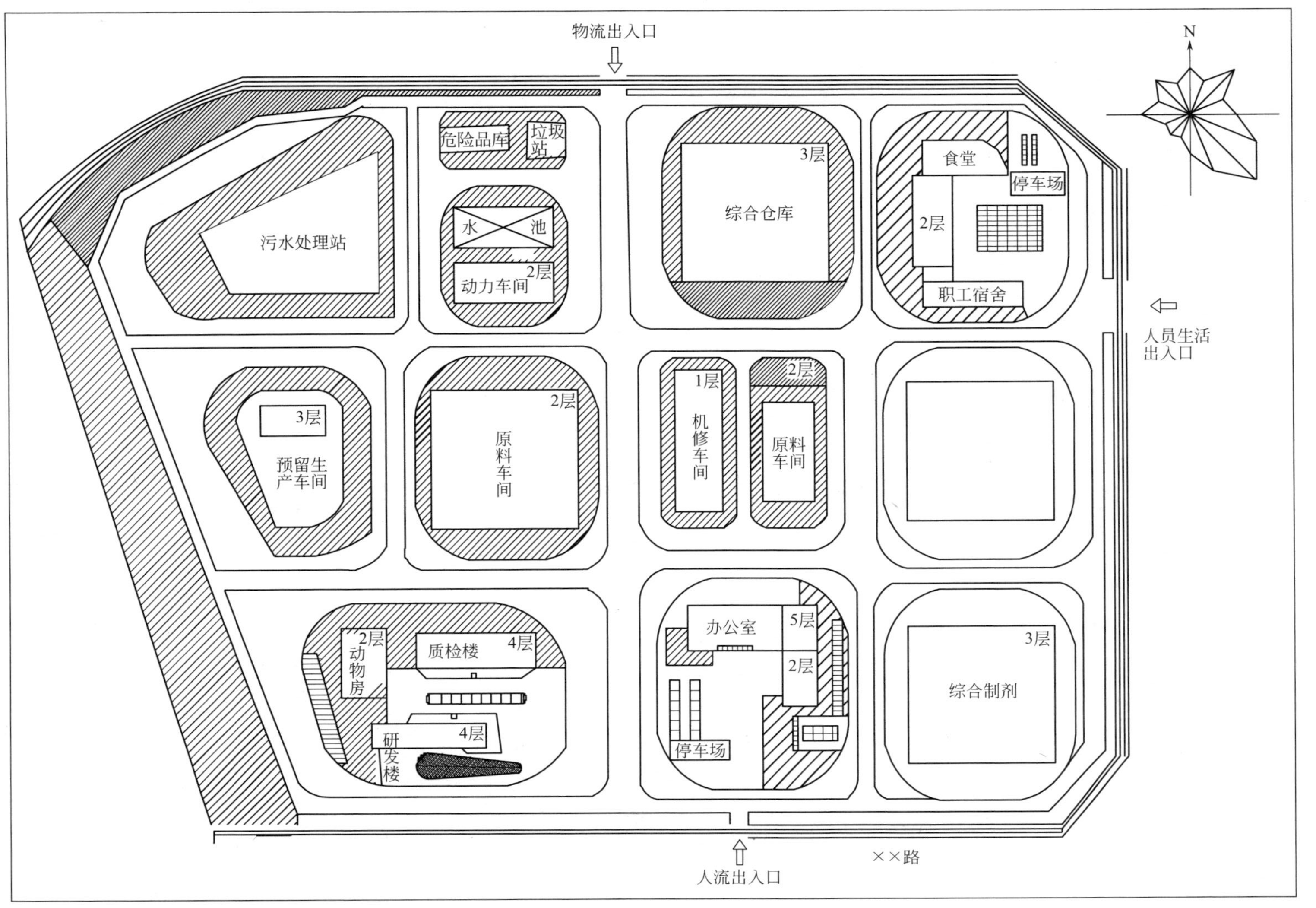

图13-3 制药厂(二)总平面布置图

13.3 制药工程设计规范和标准

制药工程设计必须执行一定的规范和标准，才能保证设计质量。标准主要指企业的产品，规范侧重于设计所要遵守的规程。随着与国际惯例的逐步接轨，标准、规范在使用上也逐步发生着变化，设计人员也要与时俱进，要将最新的标准用于设计中。

按指令性质可将标准和规范分为强制性与推荐性两类。强制性标准是法律、行政法规规定强制执行的标准，是保障人体健康、安全的标准。而推荐性标准则不具有强制性，任何单位均有权决定是否采用，如违反这些标准并不负经济或法律方面的责任。按发布单位又可将规范和标准分为国家标准、行业标准、地方标准和企业标准。以下为制药企业设计中常用的有关国家的规范和标准。

①《药品生产质量管理规范》(2010 年修订)。

②《医药工业洁净厂房设计标准》GB 50457—2019。

③《洁净厂房设计规范》GB 50073—2013。

④《建筑设计防火规范》GB 50016—2014。

⑤《医药工业总图运输设计规范》GB 51047—2014。

⑥《爆炸危险环境电力装置设计规范》GB 50058—2014。

⑦《工业企业设计卫生标准》GBZ 1—2010。

⑧《污水综合排放标准》GB 8978—2008。

⑨《工业企业厂界环境噪声排放标准》GB 12348—2008。

⑩《压力容器》GB 150.1～GB 150.4—2011。

⑪《建筑采光设计标准》GB 50033—2013。

⑫《建筑照明设计标准》GB 50034—2013。

⑬《工业建筑防腐蚀设计标准》GB/T 50046—2018。

⑭《化工装置设备布置设计规定》HG/T 20546—2009。

⑮《化工装置管道布置设计规定》HG/T 20549—1998。

⑯《建设项目环境保护管理条例》(中华人民共和国国务院［1998］年第 253 号令)。

⑰《工业企业噪声控制设计规范》GB/T 50087—2013。

⑱《环境空气质量标准》GB 3095—2012。

⑲《锅炉大气污染物排放标准》GB 13271—2014。

⑳《大气污染物综合排放标准》GB 16297—1996。

㉑《建筑灭火器配置设计规范》GB 50140—2005。

㉒《建筑物防雷设计规范》GB 50057—2010。

㉓《火灾自动报警系统设计规范》GB 50116—2013。

㉔《建筑内部装修设计防火规范》GB 50222—2017。

㉕《自动喷水灭火系统设计规范》GB 50084—2017。

㉖《建筑结构荷载规范》GB 50009—2012。

㉗《民用建筑设计统一标准》GB 50352—2019。

㉘《建筑结构可靠性设计统一标准》GB 50068—2018。

㉙《建筑给水排水设计标准》GB 50015—2019。
㉚《建筑结构制图标准》GB/T 50105—2010。
㉛《建筑地面设计规范》GB 50037—2013。
㉜《厂矿道路设计规范》GBJ 22—1987。
㉝《通风与空调工程施工质量验收规范》GB 50243—2016。
㉞《自动化仪表选型设计规定》HG/T 20507—2014。

思考题

1. GMP对厂址选择厂区布置的要求有哪些?
2. 药厂厂区如何进行分区? 各功能区如何布置才合理?
3. 药厂厂区内人物流如何设置?

参考文献

[1] 中国医药质量管理协会. 药品生产质量管理规范及应用指南. 北京：中国医药科技出版社，2011.
[2] GB 50457—2019. 医药工业洁净厂房设计标准.
[3] GB 50016—2014. 建筑设计防火规范.
[4] GB 51047—2014. 医药工业总图运输设计规范.
[5] 朱宏吉，张明贤. 制药设备与工程设计. 2版. 北京：化学工业出版社，2011.
[6] 张珩，等. 制药工程工艺设计. 3版. 北京：化学工业出版社，2018.
[7] 王沛，等. 制药设备与车间设计. 北京：人民卫生出版社，2014.

第 14 章 工艺流程设计

本章学习目的与要求：

（1）正确解释工艺流程设计的作用、任务、基本程序和成果。

（2）能进行工艺流程设计方案比较，会完善以单元操作或单元反应为中心的工艺流程设计技术。

（3）具有解决工艺流程设计中应考虑的技术问题的能力。

工艺流程设计包括实验工艺流程设计和生产工艺流程设计两部分。对于只有文献资料依据、国内尚未进行实验和生产，以及技术比较复杂的产品，其工艺流程设计一般属于实验工艺流程设计；对于国内已大规模生产、技术比较简单，以及中试已通过的产品，其工艺流程设计一般属于生产工艺流程设计。本章主要介绍的是制药生产工艺流程设计。

14.1 工艺流程设计概述

14.1.1 制药工艺过程及制药工艺流程设计的任务

14.1.1.1 制药工艺过程

所谓工艺过程就是选择切实可靠的生产技术路线，由原料—半成品—成品的加工过程。一个典型的制药工艺过程一般由六个阶段所组成，具体如图 14-1 所示。

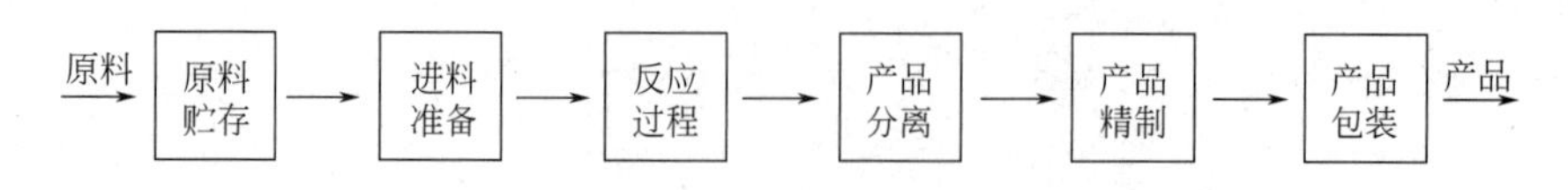

图 14-1 制药工艺过程

对于某一具体工艺来说，并不是图中六个阶段都是必需的，须根据具体情况而定。每一阶段的复杂性取决于工艺的特性，具体情况如下所述。

① 原料贮存 原料贮存的目的是缓冲供应的波动或中断，以使原料供应和生产相适应。贮存容量取决于原料的性质、输送的方法及连续供应的程度，一般要求贮存几天或几周的容量。

② 进料准备 由于所购原料不一定符合反应阶段的进料要求，进料前需要进行处理。有的原料纯度不高，通常经过分离提纯；固体原料往往需要破碎、磨细及筛分等。

③ 反应过程 将原料放至反应器中，按照一定的工艺操作条件，得到合格的产品的过程。在此过程中，也难免生成一些副产物或不希望获得的化合物（杂质），常常需要控制反应条件以使反应向着需要的方向进行，因此反应过程是化学制药生产过程的心脏。

④ 产品分离 反应结束之后，需要将产品、副产品及未反应的物料分离。如果转化率低，未反应物料很多，再送回反应器。在此阶段，副产品也可以与产品分离。

⑤ 产品精制 一般产品需要经过精制，提高质量，成为合格产品，才能满足用户的要求。如果所得到的副产品具有经济价值，也可以经过精制后出售。

⑥ 产品包装 药品包装是药品生产的继续，是对药品施加的最后一道工序。它可以保护药品、便于临床应用、方便流通与销售等。

14.1.1.2 制药工艺流程设计的任务

制药工艺流程是表示由原料到成品过程中物料和能量发生的变化及其流向，制药工艺流程设计的任务一般包括以下几个内容。

① 方案设计 其任务是确定生产方法及生产流程，这是全部工艺设计的基础。在通过技术经济评价确定生产方案之后，要经过一定量的化工计算、车间布置设计等工作设计出生产流程。目前，一般是先凭设计者的经验或借鉴有关设计，拟定流程方案，再进行一定计算，最后确定流程。

② 物料和热量衡算 主要包括物料衡算、热量衡算以及设备计算、设备选型等。在上述计算基础上，绘制物料流程图、主要设备总图和必要部件图，以及带控制点的工艺流程图等。

③ 车间布置设计 主要任务是确定整个工艺流程中的全部设备在平面和空间中的具体位置，相应地确定厂房或框架的结构形式。车间布置也为土建、采暖、通风、电气、自控、给排水、外管等专业的设计提供依据。

④ 管路设计 确定装置的全部管线、阀件、管件以及各种管架的位置，以满足工艺生产的要求。

⑤ 提供设计条件 在各项工艺设计的基础上，工艺专业设计人员必须向其他各类专业人员（土建、电气、采暖、通风、给排水等）提供设计条件，以满足全厂综合性指标的要求。

⑥ 编制概算书及设计文件 概算书是在初步设计阶段编制的工程投资的概略计算，作为投资者对基本建设进行投资核算的依据。其内容主要包括工厂建筑、设备及安装工程费用等。初步设计阶段与施工设计阶段完成之后，都要编制设计文件，它是设计成果的汇总，是工厂施工、生产的依据，内容主要包括设计说明书、附图（流程图、布置图、设备图、配管图等）和附表（设备一览表、材料汇总表等）。

14.1.2　工艺流程设计的重要性

工艺流程设计是工程设计所有设计项目中最先进行的一项设计，是车间设计最重要、最基础的设计步骤，是车间工艺设计的核心，产品质量的优劣、经济效益的高低取决于工艺流程设计的可靠性、合理性及先进性。车间工艺设计的其他项目，如工艺设备设计、车间布置设计和管路布置设计等均受制于工艺流程。同时，工艺流程设计与车间布置设计一起决定了车间或装置的基本面貌。但随着车间布置设计及其他专业设计的进展，工艺流程设计还要不断地做一些修改和完善，结果几乎是最后完成。

14.1.3　工艺流程设计的成果

在初步设计阶段，工艺流程设计的成果是初步设计阶段带控制点的工艺流程图和工艺操作说明；在施工图设计阶段，工艺流程设计的成果是施工图阶段的带控制点的工艺流程图，即管道仪表流程图（piping and instrument diagram，PID）。两者的要求和深度不同，施工图阶段的带控制点的工艺流程图是根据初步设计的审查意见，并考虑到施工要求，对初步设计阶段的带控制点的工艺流程图进行修改完善而成。两者都要作为正式设计成果编入设计文件中。

14.1.4　生产方法和工艺流程选择

制药工业生产中，由于生产的药物类别和制剂品种不同，一个制药厂通常由若干个生产车间所组成，其中每个（类）生产车间的生产工段及相应的加工工序不同，完成这些产品生产的设施与设备也有差异，所以其车间工艺流程是不同的。同时，一个工艺过程往往可以通过多种方法来实现。如片剂制备的固体间混合有搅拌混合、研磨混合与过筛混合等方法；湿法制粒有三步（混合、制粒、干燥）制粒法和一步制粒法；包衣方法有滚转包衣、流化包衣、压制包衣和埋管喷雾滚转包衣等。工艺设计人员只有根据药物的理化性质和加工要求，对上述各工艺过程进行全面的比较和分析，才能产生一个合理的工艺流程设计方案。

药物、制剂工艺流程设计应以采用新技术、提高效率、减少设备、降低投资和设备运行费用等为原则，同时也应综合考虑工艺要求、工厂（车间）所在的地理环境、气候环境、设备条件和投资能力等因素。对于新产品的工艺流程设计，应在中试放大有关数据的基础上，与研究、生产单位共同进行分析。对比后，研究确定符合生产与质量要求的工艺流程。而原有车间的技术改造，则应在依据原工艺技术的基础上，根据生产工艺技术的发展，装备技术的进步，选择先进的生产工艺与优良的设备，以实现经济效益与质量的同步提高。

14.1.5　工艺流程的设计原则及应考虑的问题

当生产方法确定后，必须对工艺流程进行技术处理。在考虑工艺流程的技术问题时，应以工业化实施的可行性、可靠性和先进性为基点，综合权衡多种因素，使流程满足生产、经济和安全等诸多方面的要求。

14.1.5.1　工艺流程的设计原则

① 尽可能采用先进设备、先进生产方法及成熟的科学技术成就，以保证产品质量。

②“就地取材”，充分利用当地原料，以便获得最佳的经济效果。

③ 所采用的设备效率高、降低原材料消耗及水电气（汽）消耗，以降低生产成本。

④ 按GMP要求对不同的药物剂型进行分类的工艺流程设计。如口服固体制剂、栓剂等按常规工艺路线进行设计；外洗液、口服液、注射剂（大输液、水针剂）等按灭菌工艺路线进行设计；粉针剂按无菌工艺路线进行设计等。

⑤ 内酰胺类药品（包括青霉素类、头孢菌素类）按单独分开的建筑厂房进行工艺流程设计。中药制剂和生化药物制剂涉及中药材的前处理、提取、浓缩（蒸发）以及动物脏器、组织的洗涤或处理等生产操作，按单独设立的前处理车间进行前处理工艺流程设计，不得与其制剂生产工艺流程设计混杂。

⑥ 其他如非生产用细胞、孕药、激素、抗肿瘤药、生产用毒菌种、非生产用毒菌种、生产用细胞与强毒、弱毒、死毒与活毒、脱毒前与脱毒后的制品的活疫苗与灭活疫苗、血液制品、预防制品的剂型及制剂生产按各自的特殊要求进行工艺流程设计。

⑦ 遵循“三协调”原则，即人流物流协调、工艺流程协调、洁净级别协调，正确划分生产工艺流程中生产区域的洁净级别，按工艺流程合理布置，避免生产流程的迂回、往返和人物流交叉等。

⑧ 充分预计生产的故障，以便即时处理、保证生产的稳定性。

14.1.5.2　设计工艺流程应考虑的问题

（1）从工艺和技术角度来看，应满足以下要求：

① 尽量采用能使物料和能量有高利用率的连续过程。

② 反应物在设备中的停留时间既要使之反应完全，又要尽可能地短。

③ 维持各个反应在最适宜的工艺条件下进行。

④ 设备或器械的设计要考虑到流动形态对过程的影响，也要考虑到某些因素可能变动，如原料成分的变动范围、操作温度的允许范围等。

⑤ 尽可能使设备的构造、反应系统的操作和控制简单、灵敏和有效。

⑥ 及时采用新技术和新工艺。有多种方案可以选择时，选直接法代替多步法，选原料易得路线代替多原料路线，选低能耗方案代替高能耗方案，选接近于常温常压的条件代替高温高压的条件，选污染或废料少的代替污染严重的等，但也要综合考虑。

⑦ 为宜于控制和保证产品质量一致，在技术水平和设备材质等允许下，大型单系列优于小型多系列，且便于实现微机控制。

（2）从经济核算、管理、环保和操作安全的角度来看，要求如下：

① 选用小而有效的设备和建筑，以降低投资费用，并便于管理和运输。与此同时，也要考虑到操作、安全和扩建的需要。

② 用各种方法减少不必要的辅助设备或辅助操作。例如利用地形或重力进料以减少输送机械等。

③ 工序和厂房的衔接安排要合理。

④ 创造有职业保护的安全工作环境，减轻体力劳动负担。

⑤ 重视环境保护，做好“三废”治理，污染处理装置应与生产同时建设。

14.1.6 工艺流程设计程序

(1) 对选定的生产方法进行工程分析和处理 对选定生产方法的小试、中试工艺报告，或者对工厂实际生产工艺及操作控制数据进行工程分析，在确定产品方案（品种、规格、包装方式）、设计规模（年产量、年工作日、日工作班次、班生产量）及生产方法的情况下，将产品的生产工艺过程按制药类别和制剂品种要求，分解成若干个单元反应、单元操作或若干个工序，并确定每个步骤的基本操作参数（又称为原始信息，如温度、压力、时间、进料速度、浓度、生产环境、洁净级别、人净物净措施要求、制剂加工、包装、单位生产能力、运行温度与压力、能耗等）和载能介质的技术规格。

(2) 绘制工艺流程框图 工艺流程框图是以方框或圆框、文字和带箭头线条的形式定性地表示由原料变成产品的生产过程（详见 14.2.1 节）。

(3) 进行方案比较 在保持原始信息不变的情况下，从成本、收率、能耗、环保、安全及关键设备使用等方面，对提出的几种方案进行比较，从中确定最优方案。

(4) 绘制设备工艺流程图 确定最优方案后，就可进行物料衡算、能量衡算、设备的选型和设计，并绘制工艺流程图。工艺流程图是以设备的外形、设备的名称、设备间的相对位置、物料流线及文字的形式定性地表示由原料变成产品的生产过程（详见 14.2.3 节）。

(5) 绘制初步设计阶段的带控制点流程图 工艺流程图绘制后，就可进行车间布置和仪表自控设计。根据车间布置和仪表自控设计结果，绘制初步设计阶段的带控制点流程图（详见 14.2.5 节）。

(6) 绘制施工图阶段的带控制点流程图 初步设计流程图经过审查批准后，按照初步设计的审查意见进行修改完善，并在此基础上绘制施工图阶段的带控制点流程图。

上述工艺流程设计的基本程序大致可用图 14-2 表示。

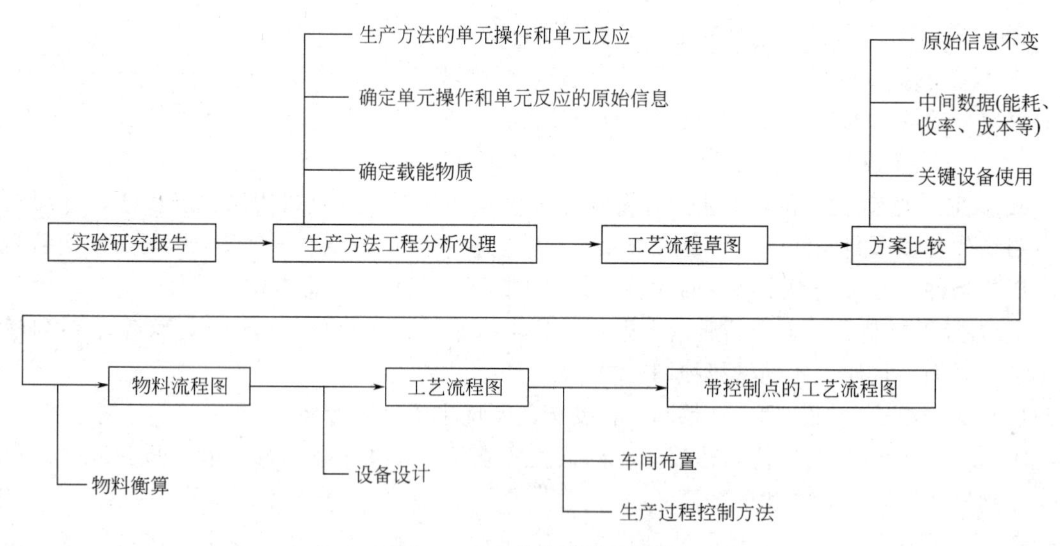

图 14-2 工艺流程设计程序

由图 14-2 可见流程设计几乎贯穿整个工艺设计过程，由定性到定量、由浅入深，逐步完善。这项工作由流程设计者和其他专业设计人员共同完成，最后经工艺流程设计者表述在流程设计成果中。

14.2 工艺流程图

工艺流程图是以图解的形式表示工艺流程。工艺流程设计的不同阶段，工艺流程图的深度有所不同。工艺流程图可分为工艺流程框图、工艺流程简图、设备工艺流程图、物料流程图、带控制点的工艺流程图等。

14.2.1 工艺流程框图

生产路线确定以后，物料衡算工作开始之前，为了表示生产工艺过程，绘制工艺流程框图。其作用是定性表示出由原料到产品的工艺路线和顺序，便于方案比较和物料衡算，不编入设计文件中。

工艺流程框图以圆框表示单元反应，以方框表示单元操作，以箭头表示物料的流向，用文字说明单元反应、单元操作以及物料的名称。某葡萄糖生产工艺流程框图如图 14-3 所示。

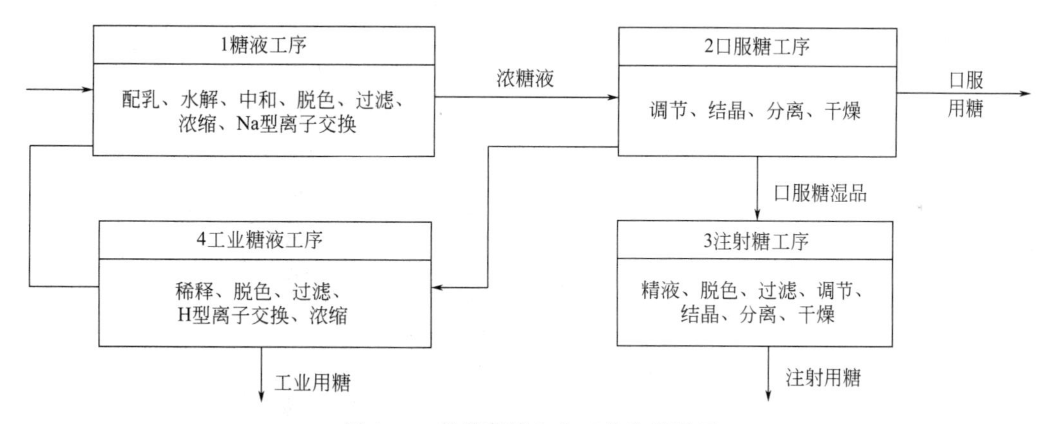

图 14-3　某葡萄糖生产工艺流程框图

14.2.2 工艺流程简图

工艺流程简图由物料流程和设备组成，包括：以一定几何图形表示的设备示意图、设备之间的竖向关系、全部原辅料、中间体、“三废”名称及流向、必要的文字注释等。某硬胶囊剂的生产工艺流程简图如图 14-4 所示。

14.2.3 设备工艺流程图

设备工艺流程图是以设备的几何图形（有关设备的图例在带控制点的流程图中叙述）表示单元反应和单元操作，以箭头表示物料和载能介质的流向，用文字表示设备、物料和载能介质的名称。混酸配制过程的生产工艺流程简图如图 14-5 所示。

14.2.4 物料流程图

工艺流程图完成后，开始进行物料衡算，再将物料衡算结果注释在工艺流程中，即成为

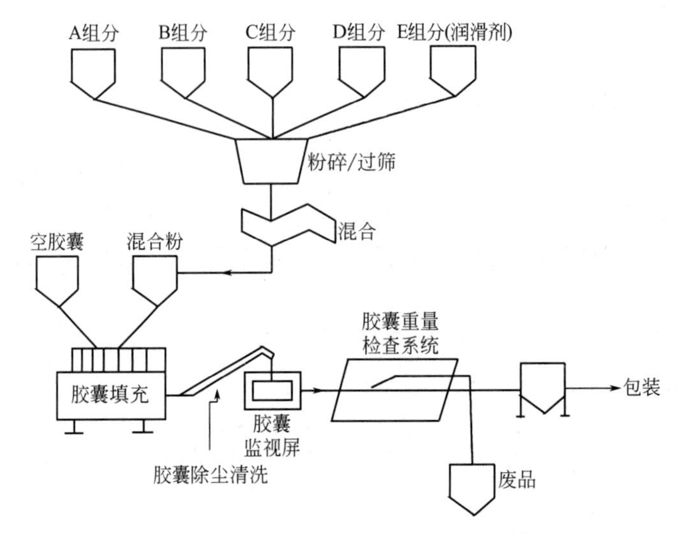

图 14-4 某硬胶囊剂的生产工艺流程简图

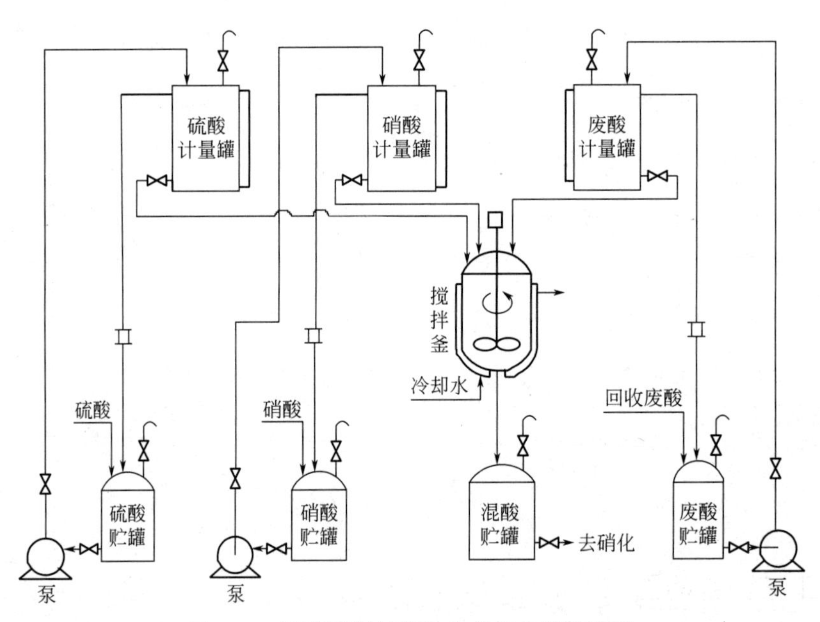

图 14-5 混酸配制过程的生产工艺流程简图

物料流程图。它说明车间内物料组成和物料量的变化，单位以批（日）计（对间歇式操作），或以小时计（对连续式）。从生产工艺流程图到物料流程图，工艺流程就由定性转为定量。物料流程图是初步设计的成果，需编入初步设计说明书中。

对应于工艺流程图，物料流程图亦有两种表示方法：①以方框流程表示单元操作及物料成分和数量；②在工艺流程简图上方列表表示物料组成和量的变化，图中应有设备位号、操作名称、物料成分和数量。对总体工程设计应附总物料平衡图。图 14-6 所示为以第一种方式表示的某中药固体制剂车间物料流程图。

物料流程图既包括物料由原料、辅料转变为制剂产品的来龙去脉（路线），又包括原料、辅料及中间体在各单元操作的类别、数量和物料量的变化。在物料流程图中，整个物料量是平衡的，因此又称物料平衡图，它为后期的设备计算与选型、车间布置、工艺管路设计等提供计算依据。

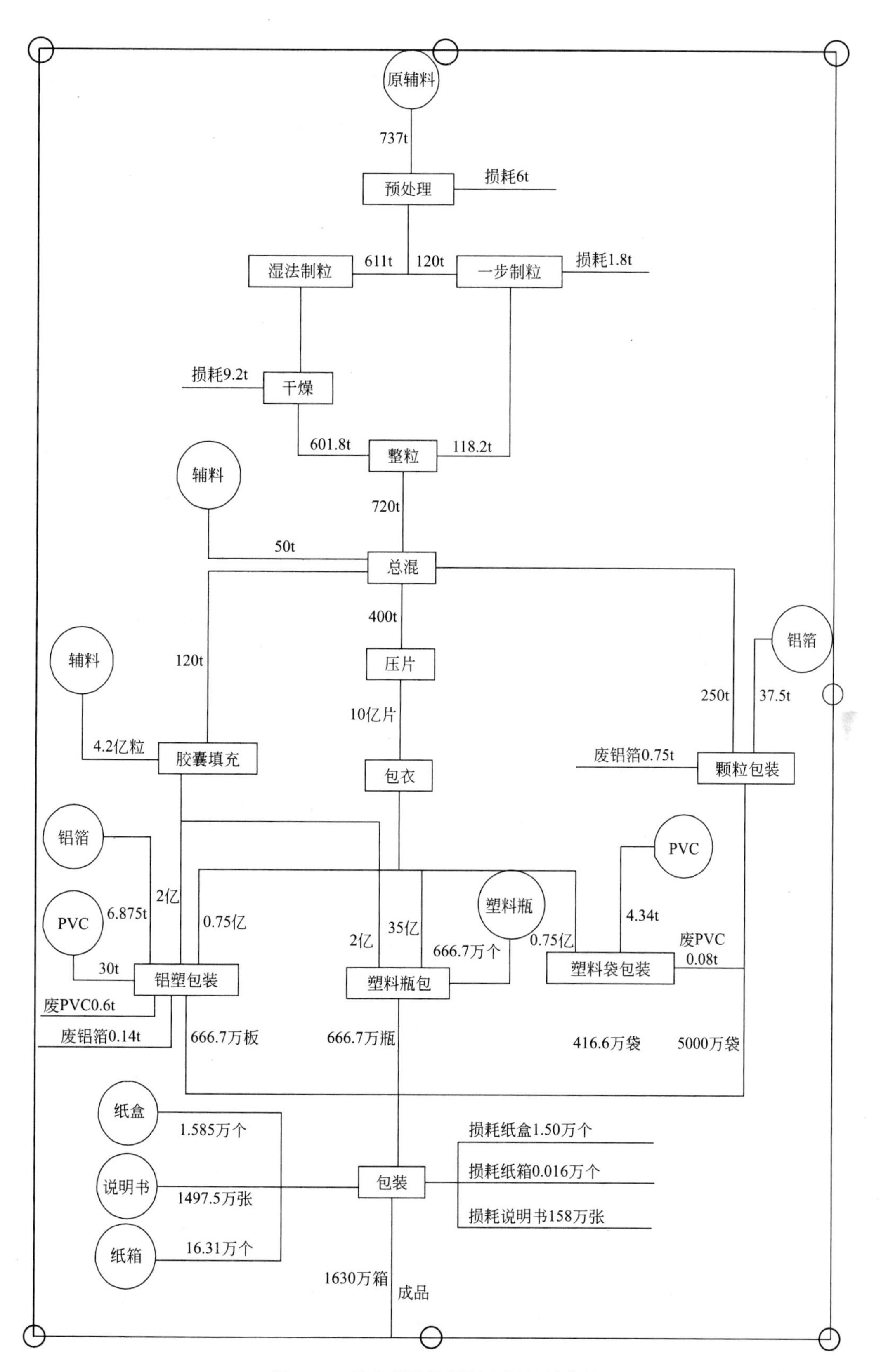

图 14-6　某中药固体制剂车间物料流程

14.2.5 带控制点的工艺流程图

带控制点的工艺流程图是用图示的方法把工艺流程所需要的全部设备、管道、阀门、管件、仪表及其控制方法等表示出来，是工艺设计中必须完成的图样，它是施工、安装和生产过程中设备操作、运行及检修的依据。图 14-7 所示为带控制点的对乙酰氨基酚合成工艺流程图（局部图）。

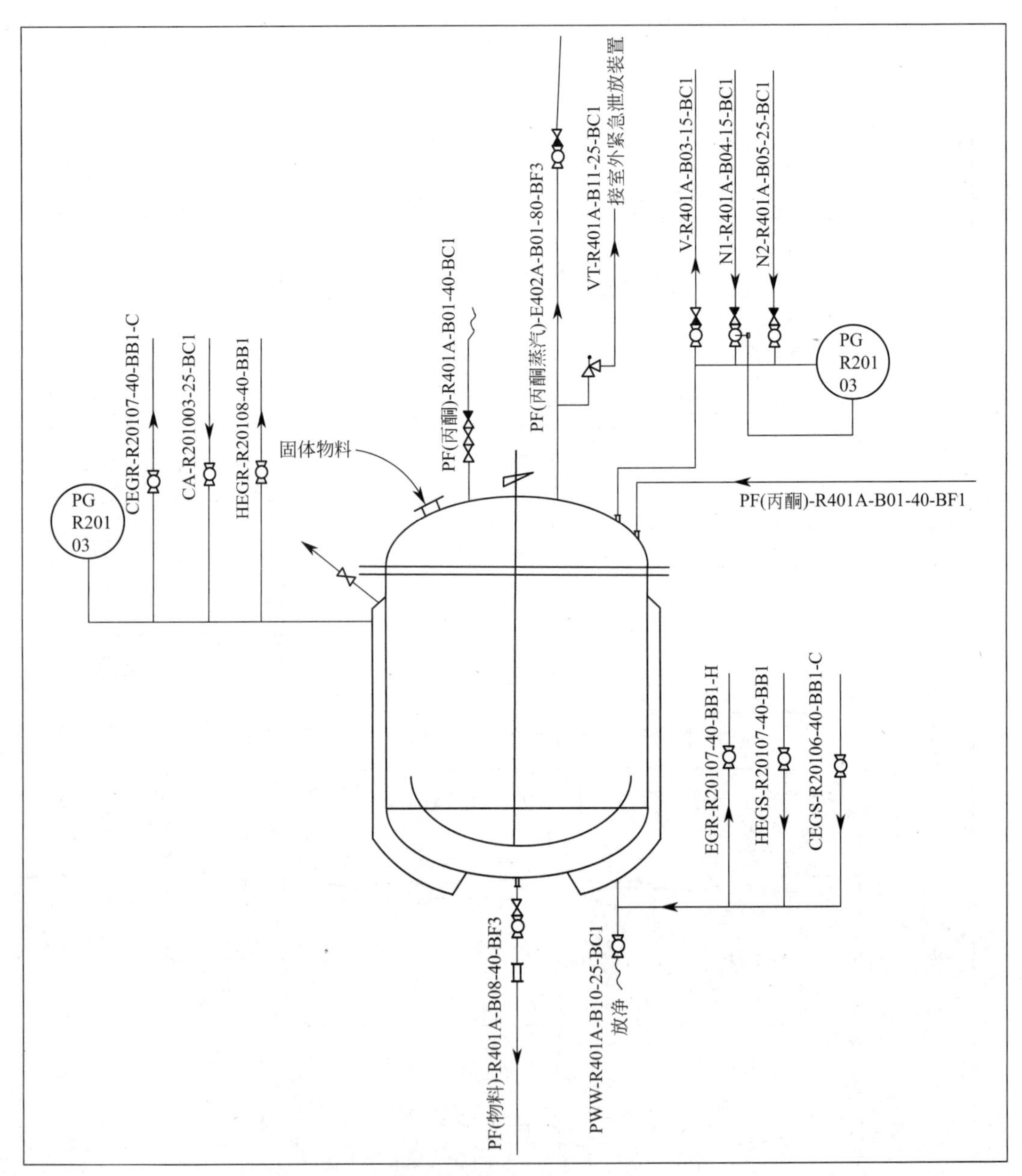

图 14-7 带控制点的对乙酰氨基酚合成工艺流程图（局部图）

在带控制点的工艺流程图中，用设备图形表示单元反应和单元操作，同时，要反映物料及载能介质的流向及连接；要表示生产过程中的全部仪表和控制方案；要表示生产过程中的所有阀门和管件；要反映设备间的相对空间关系。

药物制剂工程设计带控制点的工艺流程图绘制，没有统一的规定。从内容上讲，它应由图框、物料流程、图例、设备一览表和图签等组成。

14.2.6 管路仪表流程图

管路仪表流程图要求画出全部设备、全部工艺物料管线和辅助管线，还包括在工艺流程设计时考虑为开车、停车、事故、维修、取样、备用等所设置的管线以及全部的阀门、管件。并要详细标注所有的测量、调节和控制器的安装位置和功能代号。部分图例如图 14-8 所示。

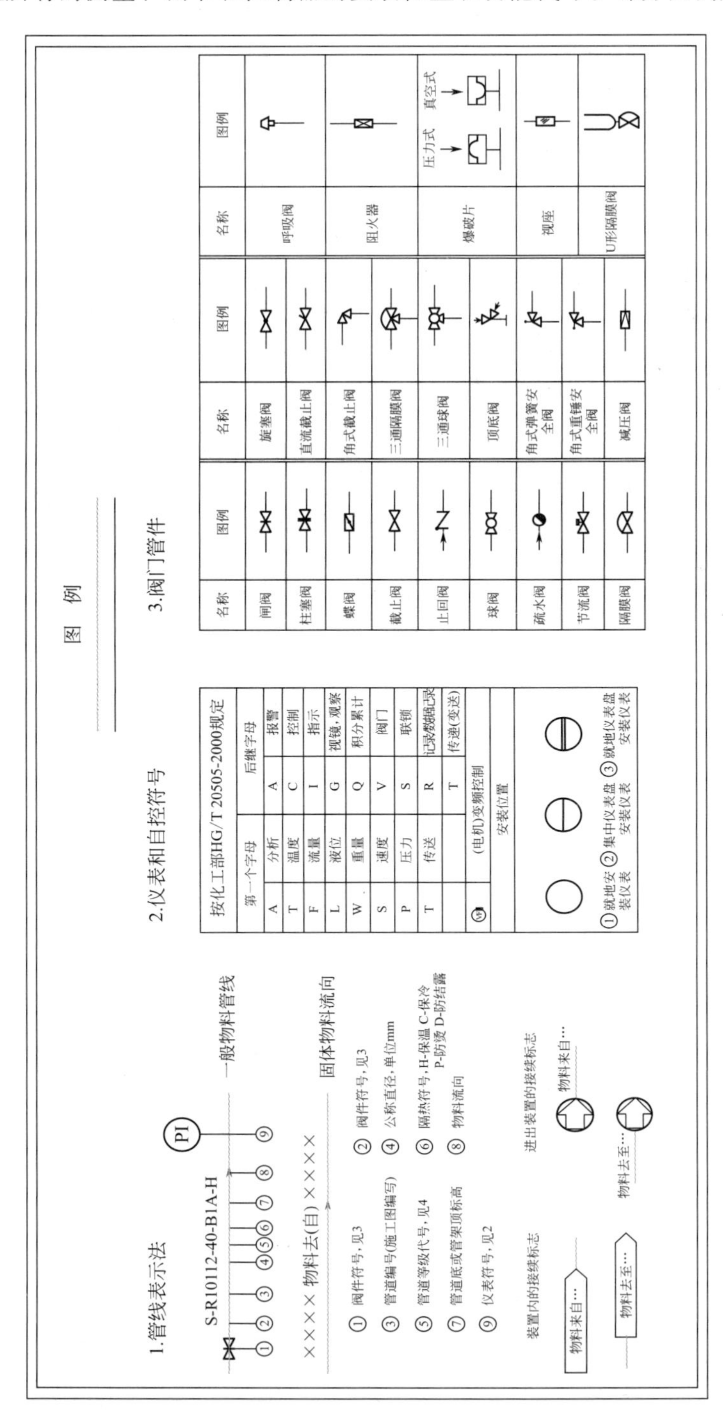

图 14-8 部分管路仪表流程图例

管路仪表流程图在施工图设计阶段完成，是该设计阶段的主要设计成品之一，它反映的是工艺流程设计、设备设计、管路布置设计、自控仪表设计的综合成果，是指挥管路安装、维修、运行的主要档案性资料。

思考题

1. 制药工艺设计的基本要求是什么?
2. 为顺利开展工艺流程设计工作，应考虑哪些问题?
3. 工艺流程设计的原则是什么?
4. 解释 PID、PFD 的中英文名称和定义。

参考文献

[1] 王志祥．制药工程学．3 版．北京：化学工业出版社，2015.
[2] 蒋作良，殷斌烈，缪志康，等．药厂反应设备及车间工艺设计．北京：中国医药科技出版社，1994.
[3] 娄爱娟，吴志泉，吴叙美．化工设计．上海：华东理工大学出版社，2002.
[4] 梁志武，陈声宗，等．化工设计．4 版．北京：化学工业出版社，2015.
[5] 黄璐，王宝国．化工设计．北京：化学工业出版社，2001.
[6] 吴思方，邵国壮，梁世中，等．发酵工厂工艺设计概况．北京：中国轻工业出版社，1995.
[7] R. Smith. 化工过程设计．王保国，王春艳，李会泉，等译．北京：化学工业出版社，2002.
[8] 俞子行，路振山，石少均．制药化工过程及设备．北京：中国医药科技出版社，1991.
[9] 刘落宪，邢黎明，姚淑娟，等．制药工程制图．北京：中国标准出版社，2000.
[10] 中国石化集团上海工程有限公司．化工工艺设计手册．3 版（上、下）．北京：化学工业出版社，2003.

第 15 章 物料衡算

本章学习目的与要求：

（1）准确描述带化学反应的物料平衡方程式以及物料衡算的常用基准。
（2）掌握解决物料衡算的方法和步骤。
（3）能正确进行生产过程物料衡算。

根据质量守恒定律，以生产过程或生产单元设备为研究对象，对其进、出口处进行定量计算，称为物料衡算。在生产工艺流程图确定以后，就可进行物料衡算了。

15.1 物料衡算概述

15.1.1 物料衡算的重要性

物料衡算是制药工程工艺设计的基础，是车间工艺设计中最先完成的一个计算项目，从而使设计由定性转入定量。通过物料衡算，可以计算原料与产品间的定量转变关系，以及计算各种原料的消耗量，各种中间产品、副产品的产量、损耗量及组成等。在物料衡算的基础上，将工艺流程图进一步深化，可绘制出物料流程图。其计算结果是后续的能量衡算、设备工艺设计与选型，确定设备的容积、台数和主要工艺尺寸，确定原辅材料消耗定额，进行车间布置设计、管路设计和工艺公用工程消耗量等各种设计项目的依据，意义十分重大。

对已投产的设备、装置、车间或工厂进行物料衡算，可以寻找薄弱环节，为改进生产、完善管理提供可靠的依据；也可作为判断工程项目是否达到设计要求，以及检查原料利用率和“三废”处理完善程度的一种手段。因此，物料衡算结果的正确与否将直接关系到工艺设计的可靠程度。

15.1.2 物料衡算的依据

为使物料衡算能客观地反映出生产实际状况，除要对实际生产过程作全面而深入的了解外，还必须要有一套系统而严密的分析、求解方法。

在进行物料衡算前，首先要确定生产工艺流程图，这种图限定了车间的物料衡算范围，指导工艺计算既不遗漏，也不重复；其次要收集必需的数据、资料，如各种物料的名称、组成及其含量，各种物料之间的配比等。具备了以上这些条件，就可以着手进行物料衡算。

物料衡算的主要依据是设计任务书和相关设计手册，以及物质的物理化学常数。物料衡算可计算原料与产品间的定量转变关系，以及计算各种原料的消耗量，各种中间体、副产品的产量、损耗量及组成。物料衡算的理论基础是物质的质量守恒定律和化学计量关系，即输入系统的全部物料量必等于输出系统的全部物料量，再加上过程中的损失量和在系统中的积累量。各量之间的关系可用式(15-1) 表示。

$$\Sigma G_1 = \Sigma G_2 + \Sigma G_3 + \Sigma G_4 \tag{15-1}$$

式中 ΣG_1——输入物料量总和；

ΣG_2——输出物料量总和；

ΣG_3——物料损失量总和；

ΣG_4——物料积累量总和。

当系统内物料积累量为零时，上式可以写成式(15-2)

$$\Sigma G_1 = \Sigma G_2 + \Sigma G_3 \tag{15-2}$$

物料衡算的基准是：

① 对于间歇式操作的过程，常采用一批原料为基准进行计算；

② 对于连续式操作的过程，可以采用单位时间产品数量或原料量为基准进行计算。

消耗定额是指每吨产品或以一定量的产品（如每千克针剂、每万片药片等）所消耗的原材料量，而消耗量是指以每年或每日等单位时间所消耗的原材料量。制剂车间的消耗定额及消耗量计算时应把原料、辅料及主要包装材料一起算入。

物料衡算的结果应列成原材料消耗定额及消耗量表。

15.2 物料衡算的基本理论

物料衡算的类型按物质变化分为物理过程的物料衡算、化学过程的物料衡算；按操作方式分为连续过程的物料衡算、间歇过程的物料衡算。

15.2.1 衡算基准

在进行物料衡算或热量衡算时，均须选择相应的衡算基准。合理地选择衡算基准，不仅可以简化计算过程，而且可以缩小计算误差。

15.2.1.1 时间基准

对连续稳定流动体系，以单位时间作基准。该基准可与生产规模直接联系；对间歇过程，以处理一批物料的生产周期作基准。

15.2.1.2 质量基准

对于液、固系统，因其多为复杂混合物，选择一定质量的原料或产品作为计算基准。若原料产品为单一化合物或组成已知，则取物质的量（mol）作基准更方便。

15.2.1.3 体积基准

对气体选用体积作基准，通常取标准状况下的体积。

基准选取中几点说明：

① 上面几种基准具体选哪种（有时几种共用）视具体条件而定，难以硬性规定。

② 通常选择已知变量数最多的物料流股作基准较方便。

③ 取一定物料量作基准，相当于增加了一个已知条件（当产物和原料的量均未知时，使隐条件明朗化）。

④ 选取相对量较大的物流作基准，可减少计算误差。

15.2.2 衡算范围

体系：为讨论一个过程，人为地圈定这个过程的全部或一部分作为一个完整的研究对象，这个圈定的部分叫体系。衡算范围可以是一台设备、一套装置、一个工段、一个车间、一个工厂等。

环境：体系以外的部分叫环境。

边界：体系与环境的分界线（人为地圈定）。衡算中只涉及通过（进出）边界的物料流股。其余可不考虑。

15.2.3 物料衡算的方法和步骤

（1）明确衡算目的　如通过物料衡算确定生产能力、纯度、收率等数据。

（2）绘出物料流程图，划定衡算范围　绘制流程简图步骤及要点如下：

① 用方框表示流程简图中的设备；

② 用线条和箭头表示物料流股的途径和流向；

③ 标出流股的已知变量（流量、组成等）；

④ 未知量用符号表示。

根据已知量和未知量划定体系，应特别注意尽量利用已知条件，要求的未知量要通过体系边界，且应使通过边界的物料流股的未知项尽量少。

（3）写出所有化学反应方程式　包括所有配平后的主副反应，将各反应的选择性、收率注明。

（4）收集与物料衡算有关的计算数据　规模和年生产日；原辅材料、中间体及产品的规格；有关的定额和消耗指标；有关的物理化学常数，如密度、蒸气压、相平衡常数等。

（5）选定衡算基准　计算中要将基准交代清楚，过程中基准变换时，要加以说明。

（6）列出物料平衡方程式，进行物料衡算　要求所列独立方程式的数目＝未知数的数目。

（7）编制物料平衡表　由计算结果查核计算正确性，必要时说明误差范围。

（8）必要时画出物料衡算图（过程复杂时）。

15.3 物料衡算举例

15.3.1 物理过程的物料衡算

15.3.1.1 简单物理过程的物料衡算

例 15-1 硝化混酸配制过程的物料衡算。已知混酸组成为 H_2SO_4 46%（质量分数，下同）、HNO_3 46%、H_2O 8%，配制混酸用的原料为 92.5%的工业硫酸、98%的硝酸及含 69% H_2SO_4 的硝化废酸。试通过物料衡算确定配制 1000kg 混酸时各原料的用量。为简化计算，设原料中除水外的其他杂质可忽略不计。

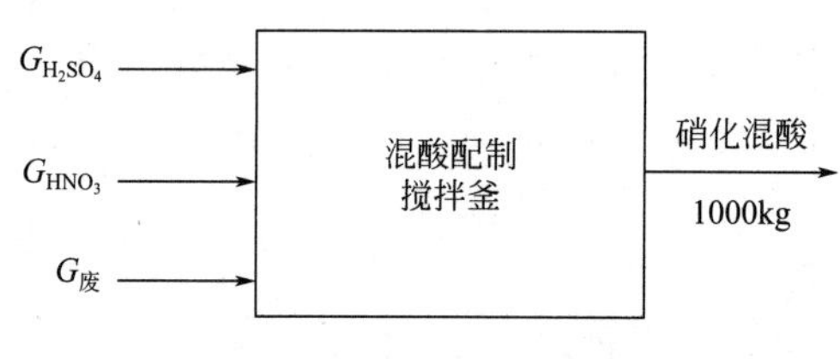

图 15-1 混酸配制过程物料衡算示意

解： 混酸配制过程可在搅拌釜中进行。以搅拌釜为衡算范围，绘出混酸配制过程的物料衡算示意图。如图 15-1 所示，$G_{H_2SO_4}$ 为 92.5%的硫酸用量，G_{HNO_3} 为 98%的硝酸用量，$G_废$ 为含 69%硫酸的废酸用量。

取设备为衡算体系，1000kg 混酸为计算基准。

对 HNO_3 进行物料衡算，得

$$0.98G_{HNO_3}=0.46\times1000$$

对 H_2SO_4 进行物料衡算，得

$$0.925G_{H_2SO_4}+0.69G_废=0.46\times1000$$

对 H_2O 进行物料衡算，得

$$0.02G_{HNO_3}+0.075G_{H_2SO_4}+0.31G_废=0.08\times1000$$

解得：$G_{HNO_3}=469.4$kg，$G_{H_2SO_4}=399.5$kg，$G_废=131.1$kg

混酸配制过程的物料平衡表如表 15-1 所示。

表 15-1 混酸配制过程的物料平衡表

	物料名称	工业品量/kg	质量组成/%		物料名称	工业品量/kg	质量组成/%
输入	硝酸	469.4	HNO_3:98 H_2O:2	输出	硝化混酸	1000	H_2SO_4:46 HNO_3:46 H_2O:8
	硫酸	399.5	H_2SO_4:92.5 H_2O:7.5				
	废酸	131.1	H_2SO_4:69 H_2O:31				
	总计/kg	1000			总计/kg	1000	

例 15-2 一种废酸，组成为 HNO_3 23%（质量分数，下同）、H_2SO_4 57%和 H_2O 20%，加入 93%的 H_2SO_4 及 90%的 HNO_3，要求混合成 HNO_3 27%、H_2SO_4 60%的混合酸，计算所需废酸及加入浓酸的量。

解： ① 混酸配制过程可在搅拌釜中进行。以搅拌釜为衡算范围，绘出混酸配制过程

的物料衡算示意图，如图 15-2 所示。x 为废酸用量，y 为浓硫酸用量，z 为浓硝酸用量。

② 选择计算基准 4 个物料流股均可选，选取 100kg 混酸为基准。

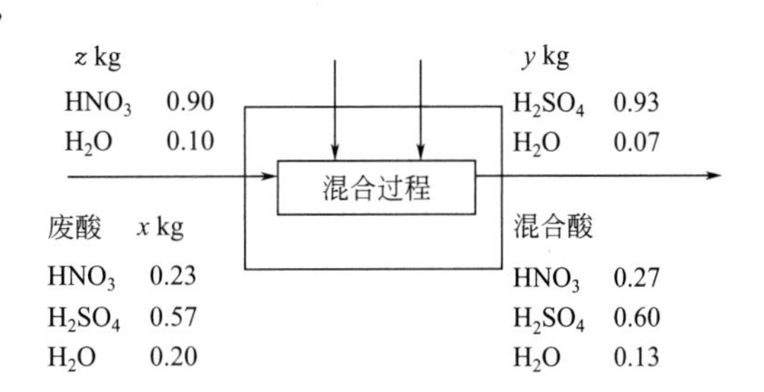

图 15-2 混酸配制过程物料衡算示意

③ 列物料衡算式

总物料衡算式 $x+y+z=100$

H_2SO_4 的衡算式

$0.57x+0.93y=100\times 0.60=60$

HNO_3 的衡算式

$0.23x+0.90z=100\times 0.27=27$

解得：$x=41.8$kg，$y=39$kg，$z=19.2$kg

注意几个问题：

① 无化学反应的体系，可列出独立的物料衡算式数目至多等于体系中输入和输出的化学组分数目。如未知数的数目大于组分数目，需找另外关系列方程，否则无法求解。

② 首先列出含未知量最少的衡算方程，以便求解。

③ 若进出体系的物料流股很多，则将流股编号，列表表示已知量和组成。

例 15-3 拟用连续精馏塔分离苯和甲苯混合液。已知混合液的进料流量 200kmol/h，其中含苯 0.4（摩尔分数，下同），其余为甲苯。若规定塔底釜液中苯的含量不高于 0.01，塔顶馏出液中苯的回收率不低于 98.5%，试通过物料衡算确定塔顶馏出液、塔釜釜液的流量及组成，以摩尔流量和摩尔分率表示。

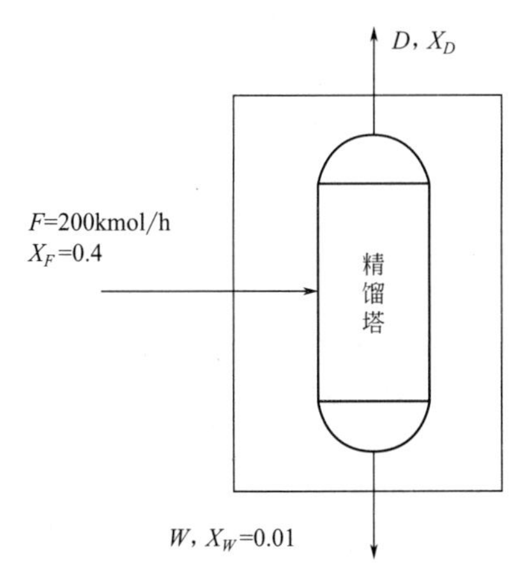

图 15-3 苯和甲苯混合液精馏过程物料衡算示意

解： 以连续精馏塔为衡算范围，绘出物料衡算示意图。

如图 15-3 所示，F 为混合液的进料流量，D 为塔顶馏出液的流量，W 为塔底釜液的流量，X_D 为苯在塔顶馏出液的摩尔分数，X_F 为苯在混合液的摩尔分数，X_W 为苯在塔底塔液的摩尔分数。

图 15-3 中共有 3 股物料，3 个未知数，需列出 3 个独立方程。

对全塔进行总物料衡算，得

$$D+W=200 \quad \text{(a)}$$

对苯进行物料衡算得

$$DX_D+0.01W=200\times 0.4 \quad \text{(b)}$$

由塔顶馏出液中苯的回收率得

$$DX_D=200\times 0.4\times 0.985 \quad \text{(c)}$$

联解式(a)、(b) 和 (c)，得

$D=80$kmol/h，$W=120$kmol/h，$X_D=0.985$

15.3.1.2 有多个设备过程的物料衡算

多个设备过程的物料衡算，可以分成多个衡算体系。

在体系划定中应注意要利用已知条件，尽量减少所定体系的未知数的数目。做到由简到繁，由易到难。

要注意：

① 对多个设备过程，并非每个体系写出的所有方程式都是独立的；

② 对各个体系独立物料衡算式数目之和>对总过程独立的物料衡算式数目。

过程独立方程式数目最多=组分数×设备数

过程由 M 个设备组成，有 C 个组分时则最多可能列出的独立物料衡算式的数目=MC 个。

例 15-4 图 15-4 具有两个设备的连续稳定过程，图中虚线表示能建立平衡关系的系统边界，试求出图中的全部未知量及组成。

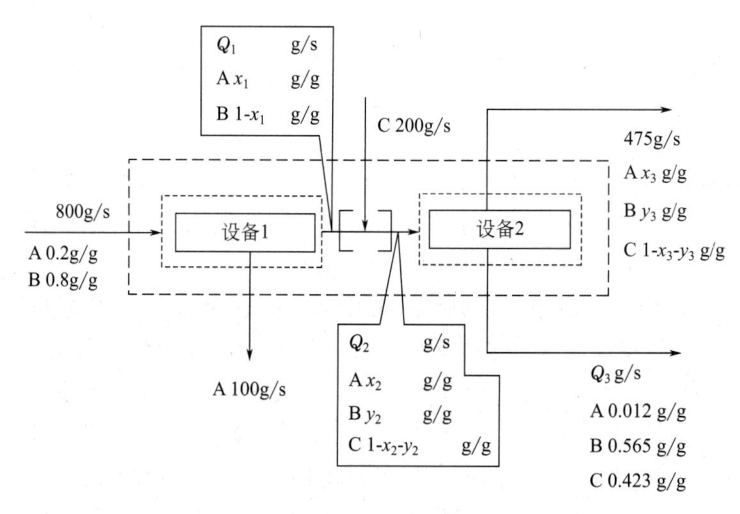

图 15-4 两个设备的连续稳定过程示意

解：① 现对设备 1 作衡算，取 1s 作为计算基准

总物料 $$800=Q_1+100$$

得 $$Q_1=700\text{g/s}$$

对 A 作衡算 $$800\times0.2=100+Q_1x_1$$

② 对节点作衡算

总物料 $$Q_2=Q_1+200$$

得 $$Q_2=900\text{g/s}$$

对 A 作衡算 $$Q_1x_1=Q_2x_2$$

③ 现对设备 2 作衡算

总物料 $$Q_2=Q_3+475$$

得 $$Q_3=425\text{g/s}$$

对 A 作衡算 $$Q_2x_2=475x_3+0.012Q_3$$

对 B 作衡算 $$Q_2y_2=475y_3+0.565Q_3$$

联立求解得： $x_3=0.1156$，$y_3=0.8418$，$z_3=0.0426$

例 15-5 一连续稳定的精馏系统如图 15-5 所示，每个物流含有两个组分 A 和 B，试计算 F_3、F_5、F_7 的流率。

解：以精馏塔Ⅰ作为衡算体系

对总物料列衡算式 $$F_1=F_2+F_3$$

$$F_3=F_1-F_2=100-40=60\text{mol/h}$$

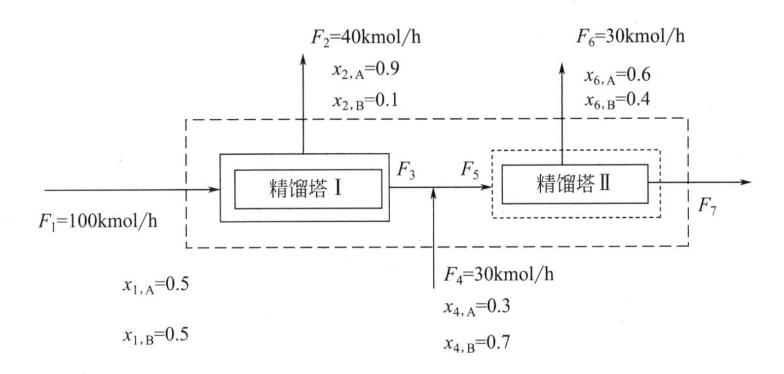

图 15-5　一连续稳定的精馏系统示意

对组分 A 列式　$F_1x_{1,A}=F_2x_{2,A}+F_3x_{3,A}$

以节点 E 作为衡算体系：

对总物料列衡算式　$F_5=F_3+F_4=60+30=90\text{mol/h}$

对组分 A 列式　$F_5x_{5,A}=F_3x_{3,A}+F_4x_4$

以精馏塔Ⅱ作为衡算体系：

对总物料列衡算式　$F_5=F_6+F_7$

$$F_7=F_5-F_6=90-30=60\text{mol/h}$$

15.3.2　化学过程的物料衡算

15.3.2.1　反应转化率、选择性及收率

（1）限制反应物　化学反应原料不按化学计量比配料时，以最小化学计量数存在的反应物。

（2）过量反应物　反应物的量超过限制反应物完全反应所需的理论量的反应物叫过量反应物。

注意：

① 按化学计量数最小而非绝对量最小。

② 当体系有几个反应时，按主反应计量关系考虑。

③ 计算过量反应物的理论量时，限制反应物必须完全反应（无论实际情况如何，按转化率 100%计）。

（3）过量百分数　过量反应物的量（N_e）超过限制反应物完全反应所需理论量 N_t 的部分占所需理论量的百分数。

$$过量百分数=\frac{N_e-N_t}{N_t}\times100\%$$

（4）转化率 x　某反应物反应掉的量占其输入量的百分数。

反应：$aA+bB \longrightarrow cC+dD$

$$N_{A1} \longrightarrow \boxed{反应体系} \longrightarrow N_{A2}$$

$$x_A=\frac{N_{A1}-N_{A2}}{N_{A1}}\times100\%$$

注意：

① 要注明是指哪种反应物的转化率；

② 反应掉的量应包括主副反应消耗的原料之和；

③ 若未指明是哪种反应物的转化率，则常指限制反应物的转化率。

限制反应物的转化率也叫反应完全程度。

$$\text{反应完全程度}=\frac{\text{限制反应物的反应量}}{\text{限制反应物的输入量}}$$

（5）选择性 φ　生成目的产物所消耗的某原料量占该原料反应量的百分数。

N_{A1} → 反应体系 → N_{A2}

若有反应：$a\text{A}\longrightarrow d\text{D}$

$$\varphi=\frac{\text{生成目的产物所消耗原料量}}{\text{该原料的反应量}}=\frac{N_{\text{D}}\times\frac{a}{d}}{N_{\text{A1}}-N_{\text{A2}}}\times100\%$$

（6）收率 Y　生成目的产物所消耗的某原料量占该原料通入量的百分数。

$$Y_{\text{D}}=\frac{\text{生成目的产物所消耗某原料量}}{\text{该原料的通入量}}\times100\%$$

$$=\frac{N_{\text{D}}\times\frac{a}{d}}{N_{\text{A1}}}\times100\%$$

质量收率

$$Y_{\text{W}}=\frac{\text{目的产物的质量}}{\text{通入某原料的质量}}\times100\%$$

转化率选择性和收率的关系

$$Y=x\varphi$$

（7）总收率　产品生产由多个工序完成时，总收率等于各工序收率之积。

$$y_T=\prod_{i=1}^{n}y_i$$

注意：不能有遗漏及重复考虑。

（8）单程转化率和总转化率　循环过程的物料衡算：如下循环物料加到进料中循环使用的部分物料（产物）。过程流程示意如图 15-6 所示。

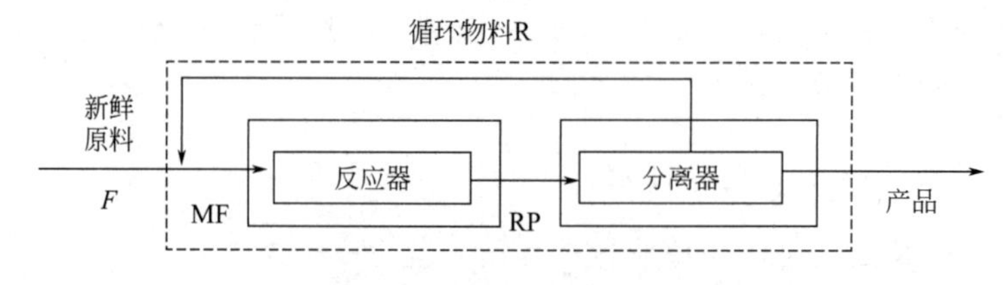

图 15-6　过程流程示意

以反应器为体系得单程转化率 $x_{\text{单}}$：

$$x_{\text{单}}=\frac{N_{\text{A}}^{\text{MF}}N_{\text{A}}^{\text{RP}}}{N_{\text{A}}^{\text{MF}}}\times100\%$$

以整个过程为体系得总转化率 $x_{总}$：

$$x_{总}=\frac{N_A^F N_A^S}{N_A^F}\times 100\%$$

当体系中仅有一个反应器，则系统内反应掉的 A 的量与反应器内反应掉的 A 的量相同：

$$x_{单} N_A^{MF}=x_{总} N_A^F$$

此关系在物料衡算中可利用。采用循环提高原料总转化率。

例 15-6　苯与丙烯反应生成异丙苯，丙烯转化率为 84%，温度为 523K、压力 1.722MPa、苯与丙烯的摩尔比为 5。原料苯中含有 5%的甲苯，假定不考虑甲苯的反应，计算产物的组成。

解：画出流程简图。

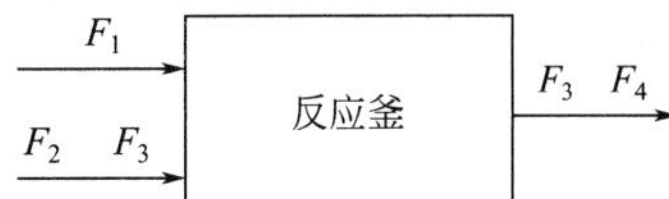

图 15-7　苯和丙烯反应生成异丙苯物料衡算示意

下标 1、2、3、4 分别表示丙烯、苯、甲苯和异丙苯。

选定体系如图 15-7 所示，基准为原料苯 $F_2=100$kmol/h，由题意知：原料丙烯 $F_1=20$kmol/h，过程中化学反应式为：$C_6H_6+C_3H_6 \longrightarrow C_6H_5C_3H_7$

衡算式：输入的物料量＋生成的物料量＝输出的物料量＋反应消耗的物料量

对丙烯列衡算式：

$$F_1=F_3+反应的丙烯$$

$$F_3=F_1(1-84\%)=20\times 0.16=3.2\text{kmol/h}$$

对苯列衡算式：

$$F_2x_2=F_4x_2+反应的苯$$

$$F_4x_2=F_2x_2-84\%F_1=100\times 95\%-84\%\times 20=78.2\text{kmol/h}$$

对异丙苯列衡算式：

$$F_2x_2+生成的异丙苯=F_4x_4$$

$$F_4x_4=F_2x_2+84\%F_1=0+16.8=16.8\text{kmol/h}$$

对甲苯列衡算式：

$$F_4x_4=F_2x_2=100\times 5\%=5\text{kmol/h}$$

15.3.2.2　一般反应过程的物料衡算

（1）直接求算法（由化学计量关系计算物流组成）　直接由初始反应物组成计算反应产物组成，或由产物组成去反算所要求的原料组成，从而完成物料衡算。

例 15-7　乙烷与氧气混合得到含乙烷 80%和氧气 20%的混合物，然后在 200%的空气过量分数下燃烧，结果有 80%的乙烷转变为 CO_2、10%的乙烷转变为 CO、10%的乙烷未燃烧。计算废气组成。

解：据题意，送入的氧气应为 C_2H_6 完全燃烧所需氧气量的 3 倍，过程示意如图 15-8 所示。

乙烷+氧气
空气
燃烧釜
废气

图 15-8　乙烷与氧气燃烧生成废气过程示意

取 80kmol 进料乙烷为计算基准

C_2H_6 的理论需氧量　$n_t=80\times 3.5=280$kmol

实际用氧量＝3×280＝840kmol

应由空气供入的氧量＝840－20＝820kmol

由空气带入的氮量＝820×79/21＝3085kmol

衡算式：输入的＋生成的＝输出的＋反应掉的

废气中 CO_2 的量 $n_{CO_2}=80\times0.8\times2=128\text{kmol}$

废气中 CO 的量 $n_{CO}=80\times0.1\times2=16\text{kmol}$

废气中 H_2O 的量 $n_{H_2O}=80\times0.9\times3=216\text{kmol}$

废气中 C_2H_6 的量 $n_{C_2H_6}=80\times(1-0.9)=8\text{kmol}$

废气中 N_2 的量 $n_{N_2}=3085\text{kmol}$

废气中 O_2 的量 $n_{O_2}=840-80\times0.8\times3.5-80\times0.1\times2.5=596\text{kmol}$

废气 $n=n_{CO_2}+n_{CO}+n_{H_2O}+n_{C_2H_6}+n_{O_2}+n_{N_2}$

$=128+16+216+8+596+3085=4049\text{kmol}$

由上数据得废气组成：

CO_2 3.16%，CO 0.40%，H_2O 5.33%，O_2 14.72%，N_2 76.19%，C_2H_6 0.20%。

分析：

① 由于输出方的组分摩尔分数均未知，使用组分物质的量作为未知变量计算要比使用组分摩尔分数更为简便。

② 反应物中 C_2H_6 是限制反应物，故进入的氧应该是 C_2H_6 完全燃烧所需理论氧量的3倍。

③ 在产物中有 O_2 和 C_2H_6（未转化的）存在，这是空气过量分数过大的结果。

（2）元素衡算 反应过程物料衡算，如知化学计量式，使用物流中各个组分衡算比较方便，但反应前后的摩尔衡算和总摩尔衡算一般不满足守恒关系。总质量衡算在反应前后虽可保持守恒，但不同组分的质量在反应前后又是变化的。进行元素衡算时，由于元素在反应过程中具有不变性，用元素的物质的量或质量进行衡算都能保持守恒关系，且计算形式比较简单，校核较方便，尤其对反应过程比较复杂，组分间计量关系难以确定的情况，多用此法：

输入某元素的量＝输出同元素的量

（3）利用联系物作衡算 联系物的定义：随物料输入体系，但完全不参加反应，又随物料从体系输出的组分，在整个反应过程中，它的数量不变。

写出形式简单，只包括两个物料的物料平衡式。

选择联系物，先分析什么组分以固定的量和形态未经变化地由一个物料到另一个物料中去。未经变化说明不能有反应；固定的量说明不可有损失。某个元素或某个不变的基团也可作联系组分。

选择联系物时应注意：

① 当体系中有多个惰性组分时，可用其总量作联系物。

② 当惰性组分量很少时，且分析误差大时，该组分不宜作联系物。否则将引入大的计算误差。

例 15-8 乙烷与空气在炉子里完全燃烧，反应式 $C_2H_6+3.5O_2\longrightarrow2CO_2+3H_2O$，经分析知烟道气的干基组成（摩尔分数）为：$N_2$ 85%；CO_2 10.1%；O_2 4.9%。试求进料中空气与乙烷的摩尔比。

乙烷 空气 燃烧炉 N_2 CO_2 O_2

图 15-9 乙烷与空气燃烧过程示意

解： 过程示意如图 15-9 所示：

取 100kmol/h 干基烟道气为计算基准，A 为空气量，F 为 C_2H_6 量，P 为烟道气量。

利用 N_2 为联系物：

$$79\%A=85\%P\text{，得 }A=107.59\text{kmol/h}$$

对碳元素作衡算：

$$10.1\%P=2F$$

所以

$$F=5.05\text{kmol/h}$$

$$n_{(A/F)}=107.59/5.05=21.3$$

思考：能否用其他方法来求？

思考题

1. 丙烷与空气在炉子里完全燃烧，反应式 $C_3H_8+5O_2 \longrightarrow 3CO_2+4H_2O$，经分析知烟道气的干基组成（摩尔分数）为：$N_2$ 84.69%、CO_2 10.80%、O_2 4.51%。试求进料中空气与丙烷的摩尔比和氧的过量百分数。

2. 通入纯甲烷燃料气与空气在炉子里燃烧，反应式 $CH_4+2O_2 \longrightarrow CO_2+2H_2O$。经分析知烟道气的干基组成（摩尔分数）为：$N_2$ 85.0%、CO_2 8.0%、CH_4 1.0%、O_2 6.0%。试求进料中空气与甲烷的摩尔比和氧的过量百分数。

3. 一蒸发器连续操作，处理量为 25t/h 溶液，原液含 NaCl 10%、NaOH 10%及 H_2O 80%（质量分数）。经蒸发后，溶液中水分蒸出，并有 NaCl 结晶析出，离开蒸发器的溶液浓度为 NaCl 2%、NaOH 50%及 H_2O 48%（质量分数）。计算：（1）每小时蒸出的水量；（2）每小时析出的 NaCl 量；（3）每小时离开蒸发器的浓溶液的量。

参考文献

[1] 娄爱鹃，吴志泉，吴叙美．化工设计，上海：华东理工大学出版社，2002.
[2] 计志忠．化学制药工艺学．北京：中国医药科技出版社，1998.
[3] 邝生鲁．化学工程师技术全书（上、下册）．北京：化学工业出版社，2001.
[4] 徐志远．化工单元操作．北京：化学工业出版社，1986.
[5] 蒋作良．药厂反应设备及车间工艺设计．北京：中国医药科技出版社，1994.

第 16 章 能量衡算

本章学习目的与要求：

（1）运用热量平衡方程式以及热量衡算的计算基准，掌握热量衡算的方法和步骤。
（2）运用物理变化热和化学变化热的计算方法，掌握化学过程的热量衡算方法。
（3）运用常用加热剂和冷却剂的性能、特点及消耗量的计算方法，掌握其他能量消耗计算。

能量存在的形式有多种，如动能、势能、电能、热能、光能、化学能等，各种形式的能量在一定条件下可以互相转化，但一个体系的总能量是守恒的。在药品生产过程中，由于物料经物理或化学变化时，其动能、势能或对外界所做的功等对总能量的变化影响很小，常常可以忽略，即热能是最常用的能量表现形式，因此能量衡算常可简化为热量衡算。本章主要介绍热量衡算。

16.1 能量衡算概述

16.1.1 能量衡算的重要性

能量衡算是设备选型与设计计算的依据。在设计过程中进行能量衡算，可以计算出生产过程的能耗指标，确定设备的热负荷，根据设备热负荷的大小、所处理物料的性质及工艺要求，再选择传热面的形式、计算传热面积、确定设备的主要工艺尺寸，从而确定生产过程所需要的能量，也便于对多种工艺设计方案进行比较，从而选定先进的生产工艺。

热量衡算经常和设备选型与计算同时进行。物料衡算完毕，先粗算设备的大小和台数，粗定设备的基本形式和传热形式，如与热量衡算的结果相矛盾，则要重新确定设备的大小和形式或在设备中加上适当的附件部分，使设备既能满足物料衡算的要求又能满足热量衡算的要求。因此，热量衡算也是设备选型与计算的主要依据之一。

能量衡算也是生产组织、运营管理、经济核算的基础。在生产过程中，利用能量衡算可以说明能量利用的形式及节能的可能性，有助于查找生产过程中存在的问题，改进生产设备和工艺流程以及制订合理的用能措施，从而达到节约能源、降低生产成本的目的。

16.1.2　能量衡算的依据

能量衡算的主要依据是能量守恒定律，能量守恒定律的一般方程式可写为式(16-1)：

$$输出能量=输入能量+生成能量-消耗能量-积累能量 \tag{16-1}$$

进行能量衡算工作必须知道物料衡算的数据以及所涉及物料的热力学物性数据，如反应热、溶解热、比热容、相变热等。热量衡算可分为单元设备的热量衡算和系统热量衡算。

16.2　热量衡算的基本理论

确定系统所涉及的所有热量和可能转化成热量的其他能量，不得遗漏。

16.2.1　设备的热量平衡方程式

当内能、动能、势能的变化量可以忽略且无做功时，输入系统的热量与离开系统的热量应平衡，根据能量守恒方程式可得出传热设备的热量平衡方程式为式(16-2)：

$$Q_1+Q_2+Q_3=Q_4+Q_5+Q_6 \tag{16-2}$$

式中　Q_1——物料带入设备的热量，kJ；

Q_2——加热剂或冷却剂传给设备或所处理物料的热量，kJ；

Q_3——过程热效应（放热为正，吸热为负），kJ；

Q_4——物料离开设备所带走的热量，kJ；

Q_5——加热或冷却设备所消耗的热量或冷量，kJ；

Q_6——设备向环境散失的热量，kJ。

在式(16-2)中，应注意除Q_1和Q_4外，其他Q值都有正负两种情况。例如，当反应放热时，Q_3取“+”号；反之，当反应吸热时，Q_3取“-”号，这与热力学中的规定正好相反。

热量衡算的目的是计算出Q_2，从而确定加热剂或冷却剂的量。$Q_2>0$表示需要加热，$Q_2<0$表示需要冷却。间歇过程，各段时间操作情况不同，应分段进行衡算，求出不同阶段的Q_2。为了求出Q_2，必须知道式(16-2)中的其他各项。其具体计算情况如下所述。

（1）计算基准　确定计算的基准，有相变时必须确定相态基准，不要忽略相变热。一般情况下，可以0℃和1.013×10^5Pa为计算基准。有反应的过程，也常以25℃和1.013×10^5Pa为计算基准。

（2）Q_1或Q_4的计算　无相变时物料的恒压比热容与温度的函数关系常用多项式式(16-3)来表示：

$$Q_1 \text{ 或 } Q_4=\sum G\int_{t_0}^{t_1} C_p \mathrm{d}t \tag{16-3}$$

式中　G——输入或输出设备的物料质量，kg或kg/h或kmol/h；

t_0——基准温度，℃；

t_1——物料的实际温度，℃；

C_p——物料的定压比热容，kJ/(kg·℃)或kJ/(kmol·℃)。

物料的定压比热容与温度之间的函数关系常用多项式式(16-4)或式(16-5)表示，即

$$C_p=a+bT+cT^2+dT^3 \tag{16-4}$$

或

$$C_p=a+bT+cT^2 \tag{16-5}$$

式中，a、b、c、d 是物质的特性参数，可从有关手册查得。

若知物料在所涉及温度范围内的平均恒压比热容，则：

$$Q_1 \text{ 或 } Q_4=\sum GC_p(T_2-T_0) \tag{16-6}$$

式中 G——设备的物料质量，kg 或 kg/h 或 kmol/h；

C_p——物料的平均恒压比热容，kJ/(kg·℃)；

T_0——基准温度，℃；

T_2——物料的最终温度，℃。

(3) Q_3 的计算 过程的热效应由物理变化热 Q_p 和化学变化热 Q_c 两部分组成。物理变化热是指物料的浓度或状态发生改变时所产生的热效应，若过程为纯物理过程，无化学反应发生，如固体的溶解、硝化混酸的配制、液体混合物的精馏等，则 $Q_c=0$；化学变化热是指组分之间发生化学反应时所产生的热效应，可根据物质的反应量和化学反应热计算。

(4) Q_5 的计算

① 稳态操作过程 $Q_5=0$

② 非稳态操作过程由式(16-7)求 Q_5

$$Q_5=\sum GC_p(T_2-T_1) \tag{16-7}$$

式中 G——设备各部件的质量，kg；

C_p——设备各部件材料的平均恒压比热容，kJ/(kg·℃)；

T_1——设备各部件的初始温度，℃；

T_2——设备各部件的最终温度，℃。

与其他各项热量相比，Q_5 的数值一般较小，因此，Q_5 常可忽略不计。

(5) Q_6 的计算 设备向环境散失的热量 Q_6 可用式(16-8)计算

$$Q_6=\sum a_T S_W(T_W-T)\tau\times10^{-3} \tag{16-8}$$

式中 a_T——对流-辐射联合传热系数，W/(m²·℃)；

S_W——与周围介质直接接触的设备外表面积，m²；

T_W——与周围介质直接接触的设备外表面积温度，℃；

τ——散热过程持续的时间，s。

对有保温层的设备或管道，a_T 可用下列公式估算。

① 空气在保温层外作自然对流，且 $T_W<150℃$

在平壁保温层外，$a_T=9.8+0.07(T_W-T)$ (16-9)

在圆筒壁保温层外，$a_T=9.4+0.052(T_W-T)$ (16-10)

② 空气沿粗糙壁面作强制对流

当空气流速 u 不大于 5m/s 时，a_T 可按下式估算

$$a_T=6.2+4.2u \tag{16-11}$$

当空气流速大于 5m/s 时，a_T 可按下式估算

$$a_T=7.8u^{0.78} \tag{16-12}$$

③ 对于室内操作的釜式反应器，a_T 的数值可近似取为 10W/(m^2·℃)。

16.2.2 热量衡算的方法和步骤

（1）明确衡算目的　通过热量衡算确定某设备或装置的热负荷、加热剂或冷却剂的消耗量等数据。

（2）明确衡算对象，划定衡算范围，并绘出热量衡算示意图。

（3）搜集有关数据　由手册、书籍、数据库查取；由工厂实际生产数据获取；通过估算或实验获得。计算时，尤其由手册查得数据时，要使数据正负号与公式规定一致；有时须将物能衡算联合进行方可求解。

（4）选定衡算基准　同一计算要选取同一基准，且使计算尽量简单方便。

（5）列出热量平衡方程式，计算各种形式的热量。

（6）编制热量平衡表。

16.2.3 衡算中注意的问题

（1）确定系统所涉及的所有热量和可能转化成热量的其他能量，不得遗漏。

（2）确定计算的基准，有相变时必须确定相态基准，不要忽略相变热。

（3）$Q_2>0$ 表示需要加热，$Q_2<0$ 表示需要冷却。间歇过程，各段时间操作情况不同，应分段进行衡算，求出不同阶段的 Q_2。

（4）计算时，尤其由手册查得数据时，要使数据正负号与公式规定一致。有时须将物能衡算联合进行方可求解。

16.3 过程热效应

16.3.1 物理变化热

物理变化热是指物料的状态或浓度发生变化时所产生的热效应，常见的有相变热和浓度变化热。

16.3.1.1 相变热

物质从一相转变至另一相的过程，称为相变过程。如熔融、结晶、蒸发、冷凝、升华、凝华都是常见的相变过程。相变过程所产生的热效应称为相变热。由于该过程常在等温等压下进行，故相变热常称为潜热。蒸发、熔融、升华过程要克服液体或固体分子间的相互吸引力，因此，这些过程均为吸热过程，其相变热为负值；冷凝、结晶、凝华过程的相变热为正值。

16.3.1.2 浓度变化热

等温等压下，因溶液浓度发生改变而产生的热效应，称为浓度变化热。在药品生产中，以物质在水溶液中的浓度变化热最为常见。但除了某些酸、碱水溶液的浓度变化热较大外，大多数物质在水溶液的浓度变化热并不大，不会影响整个过程的热效应，因此一般可不予考虑。

某些物质在水溶液中的浓度变化热可直接从有关手册或资料中查得，也可根据溶解热或稀释热的数据来计算。

（1）积分溶解热　等温等压下，将1mol溶质溶解于$n$mol溶剂中，该过程所产生的热效应称为积分溶解热，简称溶解热，用符号ΔH_s表示。

常见物质在水中的积分溶解热可从有关手册或资料查得。表16-1是H_2SO_4水溶液的积分溶解热。

表16-1　25℃时，H_2SO_4水溶液的积分溶解热

H_2O物质的量(n)/mol	积分溶解热(ΔH_s)/(kJ/mol)	H_2O物质的量(n)/mol	积分溶解热(ΔH_s)/(kJ/mol)
0.5	15.74	50	73.39
1.0	28.09	100	74.02
2	41.95	200	74.99
3	49.03	500	76.79
4	54.09	1000	78.63
5	58.07	5000	84.49
6	60.79	10000	87.13
8	64.64	100000	93.70
10	67.07	500000	95.38
25	72.35	∞	96.25

注：表中积分溶解热的符号规定为放热为正、吸热为负。

对于一些常用的酸、碱水溶液，也可将溶液的积分溶解热数据回归成相应的经验公式，以便于应用。例如：硫酸的积分溶解热可按SO_3溶于水的热效应，用式(16-13)估算：

$$\Delta H_s=\frac{2111}{\frac{1-m}{m}+0.2013}+\frac{2.989(t-15)}{\frac{1-m}{m}+0.062} \tag{16-13}$$

式中　ΔH_s——SO_3溶于水形成硫酸的积分溶解热，kJ/(kg H_2O)；

m——以SO_3计，硫酸的质量分率；

t——操作温度，℃。

又如，硝酸的积分溶解热可用式(16-14)估算：

$$\Delta H_s=\frac{37.57n}{n+1.757} \tag{16-14}$$

式中　ΔH_s——硝酸的积分溶解热，kJ/(mol HNO_3)；

n——溶解1mol HNO_3的H_2O的物质的量，mol。

（2）积分稀释热　等温等压下，将一定量的溶剂加入含1mol溶质的溶液中，形成较稀溶液时所产生的热效应称为积分稀释热，简称稀释热。

积分稀释热＝不同浓度积分溶解热之差

例如：向由1mol H_2SO_4和1mol H_2O组成的溶液中加入5mol水进行稀释的过程可表示为：

$$H_2SO_4(1mol\ H_2O)+5H_2O \longrightarrow H_2SO_4(6mol\ H_2O)$$

由表16-1可知，1mol H_2SO_4和6mol H_2O组成的H_2SO_4水溶液的积分溶解热为60.79kJ/mol，1mol H_2SO_4和1mol H_2O组成的H_2SO_4水溶液的积分溶解热为28.09kJ/mol，则上述稀释过程的浓度变化热或积分稀释热为：

$$Q_p = 60.79 - 28.09 = 32.70\text{kJ}$$

16.3.2　化学变化热

化学变化热可根据反应进度和化学反应热来计算，即

$$Q_c = \xi \Delta H_r^t \tag{16-15}$$

式中　ξ——反应进度，mol；

ΔH_r^t——化学反应热（放热为正，吸热为负），kJ/mol。

以反应物 A 表示的反应进度为：

$$\xi = \frac{n_{A_0} - n_A}{\delta_A} \tag{16-16}$$

式中　n_{A_0}——反应开始时反应物 A 的物质的量，mol；

n_A——某时刻反应物 A 的物质的量，mol；

δ_A——反应物 A 在反应方程式中的系数。

显然，对于同一化学反应而言，以参与反应的任一组分计算的反应进度都相同。但反应进度与反应方程式的写法有关。例如，氢与氧的热化学方程式为：

$$H_2(g) + \frac{1}{2}O_2(g) \longrightarrow H_2O(l) \quad \Delta H_r^0 = -285.8\text{kJ/mol(放热)}$$

当反应进度为 2mol 时，过程的化学变化热为：

$$Q_c = \xi \Delta H_r^t = 2 \times 285.8 = 571.6\text{kJ}$$

若将氢与氧的热化学方程式改写为：

$$2H_2(g) + O_2(g) \longrightarrow 2H_2O(l) \quad \Delta H_r^0 = -571.6\text{kJ/mol(放热)}$$

而其他条件均不变，则反应进度变为 1mol，过程的化学变化热为：

$$Q_c = \xi \Delta H_r^t = 1 \times 571.6 = 571.6\text{kJ}$$

可见，反应进度与反应方程式的写法有关，但过程的化学变化热不变。

化学反应热与反应物和产物的温度有关。热力学中规定化学反应热是反应产物回复到反应物的温度时，反应过程放出或吸收的热量。若反应在标准状态（25℃和 1.013×10^5Pa）下进行，则化学反应热又称为标准化学反应热，用符号 $\Delta H_r^\ominus$ 表示。

16.4　热量衡算举例

例 16-1　在 25℃和 1.013×10^5Pa 下，用水稀释 78%的硫酸水溶液以配制 25%的硫酸水溶液。拟配制 25%的硫酸水溶液 1000kg，试计算：①78%的硫酸溶液和水的用量；②配制过程中 H_2SO_4 的浓度变化热。

解：① 78%的硫酸溶液和水的用量。设 $G_{H_2SO_4}$ 为 78%的硫酸溶液的用量，G_{H_2O} 为水的用量，则

$$G_{H_2SO_4} \times 78\% = 1000 \times 25\% \tag{a}$$

$$G_{H_2SO_4} + G_{H_2O} = 1000 \tag{b}$$

联解式(a)、(b) 得

$$G_{H_2SO_4}=320.5\text{kg},\qquad G_{H_2O}=679.5\text{kg}$$

② 配制过程中 H_2SO_4 的浓度变化热。配制前后，H_2SO_4 的物质的量均为

$$n_{H_2SO_4}=\frac{320.5\times10^3\times0.78}{98}=2550.9\text{mol}$$

配制前 H_2O 的物质的量为

$$n_{H_2O}=\frac{320.5\times10^3\times0.22}{18}=3917.2\text{mol}$$

则

$$n_1=\frac{3917.2}{2550.9}=1.54$$

由内插法查得

$$\Delta H_{s_1}=35.57\text{kJ/mol}$$

配制后 H_2O 的物质的量变为

$$n_{H_2O}=\frac{1000\times10^3\times0.75}{18}=41666.7\text{mol}$$

则

$$n_2=\frac{41666.7}{2550.9}=16.33$$

由内插法查得

$$\Delta H_{s_2}=69.30\text{kJ/mol}$$

根据盖斯定律得

$$n_{H_2SO_4}\Delta H_{s_1}+Q_p=n_{H_2SO_4}\Delta H_{s_2}$$

$$Q_p=n_{H_2SO_4}(\Delta H_{s_2}-\Delta H_{s_1})=2550.9\times(69.30-35.57)=8.604\times10^4\text{kJ}$$

硫酸配制过程放热：8.604×10^4kJ。

例 16-2　物料衡算数据如表 16-2 所示。已知加入甲苯和浓硫酸的温度均为 30℃，脱水器的排水温度为 65℃，磺化液的出料温度为 140℃，甲苯与硫酸的标准化学反应热为 117.2kJ/mol（放热），设备（包括磺化釜、回流冷凝器和脱水器，下同）升温所需的热量为 1.3×10^5kJ，设备表面向周围环境的散热量为 6.2×10^4kJ，回流冷凝器中冷却水移走的热量共 9.8×10^5kJ。试对甲苯磺化过程进行热量衡算。有关热力学数据为：原料甲苯的定压比热容为 1.71kJ/(kg·℃)；98%硫酸的定压比热容为 1.47kJ/(kg·℃)；磺化液的平均定压比热容为 1.59kJ/(kg·℃)；水的定压比热容为 4.18kJ/(kg·℃)。

表 16-2　甲苯磺化过程的物料衡算表

<table>
<tr><th rowspan="2"></th><th>物料名称</th><th>质量/kg</th><th colspan="2">质量分数/%</th><th>纯品量/kg</th><th rowspan="2"></th><th>物料名称</th><th>质量/kg</th><th colspan="2">质量分数/%</th><th>纯品量/kg</th></tr>
<tr><td rowspan="3">原料甲苯</td><td rowspan="3">1000</td><td rowspan="3">甲苯</td><td rowspan="3">99.9</td><td rowspan="3">999</td><td rowspan="6">磺化液</td><td rowspan="6">1906.9</td><td>对甲苯磺酸</td><td>78.70</td><td>1500.8</td></tr>
<tr><td rowspan="6">输入</td><td rowspan="6">输出</td><td>邻甲苯磺酸</td><td>8.83</td><td>168.4</td></tr>
<tr><td>间甲苯磺酸</td><td>8.45</td><td>161.1</td></tr>
<tr><td rowspan="0" style="display:none"></td><td>水</td><td>0.1</td><td>1</td><td>甲苯</td><td>1.05</td><td>20.0</td></tr>
<tr><td rowspan="3">浓硫酸</td><td rowspan="3">1100</td><td>硫酸</td><td>98.0</td><td>1078</td><td>硫酸</td><td>1.85</td><td>35.2</td></tr>
<tr><td>水</td><td>2.0</td><td>22</td><td>水</td><td>1.12</td><td>21.4</td></tr>
<tr><td></td><td></td><td></td><td>脱水器排水</td><td>193.1</td><td>水</td><td>100</td><td>193.1</td></tr>
<tr><td></td><td>合计</td><td>2100</td><td colspan="2"></td><td>2100</td><td></td><td>合计</td><td>2100</td><td colspan="2"></td><td>2100</td></tr>
</table>

解： 对甲苯磺化过程进行热量衡算的目的是确定磺化过程中的补充加热量。依题意可将甲苯磺化装置（包括磺化釜、回流冷凝器和脱水器等）作为衡算对象。此时，输入及输出磺化装置的物料还应包括进、出回流冷凝器的冷却水，其带出和带入热量之差即为回流冷凝器移走的热量。若将过程的热效应作为输入热量来考虑，则可绘出如图 16-1 所示的热量衡算示意图。

图 16-1 甲苯磺化装置热量衡算示意

则热量平衡方程式可表示为：

$$Q_1+Q_2+Q_3=Q_4+Q_5+Q_6+Q_7$$

取热量衡算的基准温度为 25℃，则

$$Q_1=1000\times1.71\times(30-25)+1100\times1.47\times(30-25)=1.66\times10^4\,\text{kJ}$$

$$Q_3=Q_p+Q_c$$

反应中共加入 98%浓硫酸的质量为 1100kg，其中含水 22kg。若以 SO_3 计，98%硫酸的质量分率为 80%。由式(16-13) 得：

$$\Delta H_{s_1}=\frac{2111}{\dfrac{1-0.8}{0.8}+0.2013}+\frac{2.989(25-15)}{\dfrac{1-0.8}{0.8}+0.062}=4773.4\text{kJ/(kg}\cdot℃)$$

反应结束后，磺化液含硫酸 35.2kg，水 21.4kg。以 SO_3 计，硫酸的质量分率为 50.8%。则

$$\Delta H_{s_2}=\frac{2111}{\dfrac{1-0.508}{0.508}+0.2013}+\frac{2.989\times(25-15)}{\dfrac{1-0.508}{0.508}+0.062}=1833.6\text{kJ/(kg}\cdot℃)$$

所以 $Q_p=22\times4773.4-21.4\times1833.6=6.6\times10^4\,\text{kJ}$

反应消耗的甲苯量为 979kg，则

$$Q_c=\frac{979\times10^3}{92}\times117.2=1.25\times10^6\,\text{kJ}$$

$$Q_3=Q_p+Q_c=6.6\times10^4+1.25\times10^6=1.32\times10^6\,\text{kJ}$$

$$Q_4=1906.9\times1.59\times(140-25)+193.1\times4.18\times(65-25)=3.81\times10^5\,\text{kJ}$$

$$Q_5=1.3\times10^5\,\text{kJ}$$

$$Q_6=6.2\times10^4\,\text{kJ}$$

$$Q_7=9.8\times10^5\,\text{kJ}$$

则
$$\begin{aligned}Q_2&=Q_4+Q_5+Q_6+Q_7-Q_1-Q_3\\&=3.81\times10^5+1.3\times10^5+6.2\times10^4+9.8\times10^5-1.66\times10^4-1.32\times10^6\\&=2.16\times10^5\,\text{kJ}\end{aligned}$$

磺化过程需补充热量 2.16×10^5 kJ。甲苯磺化过程的热量平衡见表 16-3。

表 16-3 甲苯磺化过程的热量平衡表

	项目名称	热量/kJ		项目名称	热量/kJ
输入	甲苯:100kg	1.66×10^4	输出	磺化液:1906.9kg	3.81×10^5
	浓硫酸:1100kg			脱水器排水:193.1kg	
	过程热效应	1.32×10^6		设备升温	1.3×10^5
				设备表面散热	6.2×10^4
	补充加热	2.16×10^5		冷却水带走热量	9.8×10^5
	合计	1.55×10^6		合计	1.55×10^6

思考题

根据表 16-2 的物料衡算数据。已知加入甲苯和浓硫酸的温度均为 30℃，脱水器的排水温度为 65℃，磺化液的出料温度为 140℃，甲苯与硫酸的标准化学反应热为 117.2kJ/mol（放热），设备（包括磺化釜、回流冷凝器和脱水器，下同）升温所需的热量为 1.3×10^5kJ，设备表面向周围环境的散热量为 6.2×10^4kJ，回流冷凝器中冷却水移走的热量共 9.8×10^5kJ。试对甲苯磺化过程进行热量衡算。

参考文献

[1] 王志祥．制药工程学．3 版．北京：化学工业出版社，2015.

[2] 蒋作良，殷斌烈，缪志康．药厂反应设备及车间工艺设计．北京：中国医药科技出版社，1994.

[3] 杨志才．化工生产中的间歇过程：原理、工艺及设备．北京：化学工业出版社，2001.

[4] 娄爱娟，吴志泉，吴叙美．化工设计．上海：华东理工大学出版社，2002.

[5] 梁志武，陈声宗，任艳群，等．化工设计．北京：化学工业出版社，2001.

[6] 黄璐，王宝国．化工设计．北京：化学工业出版社，2001.

[7] 中国石化集团上海工程有限公司．化工工艺设计手册（上）．3 版．北京：化学工业出版社，2003.

[8] 吴思方，邵国壮，梁世中，等．发酵工厂工艺设计概况．北京：中国轻工业出版社，1995.

第17章 工艺设备设计与选型

本章学习目的与要求：

（1）描述工艺设备设计的目的和意义。
（2）说明工艺设备选型和设计的原则和主要步骤。
（3）针对制剂专用设备的选型步骤，熟悉工艺设备的安装。

工艺设备设计与选型是工艺设计的重要内容，所有的生产工艺都必须有相应的生产设备，同时所有的生产设备都是根据生产工艺要求而设计选定的。所以设备的设计与选型是在生产工艺确定以后，在物料衡算、热量衡算的基础上进行。

17.1 工艺设备设计与选型概述

17.1.1 工艺设备设计与选型的目的和意义

工艺流程设计是核心，而设备选型及其工艺设计则是工艺流程设计的主体。先进工艺流程能否实现，往往取决于提供的设备是否与之相适应，工艺设备的选型是否成功决定车间的安全性、环保性和经济性。因为基本原料经过一系列单元反应和单元操作制得原料药，原料药再通过加工得到各种剂型，这一系列化学变化和物理操作都需要在设备中进行。而设备不同，提供的条件不一样，对工程项目的生产能力、作业的可靠性、产品的成本和质量等都有重大的影响。因此选择适当型号的、符合设计要求的设备是完成生产任务、获得良好效益的重要前提。

17.1.2 工艺设备设计与选型的任务

工艺设备设计与选型的任务主要有以下几项：

① 根据工艺要求确定单元操作所用设备的类型。例如：制药生产中遇到固液分离过程就需要确定是采用过滤机还是采用离心机的设备类型问题。

② 根据工艺要求决定工艺设备的材料。

③ 确定标准设备型号或牌号以及台数。

④ 对于已有标准图纸的设备，确定标准图纸图号和型号。

⑤ 对于非定型设备，通过设计与计算，确定设备主要结构和工艺尺寸，提出设备设计条件单。

⑥ 将结果按定型设备和非定型设备编制工艺设备一览表。

17.1.3 工艺设备设计与选型的原则

在选择设备时要遵循先进可靠、经济合理、系统最优等原则，优先选用运行可靠、高效、节能、操作维修方便、符合 GMP 要求的设备。

(1) 满足工艺要求　设备的选择和设计必须充分考虑生产工艺的要求。包括：

① 选用的设备能与生产规模相适应，并应获得最大的单位产量。

② 能适应产品品种变化的要求，并确保产品质量。

③ 有合理的温度、压强、流量、液位的检测、控制系统。

④ 操作可靠，能降低劳动强度，提高劳动生产率。

⑤ 能改善环境保护。

(2) 符合相关标准　设备选型和材质应该符合 GMP 中有关标准和相关环保标准，且能有效减少生产污染，防止差错和交叉污染。

(3) 设备要成熟可靠　设备性能参数符合国家、行业或企业标准，与国际先进制药设备具有可比性，比国内同类产品有明显的技术优势。作为工业生产，不允许把不成熟或未经生产考验的设备用于设计。对生产中需使用的关键设备，一定要到需使用设备的工厂去考察，在调查研究和对比的基础上，作出科学的选定。

(4) 要满足设备结构上的要求

① 具有合理的强度　设备的主体部分和其他零件，都要有足够的强度，以保证生产和人身安全。一般在设计时常将各零件做成等强度，这样最节省材料，但有时也有意识地将某一零件的承载能力设计得低一些，当过载时，这个零件首先破坏而使整个设备不受损坏，这种零件称为保安零件，如反应釜上的防爆片。

② 具有足够的刚度　设备及其构件在外压作用下能保持原状的能力称为刚度。例如，塔设备中的塔板、受外压容器的壳体、端盖等都要满足刚度要求。

③ 具有良好的耐腐蚀性　制药生产过程中所用的基本原料、中间体和产品等大多有腐蚀性，因此所选用的设备应具有一定的耐腐蚀能力，使设备具有一定的使用寿命。

④ 具有足够的密封性　由于药品生产过程中需处理的物料很多是易燃、易爆、有毒的，因此设备应有足够的密封性，以免泄漏造成事故。

⑤ 易于操作与维修　如人孔、手孔结构的设计。

⑥ 易于运输　容器的尺寸、形状及重量等应考虑到水陆运输的可能性。对于大型的、特重的容器可分段制造、分段运输、现场安装。

(5) 要考虑技术经济指标

① 生产强度　生产强度是指设备的单位体积或单位面积在单位时间内所能完成的任务。通常，生产强度越高，设备的体积就越小，但是有时会影响效率、增加能耗，因而应综合起

来合理选择。

② 消耗系数　设备的消耗系数，是指生产单位质量或单位体积的产品所消耗的原料和能量。显然，消耗系数越小越好。

③ 设备价格　尽可能选择结构简单、容易制造的设备；尽可能选用材料用量少，材料价格低廉的或贵重材料用量少的设备；尽可能选用国产设备。

④ 管理费用　设备结构简单，易于操作、维修，以便减少操作人员、维修和费用。

（6）系统上要最优　设备选型应满足机械化、自动化等能力，设备选型体现良好的人性化和人机工程设计，不可只为某一个设备的合理而造成总体问题，要考虑它对前后设备的影响，对全局的影响。

17.1.4　工艺设备设计与选型的阶段

设备设计与选型工作一般可分为两个阶段进行。第一阶段的设备设计可在生产工艺流程草图设计前进行，内容包括：

① 计量和储存设备的容积计算和选定。

② 某些标准设备的选定，多属容积型设备。

③ 某些属容积型的非定型设备的形式、台数和主要尺寸的计算和确定。

第二阶段的设备设计可在流程草图设计中交错进行。着重解决生产过程上的技术问题。例如：过滤面积、传热面积、干燥面积、塔板数以及各种设备的主要尺寸等。至此，所有工艺设备的形式、主要尺寸和台数均已确定。

17.1.5　定型设备选择步骤

工艺设备种类繁多、形状各异，不同设备的具体计算方法和技术在各种有关制药设备的书籍、文献和手册中均有叙述。对于定型设备可以从产品目录、相关手册、网上查到其型号和规格，其选择一般可分为如下4步进行。

① 通过工艺选择设备类型和设备材料。

② 通过物料计算数据确定设备大小、台数。

③ 所选设备的检验计算，如过滤面积、传热面积、干燥面积等的校核。

④ 考虑特殊事项。

17.1.6　非定型设备设计内容

工艺设备应尽量在已有的定型设备中选择，这些设备来源于各设备生产厂家。只有在特殊要求下，才按工艺提出的条件去设计制造设备，并且在设计非定型设备时，尽量使用已有标准图纸的设备，减少设计成本。非定型设备的工艺设计是由工艺专业人员负责，提出具体的工艺设计要求即设备设计条件单，然后提交给机械设计人员进行施工图设计。设计图纸完成后，返回给工艺人员核实条件并会签。

工艺专业人员提出的设备设计条件单，应包括以下内容。

（1）设备示意图　设备示意图中应表示出设备的主要结构形式、外形尺寸、重要零件的外形尺寸及相对位置、管口方位和安装条件等。

（2）技术特性指标　技术特性指标包括下列内容。

① 设备操作时的条件，如：压力、温度、流量、酸碱度、真空度等。
② 流体的组成、黏度和相对密度等。
③ 工作介质的性质，如：是否有腐蚀、易燃、易爆、毒性等。
④ 设备的容积，包括全容积和有效容积。
⑤ 设备所需传热面积，包括蛇管和夹套等。
⑥ 搅拌器的形式、转速、功率等。
⑦ 建议采用的材料。

（3）管口表　设备示意图中应注明管口的符号、名称和直径。

（4）设备的名称、作用和使用场所。

（5）其他特殊要求。

17.2 制剂设备设计与选型

17.2.1 制剂设备设计与选型概述

药物制剂生产以机械设备为主，大部分为专用设备，每生产一种剂型都需要一套专用生产设备。制剂专用设备又有两种形式：一种是单机生产，由操作者衔接和运送物料，使整个生产完成，如片剂、冲剂等基本上是这种生产形式，其生产规模可大可小，比较灵活，容易掌握，但受人的影响因素较大，效率较低。另一种是联动生产线（或自动化生产线），基本上是将原料和包装材料加入，通过机械加工、传送和控制，完成生产，如输液、粉针等，其生产规模较大，效率高，但操作、维修技术要求较高，对原材料、包装材料质量要求高，一处出毛病就会影响整个生产。

制剂设备设计与选型中应注意如下方面：

① 用于制剂生产的配料、混合、灭菌等主要设备和用于原料药精制、干燥、包装的设备，其容量应与生产批量相适应。

② 对生产中发尘量大的设备，如粉碎、过筛、混合、制粒、干燥、压片、包衣等设备应附带防尘围帘和捕尘、吸粉装置，经除尘后排入大气的尾气应符合国家有关规定。

③ 干燥设备进风口应有过滤装置，出风口有防止空气倒流装置。

④ 洁净室（区）内应尽量避免使用敞口设备，若无法避免时，应有避免污染措施。

⑤ 设备的自动化或程控设备的性能及准确度应符合生产要求，并有安全报警装置。

⑥ 应设计或选用轻便、灵巧的物料传送工具，如传送带、小车等。

⑦ 不同洁净级别区域传递工具不得混用，D 级洁净室（区）使用的传输设备不得穿越其他较低级别区域。

⑧ 不得选用可能释出纤维的药液过滤装置，否则须另加非纤维释出性过滤装置，禁止使用含石棉的过滤装置。

⑨ 设备外表面不得采用易脱落的涂层。

⑩ 生产、加工、包装青霉素等强致敏性、某些甾体药物、高活性、有毒害药物的生产设备必须专用等。

17.2.2　制剂设备设计与选型步骤

首先，考虑设备的适用性，了解所需设备的大致情况，使用厂家的使用情况，生产厂家的技术水平等，使之能达到药品生产质量的预期要求，能保证所加工的药品具有最佳的纯度和一致性。

其次，根据上述调查研究的情况和物料衡算结果，搜集所需资料，全面比较，确定所需设备的名称、型号、规格、生产能力、生产厂家等，并造表登记。

最后，核实与使用要求是否一致。

此外还要考虑工厂的经济能力和技术素质。一般先确定设备的类型，然后确定其规格。每台新设备正式用于生产以前，必须要做适用性分析（论证）和设备的验证工作。

17.2.3　制剂设备 GMP 达标中的隔离与清洗灭菌问题

GMP 是药品生产质量管理的基本规范和行为准则，其实质在于对影响药物生产质量的各种因素实施全面控制。随着科学技术飞速发展和人类对生命质量的不断追求，在和世界制药工业接轨与融合中，GMP 的标准必定会呈现越来越高的要求。因此，必须以新的视角注视世界 GMP 的发展趋势，从厂房、设备和配套设备等硬件和岗位 SOP、全过程质量控制、各种技术管理制度、各种质量保证体系等软件达到和超过 GMP 标准，特别要重视制剂设备的达标，因为它是直接生产药品的装置，是 GMP 实施中具有举足轻重作用的决定因素。此处仅简单介绍制剂设备 GMP 达标中的隔离与清洗灭菌问题。

17.2.3.1　无菌产品生产的隔离技术

按照 GMP 要求，制剂生产过程应尽量避免微生物、微粒和热原污染。由于无菌产品生产应在高质量环境下进行配料、灌装和密封，因此要求该生产过程实行隔离技术。隔离技术是国际先进制剂工业设备的发展动态，也是中国制剂工业设备中的一个薄弱环节，它是中国制剂设备与国际接轨的差距之一，已成为无菌产品生产车间设计和制剂设备设计、生产和改造的重要内容。

医药工业的隔离技术涉及无菌药品如水针、粉针、输液以及医疗注射器的生产等诸方面，在无菌产品生产中，为避免污染，重要措施是在灌装线的制剂设备周围设计隔离区，建立并采用符合人机工程学要求的隔离技术和自动控制系统，以保证无菌产品生产无污染。

17.2.3.2　就地清洗与就地灭菌

GMP 明确规定制剂设备要易于清洗，尤其是更换产品时，对所有设备、管道及容器等按规定必须彻底清洗和灭菌。其中，设备的就地清洗（CIP）与就地灭菌（SIP）占有特殊的地位，就地清洗和就地灭菌的洁净和灭菌系统建立不起来，则制剂设备 GMP 达标将十分困难。

目前制剂车间的清洗和灭菌现状是在车间辅助区设立清洗间，清洗间的清洗对象主要是容器和工器具，而设备的清洗是一个问题。因此国内制剂设备的设计应尽快设计和建立就地清洗和就地灭菌的洁净、灭菌系统，以解决不便搬动设备的就地清洗和就地灭菌；同时，在制剂设备设计和安装时，要考虑 CIP 和 SIP 因素以及由此而引起的相关问题，如清洗后的干燥等。

一个稳定的就地清洗系统在于优良的设计，而设计的首要任务是根据待清洗系统的实际情况来确定合适的清洗程序。一是要确定清洗的范围，凡是直接接触药品的设备都要清洗；二是确定药品品种，因为不同的品种，其理化性质不同，其清洗程序也要作相应的变化才能使其符合规定；三是清洗条件的确定、清洗剂的选择、清洗工具的选型或设计；四是根据就地清洗过程中待监测的关键参数和条件来确定采用什么样的控制、监控及记录仪表等，特别应重视对制剂系统的中间设备、中间环节的就地清洗及监测。

清洗设备的设计与制造应当遵循便于维护及保养；设备所用的材料、产品与清洁剂不发生反应；清洗工具要便于接装入待清洗系统或从系统中拆除等原则；还应特别注意微生物污染问题，尤其是清洁后不再做进一步消毒或灭菌的系统应特别注意微生物污染的风险，如系统管路应有适当的倾斜度，避免积水等。

就地灭菌是制剂设备 GMP 达标的另一个重要方面。可采用就地灭菌的系统是无菌药品生产过程的管道输送线、配制釜、过滤系统、灌装系统、冻干机和水处理系统等。整个系统中应有合适的空气和冷凝水排放口，应有完善的控制与监测措施来匹配，以免造成就地灭菌系统不能正常运转。至于具体产品采用何种灭菌方法并不重要，重要的是在于使用灭菌方法的可靠性。就地灭菌的具体方案必须在实际应用以前通过一定的方法予以确认，这种确认是通过恰当的灭菌验证试验，证明灭菌的方法是完整的、可靠的。

思考题

1. 设备选型与设计的原则是什么？
2. 非定型设备设计时，工艺专业人员提出的设备设计条件单包括哪些内容？
3. 工艺设备选型的步骤是什么？

参考文献

[1] 大连理工大学化工原理教研室．化工原理课程设计．大连：大连理工大学出版社，1994.
[2] 聂清德．化工设备设计．北京：化学工业出版社，1991.
[3] 《化工设备设计基础》编写组．化工设备设计基础．上海：上海科技出版社，1987.
[4] 刘道德．化工设备的选择与工艺设计．长沙：中南工业大学出版社，1992.
[5] 孙履厚．精细化工新材料与技术．北京：中国石化出版社，1998.
[6] 化工设备设计全书编辑委员会．大型储罐设计．上海：上海科技出版社，1986.
[7] 陈国理．压力容器及化工设备．广州：华南理工大学出版社，1989.
[8] 顾芳珍，陈国桓．化工设备设计基础．天津：天津大学出版社，1994.
[9] 周镇江．轻化工工厂设计概论．北京：中国轻工业出版社，1994.
[10] 丁浩，王玉琪，王维聪．化工工艺设计．上海：上海科学技术出版社，1989.
[11] 华东化工学院，浙江大学．化工容器设计．湖北：湖北科学技术出版社，1985.
[12] 王志祥．制药工程学．3 版．北京：化学工业出版社，2015.
[13] 蒋作良，殷斌烈，缪志康．药厂反应设备及车间工艺设计．北京：中国医药科技出版社，1994.

第 18 章 车间布置与管道设计

本章学习目的与要求：

（1）能够描述制药车间布置在车间设计中的地位。
（2）能够概述一般制药车间的组成、布置及车间管道布置设计的原则。
（3）能够阐明 GMP 对车间布置的要求。
（4）能够应用多功能车间设计的方法。

车间布置设计与管道设计是复杂而细致的工作，是以工艺专业为主导，在大量的非工艺专业的密切配合下，由工艺人员完成的。原料药车间和制剂车间虽然与一般化工车间有许多共同点，但又因药品生产的特殊性而具有自己的特点。

18.1 制药车间布置设计概述

车间布置设计是在产品方案确定以后，确定生产车间的占地面积、位置、建筑形式、车间内部各功能区的划分、生产所需的各种工艺设备、各种设备的排列顺序等，以能互用或通用的设备为优先考虑的设计，是设计和筹建制药企业首先要完成的任务，也是项目能否顺利完成、企业能否获得较大经济效益的关键所在。

18.1.1 制药车间布置设计的目的与意义

车间布置设计是车间设计的重要环节之一，是工艺专业向其他非工艺专业提供开展车间设计的基础资料之一。车间布置设计的目的是对厂房的配制和工艺设备的排列做出较为合理的安排。有效合理的车间布置将会使车间内的人、设备和物料在空间上实现最合理的组合，从而实现工艺流程及设备的先进性，并且可以有效地降低生产成本，减少事故发生，增加地面可用空间，提高设备利用率，创造良好的生产环境。

18.1.2 制药车间布置设计的特点

制药工业包括原料药工业（active pharmaceutical ingredient，API）和制剂工业（pharmaceutical formulation)。药品是精细化学品的一种，所以制药工业也属于化学工业的范畴，在车间设计上制药车间应与一般的化工车间具有相同点。但药品属于特殊商品，其质量好坏会直接影响人们的健康，所以原料药生产车间与制剂生产车间的新建、改建必须符合GMP的要求，这也是药品生产区别于一般化工产品生产的特殊性；同时，药品生产还要严格遵循国家或行业在EHS方面（环境Environment、健康Health、安全Safety）等一系列的法律法规和技术标准。所以原料药生产的“精烘包”等工序及制剂生产的罐封、制粒、干燥、压片等工序均需要根据GMP要求进行专门的车间布置设计。

18.1.3 制药车间的组成

制药车间一般由生产部分、辅助生产部分和行政、生活部分组成。其中生产部分可以分为一般生产区和洁净生产区；对于制剂车间，辅助生产部分一般包括人员净化用室、物料净化用室、原辅料外包清洁室、包装材料清洁存放室、灭菌室、称量室、配料室、设备容器具清洗存放室、清洁工具清洁存放室、洁净工作服洗涤干燥室、动力室（真空泵和压缩机室）、配电室、通风空调室、维修保养室、分析化验室、冷冻机室、原辅料和成品仓库等；行政、生活部分由办公室、会议室、餐厅、厕所、淋浴室与休息室、保健室、健身室等部分组成。

18.1.4 制药车间布置设计的内容

① 按《药品生产质量管理规范》确定车间各工序的洁净等级，确定车间的火灾危险类别、爆炸与火灾危险性场所等级及卫生标准。

② 生产工序、生产辅助设施、生活行政辅助设施的平面、立面布置。

③ 车间场地和建筑物、构筑物的位置和尺寸。

④ 设备的平面、立面布置。

⑤ 通道、物流运输系统设计。

⑥ 安装、操作、维修的平面和空间设计。

18.2 制药车间总体布置

车间总体布置要综合考虑，根据生产规模、生产特点、厂区面积、厂区地形和地质等条件进行整体布置设计，车间生产厂房和室外设施要预留扩建余地，厂区公用系统如供电、供热、供水以及外管和下水道的走向要规范合理等，厂区设施和车间设备要严格遵照GMP及国家相关规范，在保证厂房内人员及设施安全的前提下，将各车间合理排布，既要考虑车间内部的生产、辅助生产、管理和生活的协调，又要考虑车间与厂区供水、供电、供热和管理部门的呼应，尽可能提升空间利用率、降低建造成本，使之成为一个有机整体。

18.2.1 厂房形式

厂房组成形式有集中式和单体式。“集中式”指把组成车间的生产、辅助生产和生活、行政部分集中安排在一栋厂房中；“单体式”组成车间的一部分或几部分相互分离并分散布置在几栋厂房中。车间各工段联系紧密，生产特点相似，生产规模较小，厂区地势平坦，在符合《建筑设计防火规范》(2018年版）和《工业企业设计卫生标准》的前提下，可采用集中式布置；生产规模较大，或各工段生产差异较大，可采用单体式布置。

厂房的层数主要根据工艺流程的需要综合考虑占地面积和工程造价来决定，常用的工业厂房有单层、双层、多层或相互结合的形式。厂房在满足建筑安全要求的前提下，其高度主要取决于工艺设备布置、安装和检修的要求，同时考虑通风、采光的要求。车间底层的室内标高，不论是多层或单层，应高出室外地坪0.5～1.5m。如有地下室，应充分利用，可将动力设备、热交换设备、恒温库房等优先布置在地下室。新建厂房的层高一般为2.8～3.5m，技术夹层净高1.2～2.2m，仓库层高4.5～6.0m，办公室、值班室高度为2.6～3.2m。

厂房的平面形状和长宽尺寸，既要满足生产工艺的要求，又要具有考虑土建施工的可能性与合理性。同时，车间外形常常会使工艺设备的布置有很多可变性和灵活性，简单的外形容易满足工艺要求和建筑设计要求。通常采用的有长方形、L形、T形、U形等，其中以长方形厂房最为常见，这些形状的车间，从工艺要求上看有利于设备布置，能缩短管道距离，便于安装，采光充分；从建筑来看占地节省，有利于建筑构件的定型和机械化施工。

目前，原料药车间以钢筋混凝土框架结构居多。合成车间、有爆炸危险的车间宜采用单层建筑，内部可以设置多层操作平台，以满足工艺设备位差的要求。如必须设在多层厂房内，则应布置在厂房的顶层，并有相应的防爆墙和合理的泄爆方向。单层或多层厂房内有多个局部防爆区时，每个防爆区内的泄爆面积、疏散距离、安全门均应满足规范要求，防爆区与非防爆区要设置防爆墙分隔。

制剂洁净车间以建造钢结构单层大跨度、大面积的厂房为主，同时可设计成固定玻璃无开窗的厂房。其优点：施工工期短，成本投资少，可干式施工，节约用水，施工占地少，产生的噪声小、粉尘少；车间跨度大，柱子减少，有利于按区域概念分割厂房，分隔房间灵活、紧凑、节省面积，有利于后期工艺变更、更新设备或进一步扩大产能；外墙面积小，能减少能耗，受外界污染的机会也小；车间可按照工艺流程布置得合理紧凑，人净、物净通道易于分开，避免生产过程中产生污染和交叉污染的机会；钢结构搬移方便，内部设备安装方便；物料、半成品及成品的输送有利于机械化、自动化操作，防火性能好，便于疏散。不足之处是占地面积大、容积率低。

多层厂房虽然存在一些不足，例如有效面积少（因楼梯、电梯、人员净化设施占去不少面积)、技术夹层复杂、建筑载荷高、造价相对高，但是这种设计安排也不是绝对的，常常有片剂车间设计成2～3层的例子，这主要考虑利用位差解决物料的输送问题，从而可节省运输能耗，并减少粉尘。

18.2.2 厂房的总平面布置

厂房进行总平面布置时，必须严格依据国家的各项方针政策，结合厂区的具体条件和药品生产特点及生产工艺要求，做到工艺流程合理，总体布置紧凑，厂区环境整洁，能满足制药生产的要求，厂房总平面布置的基本原则是：

① 生产性质或生产联系紧密的功能间、洁净等级相近的区域要相互靠近布置或集中布置，以利于物料的运输和降低输送成本。

② 辅助生产区离主要生产区不能太远，以方便使用和管理。

③ 动力设施应接近负荷中心或负荷量大的车间；对环境有污染的车间应布置在整个厂房的下风侧。

④ 原料药生产区域应布置在下风侧，同时合成区域布置在“精烘包”车间的下风侧。合成区域设置相对独立的原辅料存放区、反应中间体的干燥存放区等，避免交叉污染。

⑤ 运输量较大的车间、库房应布置在临近主干道或货运出入口附近，避免人流、物流交叉。

⑥ 行政、生活区域应处于主要风向的上风侧，并与生产区保持一定距离。

⑦ 质量标准中有热原或细菌内毒素等检验项目，厂房的布置应注意有防止微生物污染的措施。

⑧ 质控室通常应与生产区分开，当生产操作对检验结果的准确性无不利影响且检验操作对生产也无不利影响时，质控室也可设在生产区域。

⑨ 厂房应有防止昆虫和其他动物进入的设施，如可以应设置纱门纱窗（与外界大气直接接触的门窗），门口、草坪周围设置灭虫灯，门口设置挡鼠板，仓库等建筑物内可设置“电猫”及其他防鼠措施，厂房建筑外设置隔离带，入门处外侧设置空气幕等。

18.2.3 车间公用工程辅助设施布置

车间内公用工程包括真空系统间、空气压缩系统间、冷冻站、热交换站、配电间、控制间、纯化水和注射用水制备间等公用设施，也要布置合理。对于公用系统主要考虑靠近主生产车间以满足工艺要求，减少输送距离；如果有防爆要求的，如真空泵房等采用集中布置，有利于采用防爆措施，方便管理。

车间辅助设施包括与生产相配套的更衣系统、生产管理系统、生产维修、车间清洁等。更衣间面积的大小要考虑生产人员的数量，并且有与之相匹配的柜子，洁净更衣系统的布置要满足 GMP 的要求。休息室的设置不应对生产区、仓储区和质量控制区造成不良影响。更衣室和盥洗室应方便人员出入，并与使用人数相适应。盥洗室不得与生产区和仓储区直接相通。维修间应尽可能远离生产区。存放在洁净区内的维修用备件和工具，应放置在专门的房间或工具柜中。

根据《建筑设计防火规范》，在甲乙丙类生产厂房内布置辅助房间及生活设施时要注意以下几点：甲乙类生产厂房（仓库）不应布置在地下或半地下，厂房内不应设置办公室、休息室等。当办公室、休息室等需要与该厂房相邻建造时，其耐火等级不应低于二级，并采用耐火等级不低于 3h 的不燃体防爆墙隔开，设置独立的安全出口；甲乙类仓库内严禁设置办公室、休息室等，并且不应毗邻建造。在丙类厂房内设置的办公室、休息室等，应采用耐火等级不低于 2.5h 的不燃体隔墙和不低于 1h 的楼板与厂房隔开，并至少设置 1 个独立的安全出口。如隔墙上需要开设互通式门时，应采用乙级防火门。

18.3 车间设备布置的基本要求

18.3.1 GMP对设备布置的基本要求

① 设备的设计、选型、安装、改造和维护必须符合预定用途，应尽可能降低发生污染、交叉污染、混淆和差错，便于操作、清洁、维护，以及必要时进行的消毒或灭菌。

② 生产设备不得对药品有任何危害，与药品直接接触的生产设备表面应光洁、平整、易清洗或消毒、耐腐蚀，不得与药品发生化学反应或吸附药品，或向药品中释放物质而影响产品质量并造成危害。

③ 水处理设备及其输送系统的设计、安装和维护应能确保制药用水达到设定的质量标准。水处理设备的运行不得超出其设计能力，管道的设计和安装应避免死角、盲管。

④ 应建立设备使用、清洁、维护和维修的操作规程，并严格按照操作规程进行操作，并保存相应的操作记录。

⑤ 生产β-内酰胺结构类、性激素类避孕药品，必须使用专用设施（如独立的空气净化系统）和设备，并与其他药品生产区严格分开。

⑥ 设备的维护和维修不得影响产品质量，应制订设备的预防性维护计划和操作规程，设备的维护和维修应有相应的记录，经改造或重大维修的设备应进行重新确认或验证，符合要求后方可用于生产。

⑦ 设备布置时需要考虑设备的安装位置、维修路线、载荷以及对洁净区的影响。

18.3.2 生产工艺对设备布置的基本要求

① 设备的布置需要满足生产工艺的要求，尽量按照工艺流程的顺序依次布置，尽可能利用工艺过程使物料自动流送，避免中间体和产品有交叉往返流动的现象。原料药生产合成车间一般采用三层布置，将计量设备布置在最上层，主要反应设备布置在中间层，储槽及分离设备布置在最下层。

② 操作中相互有联系的设备应彼此靠近集中布置，保持必要的安全距离，留出合理的操作通道和运输通道，并在设备周围留出一定的原料、半成品、成品的堆存空间；对于经常需要检修更换配件的设备，还要留出足够的搬运配件的空间和通道，注意满足设备配件的最大尺寸。

③ 设备的布置尽可能采用对称布置，相似或相同设备集中布置。这样便于应急调换设备的可能性和方便性，充分发挥设备的潜力；便于其他管道的安装和管理，并且车间整齐美观。

④ 设备布置时还要留出足够的安全和检修距离，设备与设备之间的距离、设备与墙之间的距离、运送设备的通道和人行道的标准都有一定的规范，设计时应予以遵守。设计时可参考表18-1所列的安全距离。

表 18-1 设备与设备、设备与建筑物之间的安全距离

项目		安全距离/m
往复运动的机械,运动部件离墙的距离	≥	1.5
回转运动的机械与墙之间的距离	≥	0.8~1.0
回转机械相互之间的距离	≥	0.8~1.2
泵的间距	≥	1.0
泵列与泵列间的距离	≥	1.5
被吊车吊动的物品与设备最高点的间距	≥	0.4
储槽与储槽之间的距离		0.4~0.6
计量槽与计量槽之间的距离		0.4~0.6
反应设备盖上传动装置离天花板的距离	≥	0.8
通廊,操作台通行部分最小净空	≥	2.0
不常通行的位置最小净高		1.9
设备与墙之间有一人操作	≥	1.0
设备与墙之间无人操作	≥	0.5
两设备之间有两人背对背操作,有小车通过	≥	3.1
两设备之间有一人操作,有小车通过	≥	1.9
两设备之间有两人背对背操作,偶尔有人通过	≥	1.8
两设备之间有两人背对背操作,且经常有人通过	≥	2.4
两设备之间有一人操作,且偶尔有人通过	≥	1.2
操作台楼梯坡度	≤	45°

⑤ 对于生产工艺无特殊要求且无须经常看管的设备，储存或处理的物料不会因气温变化而发生冻结和沸腾的设备，如：吸收塔、储槽、气柜、真空缓冲罐、压缩空气储罐等可以露天布置；对于工艺要求需要大气来调节温度、湿度的设备，如：凉水塔、空气冷却器、喷淋冷却塔等也采用露天布置；而对于工艺要求不允许有显著温度变化的设备一般不采用露天布置。

18.3.3 满足建筑与安装检修要求

① 在可能情况下，将那些在操作上可以露天化的设备尽量布置在厂房外面，尽可能节约建筑物的面积和体积，减少设计和施工工作量，这对安全和节约投资有很大意义。设备的露天化布置还要考虑该地区的自然条件和工艺对操作可能性的要求。

② 在不影响工艺流程的前提下，可以将较高设备集中布置，可以简化厂房的立体布置，避免由于设备的高低不齐造成空间的浪费和建筑物建造的难度。

③ 体积较大或笨重设备，生产中容易产生较大震动的设备，如离心机、空压机、板框压滤机等尽可能布置在厂房的一层，并用与建筑物基础脱开的设备基座固定设备来减少厂房的荷载和震动，震动较大的设备尽量避免布置在钢架平台上，如必须布置时设备的基座可单独设置。

④ 需要穿墙或穿越楼层布置的设备（如反应釜、提取罐、塔设备等）应避开主梁布置。

⑤ 厂房内操作平台必须统一考虑，以免平台支柱零乱重复，便于下层布置设备，节约

车间面积。

⑥ 设备安装、检修时要考虑留出足够的通道，厂房大门宽度要比所要运输通过的设备宽0.2m左右。当设备运入后很少需要整体搬出的，可以采用外墙或楼板设置预留孔道、安装孔，待设备安装完成后，再将其封闭。

18.3.4　设备布置的安全、卫生要求

① 设备布置应尽量做到工人背光操作，创造良好的采光条件。高大设备避免靠近窗户布置，以免影响门窗的开启、通风与采光，如图18-1所示。

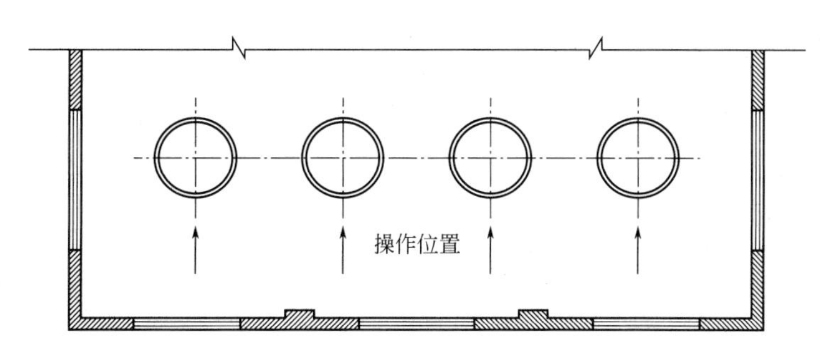

图18-1　背光操作示意

② 有爆炸危险的设备应露天或半露天布置，室内布置时要加强通风，防止爆炸性气体或粉尘的聚集；危险等级相同的设备或厂房应集中在一个区域；将有爆炸危险的设备布置在单层厂房或多层厂房的顶层或厂房的边沿。建筑物的泄爆面积大小、泄爆方向必须根据生产物质类别按规范要求设计。

③ 加热炉、明火设备与产生易燃易爆气体的设备应保持一定的距离（一般不小于19m），易燃易爆车间要采取防止引起静电现象和着火的措施。

④ 处理酸碱等腐蚀性介质的设备，除设备本身的基础加以防护外，对于设备附近的建筑物也必须采取防护措施。如泵、池、罐等分别集中布置在底层有耐蚀铺砌的围堤中，不宜放在地下室或楼上。

⑤ 产生高温及有毒气体的设备应布置在下风向，有毒、有粉尘和有气体腐蚀的设备要集中布置并做通风、排毒或防腐处理，通风措施应根据生产过程中有害物质、易燃易爆气体的浓度和爆炸极限、厂房的温度而定。对特别有毒的岗位，应设置隔离单独排风措施，储有毒物料的设备不能放在厂房的死角处。

18.4　原料药多功能车间特点与设计

随着医药工业的发展，目前医药工业产品品种多，且产品需求量范围宽，年需求量可能从几十千克到上百吨；品种的发展和淘汰随市场变化频繁。而传统的原料药生产方式产量较大，产品单一，且生产操作有固定的工艺流程。传统的生产方式无法满足企业产量小、品种多、能应对市场快速变化的要求，原料药多功能车间应运而生。

18.4.1 原料药多功能车间特点

原料药多功能车间又称为综合车间，该类型车间可以同时或分期实现多品种原料药生产，生产线可以方便地变换生产品种，切换时间短，且同时生产多种产品不会交叉污染。原料药生产主要以间歇式生产为主，常用的化学反应条件类似，生产工艺接近，设备通用性强；原料多且易燃易爆，产品多为固体。这些特点决定了多功能车间可以满足小批量、多品种的生产要求；同时多功能车间也可以用于新药的试生产和中试生产的需要，进一步完善工艺数据，为大生产提供基础。

18.4.2 原料药多功能车间设计

18.4.2.1 车间设计思路

传统的原料药合成车间以单一产品的生产工艺流程为基础进行设计，但一旦更换产品，设备、管道的通用性差，灵活性不足，需要重新建生产线。而多功能车间以化工单元操作为基础，合成工序模块单元化布置。每个生产模块原则上针对一步或者两步化学反应，以产出一个稳定的中间体为终止，每个产品的生产通过几个不同模块之间的组合完成。

化学原料药虽然品种众多，工艺路线千差万别，但是常规的化工单元操作都是通用的，包括化学反应、蒸馏（常压或者减压）、萃取、结晶、固液分离（压滤、离心等）、干燥，因此在设计多功能车间时不必拘泥具体生产的品种和规模，主要按照制药工业中常用的化学反应和单元操作，选择一些不同规格和材料的反应罐以及与之相匹配的冷却装置和储罐、计量罐，选择一些不同工作原理的固液分离装置和与生产规模相匹配的干燥装置，加以合理的布置安装。同时考虑产品工艺特点，若有危险工艺，如：氢化反应、硝化反应、氧化反应等，以及特殊反应条件，如：高温、高压反应、深冷反应、有剧毒介质的反应，则需要单独设置模块，不作他用。这样设计出来的多功能车间，设备相对固定，而以不同的工艺流程去适应它；缺点就是设备数量较多，利用率低。

18.4.2.2 工艺设备选择

为了提高多功能车间设备的通用性和互换性，可以先选择一个工艺流程较长，涉及的化学反应类型较多，单元操作种类最多的一个产品方案作为设计和选择设备的基础，并根据生产量和生产周期来设计和选出工艺设备。对于个别有特殊要求的工艺可以适当增加设备。并注意车间的公用系统如真空、压缩氮气、蒸汽、冷冻、冷却水等全部配齐，以适用不同工艺要求，并在相应的管路增加阀门以便于切换和改装。

为使选定的工艺设备能最大量地满足不同品种的生产，提高设备的通用性和互换性，选择设备时需要注意以下几点。

① 主要工艺设备（如反应釜）的材料以钢、搪玻璃和不锈钢为主，并配以一定数量的碳钢设备。反应釜配转速可调的搅拌器，在线清洗装置，加热、冷却、回流、蒸馏装置，以及相匹配的安全装置和指示装置。离心机、干燥设备以不锈钢为主，尽量选用性能稳定、先进的设备，如自动卸料离心机、双锥真空干燥器。对于无菌原料药的生产，尽量采用密闭转料设备，可以将离心机和干燥设备通过管路连接，实现密闭转料；或者选择结晶、过滤、洗涤、干燥工序“四合一”的设备，配以在线清洗和在线灭菌，避免更换产品时产生污染和交叉污染。

② 设备的大小和规格的匹配尽可能采用排列组合的方式，减少同种设备的规格品种，如：同一工艺中不同的反应所需要反应器的体积不同，可以用几个相对小的反应釜来匹配大反应釜，以易于操作和节约成本。

③ 主要工艺设备的接口尽量标准化，更换品种需要改换设备时易于连接。

④ 主要工艺设备内部结构尽量简单，避免复杂构件，以便于清洗，如果内部结构较难清洗，更换产品时造成清洗困难，给产品带来污染的风险。

⑤ 为了提高主要设备的适应性，提高设备的利用率，可以配置必要的中间储槽和计量罐，调节和缓冲工艺过程。计量罐配有液位计或电子称重模块，便于物料计量。

18.4.2.3　原料药多功能车间布置

车间布置的一般原则和设计方法适用于传统车间也适用于多功能车间，但多功能车间有时需要根据更换生产品种后做出适当的调整，其布置设计时需要考虑以下几点：

① 原料药多功能车间的总体布局形式必须满足 GMP 的要求。一般采用单层或整体单层局部多层混合结构。房间内可根据工艺流程和设备位差需要，设置多层平台操作，车间高度视工艺设备在垂直方向的布置要求和吊运设备吊装要求而定，面积一般不超过 $2000m^2$。

② 小型反应设备可以不设操作平台，直接在地面支撑，易于操作和移位；大型反应设备可单独设置或整体设置操作台，以方便操作。操作台可以预留孔，方便随时安装设备。

③ 反应设备通常布置在一条线上，各主设备间联系较密切的工艺可考虑“回”形布置，相邻反应釜之间留出足够的距离（供其后面的计量罐或冷凝器安装用）。

④ 为密切配合反应设备，计量罐、回流冷凝器、尾料系统等一般布置在反应罐的上方或后方上部，它们的位置应随反应釜位置而变化。可以在反应釜的后方与反应釜组平行设置钢架，计量罐、回流冷凝器可设置或吊装在钢架上形成二层操作台的形式，小批量装置可推荐引入一体化模块反应装置。

⑤ 精馏、蒸馏、再生等较高的塔、柱等设备应适当集中布置，以利于操作和节省厂房空间。

⑥ 原料药多功能车间工艺设备、物料管道等拆装比较频繁，设备之间有时不能完全按工艺流程顺序布置，原料中间体转运频繁。车间应设置满足要求的水平/垂直运输通道体系，厂房空间受限时可采用灵活的临时软管输送。

⑦ 对于只有一般防毒、防火、防爆要求的单元操作可以布置在一个或几个大房间内。对于大量使用有毒有害介质的房间，需要设置隔离与单独排风。特别是加氢合成区（或其他产生 H_2 区域）应设置天窗，以有利于 H_2 排放和自然通风、采光。高压反应必须设防爆墙和泄压屋顶。

⑧ 多功能车间应设置备品备件库和工具间，以便暂存不用的工艺设备和调整设备时所需的管道、阀门、工具等设备。

⑨ 适当预留扩建余地，一般每隔 3～4 个操作单元预留一个空位，以便后期更换产品时增加相应的设备。

⑩ 多功能车间生产品种较多，涉及的反应也较多，反应条件要求也不一样，可以对于不同的主要工艺设备设置不同的功能，如：既可以加热回流又可以蒸馏的反应釜与可以冷冻结晶的反应釜分别设置几个，通过管道连接，以适用不同产品的生产要求。

18.5 车间管道设计

制药车间的物料、水、蒸汽一般都要通过管道输送，在制药车间生产中起着重要作用，是制药生产中必不可少的部分。药厂管道规格多，数量大，在整个工程投资中占有重要比例。管道设计布置是否合理，不仅影响基本建设投资，还决定车间能否正常安全生产，因此管道设计在制药工程设计中占有重要地位。

18.5.1 管道设计概述

进行管道设计时，除建（构）筑物平、立面图外，还应具有如下基础资料：施工阶段带控制点的工艺流程图，设备一览表，设备的平面布置图和立面布置图，定型设备样本或安装图，非定型设备设计简图和安装图，物料衡算和能量衡算资料，水、蒸汽等总管路的走向、压力等情况，建（构）筑物的平面布置图和立面布置图，与管路设计有关的其他资料，如厂址所在地区的地质、水文资料等。

18.5.1.1 管道设计的任务与内容

（1）管道设计的任务　在初步设计阶段，设计带控制点流程图时，需要选择和确定管路、管件及阀件的规格和材料，并估算管路设计的投资；在施工图设计阶段，不但需要设计管路仪表流程图，还需确定管沟的断面尺寸和位置，管路的支承间距和方式，管路的热补偿与保温，管路的平、立面位置及施工、安装、验收的基本要求。施工图阶段管道设计的成果是管道平、立面布置图，管道轴测图及其索引，管架图，管道施工说明，管段表，管道综合材料表及管道设计预算。

（2）管道设计的内容　管道设计一般包括以下内容。

① 选择管材　根据物料性质和使用工况，选择各种介质管道的材料，管材应具有良好的耐腐蚀性能，且能满足 GMP 要求。尽量使用市场上已有的品种和规格以降低采购成本，降低安装及检验成本，减少备品备件的数量，方便使用过程的维护和改造。

② 管道计算　管径的选择是管道设计中的一项重要内容，根据物料衡算结果以及物料在管内的流动要求，通过计算，合理、经济地确定管径。对于给定的生产任务，流体流量一般是已知的，选择适宜的流速后即可根据式(18-1) 计算出管径。

$$d=1.128\sqrt{\frac{V_s}{u}} \tag{18-1}$$

式中，d 为管道直径，m；V_s 为管道内介质的体积流量，m^3/s；u 为流体的流速，m/s。

在管路设计中，选择适宜的流速是十分重要的，选取时应综合考虑各种因素，一般说来，对于密度大的流体，流速值应取得小些；对于黏度较小的液体，可选用较大的流速；对含有固体杂质的流体，流速不宜太小，否则固体杂质在输送时，容易沉积在管内。同时，流速选得越大，管径就越小，购买管子所需的费用就越少，但输送流体所需的动力消耗和操作费用将增大。制药行业流体流速还受相关规范的限制，如：易燃易爆流体为防止静电影响，流速不宜取得过高；再如：纯化水、注射用水等的循环管路，相关规范对其流速有要求。因此，在保证安全和工艺要求的前提下，还要经济性，常用介质的流速通过查阅相关表格确定。

一般情况下，低压管路的壁厚可根据经验选取，压力较高的管道可以根据管径、流体的特性、压力、温度、材质等因素计算所需要的壁厚，根据计算结果确定管道的壁厚。还可以根据管径和各种公称压力范围，查阅优选手册得管壁厚度。

③ 管道布置设计　根据施工阶段带控制点的工艺流程图以及车间设备布置图，对管路进行合理布置，并绘出相应的管路布置图是管路设计的又一重要内容。

④ 管道隔热设计　制药车间一般需要加热或者冷却介质，为了减少高低温介质输送过程中热量或冷量的损失，节约能源，避免烫伤或冻伤，对于输送高低温介质的管道都需要做隔热处理。

管道隔热设计就是为了确定保温层或保冷层的结构、材料和厚度，以减少输送过程中的热量或冷量损失，确保安全生产。

⑤ 管道支承设计　为保证工艺装置安全运行，应根据管路的竖向荷载及横向荷载（动荷载）等情况，确定适宜的管架位置和类型，并编制出管架数据表、材料表和设计说明书。

⑥ 管道的柔性设计　管道的柔性设计是为了保证管道有适当的柔性，当管道工作温度过高或过低时，管道材料的热胀冷缩会在管道中以及管道与管端设备的连接处产生热应力，容易造成管端法兰泄漏或者焊接处破裂。柔性设计就是为了保证管道有适当的柔性，采取有效的补偿来降低热胀冷缩产生的热应力对管道的损害。

管道的补偿可以通过自然补偿和补偿器来补偿，管道布置应尽可能利用管路自然弯曲时的弹性来实现热补偿，即采用自然补偿，如将管道设计成 L 形、Z 形，如图 18-2 所示。

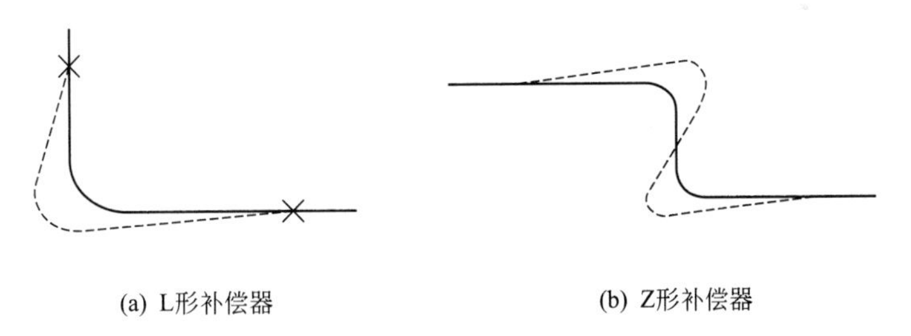

(a) L形补偿器　(b) Z形补偿器

图 18-2　自然补偿器

当自然补偿不能满足要求时，应考虑采用补偿器补偿。补偿器的种类很多，图 18-3 为常用的 U 形和波形膨胀节补偿器。

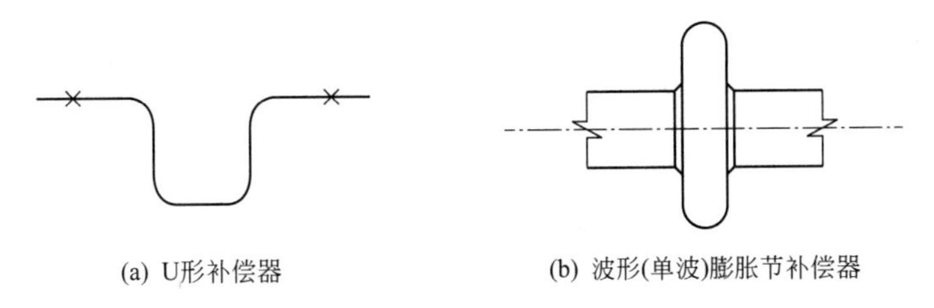

(a) U形补偿器　(b) 波形(单波)膨胀节补偿器

图 18-3　常用补偿器

⑦ 编写管道施工设计说明　在施工设计说明中应列出各种管子、管件及阀门的材料、规格和数量，并说明各种管路的安装要求和注意事项：如焊接要求、热处理要求、试压要

求、静电接地、安装坡度、保温刷漆要求等。

可见，管路计算和管路布置设计均是管路设计的重要内容。

18.5.1.2　管道布置的一般原则

在管道布置设计时，首先要统一协调工艺和非工艺管的布置，然后按工艺管道及仪表流程图并结合设备布置、土建情况等进行管道布置。管道布置要统筹规划，做到安全可靠，经济合理，满足施工、操作、检修等方面的要求，并力求整齐美观。车间管道布置难以做出统一规定，有时根据生产还会有所调整，管道布置设计可以根据下面的一般原则进行。

管道布置设计的一般原则：

① 管道布置时，首先对车间所有的管道，包括工艺管道和非工艺管道、电缆管道、控制仪表管道、采暖通风管道统筹规划，合理安排。

② 根据建筑物、构筑物结构和设备的结构，合理布置管道的位置，在适当位置设计支架，管道布置不应妨碍设备、机泵及其内部构件的安装、检修和消防车辆的通行。

③ 管道应成列或平行敷设，尽量走直线，少拐弯，少交叉。明线敷设管道尽量贴墙或柱子安装，避开门、窗、梁和设备，并且应避免通过电机、仪表盘、配电盘上方。

④ 厂区内的全厂性管道的敷设，应与厂区内的装置、道路、建筑物、构筑物等协调，避免管道包围装置，减少管道与铁路、道路的交叉。对于跨越、穿越厂区内铁路和道路的管道，在其跨越段或穿越段上，不得装设阀门、金属波纹管补偿器和法兰、螺纹接头等管道组成件。

⑤ 输送介质对距离、角度、高差等有特殊要求的管道以及大直径管道的布置，应符合设备布置设计的要求。输送易燃、易爆介质的管路，一般应设有防火安全装置和防爆安全装置，如安全阀、防爆膜、阻火器、水封等。此类管路不得敷设在生活间、楼梯间和走廊等处。易燃易爆和有毒介质的放空管应引至高出邻近建筑物处。

⑥ 管道布置应使管道系统具有必要的柔性，同时考虑其支承点设置，利用管道的自然形状达到自行补偿；在保证管道柔性及管道对设备、机泵管口作用力和力矩不超出过允许值的情况下，应使管道最短，组成件最少。

⑦ 管道除与阀门、仪表、设备等需要用法兰或螺纹连接者外，应采用焊接连接。需要经常拆卸时应考虑法兰、螺纹或其他可拆卸连接。

⑧ 输送有毒介质管道应采用焊接连接，除有特殊需要外不得采用法兰或螺纹连接。有毒介质管道应有明显标志以区别于其他管道，有毒介质管道不应埋地敷设。

布置腐蚀性介质、有毒介质和高压管道时，不得在人行通道上方设置阀件、法兰等，避免由法兰、螺纹和填料密封等泄漏而对人身和设备造成危害，易泄漏部位应避免位于人行通道或机泵上方，否则应设安全防护。

⑨ 布置固体物料或含固体物料的管道时，应使管道尽可能短，少拐弯和不出现死角。

⑩ 为便于安装、检修及操作，一般管道多用明线架空或地上敷设，价格较暗线便宜，确有需要，可埋地成敷设在管沟内。

⑪ 管道上应适当配置一些活接头或法兰，以便于安装、检修。管道成直角拐弯时，可用一端堵塞的三通代替，以便清洗或添设支管，地上的管道应架设在管架或管墩上。

⑫ 管道应集中布置，同时根据所输送物料性质进行排列，冷热管要隔开。

垂直排列时：热介质管在上，冷介质管在下；无腐蚀性介质管在上，有腐蚀性介质管在下；气体管在上，液体管在下；不经常检修管在上，检修频繁管在下；保温管在上，不保温管在下；金属管在上，非金属管在下。

水平排列时：粗管靠墙，细管在外；低温管靠墙，热管在外；无支管的管在内，支管多的管在外；不经常检修的管在内，经常检修的管在外；高压管在内，低压管在外。

输送易燃、易爆和剧毒介质的管道，不得敷设在生活间、楼梯间和走廊等处。管道通过防爆区时，墙壁应采取措施封固，蒸汽或气体管道应从主管上部引出支管。

⑬ 管道应有一定坡度，根据物料性质的不同，其坡度方向一般为顺介质流动方向（蒸汽管相反），坡度大小为：气体或易流动的液体为 0.003～0.005，含固体结晶或黏度较大的物料，坡度取大于或等于 0.01。

⑭ 管道通过人行道时，离地面高度不少于 2m；通过公路时不小于 4.5m；通过工厂主要交通干道时一般不小于 5m。

⑮ 长距离输送蒸汽的管道，在一定距离处应安装冷凝水排除装置。长距离输送液化气体的管道，在一定距离处应安装垂直向上的膨胀器。输送易燃液体或气体时，应有接地装置，防止产生静电。

⑯ 管道尽可能沿厂房墙壁安装，管与管之间及管与墙之间的距离以能容纳活接头或法兰、便于检修为宜。

⑰ 管道穿越建筑物的楼板、屋顶或墙面时，应加套管，套管与管道门的空隙应密封。管道穿过防爆区时，管子与隔板或套筒间的缝隙应用水泥或沥青封闭，套管的直径应大于管道隔热层的外径，并不得影响管道的热位移。管道穿过屋顶时应设防雨罩。管道不应穿过防火墙或防爆墙。

遵循上述设计原则的车间管道布置实物展示如图 18-4 所示。

图 18-4　车间管道布置实物展示

18.5.2　洁净厂房内的管道布置设计

洁净厂房内的工艺管道有物料管道和纯化水管道，另外还有公用工程管道，包括：空调、电气、压缩空气、上下水等管道，洁净厂房内的管道布置除应遵守一般化工车间管路布置的有关规定外，为了避免污染洁净环境还应遵守如下原则。

① 洁净室内工艺管道主管与公用系统管道应敷设在技术夹层、技术夹道或技术竖井中，但主管上的阀门、法兰和螺纹接头以及吹扫口、放净口和取样口则不宜设在技术夹层、技术夹道或技术竖井内。需要拆洗、消毒的管道宜明敷。易燃、易爆、有毒物料管道也宜明敷，

如敷设在技术夹层、技术夹道内，应采取相应的通风措施。

② 洁净厂房的管路应布置整齐。在满足工艺要求的前提下，应尽量缩短洁净室内的管路长度，并减少阀门、管件及支架数量。

③ 洁净室内应少敷设管道，与本洁净室无关的管道不宜穿越本洁净室。

④ 从洁净室的墙、硬吊顶穿过的管道，应敷设在预埋的不锈钢套管中，套管内的管路不得有焊缝、螺纹或法兰。管道与套管之间的密封应可靠。

⑤ 洁净室内的高低温管道应根据输送的流体性质采取保温、保冷措施，冷管道保冷后的外壁温度不能低于环境的露点温度，洁净室内管路的保温层应加金属保护外壳，避免保温层对洁净区产生污染。

⑥ 有洁净度要求的房间应尽量少设地漏，B 级无菌区室内不应设地漏。有洁净要求的房间所设置的地漏，应有密封措施，以防室外窨井污气倒灌至洁净区。

⑦ 管道、阀门及管件的材质既要满足生产工艺要求，又要便于施工和检修，采用不宜积存污垢、易于清扫的阀门管件；管路的连接方式常采用安装、检修和拆卸均较为方便的卡箍连接，同时尽量减少管道的连接点。

⑧ 法兰或螺纹连接所用密封垫片或垫圈的材料以聚四氟乙烯为宜，也可采用聚四氟乙烯包覆垫或食品橡胶密封圈。

⑨ 纯化水、注射用水及各种药液的输送常采用不锈钢管，工艺物料的主管不宜采用软性管道和铸铁、陶瓷、玻璃等脆性材料的管道。

⑩ 输送无菌介质的管路应有可靠的灭菌措施，且不能出现无法灭菌的“盲区”，输送纯水、注射用水的主管宜布置成环形，以避免出现“盲管”等死角。

思考题

1. 制药车间布置的内容是什么？
2. 制药车间的组成有哪些？ 其布置的原则是什么？
3. GMP 对车间布置的要求有哪些？
4. 生产工艺对设备布置的基本要求是什么？
5. 洁净车间对管道布置设计的要求是什么？

参考文献

[1] 药品生产质量管理规范（2010 年修订），2011.

[2] 王子宗．石油化工设计手册．化学工业出版社，2015.

[3] 建筑设计防火规范．GB 50016—2014.

[4] 化工装置管道布置设计规定．HG/T 20549—1998.

[5] 张珩，等．制药工程工艺设计．3 版．北京：化学工业出版社，2018.

[6] 周丽莉．制药设备与车间设计．2 版．中国医药科技出版社，2011.

[7] 朱宏吉，张明贤．制药设备与工程设计．2 版．北京：化学工业出版社，2011.

[8] 王沛，等．制药设备与车间设计．北京：人民卫生出版社，2014.

[9] 许小球．提取车间工艺管道布置设计与 GMP. 安徽医药，2003（01）：64-65.

第19章 洁净车间布置设计

本章学习目的与要求：

（1）能够概述洁净车间设计的一般原则。
（2）掌握原料药“精烘包”布置车间布置设计的方法。
（3）能够根据洁净车间工艺布局要求合理设置功能间。
（4）能够应用固体口服制剂车间整体布置和中药提取车间设计的方法。

医药工业的洁净车间不同于其他的工业车间，其区别在于洁净车间内的药品生产工艺对空气的洁净度等级有特别要求，这是医药工业与其他工业洁净车间（比如电子工业）的根本区别。GMP把制药生产车间区域划分为一般生产区和洁净区，洁净区划分A、B、C、D级。医药洁净车间的空气洁净度等级标准中，不仅要控制悬浮粒子的浓度，还要控制微生物浓度，同时还应对其环境温湿度、压差、照度、噪声等做出规定，特别是无菌药品对生产环境的微生物量控制更为严格。

19.1 洁净车间设计总体要求

19.1.1 洁净车间设计基本要求

含有洁净车间的医药企业工厂新建、迁建或改建时，将厂址选在大气含尘浓度、含菌浓度和有害气体浓度低、自然环境好的区域，是建设医药洁净车间的必要前提，因此，厂址不宜选择在有严重空气污染的城市工业区，而应远离铁路、码头、机场、交通要道，远离严重空气污染、水质污染、震动和噪声干扰的区域，以及散发大量粉尘和有害气体的工厂、仓储、堆场。当不能远离上述区域时，则应选择位于严重空气污染的最大频率风向的上风侧。不同区域环境的大气含尘、含菌浓度有很大差异，具体见表19-1。

表 19-1 国内室外大气含尘、含菌浓度

区域	含尘浓度：≥0.5μm 粒子/(个/m^3)	含菌浓度：微生物/(cfu/m^3)
工业区	$(15\sim35)\times10^7$	$(2.5\sim5)\times10^4$
市郊	$(8\sim20)\times10^7$	$(0.1\sim0.7)\times10^4$
农村	$(4\sim8)\times10^7$	$<10^4$

医药工业洁净厂房新风口与市政交通主干道近地侧道路红线之间的距离宜大于 50m。当医药工业洁净厂房处于交通干道全年最大频率风向上风侧，或交通主干道之间设有城市绿化带等阻尘措施时，可适当减小此项间距。

19.1.2 GMP 对洁净车间设计要求

GMP 中指出为降低污染和交叉污染，厂房、生产设施和设备应根据所生产药品的特性、工艺流程及相应洁净度级别要求合理设计、布局和使用。因此，医药洁净厂房的设计必须围绕产品性质、工艺流程的规定建造符合 GMP 规定的生产车间。

洁净度系指空气环境中空气所含尘埃量多少的程度。在一般的情况下，是指单位体积的空气中所含大于等于某一粒径粒子的数量。含尘量高则洁净度低，含尘量低则洁净度高。

空气洁净是实现 GMP 的一个重要因素。车间生产品种不同，对生产环境的洁净度有不同的要求。对于洁净度的控制主要是控制生产环境的温度、湿度、压差，检测洁净生产环境中的微生物数量和尘埃粒子数，确保生产环境满足产品生产洁净度并且要求达到“静态”和“动态”的检测标准。

19.1.2.1 对悬浮粒子的要求

依据 GMP 规定，洁净室（区）空气洁净度级别所允许的悬浮粒子数有明确的要求，具体见表 19-2。

表 19-2 洁净室（区）空气洁净度级别对悬浮粒子数的要求

洁净度级别	悬浮粒子最大允许数/(个/m^3)			
	静态		动态③	
	≥0.5μm	≥5.0μm②	≥0.5μm	≥5.0μm
A 级①	3520	20	3520	20
B 级	3520	29	352000	2900
C 级	352000	2900	3520000	29000
D 级	3520000	29000	不做规定	不做规定

① 为确认 A 级洁净区的级别，每个采样点的采样量不得少于 $1m^3$。A 级洁净区空气悬浮粒子的级别为 ISO 4.8，以≥5.0μm 的悬浮粒子为限度标准。B 级洁净区（静态）的空气悬浮粒子的级别为 ISO 5，同时包括表中两种粒径的悬浮粒子。对于 C 级洁净区（静态和动态）而言，空气悬浮粒子的级别分别为 ISO 7 和 ISO 8。对于 D 级洁净区（静态）空气悬浮粒子的级别为 ISO 8。测试方法可参照 ISO 14644-1。

② 在确认级别时，应当使用采样管较短的便携式尘埃粒子计数器，避免≥5.0μm 悬浮粒子在远程采样系统的长采样管中沉降。在单向流系统中，应当采用等动力学的取样头。

③ 动态测试可在常规操作、培养基模拟灌装过程中进行，证明达到动态的洁净度级别，但培养基模拟灌装试验要求在“最差状况”下进行动态测试。

根据 GMP 规定，应当按以下要求对洁净区的悬浮粒子进行动态监测：

① 根据洁净度级别和空气净化系统确认的结果及风险评估，确定取样点的位置并进行

日常动态监控。

② 在关键操作的全过程中，包括设备组装操作，应当对A级洁净区进行悬浮粒子监测。生产过程中的污染（如活生物、放射危害）可能损坏尘埃粒子计数器时，应当在设备调试操作和模拟操作期间进行测试。A级洁净区监测的频率及取样量，应能及时发现所有人为干预、偶发事件及任何系统的损坏。灌装或分装时，由于产品本身产生粒子或液滴，允许灌装点≥5.0μm的悬浮粒子出现不符合标准的情况。

③ 在B级洁净区可采用与A级洁净区相似的监测系统。可根据B级洁净区对相邻A级洁净区的影响程度，调整采样频率和采样量。

④ 悬浮粒子的监测系统应当考虑采样管的长度和弯管的半径对测试结果的影响。

⑤ 日常监测的采样量可与洁净度级别和空气净化系统确认时的空气采样量不同。

⑥ 在A级洁净区和B级洁净区，连续或有规律地出现少量≥5.0μm的悬浮粒子时，应当进行调查。

⑦ 生产操作全部结束、操作人员撤出生产现场并经15～20min（指导值）自净后，洁净区的悬浮粒子应当达到表19-2中的“静态”标准。

⑧ 应当按照质量风险管理的原则对C级洁净区和D级洁净区（必要时）进行动态监测。监控要求以及警戒限度和纠偏限度可根据操作的性质确定，但自净时间应当达到规定要求。

⑨ 应当根据产品及操作的性质制订温度、相对湿度等参数，这些参数不应对规定的洁净度造成不良影响。

19.1.2.2　对微生物的要求

根据GMP规定，应当对微生物进行动态监测，评估无菌生产的微生物状况。监测方法有沉降菌法、定量空气浮游菌采样法和表面取样法（如棉签擦拭法和接触碟法）等。动态取样应当避免对洁净区造成不良影响。应当制订适当的悬浮粒子和微生物监测警戒限度和纠偏限度，操作规程中应当详细说明结果超标时需采取的纠偏措施。同时成品批记录的审核应当包括环境监测的结果。

对表面和操作人员的监测，应当在关键操作完成后进行。在正常的生产操作监测外，可在系统验证、清洁或消毒等操作完成后增加微生物监测。洁净区微生物监测的动态标准如表19-3所示。

表19-3　洁净区微生物监测的动态标准①

洁净度级别	浮游菌/(cfu/m³)	沉降菌(ϕ90mm)/(cfu/4h②)	表面微生物	
			接触(ϕ55mm)/(cfu/碟)	5指手套/(cfu/手套)
A级	<1	<1	<1	<1
B级	10	5	5	5
C级	100	50	25	—
D级	200	100	50	—

① 表中各数值均为平均值。

② 单个沉降碟的暴露时间可以少于4h，同一位置可使用多个沉降碟连续进行监测并累积计数。

19.1.3 洁净车间总平面布置设计要求

洁净车间总平面布置除遵循国家有关工业企业总体设计原则外，还应符合有利于环境净化，避免交叉污染等要求。

① 车间按行政、生产、辅助和生活等划区布局。

② 洁净车间应布置在厂区内环境清洁，人流货流不穿越或少穿越的地方，并应考虑产品工艺特点和防止生产时的交叉污染，合理布局，间距恰当。

③“三废”处理，锅炉房等有严重污染的区域应置于厂的最大频率下风侧。兼有原料药和制剂的药厂，原料药生产区应位于制剂生产区的下风侧。青霉素类生产厂房的设置应考虑防止与其他产品的交叉污染。

④ 危险品库房应布置于厂区安全位置，并有防冻、降温、消防措施。麻醉药品和剧毒药品应设专用仓库，并有防盗措施。

⑤ 动物房的设置应符合国家科学技术委员会《实验动物管理条例》有关规定，并有专用的排污和空调设施。

⑥ 厂区主要道路应贯彻人流与货流分流的原则，洁净厂房周围道路面层应选用整体性好，不易产尘的材料。

⑦ 医药工业洁净厂房周围宜设置环形消防通道（可利用交通道路），如有困难时，可沿厂房的两个长边设置消防通道。

⑧ 医药工业洁净厂房周围应绿化，可种植草坪或种植对大气含尘、含菌浓度不产生有害影响的树木，但不宜种花，尽量减少厂区内露土面积。

⑨ 医药工业洁净厂房周围不宜设置排水明沟。

19.1.4 洁净车间工艺布局要求

① 工艺布局应按生产流程要求，做到布置合理、紧凑，有利于生产操作，并能保证对生产过程进行有效的管理。

② 工艺布局要防止人流、物流之间的混杂和交叉污染，并符合下列基本要求：

a. 分别设置人员和物料进出生产区域的通道，极易造成污染的物料（如部分原辅料、生产中废弃物等）必要时可设置专用出入口（如传递窗）。

b. 洁净车间内的物料传递路线尽量要短。

c. 人员和物料进入洁净生产区应有各自的净化用室和设计，净化用室的设置要求与生产区的空气洁净度等级相适应。

d. 生产操作区内应只设置必要的工艺设备。

e. 用于生产、贮存的区域不得用作非本区域内工作人员的通道。

f. 输送人和物料的电梯宜分开，电梯不宜设在洁净区内，必须设置时，电梯前应设气闸室或其他确保洁净区空气洁净度的措施。

③ 在满足工艺条件的前提下，为提高净化效果，节约能源，有空气洁净度要求的房间按下列要求布置：

a. 空气洁净度高的房间或区域宜布置在人员最少到达的地方，并宜靠近空调机房。

b. 不同空气洁净度等级的区域宜按空气洁净度等级的高低由里向外布置。

c. 空气洁净度相同的房间或区域宜相对集中布置。

d. 不同空气洁净度房间之间相互联系时应有防止污染措施，如气闸室或传递窗（柜）等。

④ 医药工业洁净厂房内应设置与生产规模相适应的原辅材料、半成品、成品存放区域，且尽可能靠近与其相联系的生产区域，减少运输过程中的混杂与污染。存放区域内应安排待验区、合格品区和不合格品区。

19.2 原料药“精烘包”工序布置设计

“精烘包”是原料药生产的最后工序，也是直接影响成品质量的关键步骤。原料药可分为非无菌原料药和无菌原料药。

非无菌原料药精制、烘干、粉碎、包装等生产操作的暴露环境应当按照 D 级洁净区的要求设置。质量标准中有热原或细菌内毒素等检验项目的，厂房的设计应当特别注意防止微生物污染，根据产品的预定用途、工艺要求采取相应的控制措施。质量控制实验室通常应当与生产区分开。当生产操作不影响检验结果的准确性，且检验操作对生产也无不利影响时，中间控制实验室可设在生产区内。

无菌原料药属于无菌药品的范畴。所谓无菌药品是指法定药品标准中列有无菌检查项目的制剂和原料药，包括无菌制剂和无菌原料药。无菌药品要求不能含有活微生物，必须符合内毒素的限度要求，即无菌、无热原或细菌内毒素、无不溶性微粒/可见物。无菌药品按生产工艺可分为最终灭菌产品、非最终灭菌产品两类，其中，采用最终灭菌工艺的为最终灭菌产品，而部分或全部工序采用无菌生产工艺的为非最终灭菌产品。无菌药品的生产必须严格按照精心设计并经验证的方法及规程进行，产品的无菌或其他质量特性绝不能只依赖于任何形式的最终处理或成品检验（包括无菌检查）。

无菌原料药生产中的“精烘包”工艺过程通常从最后一步溶解脱色反应开始（通常工艺是加入活性炭脱色精制），把精制过程和无菌过程结合在一起，然后除菌过滤、结晶、过滤、干燥、混合（可选项）、称量包装、贴签入库。将无菌过程作为生产工艺的一个单元操作来完成，目前生产上常用的是无菌过滤法，即将非无菌中间体或原材料配制成溶液，再分别通过 0.45μm 与 0.22μm 孔径的除菌过滤器，达到除去细菌的目的，在以后的操作中一直保持无菌状态，最后生产出符合无菌要求的原料药。在灭菌生产工艺中，除了除菌过滤外，还包括设备灭菌、包装材料灭菌、无菌衣物灭菌等，这些灭菌过程经验证能保证从非无菌状态转成无菌状态。

无菌原料药的生产环境等级主要有以下 5 级。

① B 级背景下的 A 级　无菌原料药暴露环境，如出箱、分装、取样、压盖、加晶种、多组分混合等，接触无菌原料药的内包材或其他物品灭菌后暴露的环境，无菌原料药生产设备灭菌后组装时必须在 A 级层流保护下进行。无菌产品或灭菌后的物品的转运、储

存环境，除非在完全密封的条件，不能保存在B级环境下，加盖的桶、盒子等不能视为完全密封保存。一般采用层流操作台（罩）来维持该区域的环境状态。层流系统在其工作区域必须均匀送风，应有数据证明层流的状态并须验证。最好使用隔离罩或隔离器来实现这些操作。

② B级　指为高风险操作A级区提供的背景区域。

③ C级下的局部层流　接触无菌原料的物品灭菌前精洗以及精洗后的暴露环境；除菌过滤器安装时的暴露环境；B级区下使用的无菌服清洗后的净化与整理环境；待灭菌的设备最终清洗时的暴露环境。

④ C级　无菌原料药配料环境；无菌原料药内包材或其他灭菌后进入无菌室的物品的粗洗环境；从D级到B级的缓冲区。

⑤ D级　从一般区到C级区的缓冲区。

无菌原料药的易暴露过程（粉碎、过筛、混合、分装）的车间布置设计必须在B级背景下的A级进行。无菌原料药生产工艺流程图与洁净等级划分如图19-1所示。

19.2.1 工艺布局及土建要求

①“精烘包”工序应与原料药生产区分开成独立区域，避免原料药、中间体、半成品等与成品的交叉污染。同时“精烘包”工序与上一步工序的联系要方便，各种产品、原料、中间体的转运路线避免交叉，避免产品通过严重污染区。洁净车间布置在原料药生产车间的上风侧。

②“精烘包”工序车间各功能间按工艺流程分开布置，洁净级别相同的房间尽量布置在一起，洁净级别高的功能间布置到人员最少到达的地方。车间要配置与生产规模相匹配的人员、物料净化用室。在设计中可将生产工艺分为下列模块着重设计：反应及纯化区，重结晶、过滤干燥区，分装区，其他区域。

③ 在满足工艺要求的前提下，洁净间面积尽量小。

④ 车间地坪的室内标高应高出室外地坪0.5～1.5m，生产车间普通洁净区吊顶高度2.8～3.5m，技术夹层净高2.0～2.5m，根据实际需要可以采用局部加高。

⑤ 洁净级别不同的房间相互连通时要有防止污染的措施，如气闸室、风淋室、缓冲间及传递窗等。

⑥ 结晶工段多使用有机溶剂，因此原料药精制车间布置通常分防爆生产区和非防爆生产区，区域间按规范做严格分隔。无菌原料药精制属甲类生产区，需集中布置在车间外侧，易于泄爆，并设置合理的疏散通道及出口，以满足国家防火防爆安全规范的要求。

⑦ 车间设计中贯彻模块化设计理念，实现物料密闭流程系统，以达到无菌原料药无菌生产的要求，综合应用无菌原料药与制剂车间生产工艺流程和布置的特点。

⑧ 无菌物料的输送和生产环境的无菌保证。设计中物料全部在密闭的系统中进行输送，尽量减少在环境中暴露，设备的选择尽量考虑能实现在线的CIP和SIP，对于可能需要离线清洗的过滤器、呼吸器、真空上料系统、取样系统等必须要求在严格的无菌环境中进行安装。对于可能出现的如尾料出料、晶种添加等人工操作也必须设置严格的无菌环境。总的来说，要通过严格的工程设计来确保产品的无菌环境。

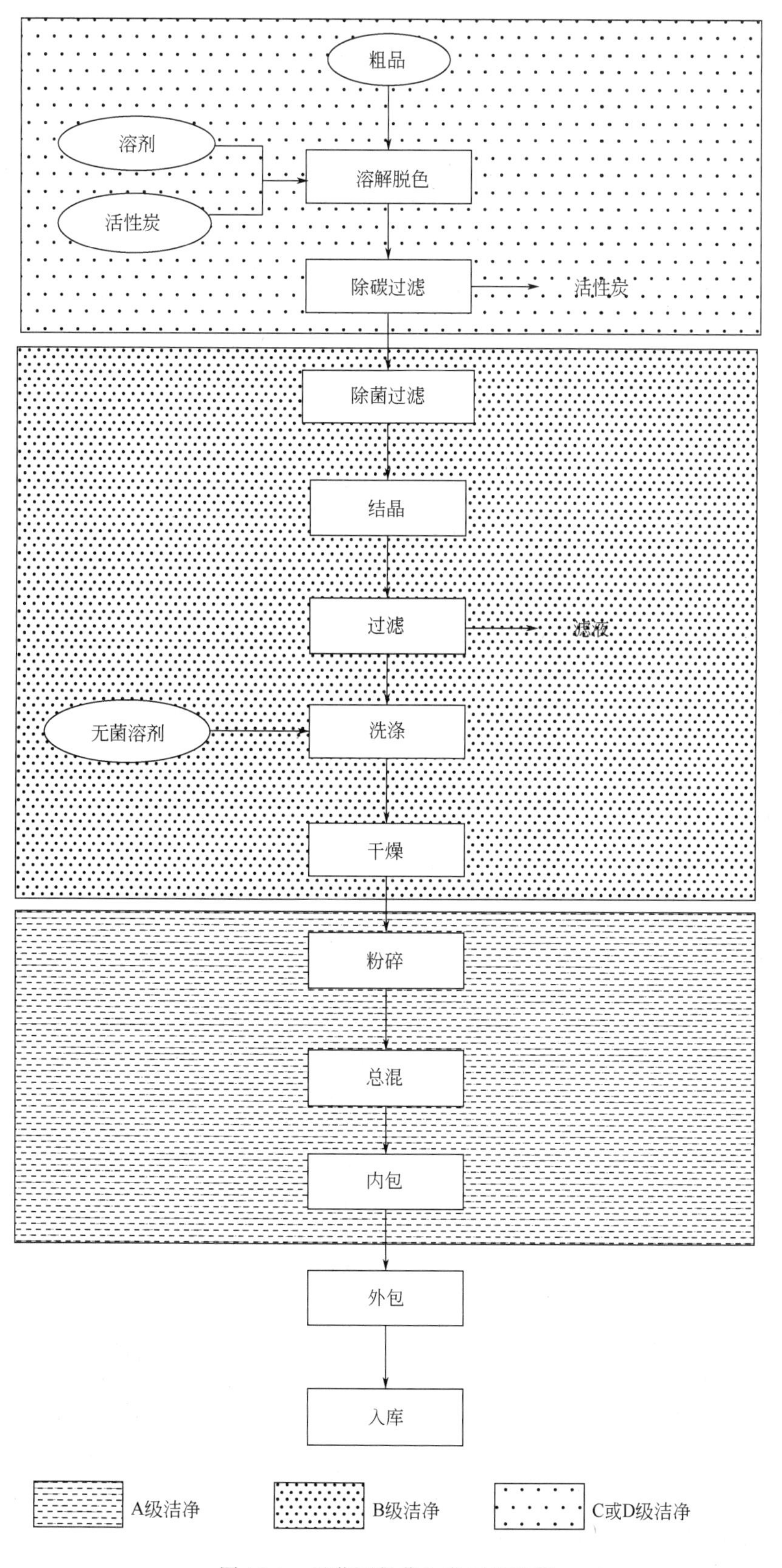

图 19-1 无菌原料药生产工艺流程

19.2.2 人员、物料净化

19.2.2.1 人员净化

人员净化出入口与物料净化出入口应分开独立设置，人员净化用室包括雨具存放室、换鞋室、存外衣室、盥洗室、更换洁净工作服室、气闸室或空气吹淋室等。生活用室包括厕所、淋浴室、休息室等，可根据需要设置。对于要求严格分隔的洁净区，人员净化用室和生活用室应布置在同一层。人员净化用室按照气锁方式设计更衣室，使更衣的不同阶段分开，尽可能避免工作服被微生物和微粒污染。更衣室应该有足够的换气次数，更衣室后段的静态级别应当与其相应洁净区的级别相同。进入和离开 B 级洁净区的更衣室最好分开设置，一般洗手设施只能安装在更衣的第一阶段。

车间布置时按照不同的更衣程序设计对应的功能间，从一般区进入非无菌洁净区（C 级或 D 级）的人员（包括操作人员、机修人员、后勤人员）均需要经过以下程序：换鞋—脱外衣、洗手—穿洁净工作服、洗手—进入。更衣流程如图 19-2 所示，更衣流程平面示意如图 19-3 所示。

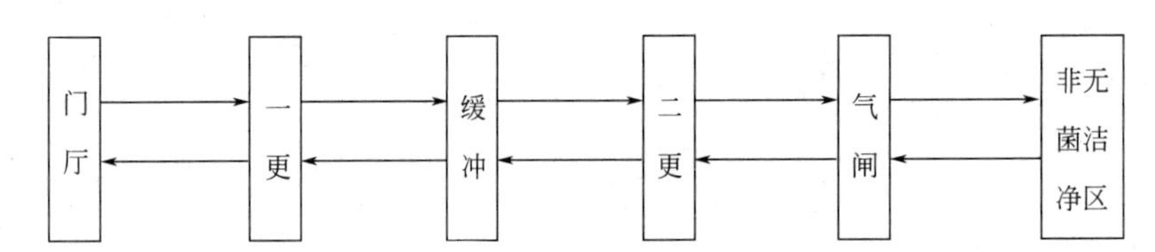

图 19-2 一般区进入非无菌洁净区更衣流程示意

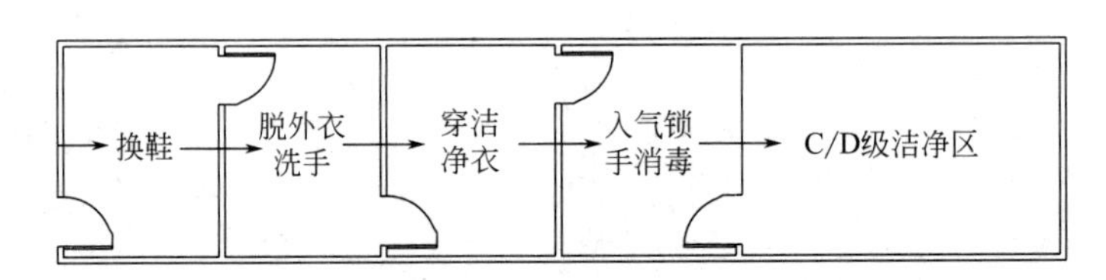

图 19-3 一般区进入非无菌洁净区更衣流程平面示意

进入 B 级洁净区的人流通道要按照 D 级到 C 级到 B 级的流程设计，所有人员均需经过以下程序：换鞋—脱外衣—洗手、消毒—穿无菌内衣—穿无菌外衣—手消毒—气锁—进入，进入 B 级洁净区前半段更衣通道可以与进入 C 级或 D 级洁净区共用，也可以单独设置从一般区进入 B 级洁净区的更衣通道。更衣流程如图 19-4 所示，更衣流程平面示意如图 19-5 所示。

19.2.2.2 物料净化

进入有空气洁净度要求区域的物料（包括原辅料、包装材料、容器、工具等）应有清洁措施，在进入洁净区前均需要在物料净化室内进行物净处理，如车间设置原辅料外包装清洁室、包装材料清洁室等。物料净化室的设置要求与生产区的空气洁净度等级相适应，清除物料外包装表面上的灰尘污染及脱除外包装，再用消毒水擦洗消毒，然后在设有紫外消毒等的传递窗内消毒后，传入洁净区。物料也可以通过经过验证的其他方式进入洁净区，对在生产过程中易造成污染的物料应设置专用的出入口，并且进入车间的物料净化间不能用于车间废料的出入口，除非经过验证废料不会造成污染。

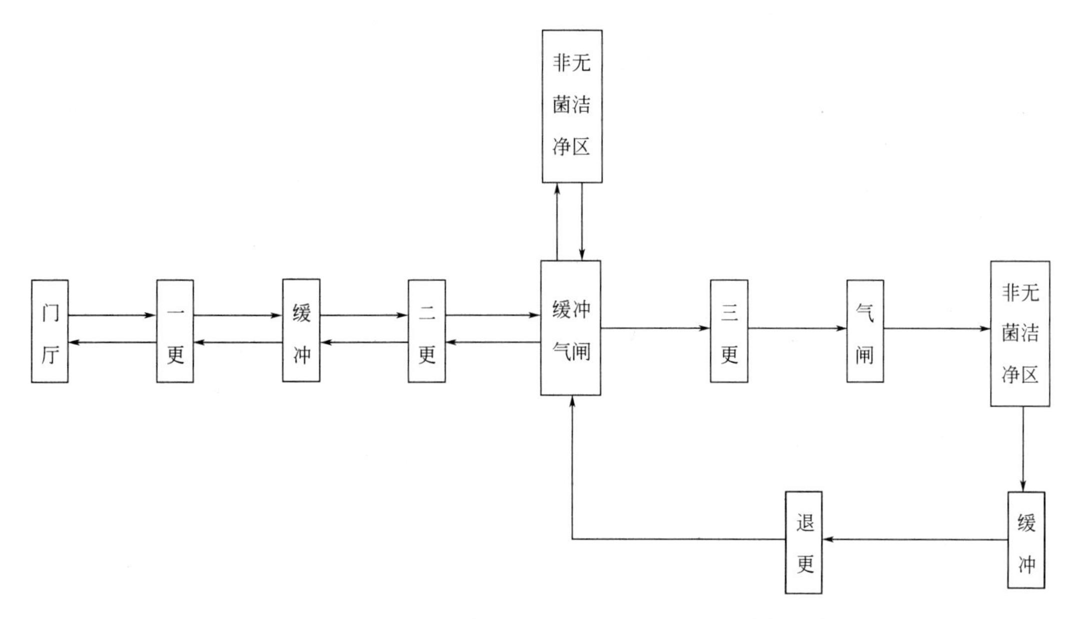

图 19-4 一般区进入非无菌洁净区（B 级）更衣流程示意

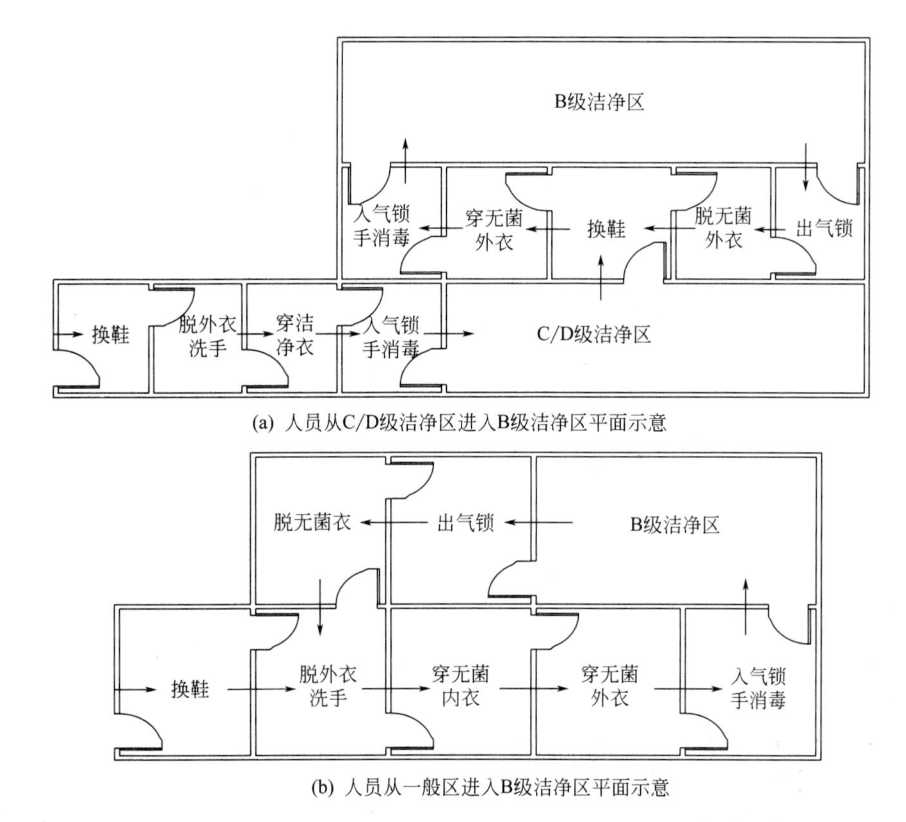

图 19-5 人员进入无菌洁净区（B 级）平面示意

进入不可灭菌产品生产区的原辅料、包装材料和其他物品除满足进入有空气洁净度要求区域的物料应具有的清洁措施要求外，还应设置灭菌室和灭菌设施。物料净化室或灭菌室与洁净室之间应设置气闸室或传递窗（柜），用于传递原辅料、包装材料和其他物品。生产过程中产生的废弃物出口不宜与物料进口合用一个气闸室或传递窗（柜），宜单独设置专用传递设施。大宗无菌原料药从无菌区传出时，可通过传递窗（B/C 或 B/D）进行，也可以有单独的物料传出通道。如果需要无菌操作人员从 B 级洁净区开门将无菌原料药送出，非无菌操作人员从另一侧进入该房间取出时，该房间应有消毒功能，并且不允许无菌操作人员跨越隔离装置。消毒后该房间应达到 B 级洁净区。最好房间具有互锁功能。物料从一般区进出 C/D 级洁净区流程如图 19-6 所示，物料从一般区进出 B 级洁净区流程如图 19-7 所示。

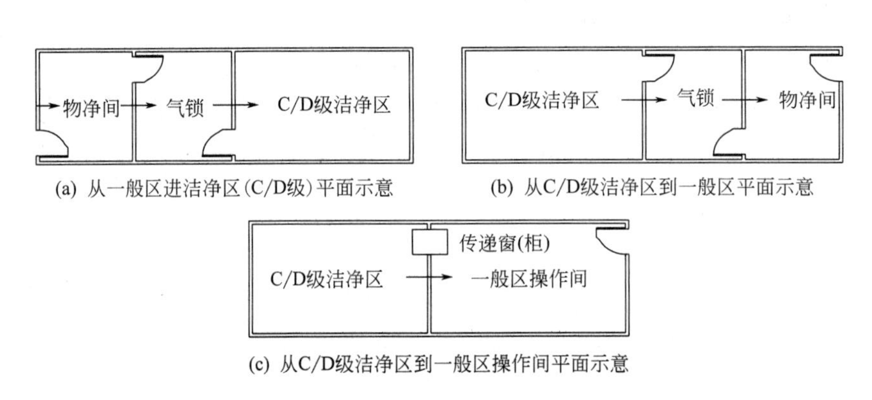

图 19-6 物料从一般区进出 C/D 级洁净区平面示意

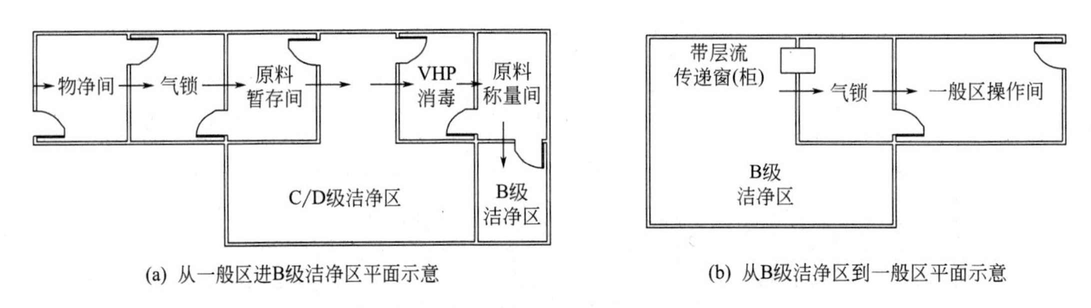

图 19-7 物料从一般区进出 B 级洁净区平面示意

19.2.3 设备、管道

19.2.3.1 设备、设施

洁净室内只布置洁净区内必需设备，采用具有防尘、防微生物污染的设备和设施，设计和选用时应满足下列要求：

① 结构简单，需要清洗和灭菌的零部件要易于拆装，不便拆装的设备要设清洗口。设备表面应光洁，易清洁。与物料直接接触的设备内壁应光滑、平整，避免死角，耐腐蚀。

② 凡与物料直接接触的设备内表层应用不与物料反应、不释出微粒及不吸附物料的材料。

③ 设备的传动部件要密封良好，防止润滑油、冷却剂等泄漏时对原料、半成品、成品、包装容器和材料的污染。

④ 无菌室内的设备，除符合以上要求外，还应满足能灭菌的需要。

⑤ 过滤器应当尽可能不脱落纤维，严禁使用含石棉的过滤器，过滤器不得因与产品发生反应、释放物质或吸附作用而对产品质量造成不利影响。

⑥ 对生产中发尘量大的设备，如粉碎、过筛、混合、制粒、干燥、压片、包衣等设备宜局部加设防尘围帘和捕尘、吸粉装置。

⑦ 与药物直接接触的干燥用空气、压缩空气、惰性气体等均应设置净化装置。经净化处理后，气体所含微粒和微生物应符合规定的洁净度要求。

⑧ 洁净区内的设备，除特殊要求外，一般不宜设地脚螺栓。

⑨ 用于制剂生产的配料、混合、灭菌等主要设备和用于原料药精制、干燥、包装的设备，其容量尽可能与批量相适应。

⑩ 设备保温层表面必须平整、光洁，不得有颗粒性物质脱落，表面不得用石棉水泥抹面，宜采用金属外壳保护。

⑪ 当设备安装在跨越不同空气洁净度等级的房间或墙面时，除考虑固定外，还应采用可靠的密封隔断装置，以保证达到不同等级的洁净要求。

⑫ 不同空气洁净度区域之间的物料传递，如采用传送带时，为防止交叉污染，传送带不宜穿越隔墙，宜在隔墙两侧分段传送。

⑬ 对不可灭菌产品生产区中，不同空气洁净度区域之间的物料传递，必须分段传送，除非传递装置采用连续消毒方式。

⑭ 青霉素等强致敏性药物、某些甾体药物、高活性及有毒害药物的生产设备，必须专用。

⑮ 对产生噪声、振动的设备，应分别采用消声、隔振装置改善操作环境，动态测试时，室内噪声不得超过 80dB。

⑯ 设备的设计或选用应能满足产品验证的有关要求，合理设置有关参数的测试点。

19.2.3.2　管道

有空气洁净度要求的区域，工艺主管道的敷设宜在技术夹层、技术夹道中。技术夹层、技术夹道中的干管连接宜采用焊接；需要拆洗、消毒的管道宜明敷；易燃、易爆、有毒物料管道也宜明敷，如敷设在技术夹层、技术夹道内，应采取相应的通风措施。在设计安装管道时需要注意下列要求：

① 在满足工艺要求的前提下，工艺管道应尽量缩短；洁净室内应少敷设管道，引入洁净室的支管宜暗敷；洁净室内的各类管道均应设指明内容物及流向的标志。

② 穿越洁净室墙、楼板、顶棚的管道应敷设套管，套管内的管段不应有焊缝、螺纹和法兰；管道与套管之间应有可靠的密封措施；干管系统应设置必要的吹扫口、放净口和取样口；引入洁净室的明管，材料宜采用不锈钢。

③ 输送纯水的干管应满足相关要求，输送纯水、无菌介质和成品的管道材料宜采用低碳优质不锈钢或其他不污染物料的材料。

④ 与本洁净室无关的管道不宜穿越本洁净室。

⑤ 输送有毒、易燃、有腐蚀性介质的管道应根据介质的理化性质，严格控制物产的流速；管道保温层表面必须平整、光洁，不得有颗粒性物质脱落，并宜用金属外壳保护。

⑥ 人净气体装置应根据气源和生产工艺对气体纯度的要求进行选择，气体终端净化装置应设在靠近用气点处。

19.2.4 建筑、安全

洁净厂房建筑平面和空间布局应具有适当的灵活性。洁净区的主体结构不宜采用内墙承重。洁净厂房主体结构的耐久性应与室内装备、装修水平相协调，并应具有防火、控制温度变形和不均匀沉陷性能。厂房伸缩缝不应穿过洁净区。洁净区应设置技术夹层或技术夹道，用以布置空调的送、回风管和其他管线。洁净区内通道应有适当宽度，以利于物料运输、设备安装、检修。

医药工业洁净厂房的耐火等级不应低于二级，吊顶材料应为非燃烧体，其耐火极限不宜小于0.25h。医药工业洁净厂房内的甲、乙类（按国家现行《建筑设计防火规范》火灾危险性特征分类），生产区域应采用防爆墙和防爆门斗与其他区域分隔，并应设置足够的泄压面积，有防爆要求的洁净室宜靠外墙布置。

厂房的安全出口应分散布置，安全疏散门应向疏散方向开启，且不得采用吊门、转门、推拉门及电控自动门。每个防火分区、一个防火分区内的每个楼层，其相邻2个安全出口最近边缘之间的水平距离不应小于5m。厂房的每个防火分区、一个防火分区内的每个楼层，其安全出口的数量应经计算确定，且不应少于2个；符合下列条件时，可设置1个安全出口：

① 甲类厂房，每层建筑面积≤100m²，且同一时间的生产人数不超过5人。

② 乙类厂房，每层建筑面积≤150m²，且同一时间的生产人数不超过10人。

③ 丙类厂房，每层建筑面积≤250m²，且同一时间的生产人数不超过20人。

④ 丁、戊类厂房，每层建筑面积≤400m²，且同一时间的生产人数不超过30人。

19.2.5 室内装修

① 洁净室内墙壁和顶棚的表面，应平整、光洁、不起尘、避免眩光、耐腐蚀，阴阳角均宜做成圆角。当采用轻质材料隔断时，应采用防碰撞措施。

② 洁净室的地面应整体性好、平整、耐磨、耐撞击，不易积聚静电，易除尘清洗。洁净区地面目前多采用环氧自流坪、PVC塑料等。

③ 医药工业洁净厂房技术夹层的墙面、顶棚均宜抹灰。如需在技术夹层内更换高效过滤器的，墙面和顶棚宜增刷涂料饰面。

④ 洁净室内的门、窗造型要简单、平整、不易积尘、易于清洗。门窗要密封，与墙体连接处要平整，防止污染物渗入。门框不应设门槛，门常采用彩钢或不锈钢制成，窗采用铝合金制造，洁净区域的门、窗不应采用木质材料，以免生霉生菌或变形。

⑤ 洁净室的门应朝空气洁净度较高的房间开启，并应有足够的大小，以满足一般设备安装、修理、更换的需要。

⑥ 洁净室的窗与内墙宜平整，不留窗台。如有窗台时宜呈斜角，以防积灰并便于清洗。洁净区与非洁净区采用双层窗，且一层是固定不能开启的。

⑦ 传递窗（柜）两边的门应联锁，密闭性好并易于清洁。无菌生产的A/B级洁净区内禁止设置水池和地漏。在其他洁净区内，水池或地漏应当有适当的设计、布局和维护，并安装易于清洁且带有空气阻断功能的装置以防倒灌，同外部排水系统的连接方式应当能够防止微生物的侵入。

⑧ 洁净室内的色彩宜淡雅柔和，室内各表面材料的光反射系数，顶棚和墙面宜为0.6～0.80，地面宜为0.15～0.35。

19.2.6 空调系统

洁净区的空气除要求洁净外，房间内还要保持一定的压差，并控制一定的温度、湿度。因此送入洁净区的空气需要加热、冷却或加湿、干燥等处理。

① 非无菌原料药的“精烘包”工序，洁净级别为D级，采用初效、中效、高效或亚高效空气过滤器系统可以达到，高效或亚高效空气过滤器应设置在净化空气调节系统的末端。防爆区洁净空调系统不设回风，避免易爆物质聚积，洁净区与非洁净区之间保持10～15Pa压差。

② 无菌原料药的结晶、干燥、包装等高风险生产区，洁净级别为A/B级，采用初效、中效、高效三级过滤及局部层流可以达到。不同级别洁净区压差控制在5～10Pa压差。

③ 青霉素等强致敏性药物、某些甾体药物、高活性及有毒害药物的精制、干燥室和分装室室内要保持正压，与相邻房间或区域之间要保持相对负压。空调系统要单独设置，空调系统应与其他药物的净化空调完全分开，防止交叉污染。其排风口与其他药物净化空调系统的新风口之间应相隔一定的距离。送风口和排风口均应安装高效空气过滤器，使这些药物引起的污染危险降低到最低限度。

④ 无菌原料药暴露的工序采用局部层流保护，同时应有除尘措施。一般采用顶部或侧面送风单向流，下侧回风避免粉尘飞扬。

⑤ 生产工艺对温度和湿度无特殊要求时，空气洁净度A级、B级的医药洁净室（区）温度应为20～24℃，相对湿度应为45%～60%；空气洁净度D级医药洁净室（区）温度应为19～26℃，相对湿度应为45%～65%。人员净化用室、办公室的温度，冬季应为16～20℃，夏季应为26～30℃。

生产工艺对温度、湿度有特殊要求时，根据工艺要求来确定具体的温度、湿度。对于吸湿性较强的无菌原料药的生产，其暴露环境可以采用局部低湿工作台代替整个房间的低湿处理。洁净房间换气次数应根据室内发尘量、湿热负荷计算、室内操作人员所需新鲜空气量等因素计算最大量来确定。一般洁净度情况下，B级洁净区取35～70次/h；C级洁净区取20～30次/h；D级洁净区取15～25次/h；A级层流气流流速(0.45±0.09)m/s。

19.2.7 电气设计

医药洁净室的照明应根据生产要求设置，并符合下列要求：

① 主要工作室一般照明的照度值宜为300lx。

② 辅助工作室、走廊、气闸室、人员净化和物料净化用室照度宜为200lx。

③ 对照度有特殊要求的生产部位可设置局部照明。

药品生产区内的照明光源宜采用高效荧光灯，当生产工艺有特殊要求时，可以改用其他光源。灯具选用造型简单、密封性好、易于清洁消毒的灯具，安装时采用吸顶明装或嵌入顶棚式安装，灯具与顶棚之间密封可靠，密封材料可耐清洗消毒灭菌。需要灭菌的洁净室，如无防爆要求，可采用紫外灯，但其控制开关需设置在房间外。洁净厂房内须设置消防应急照明，在消防救援窗处设置红色应急照明灯。

19.2.8 原料药“精烘包”工序车间布置设计图例

某厂非无菌原料药、无菌原料药的“精烘包”车间平面布置分别如图19-8、图19-9所示。

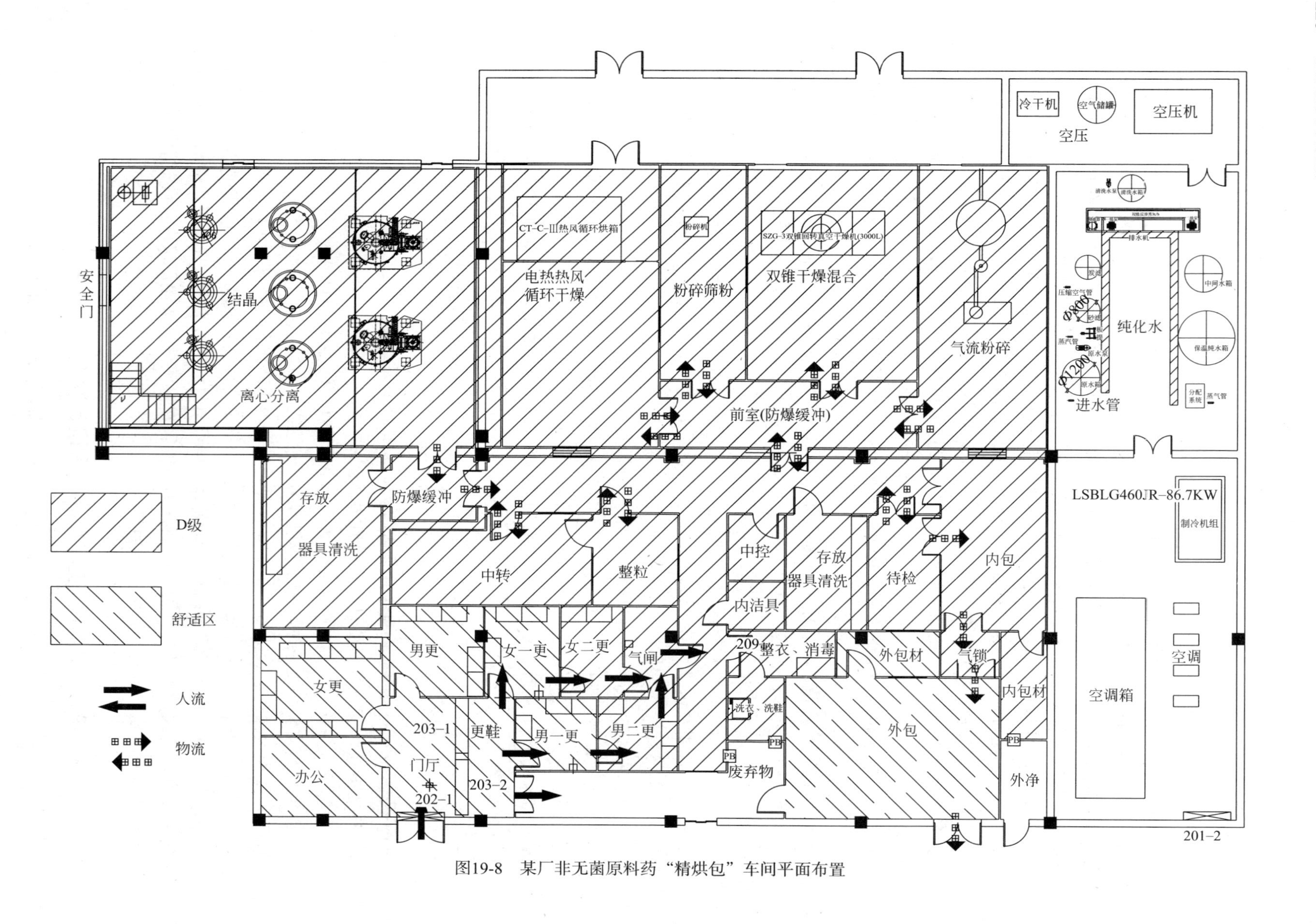

图19-8 某厂非无菌原料药“精烘包”车间平面布置

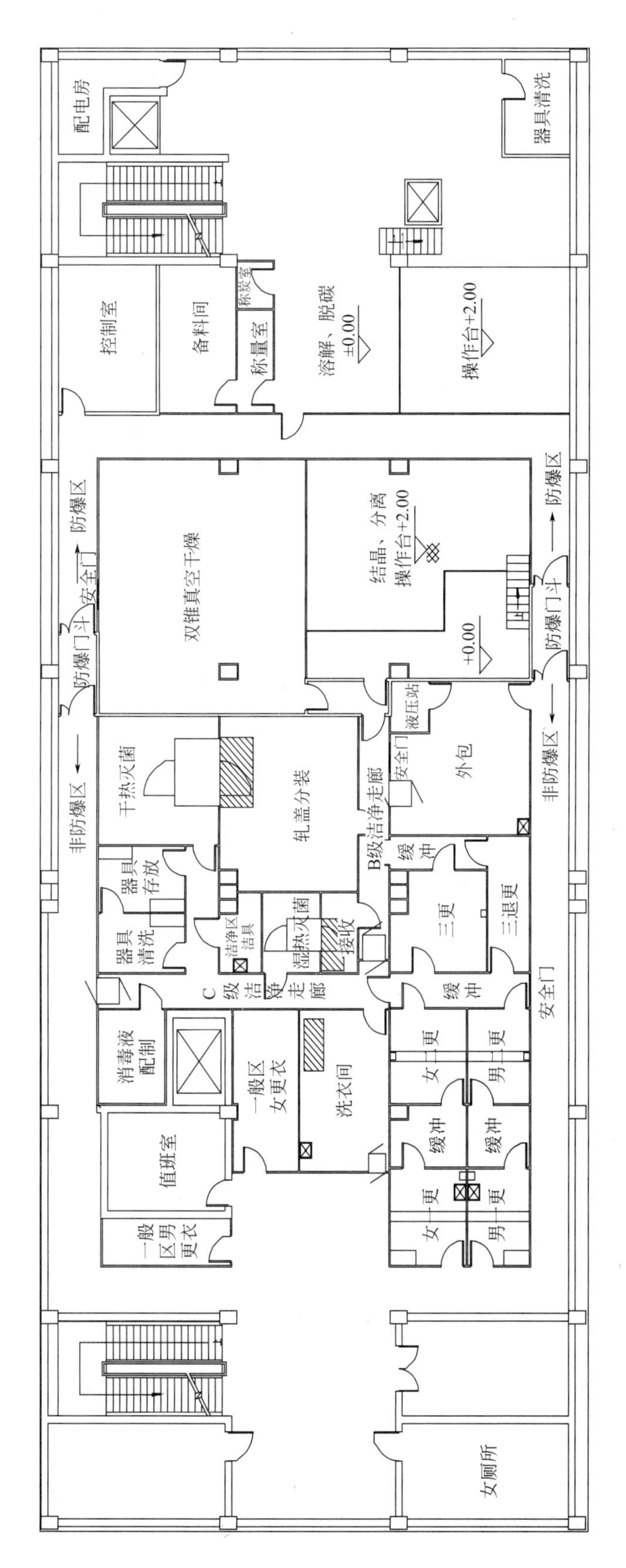

图19-9 某厂无菌原料药“精烘包”车间平面布置

19.3 固体口服制剂车间布置设计

固体口服制剂生产的显著特点是：D级洁净区生产、产尘操作较多，物料周转运输量大、物料暂存空间较大等。根据GMP要求：液体口服和固体制剂、腔道用药（含直肠用药）、表皮外用药品等非无菌制剂生产的暴露工序区域及其直接接触药品的包装材料最终处理的暴露工序区域，应当参照“无菌药品”附录中D级洁净区的要求设置，企业可根据产品的标准和特性对该区域采取适当的微生物监控措施。合理的GMP固体口服制剂车间的设计与布局、生产控制以及空调净化系统的设计，可避免产品的污染和交叉污染，降低产品的质量风险。因此，固体口服制剂车间在设计时除了要遵循一般车间设计规范和规定外，也要遵照医药工业洁净厂房设计规范、建筑防火管理规范、药品生产质量管理规范。

19.3.1 固体口服制剂车间总体布置

固体口服制剂车间属于洁净车间，在总图布置时需要满足洁净车间的总图布置要求。车间总平面和空间设计应满足生产工艺和空气洁净度等级要求，划分一般区和洁净区，注意生产区和生活区合理的布置。固体口服制剂车间厂房以建造单层大框架大面积厂房较为划算，有利于按区域概念分隔厂房，有利于车间按工艺流程进行布置，实现联动生产，但车间占地面积较大；多层厂房是制剂车间的另外一种形式，固体口服制剂物料周转运输量大，物料可以利用位差进行输送，车间运行费用低，但平面布置时需要增加水平联系走廊及垂直运输电梯、楼梯等，层间运输不便，在疏散、消防及工艺调整方面受到约束。设计时应根据厂区实际情况选择厂房形式。

固体口服制剂车间设计时应根据产品的生产工艺流程、产品的特性、空气洁净度等级的要求，并考虑设备在安装、操作和维修等方面的便利，以及防止人流、物流之间的交叉污染，设计符合GMP要求的工艺布局。

19.3.2 固体口服制剂车间工艺布局

固体口服制剂车间主要生产片剂、胶囊剂和颗粒剂等常见固体剂型，这三种固体剂型前段的称量、粉碎、混合、制粒、干燥、整粒等生产工序基本一致，制药企业为了提高设备利用率，减少新建生产线的资金投入，通常在同一洁净区布置这三种固体制剂的生产线，其相同的工序可以通过严格的控制、与清场前提下共用相同的设备，从而达到节约生产成本的目的，其工艺流程及环境区域划分如图19-10所示。

19.3.2.1 洁净区人流和物流

对于从生产车间进出的人流和物流应当进行合理设计布局，为防止交叉污染，将人员进出口与物料进出口分开设置，同时，还应将人员与物料的净化室分开设置。需要注意：若是在同一个方向上设置人流入口和物流入口时，应当使二者之间有足够的距离，以免造成相互影响和妨碍的情况。

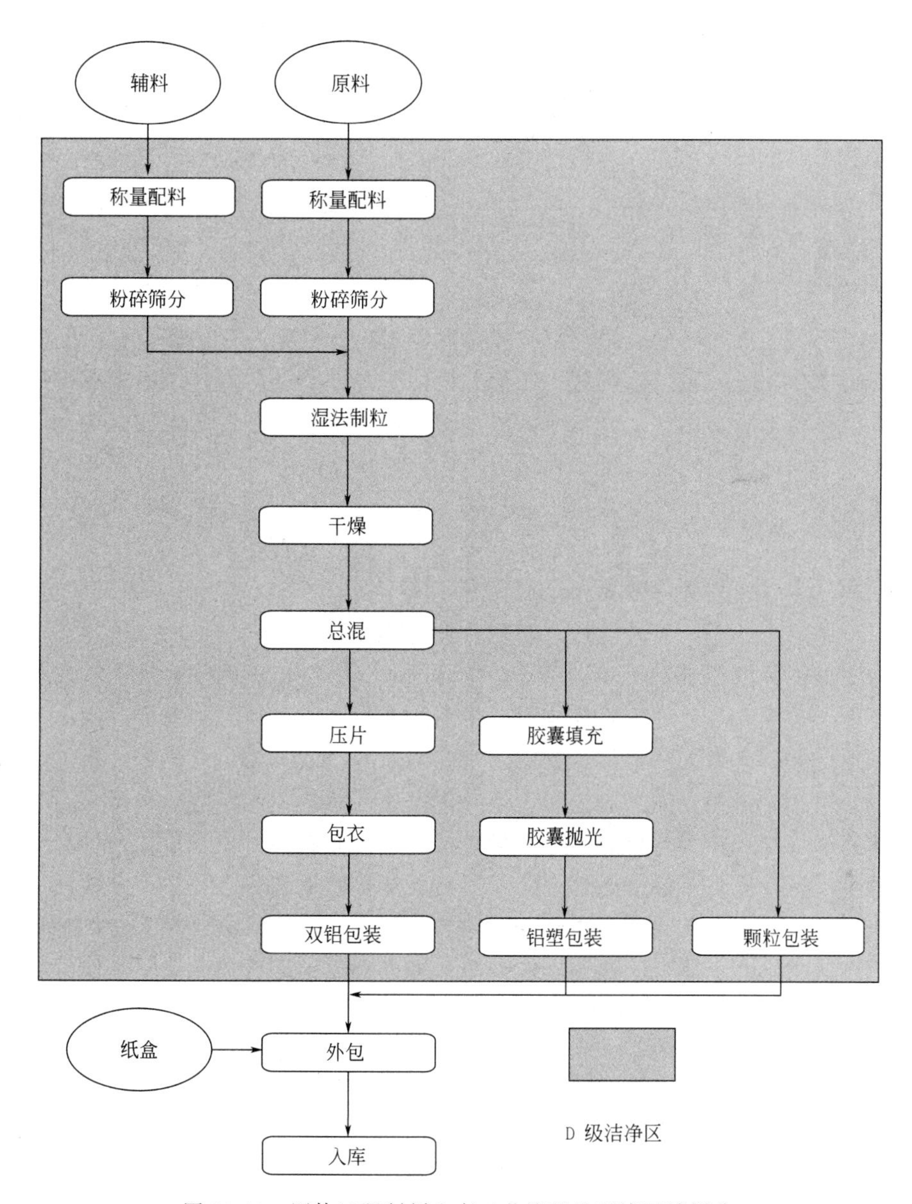

图 19-10　固体口服制剂生产工艺流程及环境区域划分

（1）洁净区人流具体设计　车间人员主要包括：一般区生产人员、洁净区生产人员、参观人员等。通过合理的人流规划，可以降低人员对产品污染的风险。进入车间的人员通过总更后，一般区生产人员进入一般区工作岗位，洁净区人员通过洁净更衣后进入洁净区工作岗位。2010 版 GMP 中，对固体口服制剂车间人员进入洁净室给出了相应的参考程序，即进入前需要换鞋，然后脱掉外套，洗手并消毒，穿好工作服，进入气锁间，最后进入洁净室。其中换鞋、脱外衣、洗手的活动为非洁净操作，可在同一房间内分区依次进行。穿洁净工作服/手消毒、气锁间可合并在一起也可单独布置。在穿洁净工作服与进入洁净生产区的入口处设置气锁间，可避免更衣室的气流对洁净生产区的影响，保证洁净生产区的正压。

（2）洁净区物流具体设计　在固体口服制剂生产车间中，物流包括以下几个方面：药剂的生产加工、产品质量检测、转运及存储等。在对物流进行规划时，应当遵循科学合理、切实可行的原则，可以将生产工艺流程作为主要的规划依据。在对物料入口进行设计时，应当使其与成品制剂的出口分开，防止原料与成品之间交叉污染。废弃物外运出口必须进行单独设置，不得与其他出入口合并。当物料进入洁净生产区前，需要进行清洁处理，当物料在外面的清洁间完成外包装拆除，再经气锁间进入洁净生产区后，可使物料上携带的污染物减少，由此能有效避免污染问题的发生。

19.3.2.2 平面布置

按照生产工艺流程，称量、配料是固体口服制剂生产的第一个步骤，称量间的位置宜靠近厂房的物流进口，配料区与生产区直接相连，便于配好的物料通过洁净走廊直接到达生产区。固体物料在粉碎后，得到混合粉末，通过加入添加剂用于湿法制粒或直接将干燥固体进行干法制粒，添加剂配制间宜靠近制粒间。湿颗粒经烘干后得到干颗粒，干颗粒经整粒后加入相应的辅料进行混合。混合颗粒经压片制成片剂（部分片剂经包衣后制成包衣片，包衣液通常在包衣间进行配制）。经胶囊灌装成胶囊剂，经装袋机制成颗粒剂，最后再经内包装、外包装得到成品，外包装区一般靠近运输仓库。

固体口服制剂生产车间生产的固体制剂成分各不相同，中间体、成品物料繁多。很多中间体需要检测合格后方能进行下步工序，等待时间较长。生产车间在管理这些物料时，为了避免物料混淆，需要设置各种物料存放室、中间产品中间站、待包装产品中间站等，对物料进行分类管理，并配备专人负责物料管理，中间站最好设置与各主要操作间毗邻，这样利于物料的转运。设计时按照中间站在中间，各主要操作间围绕中间站进行布置。

辅助功能间（空压机组、排风机、除尘系统、除湿系统、真空泵等）与生产区毗邻，并布置在一般生产区，避免对洁净区造成污染。对于产热量比较大、需要经常检修的设备的辅机最好也布置在一般生产区，而操作的开放位置布置在洁净区，如：包衣机的辅机。空调系统不要离洁净区太远，以降低输送成本。洁净区内辅助生产间有器具、洁具清洗存放间，建议清洗与存放房间分开布置。

洁净区洁净走廊应能直接到达每一个生产单元，不能把生产和储存的区域用作非本区域工作人员和物料的通道，从而可有效避免因人员流动和物料运输引起的不同品种药品的交叉污染。生产区外设参观走廊，供参观人员参观。洁净区按照建筑设计防火规范，设置相应的安全出口和逃生通道。

固体口服制剂车间布置时可采用同心圆的方式，把核心生产区布置在中心，其他辅助功能间布置在四周。在核心洁净生产区，可采用中间站在中心，其他洁净生产间围绕中间站布置，中间站分区管理，各功能间可以通过洁净走廊直接进入中间站，缩短物料运输路线。

如果厂区还有其他剂型生产车间，在进行固体口服制剂车间的布置设计时，也要对其进行综合考虑、合理布局。某药厂固体口服制剂与膏剂车间的工艺平面布置可识别二维码获取。

19.3.3 固体口服制剂车间设备选择

固体口服制剂生产车间设备选型首先要满足GMP对洁净车间设备选择的要求，还要根据工艺要求选择满足生产所需的设备。为了提高设备利用率，固体口服制剂生产车间要根据药品生产特点、生产周期，结合物料衡算的结果选择前段工序可以通用的设备，满足不同品种的生产要求。同时要选择易于清洗的设备，最好选择在线清洗（CIP）设备。这样在更换品种时易于清洗，避免交叉污染。通常情况下，生产车间还要能够适应小批量、多品种产品的生产，选择设备时需要合理搭配不同型号的设备。

固体口服制剂物料周转运输量大，易产尘操作岗位较多，对洁净区洁净度影响较大，因此选择设备时最好选择能密闭转料的设备，如真空转料设备、周转 IBC 料斗等，或者利用位差通过管道输送物料。洁净室内产生粉尘和有害气体的工艺设备，应选择设有单独局部除尘和排风的装置，防止粉尘外泄。需要消毒灭菌的洁净室，应选择设有排风设施的设备。

19.3.4 固体口服制剂车间空调系统

固体口服制剂车间空调净化系统是维持车间洁净度的主要设备，可以为车间提供具有一定温湿度的洁净空气，还可以通过调节风量控制室内的压差来控制粉尘的扩散，不仅有助于保证产品的质量，提高产品的可靠性，还为工作人员提供舒适的工作环境，同时减少在生产过程中药品对人产生的不利影响。

洁净室温度与相对湿度的设置应与药品要求的生产环境相适应，并确保操作人员的舒适感。当产品和工艺无特殊要求时，D 级洁净区的温度可控制在 19～26℃，相对湿度可控制在 45%～65%。对于工业有特殊要求的产品，根据要求设置洁净室的温湿度，确保产品生产和储存过程不变质。

洁净室从使用状态到静止状态的恢复过程与换气次数直接相关，换气次数高，恢复过程快。换气次数的确定，应根据热平衡和风量平衡计算加以验证。每一台空调机组终端和末端都带有相应的风量调节阀，保证车间内每一个房间的风量和压差稳定。生产过程产尘量大的操作间还应设计缓冲间，通过对产尘间、缓冲间及共用通道设置梯度压差，可防止粉尘扩散，避免由于粉尘扩散对相邻房间和共用通道产生的交叉污染。换鞋室、更衣室、盥洗室、厕所、淋浴室应设通风装置，室内静压值应低于有空气洁净度要求的生产区。下列情况的空气净化系统，如经处理仍不能避免交叉污染时，则不应利用回风。

① 固体物料的粉碎、称量、配料、混合、制粒、压片、包衣、灌装等工序。

② 固体口服制剂的颗粒、成品干燥设备所使用的净化空气。

③ 用有机溶剂精制的原料药精制、干燥工序。

④ 凡工艺过程中产生大量有害物质，挥发性气体的生产工序。

送风、回风和排风的启闭应联锁。系统的开启程序为先开送风机，再开回风机和排风机；系统关闭时联锁程序反之。含有易燃、易爆物质局部排风系统应有防火、防爆措施。

19.4 小容量注射剂车间布置设计

19.4.1 小容量注射剂的生产工序及区域划分

小容量注射剂多数是通过最终灭菌生产工艺进行生产，生产暴露环境需要在 A/C 级下进行。最终灭菌小容量注射剂的生产工序包括：称量、配制（浓配）、粗滤、配制（稀配）、精滤、安瓿瓶洗涤干燥灭菌、罐封、灭菌、灯检、印字（贴签）及包装等。但对于一些光、热敏感的原料药，该性质决定了这些药品的制剂不能采用最终灭菌工艺生产，即为非最终灭菌的小容量注射剂生产，非最终灭菌的小容量注射剂生产暴露环境需要在 A/B 级下进行。小容量注射剂工艺流程示意及各工序环境空气洁净度要求如图 19-11 所示。

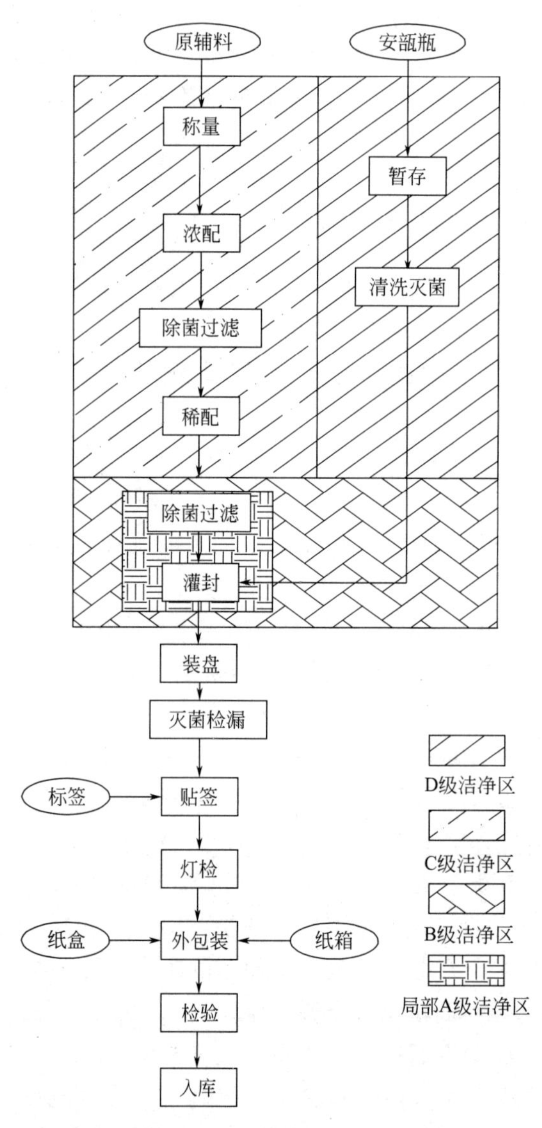

图 19-11 小容量注射剂工艺流程示意及各工序环境空气洁净级别划分

19.4.2 小容量注射剂车间的布置形式

小容量注射剂生产工序多采用平面布置，可以采用单层框架结构，也可以采用多层厂房中的其中一层进行布置，从洗瓶开始至外包等工序均在同一层平面完成，设备按照工艺流程布置在同一层，不同洁净度要求的房间可以采用穿墙布置，设备联动操作，自动化程度高，药液采用管道输送，可以减少物料输送距离，节约成本。布置时按照洁净车间的布置要求进行。

19.4.3　小容量注射剂车间的布置图例

某药厂小容量注射剂车间平面布置如图 19-12 所示。

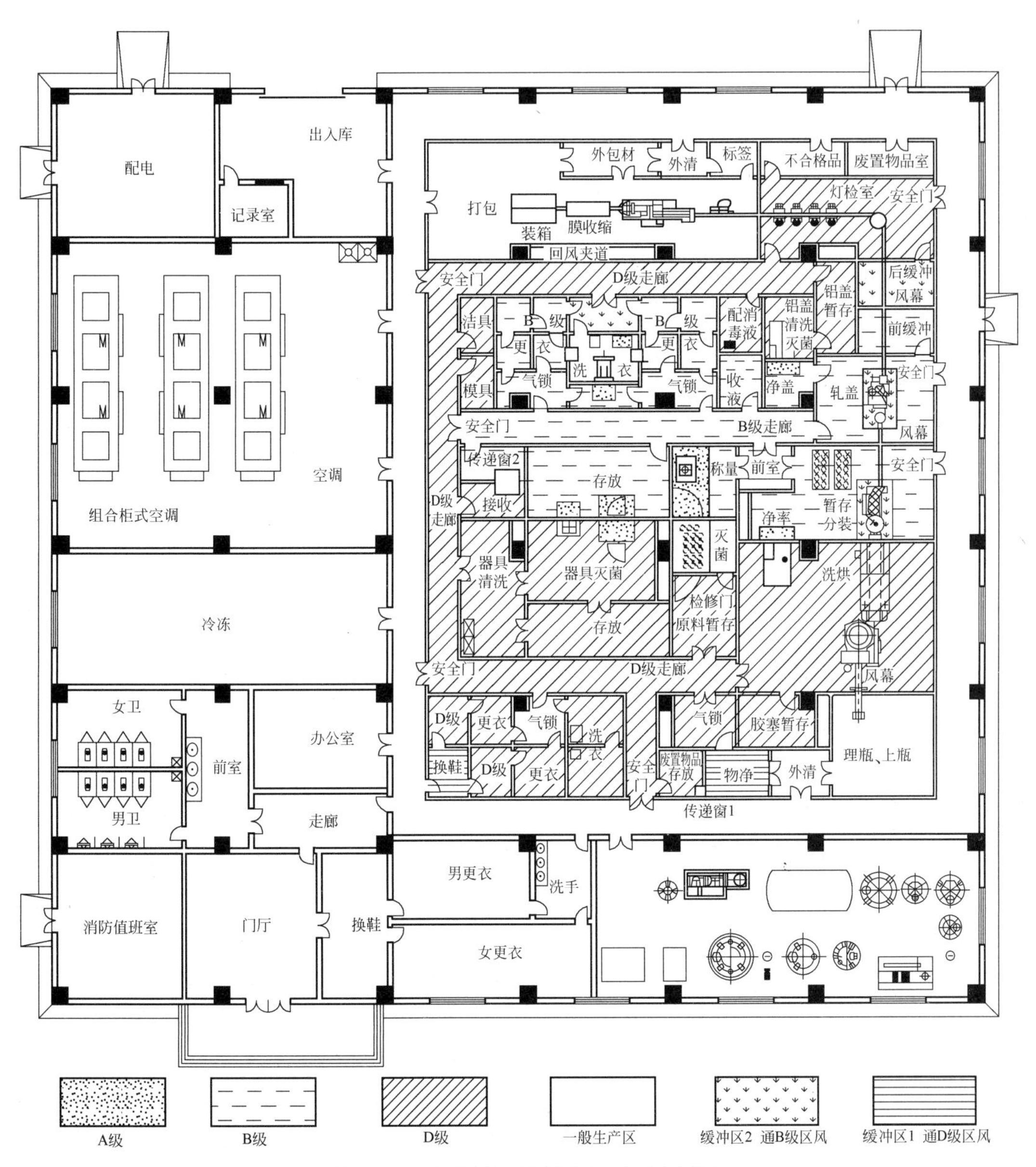

图 19-12　小容量注射剂车间平面布置图

19.5　中药提取车间布置设计

中药制剂一般以中药提取为基础，中药提取车间是中药生产的关键部分，现代化的提取车间在满足安全、健康、环保要求的前提下，尽量做到自动化、智能化设计，减少工人的劳动强度，同时也是对产品质量的保障。设计工作要结合中药提取的特点，充分了解当地的政策、发展规划、资源分布情况，严格遵守各种政策法规。

19.5.1 中药提取车间特点

（1）中药材物料运输量大　一些大的中药生产企业中药材年处理量万吨至十几万吨，大规模的物料输送需要合理规划物料的流向。首先需要将中药材运输至仓库，然后进行前处理，处理干净药材后进行提取，这几个工序要按物料流向合理布置。物料输送可以采用物料连廊、传输带、IBC料斗等手段，还可以利用管道中物料的重力输送代替货梯垂直提升输送等，使物料输送路线便捷，无折返，自动化，减少工人劳动强度。

（2）中药材前处理工序产尘量大　从产地到仓库的大量中药材一般都需要前处理工序，如：挑选、净制、清洗、水浸、湿润、切制、炮制、干燥、粉碎过筛等，均为产尘操作，生产过程中需要采取有效的除尘措施，同时还应根据药材的特点和工艺流程的性质，将产尘工序进行自动化和密闭化生产，这也是今后中药现代化生产努力的方向。

（3）中药提取工序散热、散湿量大　中药的提取、出渣、浓缩、喷雾干燥等工序多为高温过程，对环境的散热量和散湿量较大，除需要考虑合理的通排风措施外，更要做好设备和管道的保温工作，采用合理的降温措施以及采用密闭化和管道化的工艺流程设计，达到节能、降低热污染的目的。

（4）提取后药渣容易造成环境污染　传统的中药提取车间药渣满地、污水横流、环境恶劣，严重阻碍中药现代化的发展，因此自动化的药渣清洁排放系统是提取车间设计的重点，也是保证良好生产环境的关键。药渣自动收集装置系统是目前提取车间使用较多的一种方式，在提取罐下方铺设出渣车轨道，通过自动化控制可以完成自动化出渣、挤渣、药渣储槽收集，外运汽车将药渣在相对密闭的环境下送至指定地方进行回收利用，变废为宝。

（5）中药提取车间有大量有机溶剂，生产火灾危险性类别高　中药提取车间的醇提、渗滤、醇沉工序以及萃取、浓缩等精制工序大量使用有机溶剂，车间的火灾危险类别为甲类防爆生产区，应严格按照国家的相关规范做好防火防爆措施。设计中，尽量减小防爆区的面积，非防爆生产性质的工序设置在甲类区以外。如一般水提醇沉工艺，宜将水提工艺和醇沉工序分开布置在非防爆区和防爆区，将危险物质限定在最小范围内，降低对环境的危害。

（6）中药提取车间流程复杂、品种多　传统的中药提取车间生产品种多、流程复杂、管线多、车间的跑冒滴漏现象严重、生产环境差、自动化程度不高、工人劳动强度大。为顺应中药现代化建设要求，选用自动化程度高、节能环保设备，并且加强生产过程管理是改善现状的有效手段。目前多数企业已经实现了从提取到精制全过程自动化控制，基本实现无人操作。

19.5.2 中药提取车间布置

（1）中药提取的生产工序及区域划分　中药提取生产工序一般包括药材前处理，提取、精制、浓缩、收膏、喷雾干燥、内包、外包制得成品，或收膏、配液、罐封、包装制得口服液。其中，收膏、收粉、内包、配液、灌封是在D级洁净区，其他生产工序在一般生产区。中药提取生产工艺流程及区域划分如图19-13所示。

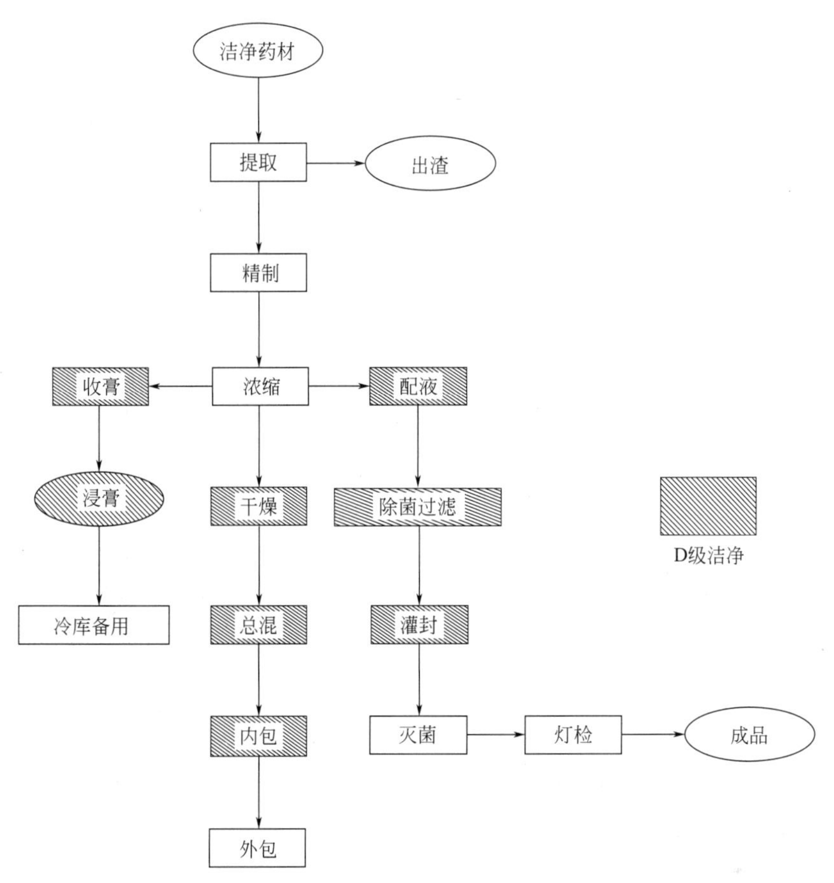

图 19-13 中药提取生产工艺流程及区域划分

(2) 中药提取车间的布局 典型的中药提取车间的布局模式一般采用四层的布局，四层为投料层和净药材库；三层为提取层，提取罐挂在三层地板上；二层为出渣、精制层，设轨道车出渣；一层设计大的药渣储槽，并悬空挂在二层楼面，储槽下方可容纳接渣汽车将药渣直接运出车间，一层其他区域设置洁净区，四周作为公用工程功能间。中药提取车间立面分区图如图 19-14 所示。

<table>
<tr><td>四层</td><td colspan="2">提取投料区</td><td colspan="2">净药材备料区</td><td rowspan="3">喷雾干燥区</td></tr>
<tr><td>三层</td><td colspan="2">提取区</td><td colspan="2" rowspan="2">浓缩精制区</td></tr>
<tr><td>二层</td><td colspan="2">提取罐出渣区</td></tr>
<tr><td>一层</td><td>出渣间</td><td>辅助工程间</td><td>门厅及更衣系统</td><td colspan="2">收膏、收粉洁净生产区</td></tr>
</table>

图 19-14 中药提取车间立面分区图

(3) 中药提取车间的布局设计注意事项

① 投料 投料是指将净药材投入提取罐中，规模较小的提取车间可以从人孔进行投料，

不单独设置投料层，车间可以采用三层设计，但投料时有时会产生粉尘，造成污染，需要加负压除尘设备。

对于规模较大的提取车间，一般设置四层为投料层，四层还可以设置投料备料区，备料区功能还包括净药材暂存库、净药材称量备料、称量后暂存。可分区管理，也可以将备料功能设置在相应的前处理车间，该区域仅设置投料前暂存即可。

目前对于投料量不是特别大的车间一般采用人工投料方式，直接将药材倒入四层的投料口，投料口上方设置负压通风柜，防止粉尘扩散。对于药材处理量较大的车间可以采用自动化控制的小车（Automated Guided Vehicle，AGV）投料；在前处理工段按批将药材装入AGV，AGV通过轨道送至需要投料的提取罐对应的投料口，将小车料斗翻倒扣于投料口，投料结束再恢复原状即可，这样避免了粉尘飞扬。四层投料可通过投料管与提取罐进料口连接，通过蝶阀控制其开启，也可以直接采用伸缩的管道将四层的投料口与提取罐进行连接，投料结束收起投料管，关闭提取罐上的进料口盖子。轨道车自动投料装置如图19-15所示。

图19-15　轨道车自动投料装置

对于相对单一、规模较大的径、根类中药材生产使用传送带进行投料尤为适用。用一条主输送带和各支输送带将各投料孔连接起来，药材分批从主输送带面上进行输送，利用每个分支输送带的挡板将药材送入行营的支输送带，然后落入对应的投料口内，每条主输送带每次只能投一罐药材，根据投料的总耗时确定需要的主输送带的条数。

② 提取　提取是中药生产过程中重要的单元操作。常规提取是指用溶剂将中药材的有效成分从药材组织内溶解出来的方法，常用的溶剂有水和乙醇，即水提和醇提。GMP要求提取物用于生产注射剂的提取过程需要用纯化水进行提取，其他产品采用饮用水即可。

目前，较常用的提取罐为直筒形或倒锥形的提取罐，易起泡的品种可以采用蘑菇形的提取罐，一般无搅拌，采用静态提取，可以配置双联过滤和离心泵，间隔用泵循环，提高提取效率。选型一般以3m^3和6m^3型号较为成熟。由于出闸门密封技术的限制，一般不推荐使用过大的提取罐。

水提取过程的提取罐温度平原地区一般为95～97℃，95%乙醇一般75℃，保持微沸状态，加热装置可以采用分段加热提取罐，加热速度快，加热均匀。对于需要分离挥发油的提取物，设置冷凝器和油水分离器，对于需要回收药材中有机溶剂的需要加冷却器和溶剂储罐。

③ 出渣　出渣流程设计是提取车间设计成败的关键之一，是中药现代化的基本要求。传统的中药提取出渣方式工人劳动强度高，污水横流，环境恶劣，现已升级改造。目前，常用的出渣方式是带有挤渣功能的有轨出渣小车结合出渣储槽的方式。提取车间收渣（挤渣）

储存机组实物如图 19-16 所示。

图 19-16　提取车间收渣（挤渣）储存机组

思考题

1. GMP 对洁净车间设计的要求是什么?

2. 进入洁净区的人、物分别需要经历哪些过程?

3. 固体口服制剂生产的显著特点是什么? 如何通过合理设计避免粉尘对洁净区的影响?

4. 如何保障非最终灭菌小容量注射剂生产过程中的洁净度要求?

5. 典型的中药提取车间的布局模式是什么?

参考文献

[1] 国家食品药品监督管理局药品认证管理中心．药品 GMP 指南．北京：中国医药科技出版社，2011.

[2] 医药工业洁净厂房设计标准．GB 50457—2019.

[3] 建筑设计防火规范．GB 50016—2014.

[4] 医药工业总图运输设计规范．GB 51047—2014.

[5] 刘炳坤，罗丽珠．当代化工研究，2018（11）：172-173.

[6] 赵晓旭，秦朝燕．化工管理．2019，9：190-191.

[7] 朱宏吉，张明贤．制药设备与工程设计．2 版．北京：化学工业出版社，2011.

[8] 张珩，等．制药工程工艺设计．3 版．北京：化学工业出版社，2013.

[9] 张洪斌，等．药物制剂工程技术与设备．3 版．北京：化学工业出版社，2019.

[10] 张珩，王凯．制药工程生产实习．北京：化学工业出版社，2019.

第三篇
设计实例

第20章 合成车间设计实例

本章以对乙酰氨基酚的化学合成车间设计为例进行合成车间设计介绍。

20.1 对乙酰氨基酚车间设计概述

对乙酰氨基酚和阿司匹林的解热镇痛效果相当，可以说是当今临床上解热镇痛药中的佼佼者，其解热作用迅速且持久，对乙酰氨基酚对胃肠道无明显刺激且其极少有过敏反应，适合于阿司匹林不耐受或阿司匹林过敏的患者。

20.1.1 设计思想

旧的合成对乙酰氨基酚的工艺虽然技术成熟，然而产率低，工艺简单，成本高，还会产生污染环境的产物。随着我国近年来对环保和绿化越来越重视，研究一条优异、环保的对乙酰氨基酚的合成路线具备重要的积极意义。

20.1.2 设计依据及原则

通过以下国家法规来保证药品生产过程中的经济性、合理性、环保性、安全性以及药品质量等。

①《中华人民共和国药典》(2020版)；

②《工业企业噪声卫生标准》(2010版)；

③《药品生产质量管理规范》(2010版)；

④《药品说明书和标签管理规定》(2006版)；

⑤《制药生产设备应用与车间设计》(2008版)；

⑥《药品包装用材料、容器管理办法》(2000版)；

⑦《工业“三废”排放标准》；

⑧《建筑给排水设计标准》(GB 50015—2019)；

⑨《中华人民共和国药品管理法》(2019版)。

20.1.3 工艺路线选择原则

① 所选反应要步骤简单，方便操作，最重要的是高收率。

② 原料的价格适宜、供应充足。

③ 反应调节尽量温和，操作简单。

④ 多步反应时最好是可以实现“一锅法”的操作。

⑤“三废”尽量少。

20.1.4 设备选型原则

在设备选型过程中要遵循药品生产工艺要求，方便操作和维修保养，并能够预防交叉污染以及防止差错，严格选择设备的材质。具体符合以下几点原则：

① 确保药品出产的质量安全可靠，易操纵、维修和洁净。本设计中工艺设备选用国内综合性高的设备。

② 符合设备布局的要求，强度适合，有充足的刚度和合适的耐腐蚀性。

③ 安全可靠无事故隐患。工人在操作时，劳动强度适合，要尽可能制止在高温高压高真空下工作，不用有毒有害的设置装备摆放质料。

④ 引进先进的设备，要对照报价，考察机能。

⑤ 流程中设计的压力容器，不但要符合上述要求，还应符合 GB 150.1～GB 150.4—2011《压力容器》的相关规定；满足 GMP 中对设备的要求。

⑥ 要为将来的生产需求留有余地。

20.1.5 车间设计原则

① 平衡原则：综合配置平衡化。

② 地区合理化：车间地区划分合理清楚，将洁净区域会合起来，便于管理。

③ 就地利用原则：要充分利用当地资源以及车间内资源。

在本次设计中，首先依据工艺车间设计的要求，并对生产过程中与药品质量相关的各种因素进行充分考虑，从合理设计车间布局出发，选择恰当的工艺设备，经综合考察筛选后最终确定较为适宜的设备。本设计首要设备有：喷雾干燥器、反应釜、包装机、离心机等，离心机选择三足式不锈钢过滤离心机；干燥工序采取喷雾干燥器进行干燥；反应釜选择带夹套的搪瓷搅拌罐式反应釜。在整个过程中要严格执行 GMP 中的要求。

20.2 对乙酰氨基酚车间设计

20.2.1 厂区布置

20.2.1.1 厂址选择

宁波市地处浙江省东部，杭州湾南岸，港口众多，交通极为便利，进出口原辅料药有着先天的地理位置优势；气温适宜，雨量充沛，水源问题不需要担心，并且符合标准的废水也便于排放。因此，本设计充分考虑原料药合成厂对环境因素的特殊要求，遵循洁净厂房建设原则，将厂址选择在浙江宁波。

20.2.1.2 厂区总平面布置

本次厂房设计遵循洁净厂房原理污染源的原则，将原料药生产车间设置在全年主导风向的上风处，将污水处理布置在下风侧，周围设有蓄水池，有利于减少污染。其中，人流物流出入口分开设置，缩短路线避免交叉污染。将公用系统设置在原料仓库周边，既有利于生产和管理，又可以充分利用场地，降低能耗。按照生产工艺流程的顺序和洁净程度进行合理布置，给生产、管理、质检、存放等带来很大的便利。厂区总平面布置设计结果如图 20-1 所示。

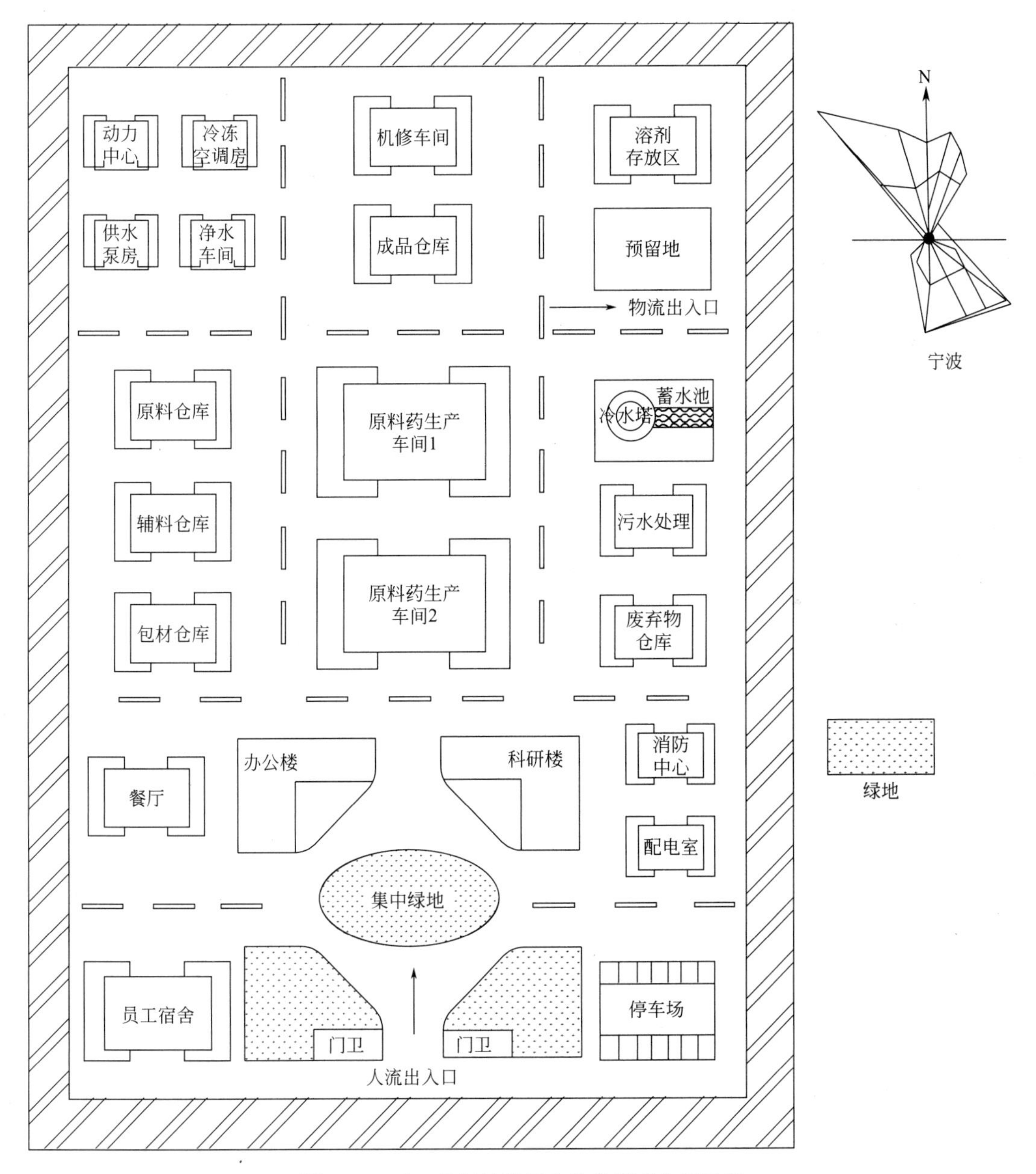

图 20-1　对乙酰氨基酚厂房的总平面布置示意

20.2.2 设计任务

生产计划：年产 100t 对乙酰氨基酚。

工作时间：250 天/年，8h/天。

产品性状：白色结晶或结晶性粉末。

20.2.3 生产工艺流程

(1) 对乙酰氨基酚的粗制

① 将对硝基苯酚、乙酸和乙酸酐、催化剂 Pd-La/C 投入乙酰化釜内，并通 H_2 至釜内压强为 0.7MPa。整个过程要严格按照比例要求进行操作。

② 加热至 110℃左右，打开冷凝装置，回流反应约 4h，同时控制蒸出乙酸速度约为每小时蒸出总量的 1/10。

③ 待釜内温度升至 135℃以上时，取样检查对氨基酚残留量，若其残留量小于或等于 2.5%，就说明达到了反应终点。

④ 进行固液分离，将催化剂分离出去。

⑤ 加入稀乙酸并且转入结晶釜中进行冷却结晶。

⑥ 离心分离母液和固体物料，用少量稀乙酸和大量水进行洗涤，直至滤液接近于无色，即得对乙酰氨基酚粗品。纯化水洗结束后废液送往污水处理站处理，酸洗后的液体及其母液回收后可再利用。

对乙酰氨基酚粗品生产工艺流程如图 20-2 所示。

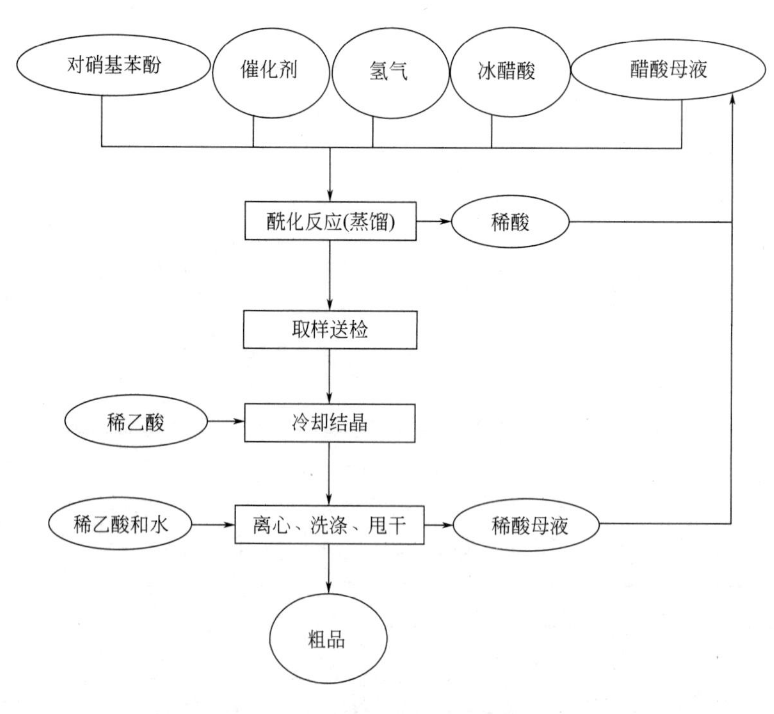

图 20-2 对乙酰氨基酚粗品生产工艺流程

注意事项：

① 加氢气前必须进行试压防漏，确保万无一失。

② 加氢气前要排空氧气，否则容易发生爆炸，造成不可逆转的危险。

（2）对乙酰氨基酚的精制

① 搅拌下将纯化水、活性炭以及对乙酰氨基酚粗品按照一定的比例放到脱色釜中加热至沸腾，并按照1∶1的比例加入HCl调节pH至5～5.5，并保温5min。

② 将温度升至100℃时，趁热压滤，滤液冷却结晶。

③ 加入亚硫酸氢钠，冷却结束后，离心抽滤，滤饼用大量的纯化水洗到近无色，再用蒸馏水洗涤，干燥，即得对乙酰氨基酚成品，滤液可以回收精制。

对乙酰氨基酚精品生产工艺流程如图20-3所示。

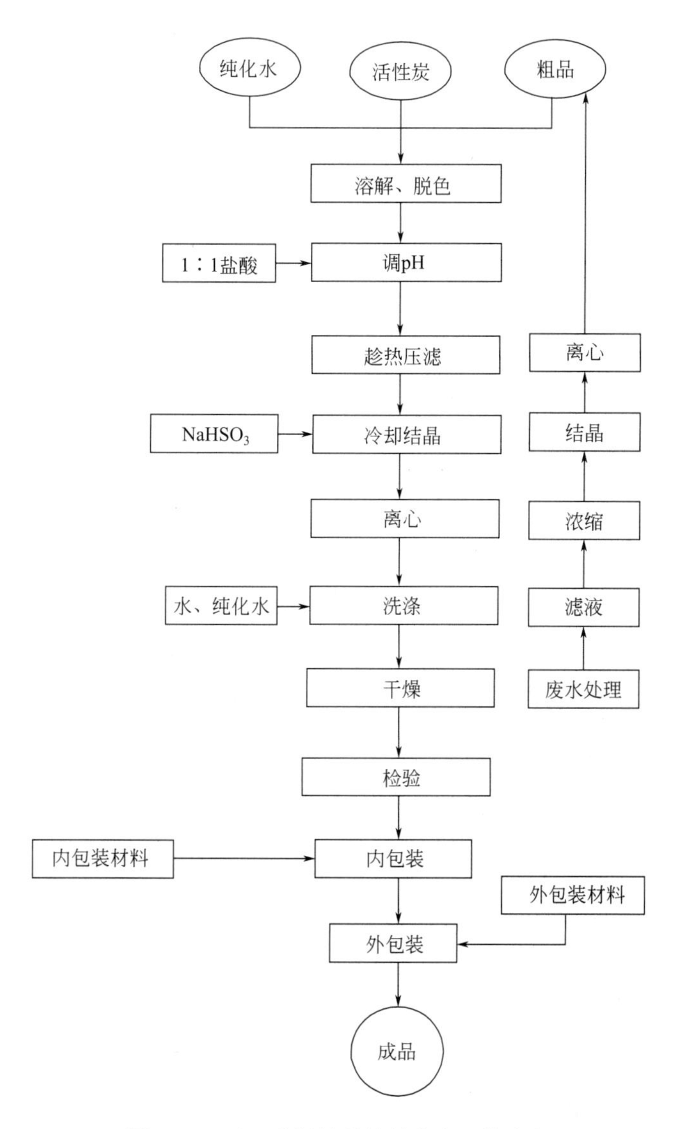

图20-3 对乙酰氨基酚精品生产工艺流程

20.2.4 物料衡算和能量衡算

20.2.4.1 物料衡算

（1）基础数据 年工作日：250天/年，8h/天；年产量：100t；每天一批，每批产量

100000÷250＝400kg；收率：97％。

（2）以日产量为计算基准进行物料衡算

① 酰化反应工序的物料衡算

日产量为：100000÷250＝400kg/天

因为：产品收率＝[对乙酰氨基酚产量÷（对硝基苯酚投料量×1.0866）]×100％＝97％

其中，1.0866为对乙酰氨基酚相对分子质量/对硝基苯酚相对分子质量。

可以得出对硝基苯酚投料量＝400÷（0.97×1.0866）＝379.51kg

也可以得出投入乙酸量＝379.51×0.90÷0.98＝348.53kg

根据文献查询可得，对硝基苯酚：乙酸酐（质量比）＝1∶1.4

由此得到投入反应釜乙酸酐的量为：379.51×1.4＝531.31kg

并且需要加入 H_2 使釜内压强保持为0.7MPa，再加入催化剂9.49kg。

综合以上计算，可以得到进料量和出料量。

进料：

对硝基苯酚投料量＝400÷（0.97×1.0866）＝379.51kg

由经验公式可得：乙酸投料量＝348.53kg

加进去的乙酸酐量379.51×1.4＝531.31kg

出料：

出料＝379.51＋348.53＋531.31＝1259.35kg

废渣＝9.49kg

完成固液分离后进入离心工序。

综合以上所有数据整理绘制物料平衡表，结果如表20-1所示。

表20-1　酰化反应工序的物料平衡表

项目	物料名称	质量/kg	项目	物料名称	质量/kg
进料	对硝基苯酚	379.51	出料	对乙酰氨基酚溶液	1259.35
	乙酸	348.53			
	乙酸酐	531.31			
	H_2	0.7MPa			
	催化剂	9.49		废渣	9.49
总进料		1268.84	总出料		1268.84

② 酸洗离心工序的物料衡算　按照文献查阅和实验设计具体数据分析，得出对乙酰氨基酚约是稀乙酸的7.67倍，

所以可以得出投入稀乙酸量＝1259.35÷7.67＝164.19kg

通过查阅资料和具体实际记录数据，综合分析其离心率约为66.98％。

所以离心出母液＝（1259.35＋164.19）×66.98％＝953.49kg

其余的液体可以经过处理后再次使用，节约能源。

综合得：对乙酰氨基酚湿粉量＝（1259.35＋164.19）－953.49＝470.05kg

综合以上所有数据整理绘制物料平衡表，结果如表20-2所示。

表 20-2 酸洗离心工序的物料平衡表

项目	物料名称	质量/kg	项目	物料名称	质量/kg
进料	对乙酰氨基酚溶液	1259.35	出料	对乙酰氨基酚湿粉	470.05
	稀乙酸	164.19		滤液	953.49
总进料		1423.54	总出料		1423.54

③ 水洗离心工序的物料衡算 通过资料收集以及具体实验数据整理对比可得，水量大约是对乙酰氨基酚湿粉量的 0.7 倍。

由此通过以上数据可得出水量＝470.05×0.7＝329.04kg

接下来选用离心机进行脱水，经查询此机器大约能离心脱水掉总物料的 0.42 倍。

所以脱水量＝(470.05＋329.04)×0.42＝335.62kg

因本设备长期使用，故在使用过程中会损失一部分，最终损失率约为总量的 0.0068 倍。

由此计算得出损失＝(470.05＋329.04)×0.0068＝5.43kg

以此得出粗品对乙酰氨基酚＝470.05＋329.04－5.43－335.62＝458.04kg

进入精制脱色工序。

综合以上所有数据整理绘制物料平衡表，结果如表 20-3 所示。

表 20-3 水洗离心工序的物料平衡表

项目	物料名称	质量/kg	项目	物料名称	质量/kg
进料	对乙酰氨基酚湿粉	470.05	出料	粗品对乙酰氨基酚	458.04
	水量	329.04		脱水量	335.62
				损耗量	5.43
总进料		799.09	总出料		799.09

④ 精制脱色工序的物料衡算 脱色过程需要加入纯净水和活性炭，通过资料收集和数据整理可知，加入纯净水的量约是粗品的 2.2 倍，加入活性炭的量约是粗品的 0.089 倍。

因此，投入粗品为 458.04kg，则纯净水用量为 1017.87kg，计算出活性炭的用量为 40.71kg。

完全进入固液分离工序。

综合以上所有数据整理绘制物料平衡表，结果如表 20-4 所示。

表 20-4 精制脱色工序的物料平衡表

项目	物料名称	质量/kg	项目	物料名称	质量/kg
进料	粗品对乙酰氨基酚	458.04	出料	粗品对乙酰氨基酚混合溶液	1475.91
	纯净水	1017.87		废渣	40.71
	活性炭	40.71			
总进料		1516.62	总出料		1516.62

⑤ 精制固液分离工序的物料衡算 精制釜投入粗品为 458.04kg，综合以上计算，即：

进料 为上一步精制脱色釜出料＝1475.91kg

出料 出料＝1475.91kg

滤液量＝总投料量×66.98%＝1475.91×66.98%＝988.56kg

其余的液体可以经过处理后再次使用，节约能源。

精制过程中会产生一部分废液，废液量是滤液量的 0.0426 倍。

所以可得出废液＝988.56×4.26％＝42.11kg

湿粉成品＝总投料量－滤液－废液＝1475.91－988.56－42.11＝445.24kg

综合以上所有数据整理绘制物料平衡表，结果如表 20-5 所示。

表 20-5　精制固液分离工序的物料平衡表

项目	物料名称	质量/kg	项目	物料名称	质量/kg
进料	粗品对乙酰氨基酚晶体	1475.91	出料	精制对乙酰氨基酚	445.24
				滤液	988.56
				废液	42.11
总进料		1475.91	总出料		1475.91

⑥ 干燥工序的物料衡算　根据物料衡算，再加上含水量为 10％，以及干燥损耗为 0.150％，绘制物料平衡表，结果如表 20-6 所示。

表 20-6　干燥工序的物料平衡表

项目	物料名称	质量/kg	项目	物料名称	质量/kg
进料	精制对乙酰氨基酚	445.24	出料	成品对乙酰氨基酚	400
				脱水量	44.52
				损耗量	0.72
总进料		445.24	总出料		445.24

⑦ 总物料衡算平衡图　综合以上计算过程，绘制总物料衡算流程框图，结果如图 20-4 所示。

20.2.4.2　能量衡算

以对乙酰氨基酚酸洗离心工序为例进行能量衡算。忽略内能、动能、位能的变化量且无轴功时，输入系统的热量与离开系统热量平衡，根据能量守恒定律可得出热量平衡方程式：

$$Q_1+Q_2+Q_3=Q_4+Q_5+Q_6$$

式中　Q_1——物料带入设备的热量，kJ；

Q_2——加热剂或冷却剂给设备或处理物料的热量，kJ；

Q_3——过程热效应，kJ（放热为正，吸热为负，本设计忽略不计）；

Q_4——物料离开设备所带走的能量，kJ；

Q_5——加热或冷却设备所消耗的能量，kJ；

Q_6——设备向环境散失的热量，kJ。

在热量衡算过程中 Q_2 是衡算的主要目的，从而确定冷却剂的用量。

离心工序物料的进料温度为 $t_3=30℃$，因此需由反应液 $t_2=135℃$ 降温至 $t_3=30℃$ 才可进行离心，在此过程中采取物理降温。在 135～50℃时使用冷凝水对其进行降温，在 50～30℃时使用冷盐水对其进行降温，因此两段降温各有液体的消耗（根据实际生产过程选用的冷却剂）。

135～50℃时使用冷凝水对其降温，其温度下水的汽化潜热 $r_3=2357.5\text{kJ/kg}$，进口温度 $t_5=25℃$，出口温度 $t_6=45℃$，冷凝水传热系数 $K_1=162.82\text{W}/(\text{m}^2\cdot℃)$，此温度下水

的定压比热容 $C_{p_4}=4.20\text{kJ/(kg·℃)}$，乙酸的定压比热容 $C_{p_5}=2.402\text{kJ/(kg·℃)}$，物料以乙酸体系来计算，$C_{p_1}=C_{p_5}$；

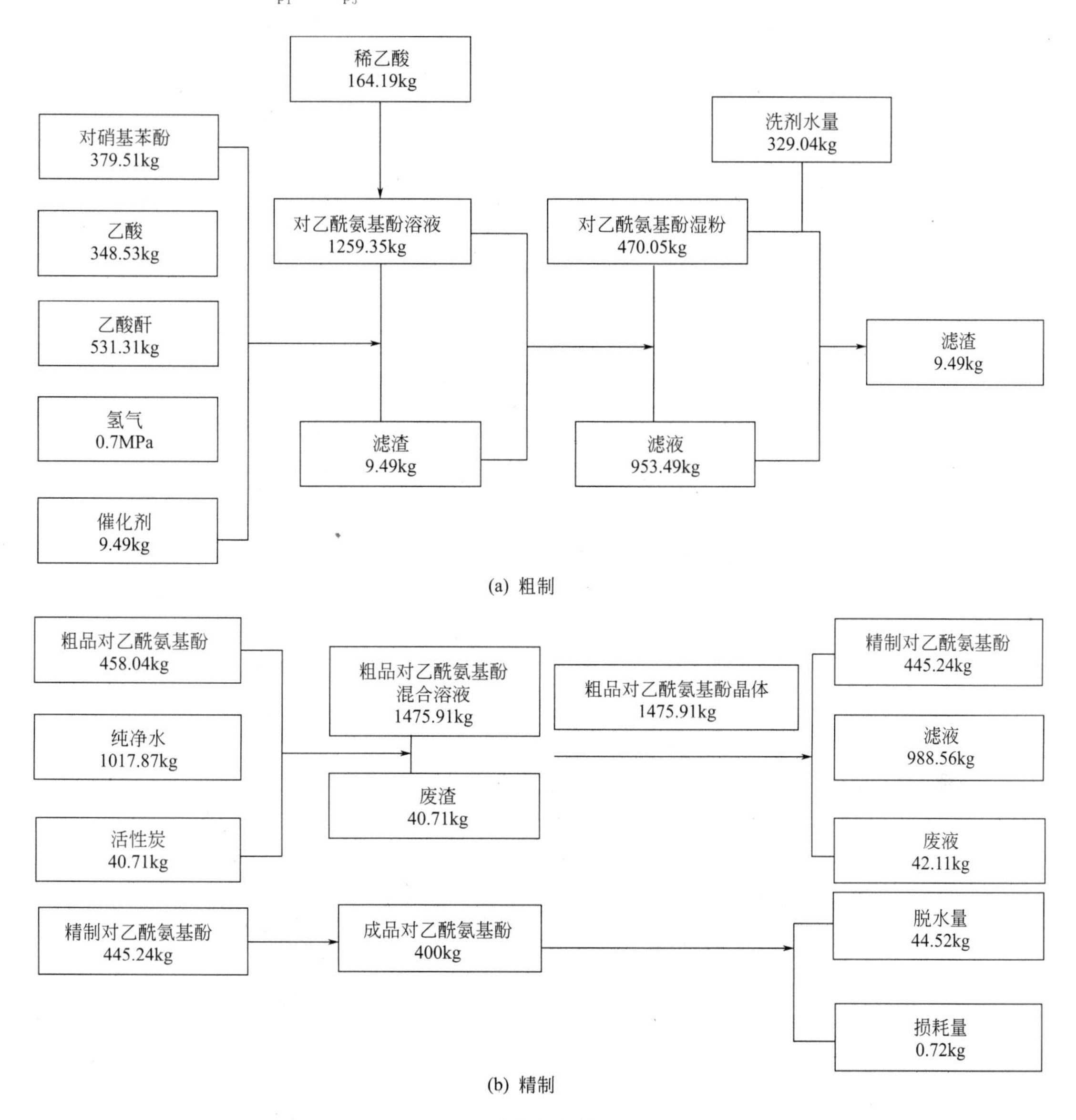

图 20-4 总物料衡算流程框图

50～30℃时使用冷盐水对其进行降温，其温度下盐水的汽化潜热 $r_4=937.07\text{kJ/kg}$，进口温度 $t_7=10℃$，出口温度 $t_8=25℃$，冷盐水传热系数 $K_2=240.00\text{W/(m}^2\text{·℃)}$，此温度下水定压比热容 $C_{p_6}=4.174\text{kJ/(kg·℃)}$，乙酸的定压比热容 $C_{p_7}=2.054\text{kJ/(kg·℃)}$，物料以乙酸体系来计算，$C_{p_2}=C_{p_7}$，物料含量 $W_1=1259.35\text{kg}$，乙酸含量 $W_2=164.19\text{kg}$。

$$
\begin{aligned}
Q_2 &= W_1C_{p_1}(t_6-t_5)+W_2(C_{p_4}+C_{p_5})(t_6-t_5)/2+ \\
&\quad W_1C_{p_1}(t_8-t_7)+W_2(C_{p_6}+C_{p_7})/2(t_8-t_7) \\
&=1259.35\times2.402\times20+164.19\times(4.2+2.402)\times20\div2+ \\
&\quad 1259.35\times2.402\times15+164.19\times(4.174+2.054)\div(2\times15) \\
&=1.18\times10^5\text{kJ}
\end{aligned}
$$

因为 $Q_2=Q_{水}+Q_{盐}=7.13\times10^4+4.63\times10^4=1.18\times10^5$ kJ

由 $Q_{水}=W_{水}r_3$ 得：$W_{水}=Q_{水}/r_3$

$=7.13\times10^4\div2357.5$

$=30.27$kg

$Q_{盐}=W_{盐}r_4$ 得：$W_{盐}=Q_{盐}/r_4$

$=4.63\times10^4\div937.07$

$=49.5$kg

20.2.5 工艺设备选型

（1）酰化反应釜　通过物料衡算，经过数据处理可得出酰化反应总量为 1268.84kg，根据此数据准备选择 1000L 的酰化釜，需要 2 台，对设备类型进行综合考虑，选择 2 台带夹套的搪瓷搅拌罐式反应釜进行生产。

（2）乙酸计量罐　通过物料衡算，经过数据处理可得出乙酸总量为 348.53kg，然后对设备型号进行选择，经过数据处理选择 500L 的计量罐 2 台，对各个公司的产品从质量、价钱等方面进行综合考核后，选择较为合适的计量罐。

（3）稀乙酸计量罐　通过物料衡算，经过数据处理可得出稀乙酸总量为 164.19kg，从计量精准的方向考虑，以及设备尽量统一的原则出发，综合考虑选用 2 台容量为 200L 的稀乙酸计量罐进行生产。

（4）乙酸酐计量罐　通过物料衡算，经过数据处理可得出乙酸酐总量为 531.31kg，乙酸酐的选择依然是从计量精准和设备统一化的标准出发，结合乙酸酐总量综合考虑选用 2 台 500L 计量罐进行工业化生产。

（5）精制脱色釜　通过物料衡算，经过数据处理可得出脱色得到总量为 1516.62kg，总量较多，可选用多台或选择 2 台 2000L 的脱色釜平行处理。

（6）酸洗离心机　通过物料衡算，经过数据处理可得出滤液总量为 1423.5kg，可选用 1 台SNN800 三足式离心机，能满足生产需要并且总体收益高。

（7）稀乙酸储罐　通过物料衡算，经数据处理可得出七天稀乙酸总量为 1149.33kg，在经济能力允许的基础上肯定储罐设备台数多或者容量大的好，可选用 2 台 1500L 稀乙酸储罐即可满足生产所需。

（8）乙酸储罐　通过物料衡算，经过数据处理可得出乙酸总量为 2439.71kg，总量较大并且是储罐选择，所以经过数据计算后，要在容量大的基础上多选几台，再加上从设备统一的思想出发综合考虑可选 3 台 2000L 的乙酸储罐即可完成生产需要。

（9）喷雾干燥器　通过物料衡算，经过数据处理可得干燥物料总量为 445.24kg，由于干燥这一步骤很重要，所以要选择相对较好的设备产品，再从生产操作便捷度以及经济方面综合考虑，可选喷雾干燥器 1 台即可满足此生产。

（10）全自动粉末包装机　通过物料衡算，经过数据处理可得出成品总量为 400kg，每袋装 25kg，经过计算后再从经济效益、操作舒服程度以及最终外观综合考虑，可选 1 台全自动包装机即可满足生产需要。

20.2.6 车间布置设计

车间布置设计是制药工程设计中的一个重要环节。车间布置是否合理，不仅与施工、安装、建设投资密切相关，而且与车间建成后的生产、管理、安全和经济效益也密切相关。因此，车间布置设计应按照设计程序进行细致而周密的考虑。车间布置设计是一项复杂而细致的工作，它是以工艺专业为主导，在大量的非工艺专业如土建、设备、安装、电力照明、采暖通风、自控仪表、环保等的密切配合下，由工艺人员完成的。因此，在进行车间布置设计时，工艺设计人员要善于听取和集中各方面的意见，对各种方案进行认真分析和比较，找出最佳方案进行设计，以保证车间布置的合理性。

20.2.6.1 车间布置设计的依据

（1）有关的设计规范和规定　在进行车间布置设计时，设计人员应熟悉并执行有关的设计规范和规定，如《建筑设计防火规范（2018年版）》（GB 50016—2014）、《石油化工企业设计防火标准（2018年版）》（GB 50160—2008）、《工业企业厂界环境噪声排放标准》（GB 12348—2008）、《化工企业供电设计技术规定》（HG/T 20664—1999）、《爆炸危险环境电力装置设计规范》（GB 50058—2014）、《压力管道规范　工业管道》（GB/T 20801—2020）、《工业金属管道设计规范（2008年版）》（GB 50316—2000）、《医药工业洁净厂房设计标准》（GB 50457—2019）、《洁净厂房设计规范》（GB 50073—2013）、《药品生产质量管理规范》（2010年修订）、《民用建筑供暖通风与空气调节设计规范》（GB 50736—2012）、《工业企业设计卫生标准》（GBZ 1—2010）等。

（2）有关的设计基础资料　车间布置设计是在工艺流程设计、物料衡算、能量衡算和工艺设备设计之后进行的，因此，一般已具备下列设计基础资料。

① 不同深度的工艺流程图，如初步设计阶段带控制点的工艺流程图、施工阶段带控制点的工艺流程图。

② 物料衡算、能量衡算的计算资料和结果，如各种原材料、中间体、副产品和产品的数量及性质，“三废”的数量、组成及处理方法，加热剂和冷却剂的种类、规格及用量等。

③ 工艺设备设计结果，如设备一览表，各设备的外形尺寸、重量、支承形式、操作条件及保温情况等。

④ 厂区的总平面布置示意图，包括本车间与其他车间及生活设施的联系、厂区内的人流和物流分布情况等。

⑤ 其他相关资料，如车间定员及人员组成情况，水、电、气（汽）等公用工程情况，厂房情况等。

20.2.6.2 车间布置设计应考虑的因素

在进行车间布置设计时，一般应考虑下列因素：

① 本车间与其他车间及生活设施在总平面图上的位置，力求联系方便、短捷。

② 满足生产工艺及建筑、安装和检修要求。

③ 合理利用车间的建筑面积和土地。

④ 车间内应采取的劳动保护、安全卫生及防腐蚀措施。

⑤ 人流、物流通道应分别独立设置，并尽可能避免交叉往返。

⑥ 对原料药车间的精制、烘干、包装工序以及制剂车间的设计，应符合GMP的要求。

⑦ 要考虑车间发展的可能性，留有发展空间。

⑧ 厂址所在区域的气象、水文和地质等情况。

20.2.6.3 车间布置设计的程序

车间布置设计一般可按下列程序进行：

① 收集有关的基础设计资料。

② 确定车间的防火等级。

③ 确定车间的洁净等级。

④ 初步设计。

⑤ 施工图设计。

20.2.6.4 车间平面设计

车间布置设计通常采用两阶段设计，即初步设计和施工图设计。在初步设计阶段，车间布置设计的主要成果是初步设计阶段的车间平面布置图和立面布置图；在施工图设计阶段，车间布置设计的主要成果是施工阶段的车间平面布置图和立面布置图。对乙酰氨基酚车间平面布置如图20-5所示。

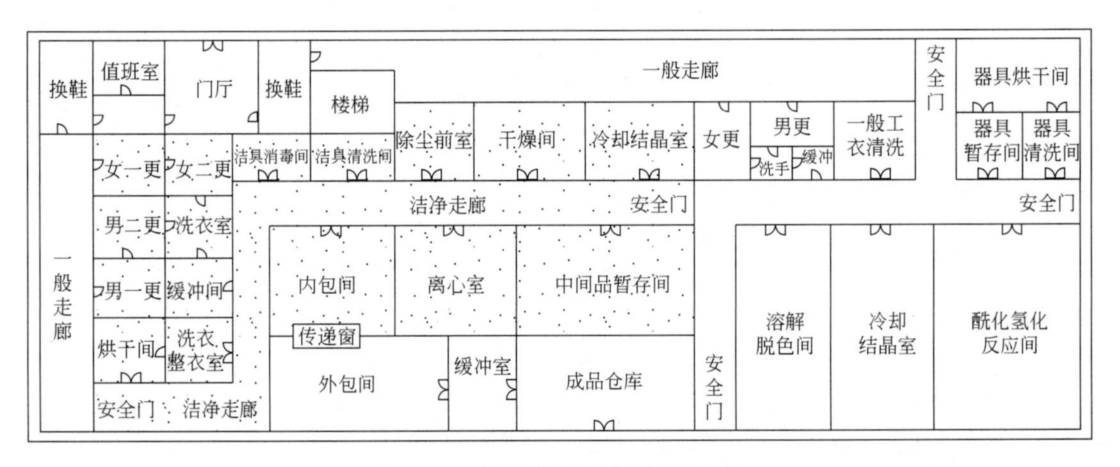

图20-5 对乙酰氨基酚车间平面布置

车间设计为单层厂房设计，该车间生产中的酰化工序、氢化工序、精制工序以及包装工序等都在同一建筑内，全为钢筋混凝土结构。从门厅进入车间往左经换鞋和更衣后进到车间的洁净区域，往右经过一般区走廊再换鞋更衣进入一般生产区。各生产房间均按照操作工序方便布置。由于酰化氢化工序含有可爆炸物，将其生产房间设置在靠整个车间右侧的墙角处，除了冷却结晶室和溶解脱色间以外，另设置有器具清洗和存放的房间。一般区共设有三个安全出口，符合《建筑设计防火规范》。左侧是D级洁净区域，包括离心室、烘干间、混合干燥间和内包间等，共设有两个安全出口。内包间与外包间物料通过传递窗传递，剩下与生产有关的生活辅助间为非洁净区。各车间之间相互独立方便物料运输，有利于生产。门厅进来后设有值班室，便于生产管理。相互独立不干扰，严格执行GMP标准。

20.2.6.5 洁净度级别划分

药品是一种特殊商品，其质量好坏直接关系到人体健康、疗效和安全。为保证药品质量，原料药车间的成品工序（精制、烘干、包装工序）与制剂车间一样，其生产环境都有相应的洁净等级要求。根据国家标准，药品生产洁净室（区）的空气洁净度划分为四个级别，洁净区微生物检测标准如表20-7所示。

表 20-7　洁净区微生物检测标准

洁净度级别	悬浮粒子最大允许数/m³			
	静态		动态	
	≥0.5μm	≥5μm	≥0.5μm	≥5μm
A 级	3520	20	3520	20
B 级	3520	29	352000	2900
C 级	352000	2900	3520000	29000
D 级	352000	29000	不做规定	不做规定

根据要求将对乙酰氨基酚洁净区布置如图 20-5 中阴影部分所示。

洁净区包括除尘前室、干燥间、冷却结晶室、离心室、内包间、中间品暂存间、洗衣整衣室、烘干间、洁具消毒间等，均按照生产操作流程进行依次设计。该生产区域对空气洁净度要求较高，原料药生产的后处理操作均按 D 级洁净区的要求设置，外包为一般区，成品从内包间传递至外包间时，设置了传递窗口。东西方向各设有一个安全门，在危险情况发生时可使人员及时逃离危险区域。

20.2.6.6　卫生要求

① 门窗敞亮清洁，地面干净，无垃圾、无污染。

② 不使用的设备保持整洁、摆放整齐，定期进行保养。

③ 工作人员要保持好卫生，在规定地点更换鞋和工作服，进车间前对双手进行清洗。

④ 各个工序的垃圾废物要及时进行清理且清理到指定位置并做记录。

20.2.6.7　安全出口及安全措施的布置

工作人员需要经过曲折的卫生通道才能进入洁净室内部，因此，必须考虑发生火灾等事故时工作人员的疏散通道。洁净厂房的耐火等级不能低于二级，洁净区（室）的安全出入口不能少于两个。无窗的厂房应在适当位置设置门或窗，以备消防人员出入和车间工作人员疏散，安全出入口仅作应急使用，平时不能作为人员或物料的通道，以免产生交叉污染。每层不仅要至少设置两个安全出口，还要有安全避难所，还要满足疏散距离的要求，安全出口要向疏散方向开启，避免拥挤出现踩踏事件。不要使用电控门、转门和卷帘门。发生火灾时主要机房仍应保证正常照明的照度。安全道路路面应平整、无台阶等。

参考文献

[1]　陈光勇，陈旭冰，刘光明．对乙酰氨基酚的合成进展．西南国防医药，2007，17（1）：114-117.

[2]　王静，王华丽，臧恒昌．对乙酰氨基酚合成方法的研究进展．食品与药品，2010，12（9）：354-356.

[3]　方岩雄，杨锦宗．一步法合成对乙酰氨基酚工艺条件研究．精细化工，1998，14（1）：14-15.

[4]　方岩雄，杨锦宗，张维刚，等．Pd-La/C 催化加氢酰化一步合成扑热息痛．现代化工，2000，20（8）：37-39.

[5]　陈国桓．化工机械基础．4 版．北京：化学工业出版社，2021.

[6]　余国琮．化工容器及设备．北京：化学工业出版社，1980.

[7]　邓海根．制药企业 GMP 管理使用指南．北京：中国计量出版社，2000.

[8]　赵健强．年产 5000 吨对乙酰氨基酚车间工艺设计．沈阳：东北大学，2015.

[9]　周丽莉．制药设备与车间设计．2 版．北京：中国医药科技出版社，2011.

[10]　国家食品药品监督管理局．药品生产质量管理规范．2010.

[11]　张珩，张秀兰，李忠德，等．制药工程工艺设计．3 版．化学工业出版社，2018.

[12] 计志忠. 化学制药工艺学. 北京：中国医药科技出版社，1998.
[13] 霍清. 制药工艺学. 北京：化学工业出版社，2016.
[14] 雷明. 工业企业总平面设计. 西安：陕西科学技术出版社，1998.
[15] 温莉娟. 新版GMP实施对药品生产企业厂房设计的影响. 中国制药设备，2013（17）：11-15.
[16] 陈甫雪，尹宏权. 制药过程安全与环保. 北京：化学工业出版社，2017.
[17] GB 50016—2014. 建筑设计防火规范.
[18] GB 50073—2013. 洁净厂房设计规范.
[19] 王志祥. 制药工程学.3版. 北京：化学工业出版社，2015.
[20] 郑晓梅，魏崇光. 化工制图. 北京：化学工业出版社，2002.

第21章 固体口服制剂车间设计实例

本章以阿托伐他汀钙固体口服制剂的车间设计为例进行固体口服制剂车间设计介绍。

21.1 阿托伐他汀钙固体口服制剂车间设计要求

依据GMP，阿托伐他汀钙固体口服制剂的车间设计应满足如下硬件要求：

① 生产设备不得对药品质量产生任何不利影响，与药品直接接触的生产设备表面应当平整、光洁、易清洁或消毒等。

② 不同空气洁净度等级房间之间频繁联系时，应设有防污染的措施，例如缓冲间（气闸室）、传递窗等。

③ 管道的设计和安装应避免死角和盲管。

④ 输送管道材料应无毒、耐腐蚀，并定期进行清洗和灭菌。

⑤ 设备的设计、选型、布局、安装和维护必须符合预定功能，尽可能降低产生污染、交叉污染、混淆的风险，便于生产操作、维修、清洁，以及必要的消毒和灭菌。

⑥ 设备的维护和维修不得影响产品质量。

⑦ 生产、检验设备均应有使用、维修、保养记录。

21.2 阿托伐他汀钙固体口服制剂车间设计

21.2.1 设计任务

生产计划：年产阿托伐他汀钙片剂3亿片、胶囊剂2.5亿粒、颗粒剂1亿袋，每天一批。

工作时间：250天/年，2班生产，8h/天/班。

生产方式：间歇式生产。

21.2.2 生产工艺选择及流程设计

21.2.2.1 生产工艺选择

阿托伐他汀钙固体口服制剂车间设计采用先进的多中心、模块化的设计理念，合并了片剂、胶囊剂、颗粒剂三种剂型的粉碎、称量、制粒、干燥、总混等工序，通过中间站暂存检测合格后，再分别进行压片、包衣、胶囊填充、颗粒分装等工序，形成一头三尾的生产工艺模式。

21.2.2.2　流程设计

阿托伐他汀钙固体口服制剂的车间工艺流程框图如图 21-1 所示。

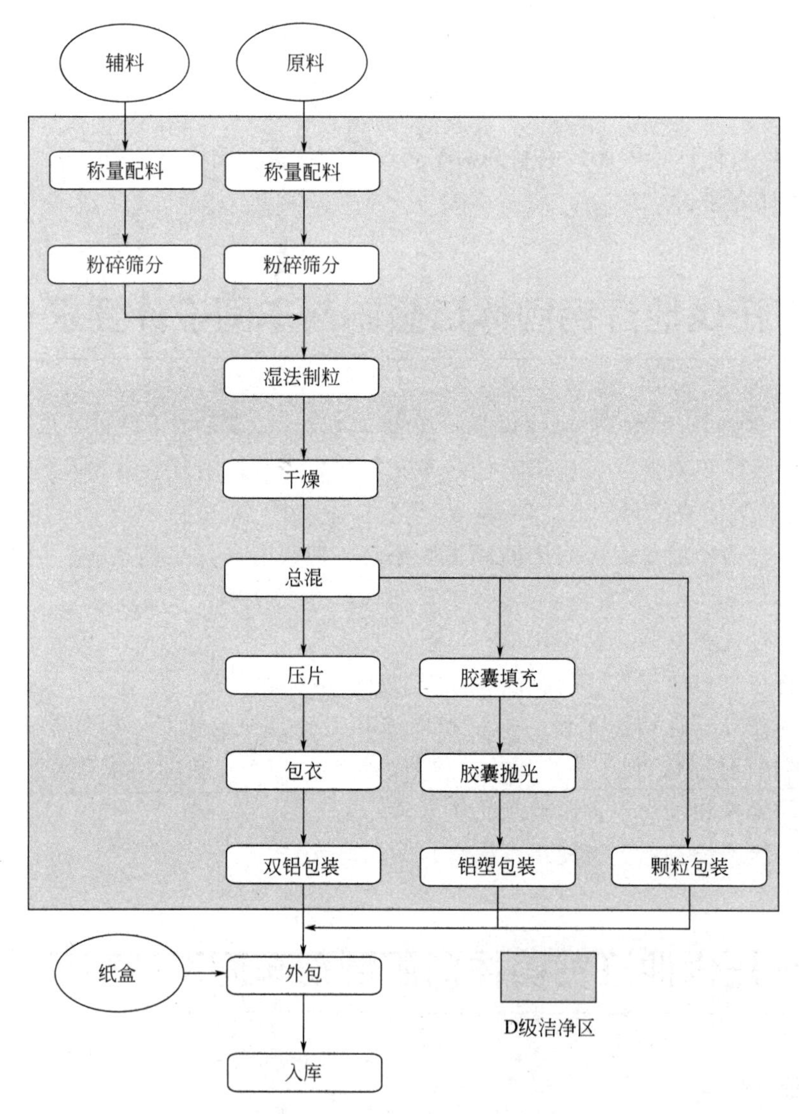

图 21-1　阿托伐他汀钙固体口服制剂的车间工艺流程框图

21.2.3　物料衡算和能量衡算

21.2.3.1　物料衡算

(1) 基础数据　年工作日：250 天/年，2 班/天，8h/班/天；年产量：每天一批，片剂 3 亿片/年，胶囊剂 2.5 亿粒/年，颗粒剂 1 亿袋/年。

产品生产规模信息如表 21-1 所示。

表 21-1　产品生产规模信息表

剂型	年生产量	年生产时间/天	年处理批次/批	批生产量	规格
片剂	3 亿片	250	250	120 万片	0.3g/片
胶囊剂	2.5 亿粒	250	250	100 万粒	0.3g/片
颗粒剂	1 亿袋	250	250	40 万袋	1g/袋

(2) 以批为计算基准进行物料衡算　根据生产任务和生产时间确定每批需要处理的物料量。

片剂批制粒量为：$1.2\times10^{6}\times0.3\times10^{-3}=360$kg/批

年制粒量为：$360\text{kg}\times250\times10^{-3}=90$t/年

胶囊剂批制粒量为：$1.0\times10^{6}\times0.3\times10^{-3}=300$kg/批

年制粒量为：$300\text{kg}\times250\times10^{-3}=75$t/年

颗粒剂批制粒量为：$0.4\times10^{6}\times1.0\times10^{-3}=400$kg/批

年制粒量为：$400\text{kg}\times250\times10^{-3}=100$t/年

设原辅料工艺损耗率为 2%，原辅料年处理量：$(90+75+100)/98\%\approx270$t

21.2.3.2　能量衡算

本设计能量衡算以胶囊剂干燥工序每批所需纯蒸汽用量为例进行计算。忽略内能、动能、位能的变化量且无轴功时，输入系统的热量与离开系统的热量平衡，则传热设备的热量平衡方程为式(21-1)：

$$Q_1+Q_2+Q_3=Q_4+Q_5+Q_6 \tag{21-1}$$

式中　Q_1——物料带入设备的热量，kJ；

Q_2——加热剂或冷却剂给设备或处理物料的热量，kJ；

Q_3——过程热效应，kJ；

Q_4——物料离开设备所带走的能量，kJ；

Q_5——加热或冷却设备所消耗的能量，kJ；

Q_6——设备向环境散失的热量，kJ。

热量衡算的目的是计算出 Q_2，即式(21-2)，从而确定加热剂或冷却剂的用量。

$$Q_2=(Q_4+Q_5+Q_6)-(Q_1+Q_3) \tag{21-2}$$

由胶囊剂湿法制粒工序计算可知，制粒结束物料含水量为 33.3kg，也就是物料的湿基含水率为 10%。由成品质量要求可得，一般干颗粒含水率为 1%～3%，取出料含水量为 2%。

物料组成如表 21-2 所示。

表 21-2　物料组成表

进料(25℃)		出料(60℃)	
成分	质量/kg	成分	质量/kg
物料	300	物料	300
水分	33.3	水分	6.1
含水量	10%	含水量	2%

本能量衡算，取基准温度为 20℃，已知进料温度为 25℃，出料温度为 60℃。过程计算

所需物料参数如表 21-3 所示。

表 21-3 各物料比热容相关参数

成分	20℃ C_p/[kJ/(kg·℃)]	25℃ C_p/[kJ/(kg·℃)]	60℃ C_p/[kJ/(kg·℃)]
原辅料	1.387	1.461	1.726
水分	4.1899	4.1846	4.1803

（1）Q_1 和 Q_4 的计算

$$\begin{aligned} Q_1 &= \sum m_{物料} C_{p物料}(t_{进}-t_{基}) + \sum m_{水} C_{p水}(t_{进}-t_{基}) \\ &= 300\times[(1.387+1.461)\div 2]\times(25-20)+ \\ &\quad 33.3\times[(4.1899+4.1846)\div 2]\times(25-20) \\ &= 2136+697.2 \\ &= 2833.2\text{kJ} \end{aligned}$$

$$\begin{aligned} Q_4 &= \sum m'_{物料} C'_{p物料}(t_{出}-t_{基}) + \sum m'_{水} C'_{p水}(t_{出}-t_{基}) \\ &= 300\times[(1.387+1.726)\div 2]\times(60-20)+ \\ &\quad 6.1\times[(4.1899+4.1803)\div 2]\times(60-20) \\ &= 18678+1021.2 \\ &= 19699.2\text{kJ} \end{aligned}$$

（2）Q_5、Q_6 的计算

$$Q_5+Q_6=1/9Q_4=2188.8\text{kJ}$$

（3）过程中的热效应 Q_3

$$\begin{aligned} Q_3 &= -2260\times(33.3-6.1) \\ &= -61472\text{kJ} \end{aligned}$$

（4）处理物料热量 Q_2

$$\begin{aligned} Q_2 &= Q_4+Q_5+Q_6-Q_1-Q_3 \\ &= 19699.2+2188.8-2833.2+61472 \\ &= 80526.8\text{kJ} \end{aligned}$$

（5）水蒸气的消耗量

该工序采用 0.3MPa 蒸汽间接加热，查得水蒸气热焓 $H=2725.5$kJ/kg，冷凝水的比热容为 $C=4.18$kJ/(kg·℃)，水蒸气冷凝水的最终温度 $T=100+273=373$K，热利用率取 $\eta=0.97$，则 0.3MPa 水蒸气的用量（D）为：

$$\begin{aligned} D &= |Q_2|/([H-C(T-273)]\eta) \\ &= 80526.8/([2725.5-4.18\times(373-273)]\times 97\%) \\ &= 36.0\text{kg} \end{aligned}$$

因此，胶囊剂干燥工序每批所需纯蒸汽用量为 36.0kg。

21.2.4 工艺设备选型

根据工艺计算结果进行设备选型。

（1）粉碎、筛分 选用 1 台产量为 50～400kg/h 的 WN-400 型粉碎机、1 台产量为 30～200kg/h 的 WN-300 型粉碎机可以满足所有产品的粉碎工艺要求；选用 1 台生产能力为60～600kg/h 的 ZS-515 型振动筛可满足生产要求。

（2）制粒、干燥 选用2台GHL-400型湿法混合制粒机，其生产能力为200kg/h，每批操作时间0.5h；选用FG-200型立式沸腾干燥机两台，其生产能力为240kg/h，与湿法制粒机配套可满足生产要求。

（3）混合 假设HLD料斗混合机的装料系数为0.4～0.75，HLD-1200型料斗混合机装料量270～450kg。选用1台容积为1200L，静载荷为720L的HLD-1200型HLD料斗混合机可满足工艺要求。

（4）压片 每班需压片60万片，班有效工作时间6h，则所需压片机产量为10万片/h，拟采用ZP35型压片机1台，其生产能力为6万～13万片/h可满足生产要求，另选1台备用。

（5）包衣 选用生产能力为150kg/h的BGW-150B型号的高效包衣机1台可满足生产要求。

（6）胶囊填充 每班需要填充胶囊量为50万粒，班有效工作时间6h，则所需胶囊填充机产量为8.3万粒/h。拟选用2台生产能力为7500粒/min的NJP7500型全自动硬胶囊填充机可满足生产要求。

（7）颗粒包装 每班需要包装颗粒量为20万袋，班有效工作时间6h，则所需颗粒包装机产量为556袋/min。选用1台处理能力为8～12列20～60包/(min·列）的DXD-BK880型颗粒包装机可满足生产要求。

（8）铝塑（铝）包装 选用2台生产能力为3.5万～23万粒/h的DDP-250E型铝塑（铝）包装机可满足片剂和胶囊剂的生产要求。

21.2.5 车间布置设计

根据阿托伐他汀钙固体口服制剂的工艺流程，综合考虑合理性、经济性等问题，本设计选用单层厂房的形式，俯视图呈“正方形”分布，厂房的长、宽均为30m，柱距6m，层高6m。车间内布置按照工艺流程依次布置。

21.2.5.1 布置原则及要求

① 根据GMP及其《医药工业洁净厂房设计标准》（GB 50457—2019）和国家关于建筑、消防、环保、能源等方面的规范设计。

② 固体制剂车间在厂区中布置应合理，应使车间人流、物流出入口尽量与厂区人流、物流道路相吻合，交通运输方便。在生产过程中产生的容易污染环境的废弃物应有专用出口，避免对原辅料和内包材造成污染。

③ 本厂生产类别为丙类，耐火等级为二级。洁净度为D级、温度18～26℃、相对湿度45%～65%。

④ 充分利用建设单位现有的技术、装备、场地、设施；要根据生产和投资规模合理选用生产工艺设备，提高产品质量和生产效率；设备布置便于操作，辅助生产区布置适宜。为避免外来因素对药品产生污染，洁净生产区只设置与生产有关的设备、设施和物料存放间；空压站、除尘间、空调系统、配电等公用辅助设施，布置在一般生产区。

21.2.5.2 设计依据

车间布置设计应遵守国家有关劳动保护、安全和卫生等规定，这些规定以国家或主管业务部制定的规范和规定形式颁布执行，定期修改和完善。车间布置和设计的主要依据为：

①《药品生产质量管理规范》（2010年修订）。

②《医药工业洁净厂房设计标准》（GB 50457—2019）。

③《建筑设计防火规范（2018年版）》（GB 50016—2014）。

④《工业企业设计卫生标准》（GBZ 1—2010）。

⑤《爆炸危险环境电力装置设计规范》（GB 50058—2014）。

21.2.5.3　车间平面布置

阿托伐他汀钙固体口服制剂车间的平面布置如图21-2所示。

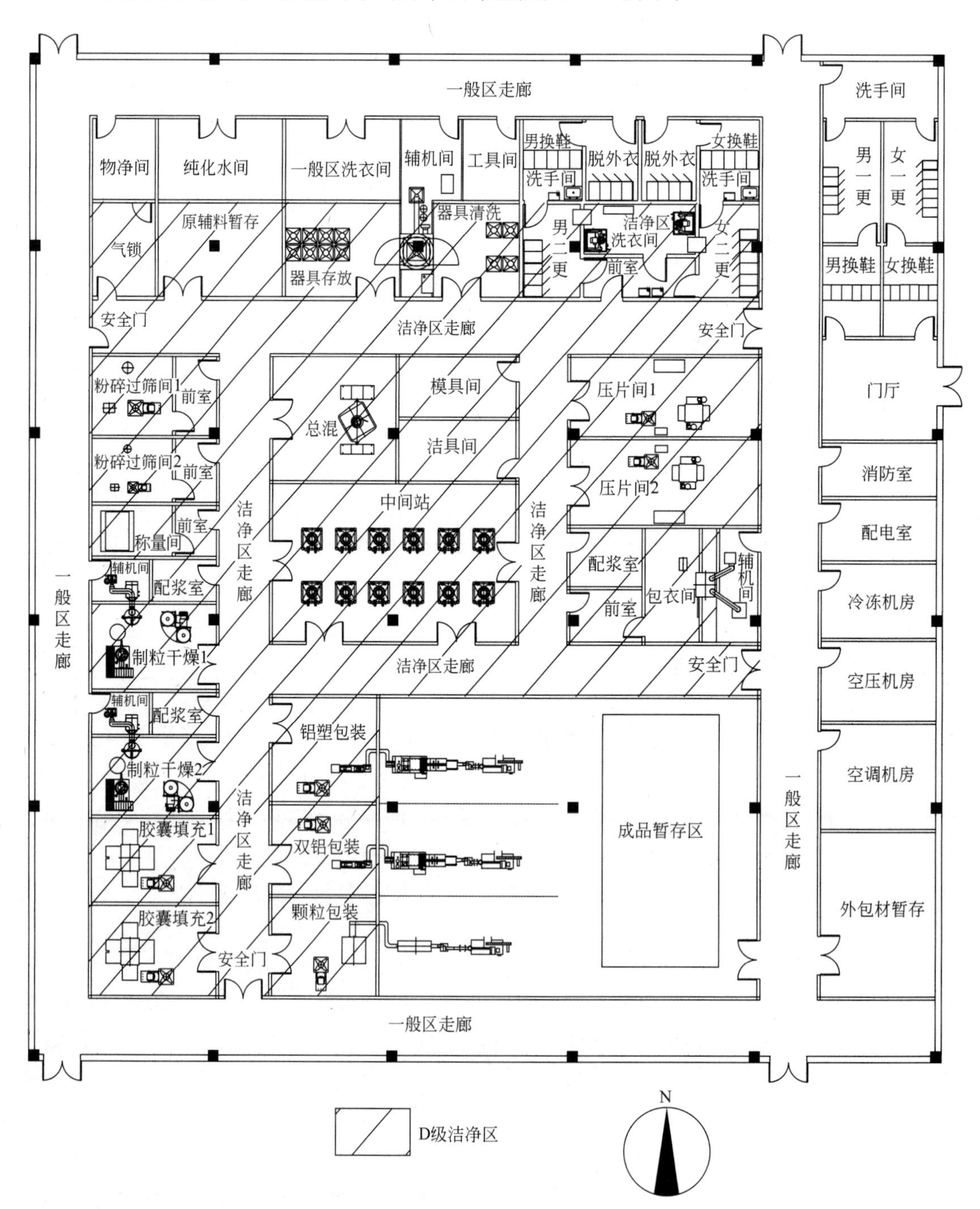

图21-2　阿托伐他汀钙固体口服制剂车间平面布置

本车间由生产部分和辅助生产部分组成。生产部分包括一般生产区和D级洁净区。辅助生产部分包括辅助生活区（门厅、换鞋、更衣、洗衣）、辅助生产区（空压机房、空调机房、纯化水间等）。主要人流入口位于车间东面，物流入口位于车间北面，人、物分流明显。

粉筛称量模块布置在西侧，靠近原辅料暂存间，粉筛称量模块生产中的粉尘不仅会对药品生产造成污染、交叉污染，而且存在严重的安全隐患，因此对于易产尘房间增加了前室，并且通过压差控制，可有效地避免粉尘对外部洁净走道造成影响。同时称量间采用负压称量柜，形成局部负压，有效控制了粉尘外流。中间站位于车间中央，不同的模块围绕中间站进行布局，有效缩短工序之间的物料运输路线，提高生产效率、节约人力成本。内包模块的铝塑包装间、双铝包装间、颗粒包装间均位于车间南部，设计采用集内包、外包于一体的自动包装联动线，设备贯穿相关操作间，有效地降低了生产人员劳动强度，且外包装间采用大通间设计，合理分隔，同时布置有成品暂存区，成品暂存区紧邻物流出口，有效缩短了运输路线。

车间公用设施，如配电室、空调系统等设施根据工艺生产特点和车间总体布置采用毗连式布置在车间东侧。纯化水间布置在车间北侧与D级洁净区紧邻，减少输送管道长度，降低了管道成本。洁净区外围为一般区走廊，满足生产和人员参观需求。D级洁净区内设有4个安全门，车间设有5个安全出口，满足建筑防火规范要求。

参考文献

[1] 中华人民共和国药典（2020版）. 北京：中国医药科技出版社，2020.

[2] 药品生产质量管理规范（2010年修订）. 北京：化学工业出版社，2011.

[3] 张珩，等. 制药工程工艺设计. 3版. 北京：化学工业出版社，2018.

[4] 中国石化集团上海工程有限公司. 化工工艺设计手册（上、下）. 4版. 北京：化学工业出版社，2009.

[5] 姚日生. 制药过程安全与环保. 北京：化学工业出版社，2019.

[6] 陈敏恒. 化工原理（上、下）. 4版. 北京：化学工业出版社，2015.

[7] 王志祥. 制药工程学. 3版. 北京：化学工业出版社，2015.

[8] 周丽莉. 制药设备与车间设计. 2版. 北京：中国医药科技出版社，2011.

[9] 朱宏吉，张明贤. 制药设备与工程设计. 2版. 北京：化学工业出版社，2010.

[10] 杨基和，蒋培华. 化工工程设计概论. 北京：中国石化出版社，2007.

[11] 张珩，王存文. 制药设备与工艺设计. 北京：高等教育出版社，2018.

[12] G.C. 科尔. 制药生产设备应用与车间设计. 张珩，万春杰，译. 北京：化学工业出版社，2008.

第22章 中药提取车间设计实例

本章以年处理2000t桑叶提取的车间设计为例进行中药提取车间设计介绍。

公用工程及行政法规
扫描章首二维码获取

22.1 年处理2000t桑叶提取车间设计要求

依据GMP，年处理2000t桑叶提取车间设计应满足如下硬件要求：

① 中药材和中药饮片的取样、筛选、称重、粉碎、混合等操作易产生粉尘的，应当采取有效措施，以控制粉尘扩散，避免污染和交叉污染，如：安装捕尘设备、排风设施或设置专用厂房（操作间等）。

② 中药材前处理厂房内应当设挑选工作台，工作台表面应当平整、易清洁、不产生脱落物。

③ 中药提取、浓缩等厂房应当有与其生产工艺要求相适应，有良好的排风、水蒸气控制、防止污染和交叉污染等设施。

④ 中药提取、浓缩、收膏工序宜采用密闭系统进行操作，并在线进行清洁，以防止污染和交叉污染，采用密闭系统生产的，其操作环境可在非洁净区；采用敞口方式生产的，其操作环境应当与其制剂配液操作区的洁净度级别相适应。

⑤ 中药提取后的废渣如需暂存、处理时，应当有专用区域。

⑥ 浸膏的配料、干燥、粉碎、过筛、混合等操作，其洁净度级别应当与其制剂配制操作区的洁净度级别一致，中药饮片经粉碎、过筛、混合后直接入药的，上述操作的厂房应当能够密闭，有良好的通风、除尘等设施，人员、物料进出及生产操作应当参照洁净区管理。

⑦ 中药注射剂浓配前的精制工序应当至少在D级洁净区内完成。

⑧ 非创伤面外用中药制剂及其他特殊的中药制剂可在非洁净区厂房内生产，但必须进行有效的控制与管理。

⑨ 中药标本室应当与生产区分开。

22.2 年处理2000t桑叶提取车间设计

22.2.1 设计任务

生产计划：年处理桑叶2000t，每天两批。

工作时间：250天/年，3班生产，8h/天/班。

生产方式：间歇式生产。

产品要求：桑叶提取物中桑叶总黄酮含量25％以上（以芦丁计），水分5％。

22.2.2 生产工艺选择及流程设计

22.2.2.1 生产工艺选择

中药提取常用工艺流程有：水提工艺流程、水提澄清工艺流程、水提醇沉工艺流程、醇提工艺流程、渗漉工艺流程等，根据产品要求还会有不同的精制方法。本次桑叶提取要求采用醇提精制工艺，精制采用沉降离心分离后经微滤、超滤制得精制提取液。具体的工艺路线为：桑叶提取、固液分离、微滤、超滤、浓缩、干燥得桑叶提取物。其中，提取液的降温为该工艺流程中的一个关键单元操作，要求提取液需降温至30℃以下再进行固体分离。由于不同的降温方式将决定整个车间的大小以及生产环境，因此本工艺选择提取液降温作为一个单元操作。

22.2.2.2 流程设计

优化后的桑叶提取车间工艺流程框图如图22-1所示。

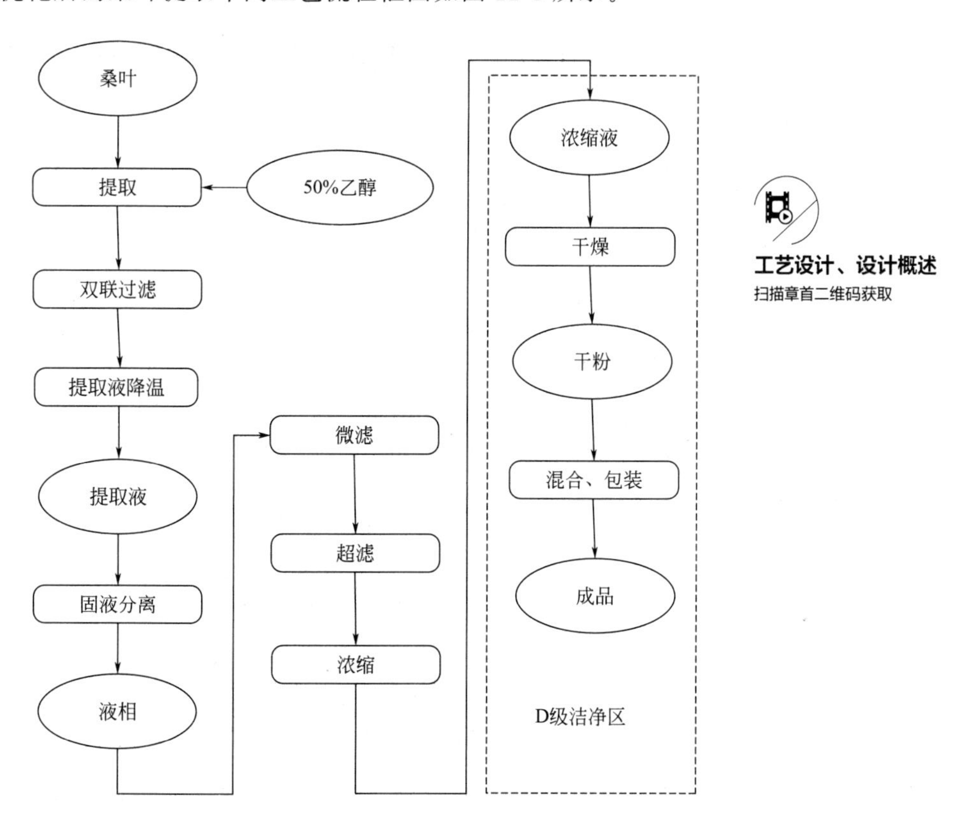

图22-1 桑叶提取工艺流程框图

工艺设计、设计概述
扫描章首二维码获取

22.2.3 物料衡算和能量衡算

22.2.3.1 物料衡算

（1）基础数据 年工作日：250天/年，3班/天，8h/班/天；年产量：每天两批，年处理桑叶量 2000t。

（2）以批为计算基准进行物料衡算　根据设计任务书中的产品要求，经物料衡算计算每个工序每批需要处理的物料量、处理时间、班制，衡算结果如表 22-1 所示（具体计算过程略）。

表 22-1　物料衡算结果

工序	批处理物料量/(kg/批)	处理时间/h	班制
提取	68000	11	3
固液分离	60032	4.5	3
微滤	59431	16.5	3
超滤	62931	17	3
浓缩	64706	8	3
喷雾干燥	1950	10	2
内包	584	0.5	1
外包	584	0.5	1

22.2.3.2　能量衡算

本热量衡算是以一批的生产量为基准，中间无化学变化过程，无反应热，依据能量守恒定律，结合设计任务书和相关化学化工物性数据手册进行计算。忽略内能、动能、位能的变化量且无轴功时，输入系统的热量与离开系统的热量平衡，则传热设备的热量平衡方程如式(22-1)：

工艺计算
扫描章首二维码获取

$$Q_1+Q_2+Q_3=Q_4+Q_5+Q_6 \tag{22-1}$$

式中　Q_1——物料带入设备的热量，kJ；

Q_2——加热剂或冷却剂给设备或处理物料的热量，kJ；

Q_3——过程热效应，kJ；

Q_4——物料离开设备所带走的能量，kJ；

Q_5——加热或冷却设备所消耗的能量，kJ；

Q_6——设备向环境散失的热量，kJ。

热量衡算的目的是计算出 Q_2，即设备热负荷，从而确定加热剂或冷却剂的用量。即式(22-2)：

$$Q_2=(Q_4+Q_5+Q_6)-(Q_1+Q_3) \tag{22-2}$$

经能量衡算得出的处理一批物料所需能量衡算汇总数据如表 22-2 所示（具体计算过程略）。

表 22-2　处理一批物料所需能量衡算表

工序		Q_2/kJ
提取	第一次提取	2377665.26
	第二次提取	1873313.95
	第三次提取	1873313.95
提取工序回收乙醇	回收乙醇	4262995.99
	乙醇-水蒸气冷凝	−4613512.75
	冷凝液冷却	−529727.37

续表

工序		Q_2/kJ
固液分离	第一次提取液冷却	-2207360.01
	第二次提取液冷却	-2180684.03
	第三次提取液冷却	-2180684.03
浓缩	超滤液浓缩	102979159.25
	冷凝回流提取液蒸气	-105773104.76
	冷凝液冷却	-11167717.46
干燥	干燥	2864057

22.2.4 工艺设备选型

22.2.4.1 主要工艺设备选型计算

根据物料衡算结果和生产任务排班，对设备规模和台套数量进行合理选择，对间歇式生产设备可根据衡算公式(22-3) 进行初步计算。

$$N_p V_a = \frac{N_d \tau}{24\varepsilon} \tag{22-3}$$

式中 V_a——理论物料装料容积，L；

N_d——设备容积，L；

τ——生产周期；

ε——装料系数；

N_p——所需设备台套数。

由于大多数设备生产能力以纯水体积标注，对于实际生产中的混合原辅料流体或者成品可以用式(22-4)、式((22-5) 进行密度、体积计算校准。

$$\frac{1}{\rho_m} = \frac{X_{nA}}{\rho_A} + \frac{X_{nB}}{\rho_B} + \cdots + \frac{X_{nN}}{\rho_N} \tag{22-4}$$

$$V_a = \frac{m_{总}}{\rho_m} \tag{22-5}$$

式中 X_n——质量分数；

ρ_m——混合流体密度，kg/m^3；

$m_{总}$——混合流体质量。

(1) 提取罐 提取工序中批处理桑叶量为 4000kg，用 50% (质量分数) 乙醇作为溶剂，在 70℃下提取 3 次。每台提取罐每天处理物料两批。第 1 次提取加入 50% (质量分数) 乙醇，乙醇量是药材量的 6 倍，第 2 次与第 3 次分别是药材量的 5 倍，经查表得：70℃乙醇密度 746.3kg/m^3，70℃ 水密度 977.8kg/m^3。由式(22-4) 计算得溶剂提取液密度为 846.51kg/m^3。考虑罐体装料系数、桑叶溶胀系数、物料堆密度等因素，取提取罐装料系数为 0.6，桑叶的相对密度为 300kg/m^3。综合考虑选择容积为 6000L 提取罐，每个提取罐装料 400kg 桑叶。

所需提取罐数量计算： $N_p = \frac{4000}{400} = 10$ 台

用堆体积对设备容积验证：　$V_{桑叶}=\frac{400kg}{0.3}=1333L$

$$V_{溶剂}=\frac{28400}{10}=2840L$$

$$V_{溶剂}+V_{桑叶}=4173L$$

经验证，桑叶和溶剂的投料量约等于设备容积的三分之二，每个罐体装料 400kg 具有可行性，选取 10 台 6000L 提取罐可以满足实际生产需要。

（2）碟式离心分离机　根据生产任务要求和物料衡算结果，碟式离心分离机批处理物料量为 60032kg，选择 DHZ 系列 500 型碟式离心分离机，该机最大处理能力为 15t/h，根据实际生产，选取最大处理量的 0.5 倍作为实际处理能力，选取2 台（套），工作 4h 可以满足实际生产要求。

设备选型
扫描章首二维码获取

（3）精制设备　根据生产工艺要求，固液分离后需要进一步进行精制，精制采用微滤和超滤系统进行处理，该设备需要根据实际生产任务量和生产排班安排要求调整设备的膜组件，同时由于膜组件要求在连续生产完一批次料液后系统需要进行在线清洗（24h 内）。精制工序处于核心工序，为了保证生产的连续性，选择两套膜过滤系统，同时根据需要配置清洗储罐、储罐。

（4）单效浓缩机组　根据生产任务要求和物料衡算结果，浓缩机组一批需要处理的物料量为 65031kg，浓缩后的物料量为 1950kg，蒸发出的溶剂量为 63081kg。浓缩机按绩效分为：单效、双效、多效，双效和多效浓缩机组多用于浓缩水提溶液，单效浓缩主要浓缩醇提溶液。因为乙醇的沸点相对水的沸点较低，所以本次桑叶提取工艺中，采用单效浓缩机。生产中比较成熟的单效浓缩机是 2000 型，最大蒸发水量 2000kg/h。选取最大蒸发水量的 0.6 倍作为实际生产处理能力，1200kg/h。63081/1200≈53h，考虑实际生产过程中蒸腾室内易发生泡沫，造成实际产量较低和其他突发状况，选 2000 型单效浓缩器 8 台可满足生产需求。

（5）喷雾干燥机组　根据生产任务要求和物料衡算结果，喷雾干燥机组一批需要处理的物料量为 1950kg，选取 250 型的喷雾干燥塔，处理量为 250kg/h，考虑实际生产选取最大物料处理量的 0.8 倍（200kg/h）为实际工作处理量。处理完一批物料量所需时间为 1950/200≈10h，每天工作时间为 10h，选取 ZLG-250 型高速离心干燥喷雾机 1 台即可满足生产需求。

（6）总混机　总混工序是将喷雾干燥收集后的干粉通过周转料斗送至总混车间，将物料加入总混机后，按工艺要求设定混合时间、混合速度，启动控制系统，开始混合作业，到设定时间后，机器自动停止。总混结束后才能作为一批产品进行分料包装。

根据生产任务要求和物料衡算结果，总混机一次需要处理的物料量约为 570kg，取干粉堆密度为 $700kg/m^3$，堆体积为 $570/700\approx0.8m^3$，选取 2000 型固定式提升混合机 1 台，总混机理论最大体积 2000L，取装料系数为 0.7，实际最大装料体积为 1400L。因此选取 HGD-2000 型固定式提升混合机 1 台，可满足生产任务。

22.2.4.2　主要工艺设备一览表

车间主要工艺设备如表 22-3 所示。

表 22-3 车间主要工艺设备一览表

车间工段	序号	设备名称	数量/台(套)	规格型号	生产厂家
提取车间	1	静态直筒型提取罐	10	TQ-6.0	南京佳顿自动化设备有限公司
	2	碟式离心机	2	DHC500	辽阳市太子河区天兴制药机械设备厂
	3	微滤系统	2	陶瓷膜系统	成都和诚过滤技术有限公司
	4	超滤系统	2	有机膜系统	成都和诚过滤技术有限公司
	5	单效浓缩机	8	WZ-2000	温州市海川机械厂
	6	喷雾干燥机组	1	ZLG-250	常州一步干燥设备有限公司
	7	提取液储罐	4	D2.0×4.0	南京佳顿自动化设备有限公司
	8	提取剂储罐	4	D2.0×4.0	南京佳顿自动化设备有限公司
	9	离心液储罐	2	D2.0×4.0	南京佳顿自动化设备有限公司
	10	微滤循环罐	1	D1.7×4.0	南京佳顿自动化设备有限公司
	11	微滤清洗储罐	1	D1.5×2.1	南京佳顿自动化设备有限公司
	12	微滤液储罐	2	D2.0×4.0	南京佳顿自动化设备有限公司
	13	超滤循环罐	1	D1.7×4.0	南京佳顿自动化设备有限公司
洁净车间	14	总混机	1	HGD2000	浙江迦南科技股份有限公司
	15	真空上料机	1	EVC-30-4	天津市飞云粉体设备有限公司
	16	电子包装秤	1	DCS-50I-HF10	无锡希姆勒包装设备有限公司
	17	周转料斗	6	HZD-300	浙江迦南科技股份有限公司
	18	料斗清洗机	1	QD400	浙江迦南科技股份有限公司
	19	(对开门)干燥箱	1	ZJ885-8	苏州中杰电热设备有限公司

22.2.5 车间平面布置

车间3D漫游
扫描章首二维码获取

22.2.5.1 车间总平面布置

本车间为桑叶提取车间设计，工艺过程用到易燃易爆物质乙醇，根据《建筑设计防火规范》(GB 50016—2014)，本设计中将生产区集中布置在同一区域内，所以车间的危险性类别应以乙醇的危险性等级来确定，即车间的火灾危险等级属于甲级，车间的布置设计应按照甲类厂房布置要求进行布置。提取车间分为一般生产区和洁净区，其中洁净区等级为D级。

厂房的平面形式主要有长方形、L形、T形以及U形，其中长方形厂房具有结构简单、施工方便、设备布置灵活、采光和通风效果好等特点，而且有充足的泄压面积，适用于甲类厂房，因此是最常用的厂房平面形式，尤其适用于中小型车间。本厂房设计采用长方形的形式，长为39m，宽为31m，结合《建筑设计防火规范》(GB 50016—2014) 中对甲类厂房层高的建议，并考虑到部分物料输送要利用到高度差，且要满足厂房建筑的要求，本车间厂房采用四层厂房设计，车间布置采用集中式布置，将生产区、辅助生产区集中布置在同一栋厂房中，一层主要为辅助生产区和D级洁净区；二层主要为出渣区、精制区、浓缩区；三层主要为提取区，四层则作为投料区。

四层为提取投料区、投料暂存区，层高为3.5m。投料口上方设有负压通风柜，物料利用高位差进入提取罐体中，减少粉尘扩散，降低劳动强度。

三层设置提取区、预热溶剂暂存区、参观检修走廊，沸腾干燥辅机房、喷雾干燥尾气吸收塔（其中部分高出楼顶）等，层高为6.5m，参观检修走廊方便人员现场监管，还可以用于对外参观功能，由上至下俯瞰整个精制、浓缩区域，是展示企业形象的重要区域。

二层设置出渣区、精制区、浓缩区等，层高为 7m；提取后废渣在二楼通过重力放入收渣车收集，挤渣后放入一层出渣储槽，再放入出渣车，减少周转，节省能耗。此种出渣方式减少对环境的污染，完全改变传统提取车间药渣满池、污水横流的脏乱局面，整个过程基本可以实现自动控制。药液通过管道进入提取液储罐，依次通过精制区、浓缩区进行离心分离、精制、浓缩等工序进入一楼洁净区的浓缩液储罐。其中提取液储罐区、精制区、浓缩区上方为镂空层，空间高度达 13m，整体风格雄伟大气，结合南北通透的设计，有利于车间的排风、降温及采光。

一层设置门厅、一般区更衣、洗衣区、出渣车外运装车区域、公用工程区域、乙醇配置区、喷雾干燥区、D 级洁净生产区域，层高为 5m。D 级洁净生产区由人净间、物净间、收粉间、总混间、内包间、器具清洗存放间等功能间组成。浓缩液管出料管直接通过垂直的管道将黏稠的浸膏送入正下方洁净区的浓缩液储罐，减少了物料输送距离，同时管道更易于清洗。喷雾干燥后，直接在洁净区的收粉间收粉，经总混后进入内包间进行内包包装，通过传送带送至外包间外包后入库暂存。

本车间厂房总占地面积为 1209m^2，其中洁净区面积为 188m^2。其柱网如图 22-2 所示。

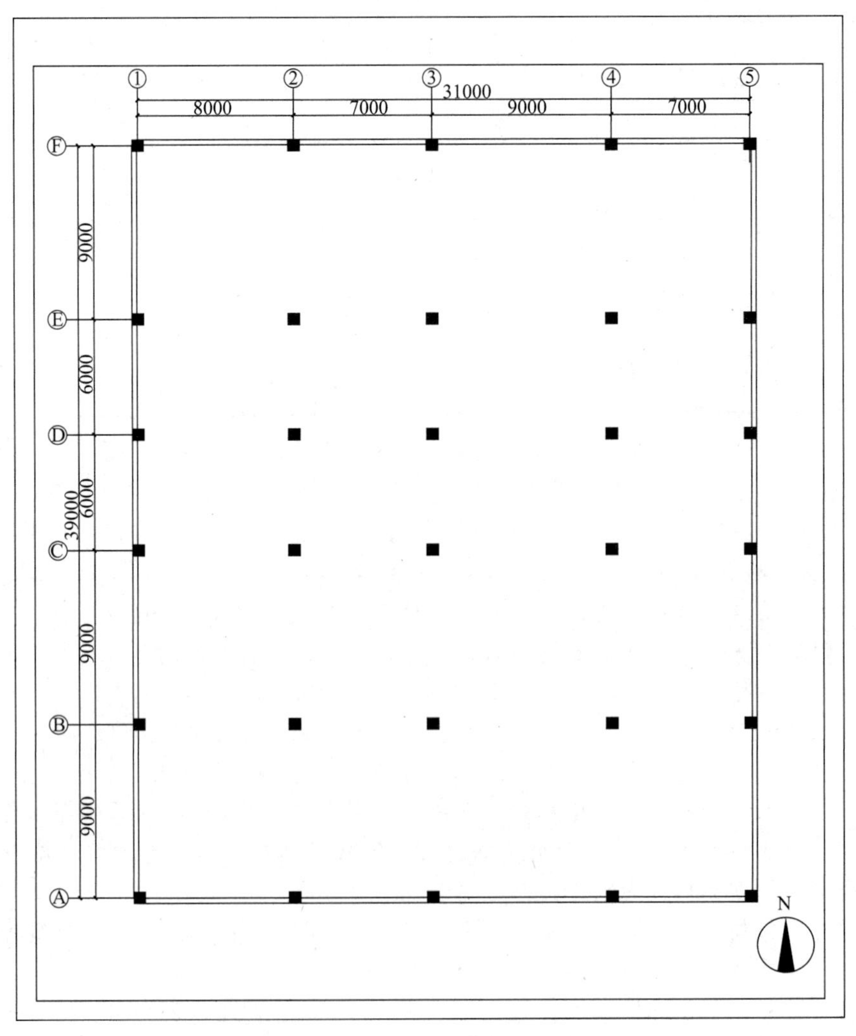

图 22-2 桑叶提取车间柱网图

此布置将防爆区与非防爆区设置为两个防火分区，以节约工程造价，同时方便维修和管理。同时各功能分区明确且相互关联，人物流路线清晰、明了，避免物料折返。建筑总高度22m，满足甲类车间建筑防火的设计要求。通过合理的布局和工艺流程设计，自动化控制程度高，节能、环保，降低劳动强度，充分体现现代化中药企业的崭新形象和人文关怀。

22.2.5.2　车间布置说明

(1) 一层布置说明　一层平面布置如图22-3所示（插页）。

一层主要为辅助生产区、生活区及D级洁净区三部分，辅助生产区主要位于图中Ⓐ—Ⓕ和①—③轴之间，包括空调机房、空气压缩、循环水房、真空系统、冷冻水房、配电室、乙醇配制车间及纯化水制备车间。由于提取区位于车间北部，因此把乙醇配制车间布置于车间北侧，以减少周转、节约能耗。其南侧设有门斗，北侧为外墙并设有泄爆墙。纯化水制备、配电室、空调机房临近D级洁净区使用，降低管道损耗。真空泵集中布置于真空泵房，以便集中管理，统一操作。本次车间设计不涉及中药前处理，但考虑到以后的生产中会涉及中药前处理过程，因此留一定区域作为中药前处理预留区。

生活区主要位于Ⓐ—Ⓕ和④—⑤轴之间，包括一般区更衣室、换鞋室、办公室、厕所、一般区洗衣、收衣。

工作人员经门厅，统一换鞋、更衣、洗手后，进入一般生产区走廊。一楼一般生产区人员分别沿走廊进入各自工作岗位，二、三、四层工作人员通过楼梯进入各自工作岗位。洁净区工作人员通过洁净区更衣系统进入洁净区工作岗位，减少了路程的折返。

D级洁净区主要位于Ⓐ—Ⓒ、②—④之间，包括收粉室、总混室、换鞋室、更衣室、洗衣室、质检室、洁具清洗、洁具存放、器具清洗、器具存放、内包。洁净区设置于车间最南侧，位于每年主导风向的上风侧，降低对洁净区的污染。收粉室局部加高到3.2m，设有浓缩液储罐，浓缩后收膏于储罐中，经泵送往喷雾干燥，后收粉于收粉室。总混机与真空上料机配套使用局部加高到4.5m，总混间采用压差控制，防止粉尘外泄，避免交叉污染。二更与洗衣间之间设有传递窗，便于工衣清洗。内包完毕后，经传送带经过传递窗运往外包，降低劳动强度，提高自动化水平。

(2) 二层布置说明　二层平面布置如图22-4所示（插页）。

二层主要为一般生产区，包括出渣区、精制区、浓缩区、中央控制室及辅助车间喷雾干燥辅机房。出渣区、精制区、浓缩区由北到南依次布置，浓缩区位于洁净区上方，方便收膏，物料少折返，保证了生产的连贯性。防爆区与非防爆区分区设置，临外墙区域设置泄爆墙，保证了厂房的安全性。三个楼梯分散设置，使每个逃生出口间的距离不超过25m，其中南侧楼梯主要作为逃生通道。

出渣区：主要位于Ⓓ—Ⓕ、①—④轴之间，呈两排排开，每排提取罐各配有一套出渣系统，互不影响，但又通过中央控制室控制形成了统一，保障了生产的安全性。出渣区配有器具清洗车间，及时对器具进行清理，保证了生产的卫生性。中央控制室设置在二楼，既方便控制二楼一般生产区，又可以及时呼应一、三、四层。中央控制室建议采用专门的耐火材料，确保车间的安全性，及时止损。提取液经双联过滤后到达精制区。

精制区：主要位于Ⓑ—Ⓓ和①—④轴之间，其中Ⓒ—Ⓓ和①—④轴之间储罐集中放置，其两侧承重柱加固处理，南侧即微滤膜组件和超滤膜组件，药液经离心、微滤、超滤完毕后送至浓缩区。

浓缩区：主要位于Ⓐ—Ⓑ和②—④轴之间，安装8套单效浓缩机组，浓缩完的药液送至洁净区收膏，后再进行喷雾干燥，最终送往D级洁净区进行后续处理。

（3）三层布置说明　三层平面布置如图22-5所示。

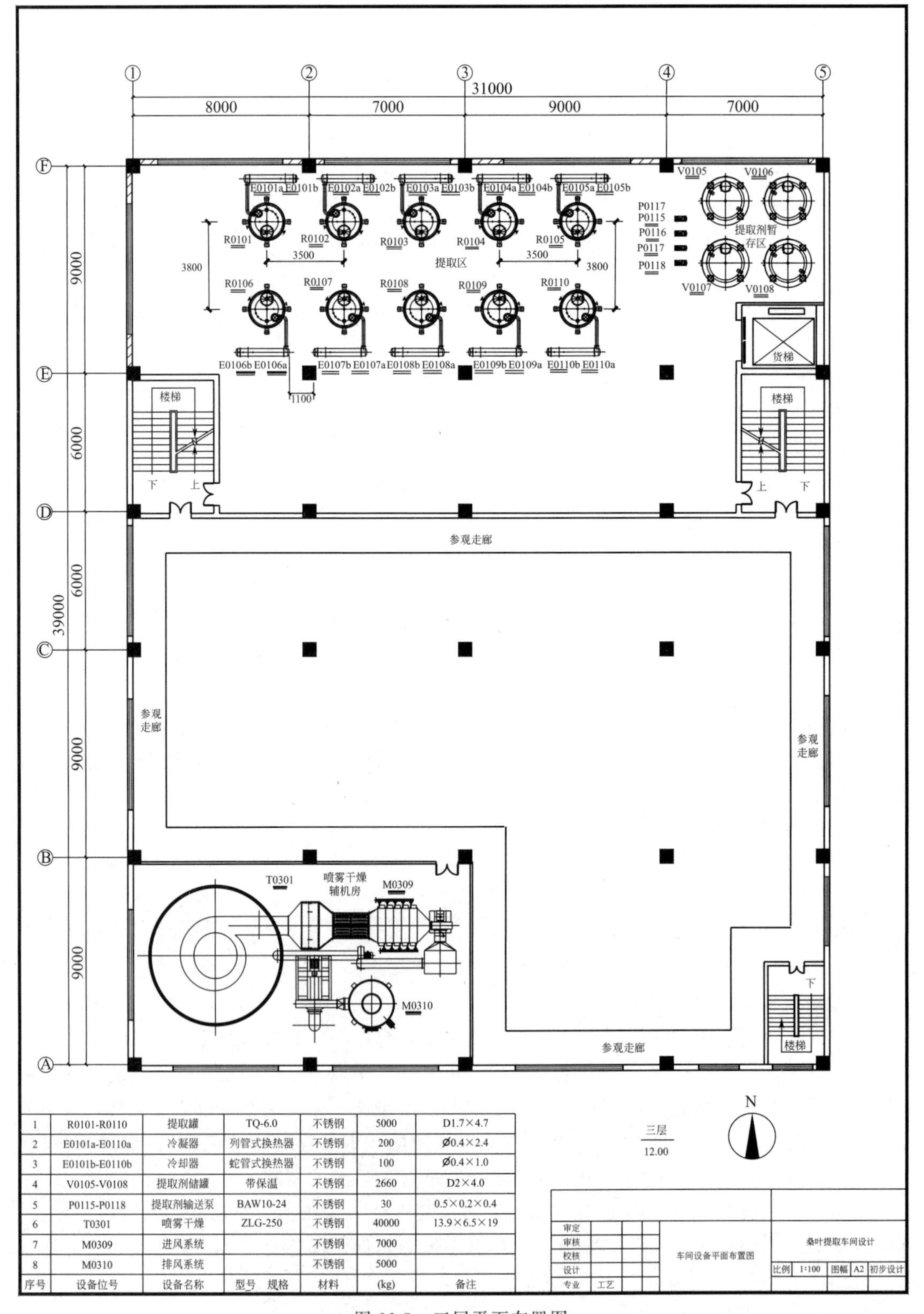

序号	设备位号	设备名称	型号　规格	材料	(kg)	备注
1	R0101-R0110	提取罐	TQ-6.0	不锈钢	5000	D1.7×4.7
2	E0101a-E0110a	冷凝器	列管式换热器	不锈钢	200	Ø0.4×2.4
3	E0101b-E0110b	冷却器	蛇管式换热器	不锈钢	100	Ø0.4×1.0
4	V0105-V0108	提取剂储罐	带保温	不锈钢	2660	D2×4.0
5	P0115-P0118	提取剂输送泵	BAW10-24	不锈钢	30	0.5×0.2×0.4
6	T0301	喷雾干燥	ZLG-250	不锈钢	40000	13.9×6.5×19
7	M0309	进风系统		不锈钢	7000	
8	M0310	排风系统		不锈钢	5000	

图22-5　三层平面布置图

三层主要设置为提取区、参观走廊、喷雾干燥辅机房。

提取区：主要设置为Ⓔ—Ⓕ、①—④轴之间，旁边附有提取剂存放区，放置四个储罐为提取提供溶剂，节约能耗。

参观走廊：主要设置在Ⓐ—Ⓓ、①—⑤轴镂空区域上层四周，供监督管理、外来参观及检修使用。

喷雾干燥辅机房：辅助沸腾干燥工序的正常进行。

（4）四层布置说明 四层平面布置如图 22-6 所示。

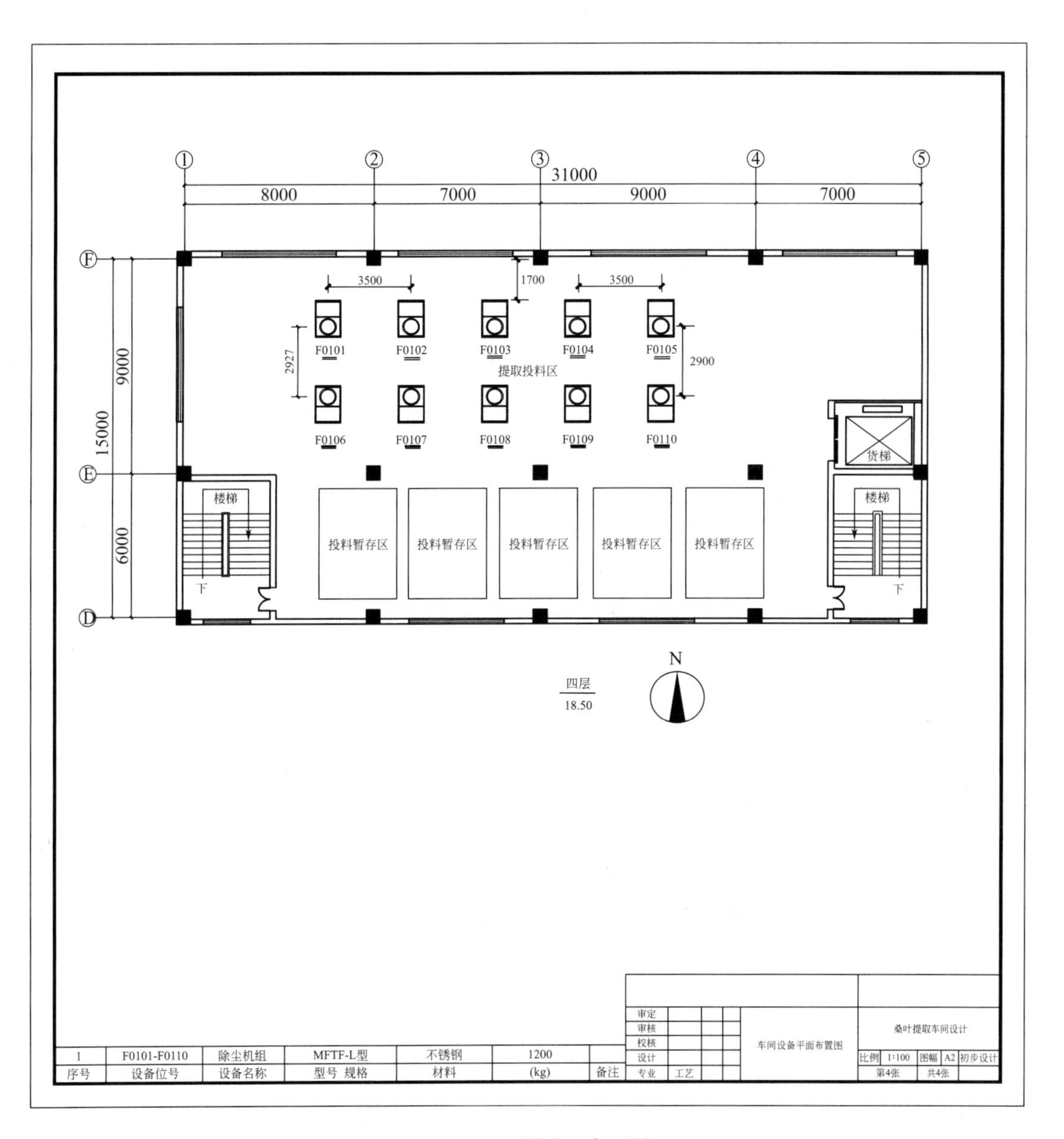

图 22-6 四层平面布置图

四层主要设置为投料区、投料暂存区。

投料区中投料口处设有除尘室，工人将投料桶倒扣于投料口便可实现投料。投料暂存区由一层称量完毕的物料经货梯运往四层暂存区，为投料进行准备。

车间设计
扫描章首二维码获取

22.2.6 带控制点的工艺流程图（PID图）

22.2.6.1 带控制点的工艺流程图的基本要求

用设备图形表示单元反应和单元操作；要反映物料及载能介质的流向及连接；要表示出生产过程中的全部仪表和控制方案；要表示出生产过程中的所有阀门和管件；要反映设备间的相对空间关系等。

22.2.6.2 带控制点的工艺流程图的绘制步骤

① 确定图幅；
② 画出设备；
③ 画出连接管线及控制阀等各种管件；
④ 画出仪表控制点；
⑤ 标注设备、管道及楼层高度；
⑥ 作出标题栏；
⑦ 写出图例和符号说明；
⑧ 作出设备一览表。

22.2.6.3 带控制点的工艺流程图的绘制一般规定

带控制点的工艺流程图绘制时以《管道仪表流程图设计规定》（HG 20559—1993）为参照准则。

（1）图幅与图框　工艺管道及仪表流程图采用一号（A1）图幅，横幅绘制，数量不限，流程简单的可用二号（A2）图幅，但一套图纸的图幅宜一样。流程图可按主项分别绘制，也可按生产过程分别绘制，原则上一个主项绘制一张图，若流程很复杂，可分成几部分绘制。图框采用粗线条在图纸幅面内给整个图（文字说明和标题栏在内）的框界。

（2）比例　绘制PID图时，不按比例绘出，一般设备图形只取其相对比例，对于过大的设备其比例可以适当缩小，同样对于过小的设备其比例可以适当放大，但设备间的相对大小不能改变。并采用不同的标高示意出各设备位置的相对高低，整个图面要匀称、协调和美观。

（3）图例　将设计中所画出的有关管线、阀门、设备附件、计量-控制仪表等图形符号，用文字予以说明，以便了解流程图内容。图例一般包括：设备名称代号；流体代号；管道等级号及管道材料等级表；隔热及隔声代号；管件阀门及管道附件；检测和控制系统的符号、代号等。图例要位于第一张流程图的右上方。图例多时，给出首页图。如图22-7所示。

（4）相同系统的绘制方法　当一个流程图中有两个或两个以上的完全相同的局部系统时，可以只绘出一个系统的流程，其他系统用细双点划线的方框表示，框内注明系统名称及其编号。

当整个流程比较复杂时，可以绘一张单独的局部系统流程图，在总流程图中各系统均用细双点划线方框表示。框内注明系统名称、编号和局部系统流程图图号。

（5）图形线条　图形线条宽度分三种：①粗实线0.9～1.2mm，主物料管道用粗线；

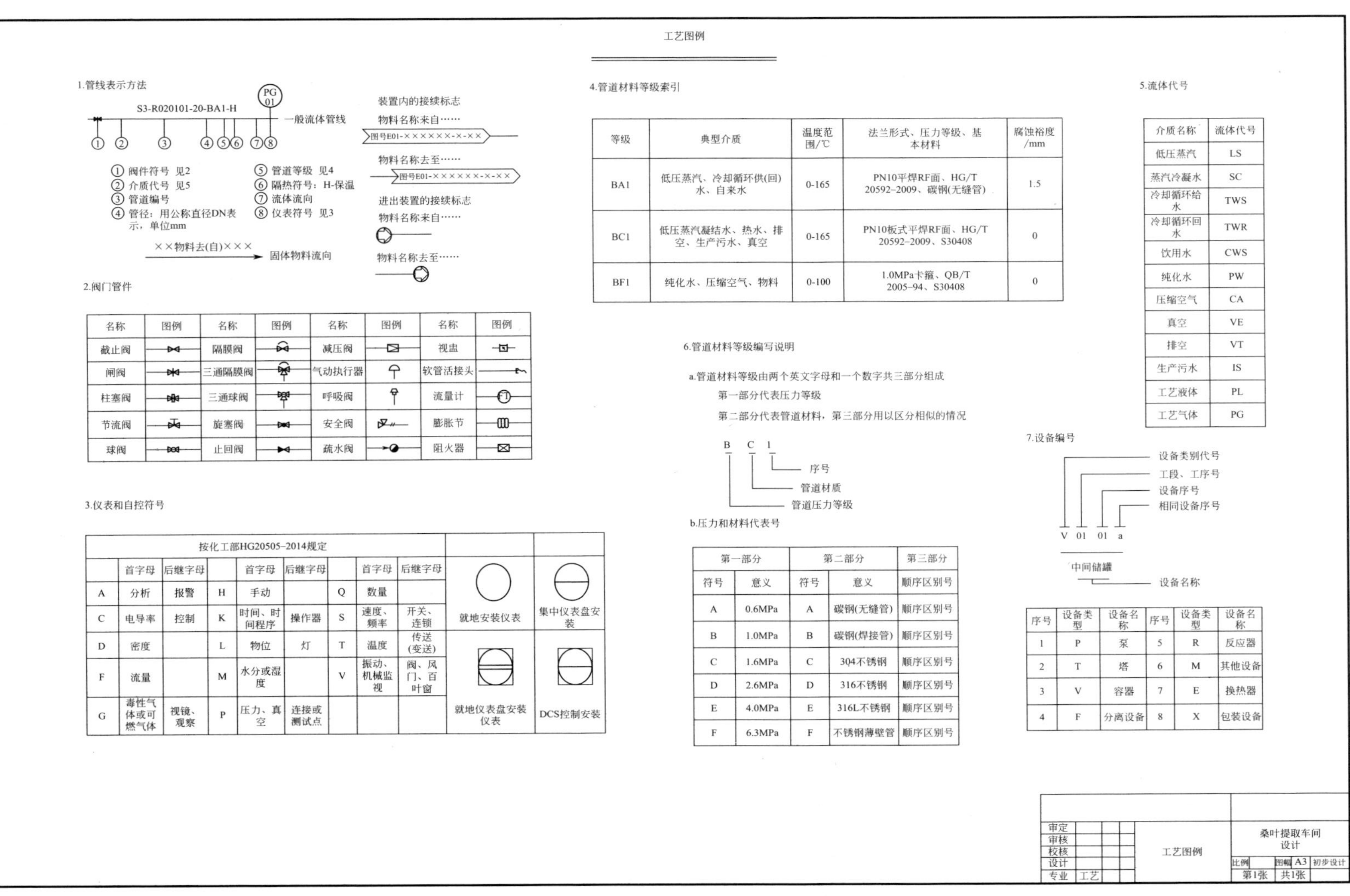
工艺图例
1.管线表示方法
S3-R020101-20-BA1-H
PG 01
一般流体管线
① 阀件符号 见2
② 介质代号 见5
③ 管道编号
④ 管径：用公称直径DN表示，单位mm
⑤ 管道等级 见4
⑥ 隔热符号：H-保温
⑦ 流体流向
⑧ 仪表符号 见3
××物料去(自)×××
固体物料流向
装置内的接续标志
物料名称来自……
图号E01-××××××-×-××
物料名称去至……
图号E01-××××××-×-××
进出装置的接续标志
物料名称来自……
物料名称去至……
2.阀门管件
名称 图例 名称 图例 名称 图例 名称 图例
截止阀 隔膜阀 减压阀 视盅
闸阀 三通隔膜阀 气动执行器 软管活接头
柱塞阀 三通球阀 呼吸阀 流量计
节流阀 旋塞阀 安全阀 膨胀节
球阀 止回阀 疏水阀 阻火器
3.仪表和自控符号
按化工部HG20505-2014规定
首字母 后继字母 首字母 后继字母 首字母 后继字母
A 分析 报警 H 手动 Q 数量
C 电导率 控制 K 时间、时间程序 操作器 S 速度、频率 开关、连锁
D 密度 L 物位 灯 T 温度 传送(变送)
F 流量 M 水分或湿度 V 振动、机械监视 阀、风门、百叶窗
G 毒性气体或可燃气体 视镜、观察 P 压力、真空 连接或测试点
就地安装仪表
集中仪表盘安装
就地仪表盘安装仪表
DCS控制安装
4.管道材料等级索引
等级 典型介质 温度范围/℃ 法兰形式、压力等级、基本材料 腐蚀裕度/mm
BA1 低压蒸汽、冷却循环供(回)水、自来水 0-165 PN10平焊RF面、HG/T 20592-2009、碳钢(无缝管) 1.5
BC1 低压蒸汽凝结水、热水、排空、生产污水、真空 0-165 PN10板式平焊RF面、HG/T 20592-2009、S30408 0
BF1 纯化水、压缩空气、物料 0-100 1.0MPa卡箍、QB/T 2005-94、S30408 0
5.流体代号
介质名称 流体代号
低压蒸汽 LS
蒸汽冷凝水 SC
冷却循环给水 TWS
冷却循环回水 TWR
饮用水 CWS
纯化水 PW
压缩空气 CA
真空 VE
排空 VT
生产污水 IS
工艺液体 PL
工艺气体 PG
6.管道材料等级编写说明
a.管道材料等级由两个英文字母和一个数字共三部分组成
第一部分代表压力等级
第二部分代表管道材料，第三部分用以区分相似的情况
B C 1
序号
管道材质
管道压力等级
b.压力和材料代表号
第一部分 第二部分 第三部分
符号 意义 符号 意义 顺序区别号
A 0.6MPa A 碳钢(无缝管) 顺序区别号
B 1.0MPa B 碳钢(焊接管) 顺序区别号
C 1.6MPa C 304不锈钢 顺序区别号
D 2.6MPa D 316不锈钢 顺序区别号
E 4.0MPa E 316L不锈钢 顺序区别号
F 6.3MPa F 不锈钢薄壁管 顺序区别号
7.设备编号
设备类别代号
工段、工序号
设备序号
相同设备序号
V 01 01 a
中间储罐
设备名称
序号 设备类型 设备名称 序号 设备类型 设备名称
1 P 泵 5 R 反应器
2 T 塔 6 M 其他设备
3 V 容器 7 E 换热器
4 F 分离设备 8 X 包装设备
审定
审核
校核
设计
专业 工艺
工艺图例
桑叶提取车间设计
比例 图幅 A3 初步设计
第1张 共1张

图 22-7 工艺图例

②中粗线 0.5～0.7mm，辅助物料管道用中粗线；③细实线 0.15～0.3mm，设备外形、阀门、管件、仪表控制符号、引线等用细线。

(6) 字体 图纸和表格中所有文字写成长仿宋体，字体高度参照表 22-4，详细情况参见《技术制图 字体》(GB/T 14691—1993)。

表 22-4 图纸和表格中所有文字推荐字号

书写内容	推荐字号/mm	书写内容	推荐字号/mm
图标中的图名与视图符号	7	图纸中数字与字母	3、3.5
工程名称	5	图名	7
文字说明	5	表格中文字	5

(7) 图形绘制和标注

① 绘出设备一览表上所列的所有设备（装置） 设备和装置按管道及仪表流程图上规定的设备、机器图例绘出；未规定的设备和机器的图形，可以根据实际外形和内部结构特征简化画出，只取相对大小，不按实物比例。

设备装置上所有接口（包括人孔、手孔、装卸料口等）一般都要画出，其中与配管有关以及与外界有关的管口（如直连阀门的排液口、排气口、放空口及仪表接口等）则必须画出。管口一般用单细实线表示，也可以与所连管道线宽度相同，个别管口用双细实线绘制。一般设备管口法兰可不绘制。设备装置的支撑和底座可不表示。设备装置自身的附属部件与工艺流程有关者，如设备上的液位计、安全阀、列管换热器上的排气口等，它们不一定需要外部接管，但对生产操作和检测都是必需的，有时还需要调试，因此图上需要表示出来。

在流程图中，装置与设备的位置一般按工艺流程顺序从左至右排列，同一平面的设备可以移动，其相对位置一般考虑便于管道的连接和标注。设备间的相对高度根据实际高度标注其相对高度。地下或半地下设备、机器在图上要标注出其相对位置，可以相对于地面的负高度表示。

② 设备标注 在流程图中需要标注设备位号、位号线、设备名称。设备位号在流程图、设备布置图和管道布置图上标注时，要在设备位号下方画一条位号线，线条为 0.9mm 或 1.0mm 宽的粗实线。位号线上方标注设备位号，下方是设备名称。

设备位号包括设备类别代号，可以查阅表格得到，主项代号（常为设备所在车间、工段的代号）采用两位数字（01～99），如不满 10 项时，可采用一位数字。两位数字也可按车间（或装置）、工段（或工序）划分。设备顺序号可按同类设备各自编排序号，也可综合编排总顺序号，用两位数字表示（01～99）。相同设备的尾号是同一位号的相同设备的顺序号，用 A、B、C…表示，也可用 1、2、3……表示。

22.2.6.4 年处理 2000t 桑叶提取车间管道仪表流程图

各工段绘制年处理 2000t 桑叶提取车间管道仪表流程图。其中，提取工段管道仪表流程如图 22-8 所示，精制工段管道仪表流程如图 22-9 所示，浓缩工段管道仪表流程如图 22-10 所示，包装工段管道仪表流程如图 22-11 所示。

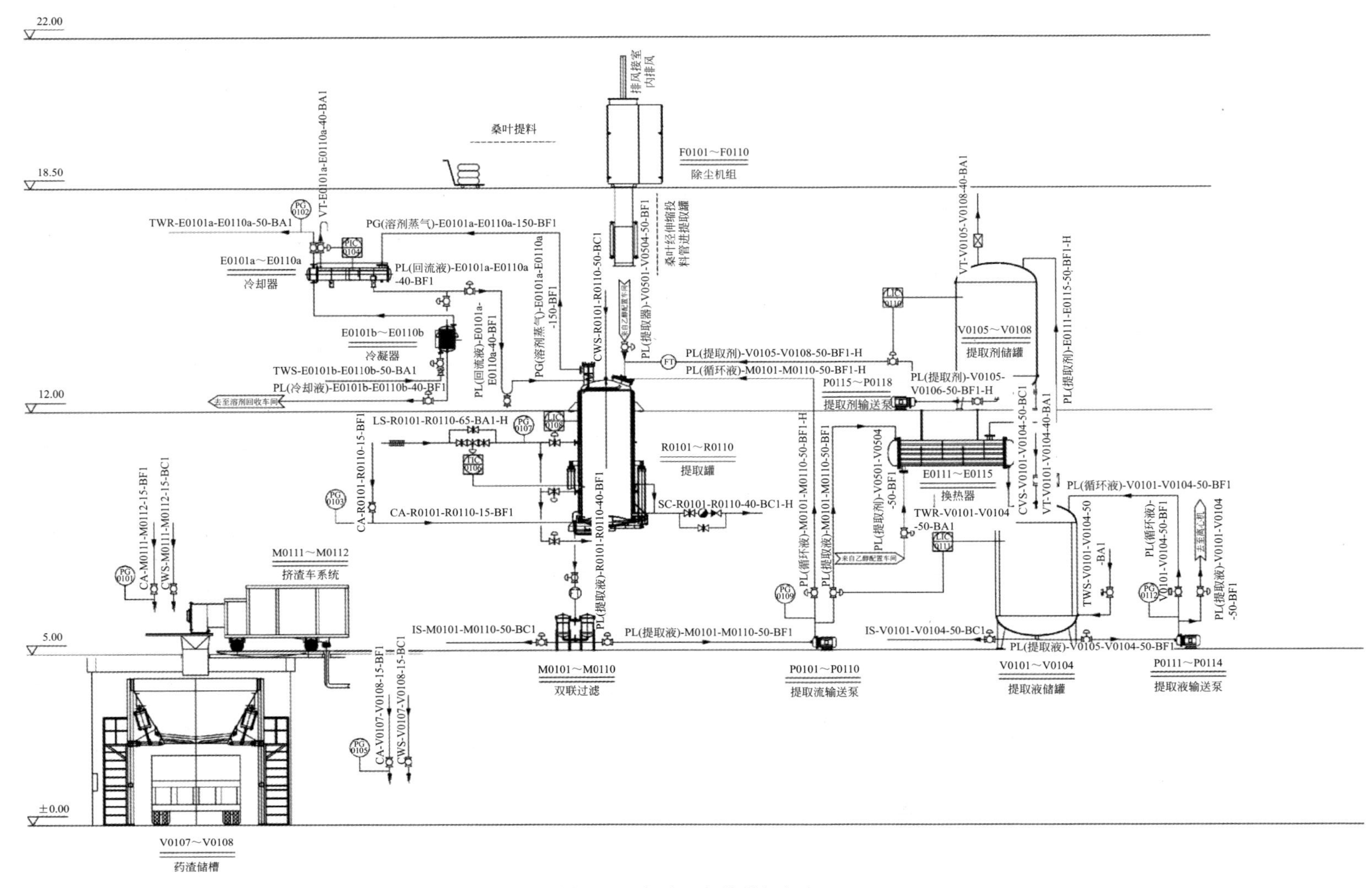

图 22-8　提取工段管道仪表流程

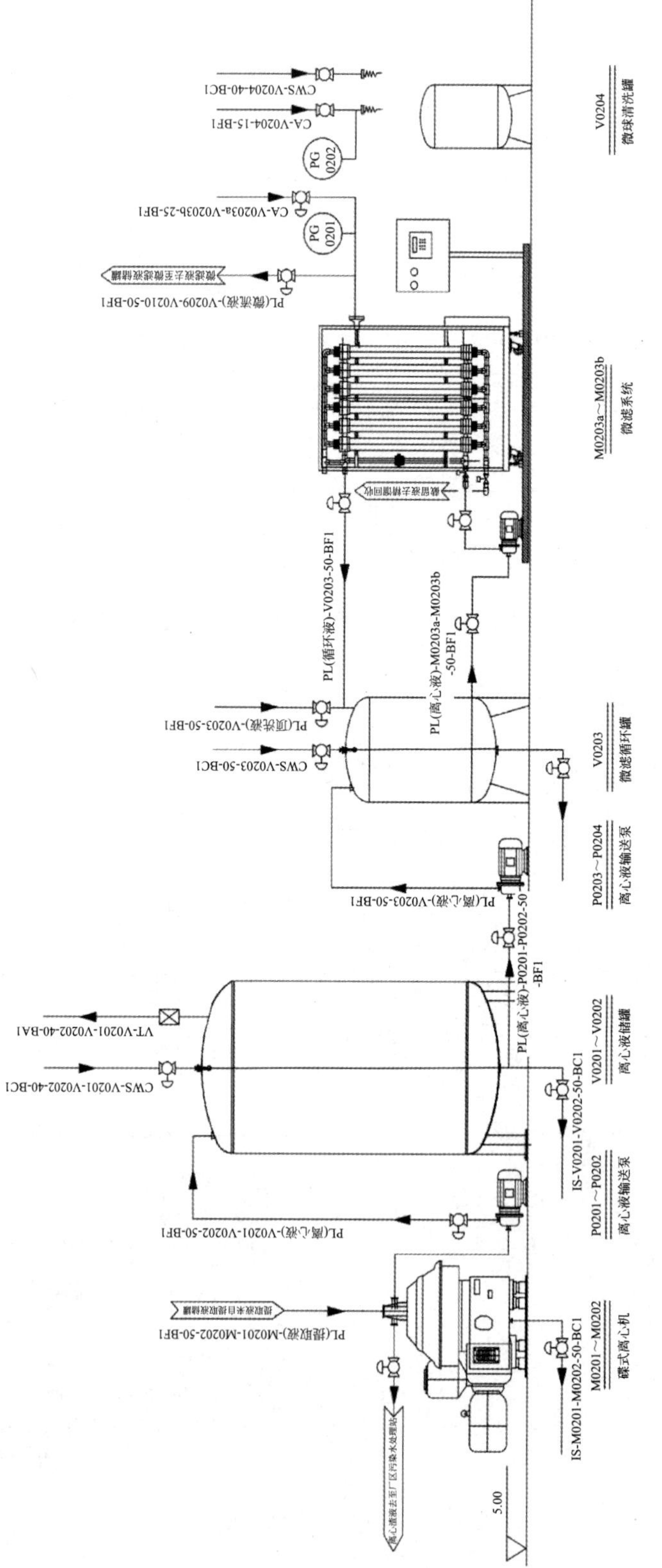

图 22-9 精制工段管道仪表流程

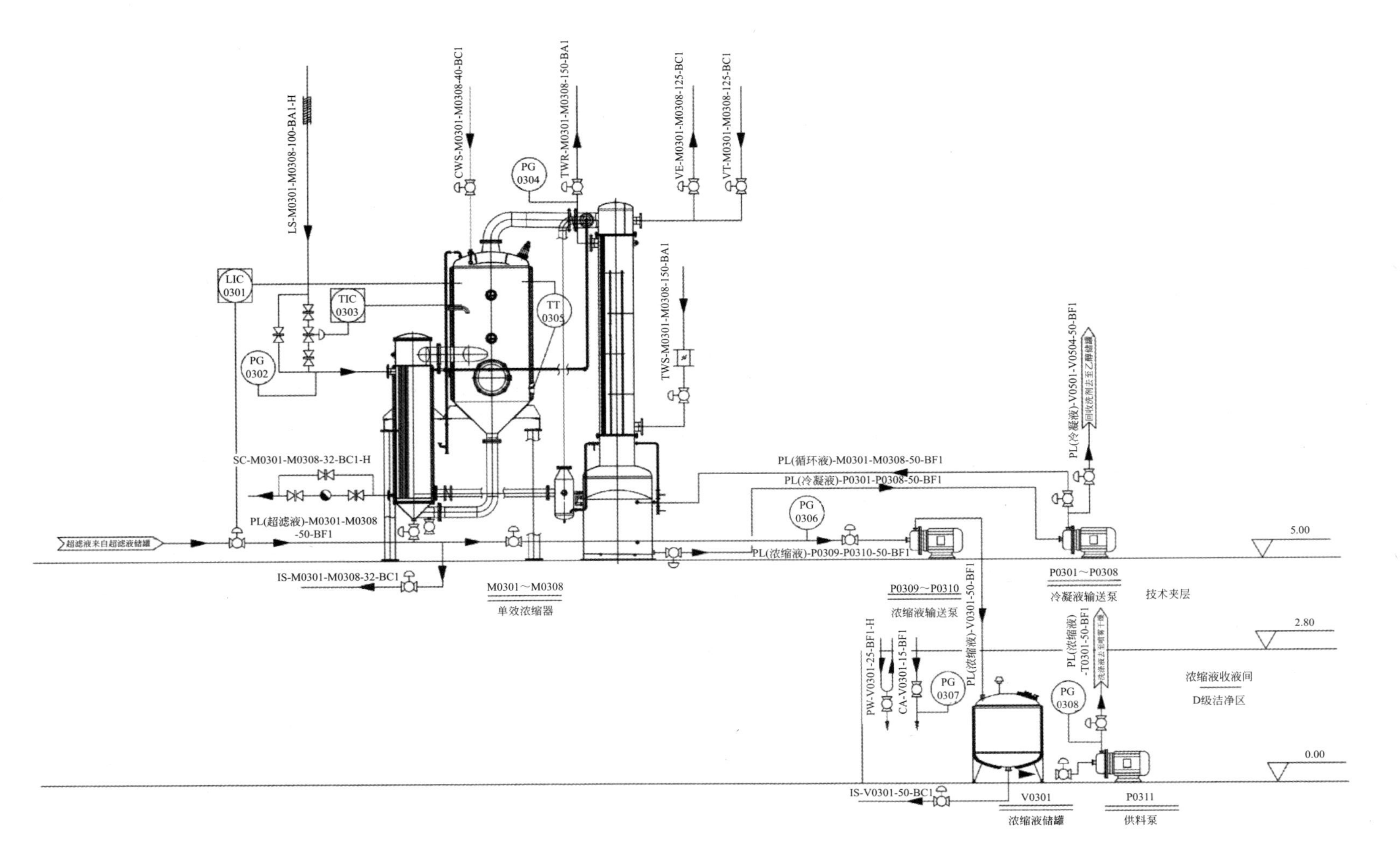

图 22-10　浓缩工程管道仪表流程

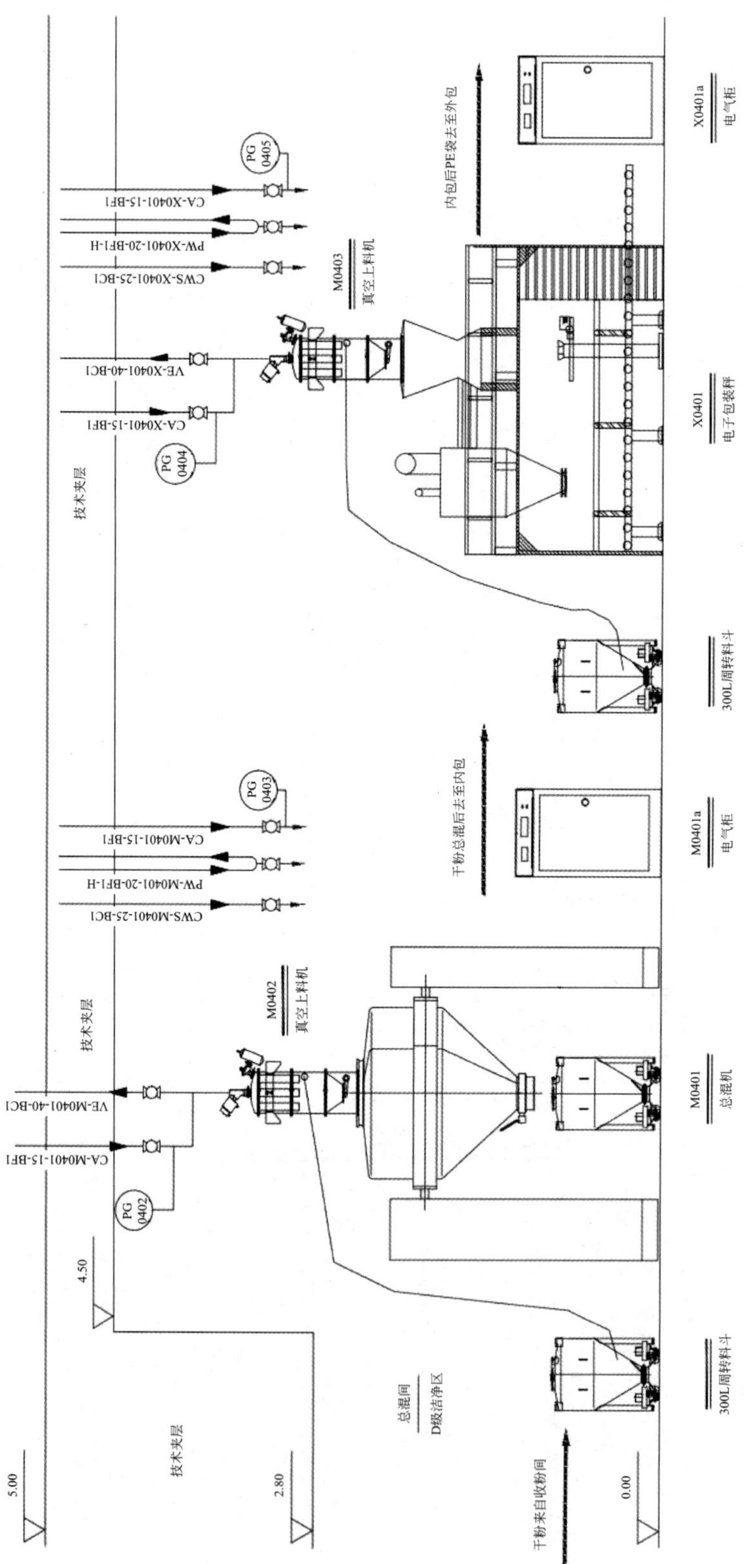

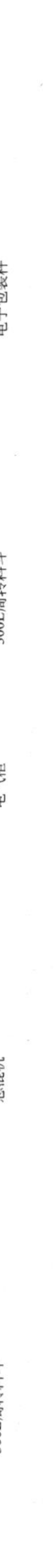
图 22-11 包装工段管道仪表流程

22.2.6.5 工艺流程自动化设计

为了达到近年来政府对制造行业节能减排以及安全生产日益严格的要求，不仅要在中药产业转型过程中对工艺进行升级改造，还要对设备进行自动化、智能化设计，使其达到节能降耗、绿色高效的生产需求。如在中药提取过程中应用自动化控制技术进行提取、分离、精制、浓缩、干燥等生产过程，可以达到生产过程中的密闭化、连续化、管道化；利用计算机控制系统进行温度、压力、时间、流量、密度等各个参数的控制，能够实现整个车间自动化生产。这些现代自动化设计不仅可显著缩短生产时间、改善生产环境、降低劳动强度、提高原料利用率、减少溶剂用量等，还能明显降低能源损耗和生产成本，符合可持续发展的目的。

本设计以单效浓缩机组的自动化控制为例简单描述其控制点与控制方法。

（1）控制点　单效浓缩通过以下程序参数对整个浓缩过程进行控制。

① 超滤液（精制液）储罐液位探测值：超滤液（精制液）储罐液位达到设定值后，自动开启浓缩系统相应开关。

② 进料真空设定值：真空达到设定值后开始进料。

③ 浓缩蒸汽压力设定值：浓缩过程中蒸汽调节阀根据该值调节开度大小。

④ 进液液位的结束值：进液过程中液位达到该值时结束进液或补液。

⑤ 补液开始液位值：浓缩过程中液位小于该值时开始补液。

⑥ 浓缩结束密度值：浓缩密度达到该设定值结束浓缩。

⑦ 储液器排液时间值：储液器到高位开启储液器出液阀和出液泵排液，时间到关泵关阀。

⑧ 单效真空保护值：浓缩过程中真空大于该值自动关闭蒸汽调节阀、隔断阀。

⑨ 浓缩蒸汽压力保护值：浓缩过程中蒸汽夹套压力超过该值自动关闭蒸汽调节阀、隔断阀。

⑩ 温度保护值：浓缩过程中温度超过该值自动关闭蒸汽调节阀、隔断阀。

⑪ 浓缩室浓缩液密度检测值：当浓缩液密度达到设定值后，自动关闭蒸汽调节阀、隔断阀，自动开启放空阀和浓缩机出料阀。

（2）控制方法　浓缩过程包括：浓缩液进液→浓缩→浓缩液补液→浓缩→冷凝液回收或排放→出浓缩液。该工艺过程需通过温度监控、真空度监控、密度检测等，实现对浓缩过程中物料温度、物料密度、物料成分在线分析等质量目标的控制，实现浓缩终点判断和出液自动化控制。例如：增加浓缩器泡沫自动检测，可以解决中药提取液在减压和加热状态下跑料问题；实现浓缩液在浓缩过程中连续自动进液功能，同时基于冷凝液储液器的液位自动检测装置，可以实现不解除真空状态下自动排液功能，从而保证蒸发过程连续进行等。

参考文献

[1] 中华人民共和国药典（2015版）．北京：中国医药科技出版社，2015.

[2] 药品生产质量管理规范（2010年修订）．北京：化学工业出版社，2011.

[3] 张珩，等．制药工程工艺设计．3版．北京：化学工业出版社，2018.

[4] 中国石化集团上海工程有限公司．化工工艺设计手册（上、下）．4版．北京：化学工业出版社，2009.

[5] 杨扬，栾杰，卢红委，等．浅析中药提取工艺自动化系统程序设计．机电信息，2019，18：124-125.

[6] 姚日生．制药过程安全与环保．北京：化学工业出版社，2019.

[7] 金杰．制药过程自动化技术．北京：中国医药科技出版社，2009.
[8] 刘陶世，郭立玮，袁铸人，等．无机陶瓷膜微滤技术精制 7 种根及根茎类中药水提液的研究．中成药，2001，23（7）：473-476.
[9] 赵俊．新版 GMP 下药厂提取车间的设计布置．科学管理，2017（1）：281-282.
[10] 王子宗．石油化工设计手册．北京：化学工业出版社，2015.
[11] 魏伟耿．浅谈中药提取车间的工艺设计．广东化工，2014，9（24）：197-198.
[12] 陈余．膜分离技术在中药提取分离中的应用．化学工程与装备，2013（2）：126-128.
[13] 陈敏恒．化工原理（上、下）．4 版．北京：化学工业出版社，2015.
[14] 王志祥．制药工程学．3 版．北京：化学工业出版社，2015.
[15] 周丽莉．制药设备与车间设计．2 版．北京：中国医药科技出版社，2011.
[16] 朱宏吉，张明贤．制药设备与工程设计．2 版．北京：化学工业出版社，2010.
[17] 王沛．中药制药工程原理与设备．北京：中国中医药出版社，2016.
[18] 杨基和，蒋培华．化工工程设计概论．中国石化出版社，2007.
[19] 张珩，王存文．制药设备与工艺设计．北京：高等教育出版社，2018.
[20] G. C. 科尔．制药生产设备应用与车间设计．张珩，万春杰，译．北京：化学工业出版社，2008.
[21] 李小芳．中药提取工艺学．北京：人民卫生出版社，2014.
[22] 冯树根．空气洁净技术与工程应用．北京：机械工业出版社，2013.
[23] 许钟麟．空气洁净技术原理．北京：科学出版社，2003.
[24] 娄爱鹃，吴志泉，吴叙美．化工设计．上海：华东理工大学出版社，2002.
[25] 杨志才．化工生产中的间歇过程原理、工艺及设备．北京：化学工业出版社，2001.
[26] 刘荣．一种方便壳程清洗的列管式换热器的开发和研制．装备制造技术，2013（5）：146-148.
[27] 叶张荣．制药用水分配系统若干设计问题讨论．医药工程设计，2012，33（1）：9-13.
[28] 洁净厂房设计规范．GB 50073—2013.
[29] 康向奎．关于制药设备 CIP 与 SIP 相关问题的探讨．科技与创新，2014（2）：42.